TAGUNGSBERICHT
Nr. 122

Probleme der Forschung bei Mähdruschfrüchten

Wissenschaftliche Vortragstagung
im Institut für Getreideforschung
Bernburg-Hadmersleben
der Akademie der Landwirtschaftswissenschaften
der Deutschen Demokratischen Republik
vom 21. bis 26. Februar 1972

1973
AKADEMIE DER LANDWIRTSCHAFTSWISSENSCHAFTEN
DER DEUTSCHEN DEMOKRATISCHEN REPUBLIK

Herausgeber: Akademie der Landwirtschaftswissenschaften
der Deutschen Demokratischen Republik
Chefredakteur: Prof. Dr. HANSGEORG STEIKHARDT, Direktor des Instituts
für Getreideforschung Bernburg-Hadmersleben der Akademie
Herstellung: Institut für Landwirtschaftliche Information und Dokumentation Berlin
Erschienen im Akademie-Verlag, 108 Berlin, Leipziger Straße 3–4
Lizenznummer: 202 · 100/496/74
P 78/73
Satz, Druck und Bindung: IV/2/14 VEB Druckerei »Gottfried Wilhelm Leibniz«,
445 Gräfenhainichen/DDR · 4072
Bestellung durch den Buchhandel
Bestell-Nr. 808 197 0
Printed in GDR

Inhalt

Themenkreis Technologie der Getreideproduktion

Themenkreis Körnermaisproduktion

Themenkreis Rapsproduktion

Themenkreis Allgemeine Probleme der Getreidezüchtung

Themenkreis Spezielle Fragen der Roggenzüchtung

Themenkreis Spezielle Fragen der Gerstenzüchtung

Themenkreis Spezielle Fragen der Weizenzüchtung und Ertragsbildung

Themenkreis Spezielle Fragen der Maiszüchtung

Themenkreis Spezielle Fragen der Rapszüchtung

Themenkreis Ertragsforschung

Vorwort

Die Getreideproduktion in unserer Republik beträgt gegenwärtig etwa 7 Mill. Tonnen, und der zukünftige Bedarf der Volkswirtschaft für Nahrungs- und Futterzwecke beläuft sich auf 11 bis 12 Mill. Tonnen. Vor der Getreidewirtschaft unserer Republik steht also die erstrangige politische und ökonomische Aufgabe, die Getreideerzeugung maßgebend zu erhöhen.
In Durchführung der Beschlüsse des VIII. Parteitages der SED hat die Getreideforschung die Aufgabe, wissenschaftlichen Vorlauf für die sozialistische Intensivierung und den schrittweisen Übergang zu einer industriemäßigen Getreideproduktion auf dem Wege der Kooperation zu schaffen. Aus diesem Grunde stellt sich die Getreideforschung vorrangig das Ziel, durch Züchtung neuer leistungsfähiger Sorten mit günstigeren technologischen Eigenschaften, hoher Krankheitsresistenz und besseren Qualitätsmerkmalen sowie durch die Erarbeitung rationeller Verfahren für eine industriemäßige Getreideproduktion die Erträge zu steigern, die Arbeitsproduktivität zu erhöhen und die Kosten zu senken.
Die wissenschaftliche Vortragstagung und Weiterbildungsveranstaltung des Instituts für Getreideforschung Bernburg-Hadmersleben im Jahre 1972 soll einen Beitrag leisten zur Erfüllung der Hauptaufgabe des VIII. Parteitages. Es geht insbesondere darum, durch Ergebnisse aus der Grundlagen-, Züchtungs- und Produktionsforschung sowie durch Erfahrungsaustausch Impulse für die weitere Forschungstätigkeit und Überleitungsarbeit der einzelnen Forscherkollektive zu vermitteln und der Praxis neue Wege zur Intensivierung, Spezialisierung, Kooperation und Durchsetzung moderner Produktionsverfahren aufzuzeigen.

Prof. Dr. sc. Hg. Steikhardt

Tag.-Ber. Akad. Landwirtsch.-Wiss. DDR. Nr. 122. 1973. S. 9–21

Institut für Getreideforschung Bernburg-Hadmersleben
der Akademie der Landwirtschaftswissenschaften
der Deutschen Demokratischen Republik

DIETER EBERT

Probleme der industriemäßigen Produktion von Mähdruschfrüchten im Fünfjahrplan 1971–1975 und Schlußfolgerungen für die Produktionsforschung

Der VIII. Parteitag der SED hat die Hauptaufgabe des laufenden Fünfjahrplanes eindeutig vorgegeben. Es geht um die weitere Erhöhung des materiellen und kulturellen Lebensniveaus unseres Volkes auf der Basis einer immer effektiveren Volkswirtschaft. Die aus dieser Hauptaufgabe resultierenden Beschlüsse konzentrieren sich in ihrer Zielstellung für die sozialistische Landwirtschaft auf den Hauptweg zur Erreichung einer hohen Effektivität der Produktion: Allseitige Intensivierung und der Übergang zu industriemäßigen Produktionsmethoden auf dem Wege der Kooperation. Die wichtigsten Merkmale industriemäßiger Produktion in der sozialistischen Landwirtschaft sind von Genossen GRÜNEBERG formuliert worden. Ausgehend von der Tatsache, daß die industriemäßige Produktion eine ständige Anwendung neuester wissenschaftlicher Erkenntnisse erforderlich macht, müssen jede wissenschaftliche Aufgabenstellung und jedes Forschungskollektiv die Kriterien dieser neuen, sich gesetzmäßig vollziehenden Produktionsweise voll berücksichtigen. Man muß demnach davon ausgehen, daß komplexe Maschinensysteme – über Kooperation und in Schichtarbeit ausgelastet – die technische Basis industriemäßiger Produktionsmethoden darstellen. Komplexe Maschinensysteme bedingen weitgehend wiederum planmäßige Konzentration und Spezialisierung, die sich in der schrittweisen Herausbildung großer Produktionseinheiten realisiert. Auf dieser Basis wird es immer besser möglich, große Partien landwirtschaftlicher Produkte bei gleichbleibender, guter Qualität mit hoher Sicherheit zu erzeugen und diese über eine effektive, kooperative Verflechtung der einzelnen Produktionsstufen bis zum Endprodukt für die Ernährung und für die Industrieproduktion zu bearbeiten.
Wesentlich ist ferner die Tatsache, daß sich im Prozeß der Entwicklung industriemäßiger Produktion bestimmte Arbeiten aus der unmittelbaren landwirtschaftlichen Produktionssphäre auf selbständig spezialisierte Produktionseinheiten verlagern.
Diese sich gesetzmäßig vollziehende Weiterentwicklung der sozialistischen Produktionsverhältnisse in der Landwirtschaft und Nahrungsgüterwirtschaft der Deutschen Demokratischen Republik vollzieht sich aber nur, wenn alle Werktätigen unter Führung der Arbeiterklasse und ihrer marxistisch-leni-

nistischen Partei ihre ganze Kraft, ihr ganzes Können in der täglichen Arbeit einsetzen. Auf der Basis des Bewußtseins, Eigentümer der Produktionsmittel, Produzent der volkswirtschaftlichen Werte und Machtausübender zugleich zu sein, müssen die Landarbeiter und Genossenschaftsbauern durch einen ständigen Bildungsvorlauf in die Lage versetzt werden, diesen neuen, sozialistischen Anforderungen gerecht zu werden.

Die schrittweise Entwicklung der intensiven industriemäßigen Produktion in der sozialistischen Landwirtschaft kennzeichnet die strategische Richtung unserer Agrarpolitik für die nächsten Jahrzehnte. Aufgabe der Agrarwissenschaft ist es, diesen Prozeß aktiv mitzugestalten, indem Vorlauf geschaffen und zugleich aktiv auf die Lösung der aktuellen, oft sehr differenzierten und komplizierten Probleme Einfluß genommen wird. Zur Lösung dieser Aufgabenstellung ist es unbedingt notwendig, die gesellschaftliche Entwicklung und die ökonomisch-technologischen Fragen als eine feste Einheit zu betrachten und auf dieser Basis die Forschungsarbeiten zu konzipieren und durchzuführen. Ohne Ausnahme stehen diese Forderungen auch vor der Getreideforschung, die wir – von der einheitlichen Technologie ausgehend – im Zusammenhang mit der Forschung zu Winterraps und Körnerleguminosen betrachten wollen. Über die große volkswirtschaftliche Bedeutung einer effektiven Produktion von Mähdruschfrüchten kann ich mir an dieser Stelle nähere Ausführungen ersparen. Die vielseitige Verwendung dieser Produkte als direkte Nahrungsmittel für die Menschen, insbesondere aber für eine leistungsstarke, industriemäßige Tierproduktion macht diesen Zweig unserer Landwirtschaft zu einem wichtigen Faktor bei der Lösung der Hauptaufgabe.

Ausgehend von der strategischen Entwicklung unserer sozialistischen Landwirtschaft kann man drei Zielstellungen für unser Teilgebiet erkennen, die als Schwerpunkte zu betrachten sind.

1. Ausschöpfung des Ertragspotentials moderner Weizen-, Roggen- und Gerstesorten zu 85% durch zielgerichtete Intensivierungsmaßnahmen, so daß ein Ertragsniveau von 65–70 dt/ha bei Winterweizen, 50–55 dt/ha bei Gerste und 45–50 dt/ha bei Roggen erreicht wird. Zugleich gilt es, Maßnahmen zur Reduzierung der Ertragsschwankungen und zur Verbesserung der Gebrauchswerteigenschaften zu entwickeln.
2. Gestaltung von industriemäßigen Produktionsverfahren bei Mähdruschfrüchten mit hoher Arbeitsproduktivität und niedrigen Kosten. Als Parameter gelten

bei Getreide	0,3–0,4 AKh/dt und	16–20 M/dt Selbstkosten;
bei Körnermais	0,3 AKh/dt und	22–26 M/dt Selbstkosten;
bei Raps	0,7–0,8 AKh/dt und	42–45 M/dt Selbstkosten.

3. Entwicklung von Produktionseinheiten in der Pflanzenproduktion mit einem hohen Anteil an Mähdruschfrüchten, um mit einem hohen Spezialisierungsgrad unter Berücksichtigung der standortspezifischen Bedingungen und der Beziehungen zu anderen Produktionseinheiten bzw. zu anderen Zweigen der Land- und Nahrungsgüterwirtschaft produzieren zu können.

In diese Zielstellungen eingebettet, sind die einzelnen Forschungsaufgaben der Produktionsforschung in den kommenden Jahren mit einer hohen Effektivität zu lösen.

1. Intensivierung der Produktion von Mähdruschfrüchten

Ziel der Intensivierung der Pflanzenproduktion ist die schnelle und umfassende Steigerung der Erträge je Flächeneinheit. Sie kann mit dauerhaftem Erfolg nur unter den Bedingungen der industriemäßigen Produktion erfolgen, so daß von vornherein alle Forschungsarbeiten – von der Züchtung bis zur verlustarmen Ernte und Lagerung – nur unter diesem Aspekt konzipiert werden dürfen. Um es noch deutlicher zu sagen: Maßnahmen, die nur unter kleinbäuerlichen Verhältnissen realisierbar sind, oder Methoden, die einen erhöhten Aufwand an lebendiger Arbeit erfordern, sind keine Lösungen offener Probleme für unsere sozialistische Landwirtschaft.
Neben dem wissenschaftlichen Streben nach Lösungswegen zur absoluten Ertragssteigerung müssen die Bemühungen stehen, wiederum im Blickfeld industriemäßiger Produktionsmethoden die Ertragssicherheit der Pflanzen zu fördern. Dabei geht es in erster Linie um eine immer stärkere Ausprägung der sogenannten „Witterungsresistenz“, aber auch um die Reduzierung von Ertragseinbußen durch Krankheiten und Schädlinge. Nicht zuletzt muß darauf geachtet werden, daß bei objektiv bedingten Produktionssituationen Ertragsdegressionen ausgeschaltet bzw. auf ein Mindestmaß beschränkt bleiben. In diesem Sinne denke ich an Fruchtfolgekonzentrationen, Schlagvergrößerungen unter Einbeziehung wechselnder Bodenqualitäten u. ä.
Damit ist angedeutet, daß sich für die Züchtung und Pflanzenbauforschung ein weites und interessantes Tätigkeitsfeld auftut.
Neue Denkweisen sind nötig.
So hat z. P. Kundler mit Recht darauf hingewiesen, daß der Begriff Bodenfruchtbarkeit breiter als bisher gesehen werden muß. Es handelt sich bei der Einschätzung des Gebrauchswertes des Bodens nicht nur um das Speicherungs- und Transformationsvermögen, sondern es treten gleichberechtigt neue Kriterien hinzu. Dazu gehören der phytosanitäre Zustand des Bodens ebenso wie die Oberflächenbeschaffenheit und die Lage der Felder für den Einsatz der Großtechnik.
In Erfüllung unserer Verpflichtungen im laufenden Fünfjahrplan müssen wir davon ausgehen, daß 1975 ein durchschnittlicher Getreideertrag von 35 bis 36 dt/ha erwartet wird. Daß dieses Ziel erreichbar ist, haben auch unter den territorial sehr ungünstigen Bedingungen des Jahres 1971 viele LPG und VEG bewiesen. So wurde beispielsweise im LVG Gülzow bei einer durchschnittlichen Ackerzahl von 38 ein Getreideertrag von 44,4 dt/ha erzielt; in der Kooperation Hadmersleben – Kroppenstedt – Westeregeln waren es 45,3 dt/ha. In der LPG Baalberge, Kreis Bernburg, wurden nach einer von uns ausgearbeiteten Anbau-

anweisung 65,6 dt/ha Weizen auf einem Schlag geerntet. Wesentlicher als diese Beispiele, die man noch beliebig vermehren könnte, ist aber die Tatsache, daß in den letzten beiden Jahren ein hoher Prozentsatz aller Getreidebestände bis zum Ährenschieben eine so optimale Bestandesdichte aufwies, daß von dieser Seite aus gute Erträge erwartet werden konnten. Damit kommt zum Ausdruck, daß es unsere Genossenschaftsbauern und Landarbeiter immer besser verstehen, die subjektiv zu beeinflussenden Produktionsbedingungen günstig zu gestalten. Damit wird zugleich das Ertragspotential der Arten und Sorten unter Praxisbedingungen noch vollkommener ausgeschöpft.
Wenn wir als Ertragspotential die Leistungen der Pflanzen unter Feldversuchsbedingungen auf bestem Standort definieren, so können unter den Vegetationsbedingungen des Jahres 1971 folgende Spitzenerträge aus unserer Versuchsarbeit genannt werden:

Winterweizen	95,0 dt/ha
Sommergerste	75,0 dt/ha
Körnermais	100,0 dt/ha

Diese möglichen Erträge bei den Hauptgetreidearten machen deutlich, welcher gemeinsamen Anstrengungen es von Wissenschaft und Praxis bedarf, die für den Zeitraum bis 1975 geplanten Zuwachsraten von mindestens 80 kg/ha und Jahr mit hoher Beständigkeit zu erreichen.
Erfolgreiche Intensivierung erfordert nicht nur eine ständige Weiterentwicklung der anbautechnischen Forschung, sondern auch ein den Intensivierungsmaßnahmen gut angepaßtes Sortenmaterial. Unter den Bedingungen der industriemäßigen Produktion sind das insbesondere folgende Forderungen:
1. Eine weitere Verbesserung der Standfestigkeit, vor allem bei Wintergerste, Roggen und Hafer. Dabei geht es nicht nur um die Verbesserung der anatomisch-morphologischen Merkmale, sondern auch um eine verstärkte Beachtung der phytopathologisch bedingten Standfestigkeitsresistenz. In getreidebetonten Fruchtfolgen sind dies in erster Linie die Einflüsse der Fußkrankheitserreger. Hinzu kommt, daß die für eine verlustarme Mähdruschernte notwendige Standfestigkeit bei Körnermais und Ackerbohnen vorwiegend durch Pilzbefall geschmälert wird.
2. Eine weitere Verbesserung der Nährstoffausnutzung der einzelnen Sorten, um die in Zukunft möglichen hohen Düngergaben mit großer Effektivität in Ertragsleistung umsetzen zu können. Unsere mehrjährigen Untersuchungen auf diesem Sektor zeigen, daß es hierbei wesentliche Sortenunterschiede gibt. So reagierten z. B. 1971 auf eine Steigerung der N-Gabe von 60 auf 120 kg/ha – ohne daß Lager auftrat – einige Sorten wie folgt:

'Avrora' mit relativ 120%
'Hohenthurmer Stamm 4551' mit relativ 100%
'Pilot' mit relativ 94%.

3. Eine stärkere Beachtung des Komplexes, den man als „Witterungsresistenz" bezeichnen könnte. Dazu zählt die Winterfestigkeit, die bei dem hohen Anteil

an Winterung in unserer Republik nach wie vor ein volkswirtschaftlich bedeutsamer Risikofaktor, vor allem bei Wintergerste, ist. Hierzu gehört aber auch eine Toleranz gegen Trockenheitsperioden, die bei Getreide, vor allem aber bei Körnermais, oftmals ertragsbestimmend sein kann.

4. Eine weitere Beachtung der Qualitätseigenschaften der Mähdruschfrüchte, um die Verwertung der Ernteprodukte noch verbrauchsgerechter zu machen. Dabei liegt der Schwerpunkt eindeutig bei den Futtergetreidearten. Eine ständige Zunahme industriemäßig betriebener Anlagen der Tierproduktion einerseits und die volkswirtschaftlich notwendige Zuwachsrate an Fleisch von jährlich 3% andererseits erfordern eine quantitativ und qualitativ wachsende Bereitstellung entsprechender Getreidemengen.

Eine grundlegende Frage vom Gesichtspunkt der industriemäßigen Produktion von Mähdruschfrüchten ist die Entscheidung, was man bei diesen Produktionsbedingungen unter Intensivsorten verstehen soll. Große Produktionseinheiten und leistungsfähige Maschinensysteme erfordern große Schläge. Diese Schläge weisen in vielen Gebieten der DDR zwangsläufig relativ heterogene Bodenbedingungen hinsichtlich Bodenart, Krumentiefe, Wasserführung und anderer Eigenschaften auf. So sind z. B. aus diesem Grunde in der kooperativen Pflanzenproduktion Osternienburg im Kreis Köthen die Schlaggrößen im wesentlichen nur mit 30–100 ha konzipiert und insgesamt 12 Rotationen vorgesehen. Die vor einigen Jahren dort gebildeten Mammutschläge haben zu empfindlichen Rückschlägen in der Pflanzenproduktion geführt. Im Prinzip sind aber 64 Schläge in einer 4000 ha umfassenden kooperativen Pflanzenproduktion auf die Dauer gesehen keine Voraussetzung für eine rationelle, übersichtliche, industriemäßige Produktion. In unserem Zusammenhang soll lediglich die Frage aufgeworfen werden, ob unter Bedingungen wechselnder Bodenqualitäten der Anbau von Getreidesorten ratsam ist, die eine große ökologische Streubreite besitzen. Es wäre denkbar, daß diese Sorten anpassungsfähiger und somit Ertragshöhe und Ertragssicherheit besser gewährleistet sind als bei anspruchsvollen Intensivtypen.

Andererseits erfordert der zunehmende Einsatz wirksamer Produktionsmittel, vor allem der N-Düngung, Getreideformen, die dem dargebotenen Intensitätsgrad entsprechen. Berücksichtigt man ferner, daß mit der Einrichtung von großen Produktionseinheiten auch die Qualität der Leitung ansteigen muß, so ist zu erwarten, daß die Sortenwahl auch immer qualifizierter vorgenommen werden kann. Eine zweckmäßige Verwendung mehrerer Sorten einer Art, den jeweiligen Bedingungen operativ angepaßt, müßte hier dazu führen, die standörtlichen Produktionsvoraussetzungen optimal auszunützen.

Geht man diesen Weg, dann sind zwei Probleme zu lösen:

1. Das Sortiment einer Art muß ausreichend Sorten enthalten, die unter differenzierten Bedingungen jeweils Intensivsorten darstellen. Die jetzigen Sortimente sind in dieser Richtung noch bedeutend ausbaufähig.

2. Die ökologischen, aber auch die anbautechnischen Bedingungen der Einzelsorte müssen noch eingehender als bisher charakterisiert werden, damit sie

nicht nur großräumig rayonniert werden, sondern auch in den kooperativen Pflanzenproduktionen gezielter zum Anbau kommen können.
Die Erfüllung der letztgenannten Forderung stellt einen Schwerpunkt der agrotechnischen Getreideforschung dar, wenn man zusätzlich berücksichtigt, daß wir bei immer umfassenderer internationaler Integration der Züchtung Getreidesorten mit sehr spezifischen Ansprüchen zum Anbau bringen werden. Als Beispiel sei nur auf die Weizensorte 'Mironovskaja 808' verwiesen.
Die zukünftige Intensivsorte wird demnach eine in ihren Standortansprüchen und in ihren anbautechnischen Belangen genau definierte Sorte sein, die hohe Erträge bringt und auch hinsichtlich ihrer Qualität bzw. hinsichtlich ihres Gebrauchswertes ausreichend charakterisiert wird. Wenden wir uns nunmehr noch einigen Problemen pflanzenbaulicher Forschung zu.
Betrachten wir zuerst die Fragen der Aussaatzeit bei Mähdruschfrüchten. Im wesentlichen sind die optimalen Saatzeiten bekannt, sofern man vom Verhalten neuer Sorten oder Formen absieht. Aber die Realisierung unter industriemäßigen Produktionsbedingungen steckt voller Problematik. Beim sich vollziehenden Konzentrationsprozeß nimmt der Umfang von Arten mit relativ kurzen Saatzeitspannen zu (Wintergerste, Winterraps, Ackerbohne, Körnermais). Späte N-Gaben (z. B. bei der Knospendüngung zu Winterraps) oder der direkte Mähdrusch bei Raps bzw. Ackerbohne verzögern die Räumung der Felder. Großschläge trocknen unter Umständen im Frühjahr ungleichmäßiger ab und verzögern deshalb um Tage die Bestellung.
Diese und andere Umstände werfen die Frage auf, forschungsmäßig mehr als bisher nach Methoden zu suchen, die Saatzeitverzögerungen in ihrer negativen Auswirkung zu mildern bzw. aufzuheben. Das beginnt beim Züchten und Testen von Sorten auf Spätsaattoleranz und endet mit speziellen Chemisierungsmethoden zur Korrektur der Pflanzenbestände.
Ein Schwerpunkt pflanzenbaulicher Forschung besteht in der weiteren Vertiefung der Erkenntnisse auf dem Gebiet der N-Düngung. Die ab 1974 stark ansteigende Stickstoffbereitstellung wird es unter allen Standortbedingungen möglich machen, für die im Anbau befindlichen Getreidesorten optimale N-Mengen einzusetzen. Mehrmalige Gaben werden die Regel sein. Exakter als bisher ist die optimale und damit rationelle N-Gabe bei der Stickstoffspätdüngung festzulegen. Im Rapsanbau ist die Zweckmäßigkeit einer Knospendüngung durch weitere Versuche zu klären.
Der Rhythmus der N-Gaben muß dem unterschiedlichen Entwicklungsverlauf differenzierter Sorten noch mehr Rechnung tragen. Die in den optimierten Düngungsempfehlungen ausgedrückten Werte und Termine können diese Anpassung nicht berücksichtigen. Ein Sonderfall, der forschungsmäßig größere Aufmerksamkeit erfordert, besteht in der Notwendigkeit, das Nährstoffregime der Braugerste unter den intensiven Anbaubedingungen neu zu erarbeiten. Einerseits besteht zukünftig ein stark steigender volkswirtschaftlicher Bedarf an Braugerste, andererseits werden die erfaßten Partien immer proteinreicher. Im Hinblick auf eine hohe Ertragsleistung dieser Getreideart kann auf die

Dauer die Lösung des Problems nicht darin bestehen, die N-Gabe immer mehr, oft bis auf Null, herabzusetzen. Gemeinsam mit den Braugerstezüchtern sollte versucht werden, neue Wege zu beschreiten. Ein allgemeines Problem der Pflanzenproduktion in Produktionseinheiten, die von der Tierproduktion keinen Stallmist, sondern Gülle erhalten, besteht darin, die direkte Anwendung und die Nachwirkung von Gülle auf Mähdruschfrüchte eingehend zu untersuchen. Diese Form der organischen Düngung muß mit großer Effektivität auch in Fruchtfolgen mit hohen Anteilen an Mähdruschfrüchten wirksam eingebaut werden, wobei nur komplexe Lösungen – vom Gülletransport bis hin zur Beeinflussung der Qualität der Ernteprodukte – unter den Bedingungen industriemäßiger Produktion die erforderliche Aussagekraft besitzen dürften.
Bei Raps, Körnermais und Ackerbohnen gibt es noch einige spezifische anbautechnische Fragen, die in den nächsten Jahren unter den verschiedenen Standortbedingungen zu klären sind. Bei Körnermais und Ackerbohnen sind die optimalen Standräume für die Einzelpflanze im Zusammenhang mit dem jeweiligen Ernteverfahren aus komplexer Sicht weiter zu spezifizieren sowie düngungstechnische Fragen zu klären. Die Beregnungswürdigkeit dieser beiden Arten sollte ebenfalls weiter untersucht werden, wobei von vornherein Lösungswege beschritten werden müssen, die bis zum praxisreifen Verfahren der Beregnung führen.
Nicht zuletzt stellt die industriemäßige Pflanzenproduktion neue und vielfältige Aufgaben für die phytopathologische Forschung. Abgesehen von Fruchtfolgeproblemen werden Großschläge und die Konzentration von Mähdruschfruchtarten veränderte Bedingungen für die Biozönose der Krankheitserreger und Schädlinge einerseits und für die Bekämpfungsverfahren andererseits nach sich ziehen. In analoger Weise trifft dies auch für die Herbizidforschung zu. Ferner sollte aufmerksam beobachtet werden, wo und wie sich gänzlich neue phytopathologische Aspekte ergeben, wie dies beispielsweise auf dem Gebiet der Getreidevirosen der Fall zu sein scheint.
Als Fernziel chemotechnischer Forschung ist schließlich noch auf das weite Feld der Wachstumsregulatoren, Defoliations- und Sikkationsverfahren zu verweisen, um auch von dieser Seite aus die Ertragsbildung zu fördern und das Objekt Pflanze den technologischen Bedingungen der Zukunft noch besser anzupassen als bisher.

2 Gestaltung eines industriemäßigen Produktionsverfahrens

Die Organisation der Produktion in der sozialistischen Landwirtschaft basiert auf den jeweiligen Produktionsverhältnissen und dem Stand der Produktivkräfte. Das spezifische Produktionsverfahren steht damit in dialektischer Wechselwirkung. Gemäß den Beschlüssen des VIII. Parteitages ist dabei vom Produkt und seiner Technologie auszugehen. Nur bei strikter Beach-

tung dieses Grundsatzes kann die industriemäßige Produktion verwirklicht werden.
Das Produktionsverfahren Mähdruschfrüchte ist in der sozialistischen Landwirtschaft der DDR voll mechanisiert. Das bis 1975 verfügbare Maschinensystem liegt in seinen Grundeinheiten fest. Bis 1975 wird der Mähdrescherbestand voll mit dem Typ E 512 aufgefüllt sein, und die weitere Zuführung des Exakthäckslers E 280 wird auch die Strohbergung positiv beeinflussen.
Die Zielstellung im Fünf-Jahrplan-Zeitraum besteht hinsichtlich des Aufwandes an lebendiger Arbeit darin, in der Getreideproduktion im Durchschnitt mit weniger als 20 AKh/ha auszukommen, wobei Spitzenleistungen bei 10 bis 12 AKh/ha liegen werden.
Vom Arbeitsgegenstand her – der Getreidepflanze – wird der Arbeitsabschnitt der Ernte gekennzeichnet sein durch kurzhalmige, standfestere Sorten mit einem engeren Korn : Stroh-Verhältnis. Damit entwickeln sich die technologischen Eigenschaften der Pflanzen sehr positiv. Das kann man für spätere Zeiträume auch von Körnermais und von Raps erwarten.
Die endgültige Lösung der Sikkation bei Raps, vielleicht auch bei Ackerbohnen, würde diese Pflanzen wesentlich attraktiver für einen verlustarmen Mähdrusch machen. Zu prüfen wäre auch, inwieweit eine Engsaat bei Raps dazu beiträgt, die aufwendige Maschinenhacke durch den produktiveren Striegel zu ersetzen und zugleich einen verbesserten Bestand für den Mähdrusch erreichen zu können. Nicht zuletzt sei angemerkt, daß zukünftige Hybridzüchtungen bei Selbstbefruchtern sowohl neuartige Verfahren bei der Saatgutvermehrung als gegebenenfalls auch für den Konsumanbau notwendig machen.
Neben diesen Maßnahmen zur Verbesserung der technologischen Eigenschaften der Pflanzenbestände werden die Forschungsprobleme zur Weiterentwicklung des Produktionsverfahrens Mähdruschfrüchte vorwiegend von landtechnischen Faktoren bestimmt.
Auf dem Gebiet der Aussaat ist nach unseren mehrjährigen Versuchsergebnissen prinzipell geklärt, daß die Breitsaat nicht zu den erwarteten Ertragsverbesserungen geführt hat. Damit bleibt die Berechtigung des Drillprinzips – allerdings mit möglichst engen Reihenweiten – im Getreidebau erhalten. Geprüft wird gegenwärtig, nach welchen Gesichtspunkten eine Getreideaussaat vom Flugzeug aus zweckmäßig ist.
Ein offenes Problem ergibt sich bei der Durchführung notwendiger und erwünschter Arbeitsgänge im wachsenden Getreidebestand. In absehbarer Zeit wird die Kapazität der Flugzeuge nicht in dem Maße ansteigen, um die Ausbringung von Dünger und anderer Chemikalien durch Bodengeräte voll abzulösen. Es kommt hinzu, daß im Zuge der weiteren Fortschritte der Applikationstechnik die Maschinen sowohl schwerer werden als auch hinsichtlich der Arbeitsbreite nicht mehr allein dem Maschinensystem Getreide angepaßt sind. Leitspuren, deren Anwendung heute nach wie vor empfehlenswert ist, können wahrscheinlich in dieser Beziehung nicht weiterhelfen. Deshalb müssen Metho-

den entwickelt werden, die sowohl Pflanzenschädigungen vermeiden als auch eine feste Orientierung der Arbeitsrichtung zulassen.
Auf leichten Böden dürften spezifische Getreidesorten und auch der Körnermais beregnungswürdige Kulturen sein. Nach wie vor fehlt aber eine zufriedenstellende Beregnungstechnologie für die Arbeit in höheren Pflanzenbeständen. Zusätzliche Wasserversorgung zum optimalen, pflanzenspezifischen Zeitpunkt würde zumindest die Ertragssicherheit zukünftig besonders wichtiger Kulturen auf diesen Standorten erhöhen.
Als Nahziel auf dem Gebiet der Kornbergung ist die endgültige Klärung des rationellsten Ernteprinzips bei Körnermais vordringlich, um unter industriemäßigen Produktionsbedingungen diesen Arbeitsabschnitt erfolgreich durchführen zu können.
Angesichts der sich immer mehr klärenden Situation hinsichtlich der Verwendung von Stroh zur Fütterung bzw. für industrielle Zwecke bleibt die weitere Vervollkommnung der Strohbergung als Forschungsobjekt auf der Tagesordnung. Ungeachtet dessen sollten die Untersuchungen über die Durchführung der Strohdüngung schnell und umfassend zu Ende geführt werden, damit der Praxis eine verbindliche Methode übergeben werden kann, mit der in bestimmten Situationen eine ordnungsgemäße Strohdüngung erfolgt.
Nicht unerwähnt soll bleiben, daß unter bestimmten Umständen auch die Ernte und Verwertung der ganzen Getreidepflanze im Milchreifezustand erfolgversprechend sein kann. Deshalb sollte auch hier die Verfahrenstechnik einer Lösung zugeführt werden.
Überschaut man die Forschungsaufgaben zur Vervollkommnung des Produktionsverfahrens Mähdruschfrüchte, so findet man vorwiegend Fragestellungen, die nur in enger Zusammenarbeit mit den LPG, LVG und VEG sowie ihren kooperativen Einrichtungen zu lösen sind. Ferner ist es erforderlich, mehr als bisher die Entwicklungskollektive der Landmaschinenindustrie in den Forschungsprozeß einzubeziehen. Nicht zuletzt muß die internationale Zusammenarbeit mit der Sowjetunion und den anderen sozialistischen Staaten aktiviert werden, denn das Maschinensystem wird teilweise oder gänzlich auch bei den Mähdruschfrüchten im Ergebnis der sozialistischen Wirtschaftsintegration weiter zu entwickeln sein.

3. Entwicklung von Produktionseinheiten Mähdruschfrüchte

In den vergangenen Jahren hat sich im Zusammenhang mit der Entwicklung kooperativer Produktionsweisen in der Feldwirtschaft eine Konzentration auf leistungsstarke Getreidearten vollzogen, so daß sich vielerorts eine standortoptimale Artenstruktur herausgebildet hat. Der Rapsanbau wurde vorwiegend in den nördlichen Bezirken konzentriert, und der Körnermais beginnt auf den leichten Böden Fuß zu fassen.
Mit diesem Prozeß läuft eine Vergrößerung der Schläge und Schlageinheiten bzw. Fruchtfolgefelder einher, die die rationelle Anwendung der modernen

Technik, insbesondere des E 512, im Komplexeinsatz immer besser ermöglicht. In vielen LPG, VEG und ihren kooperativen Einrichtungen bildet sich so die Hauptproduktionsrichtung Getreide heraus, die – von ökonomischen Regelungen des Staates unterstützt – sich im Kooperationsverband bis in die Getreidewirtschaft auswirkt.

Im Fünfjahrplan gilt es, diese Entwicklung weiter zu festigen, aus der Sicht der gegenwärtigen Produktionsverhältnisse zu vertiefen und im Sinne der gesellschaftlichen Prozesse schöpferisch weiter zu gestalten.

Bei der regional differenzierten Eingliederung des Körnermaises in die Anbaustruktur der LPG und VEG sowie ihrer kooperativen Einrichtungen stehen unter Beachtung der spezifischen technologischen Belange betriebswirtschaftliche Momente im Vordergrund. Dazu gehören neben der exakten Erfassung und Verallgemeinerung von Daten des Aufwandes und der Kosten auch das Problem der sinnvollen Eingliederung einer optimalen Produktionseinheit Körnermais durch zweckmäßige Substituierung einer anderen Fruchtart in das Ackerflächenverhältnis. Diese Produktionseinheit hat zugleich enge Beziehungen zum Kooperationspartner Getreidewirtschaft, der für Abnahme, Trocknung und Lagerhaltung verantwortlich ist. Ferner muß prinzipiell geklärt werden, inwieweit eine teilweise Konservierung der Ernteprodukte in der Landwirtschaft selbst zweckmäßig und notwendig ist. Die schnelle und gründliche Lösung dieser Grundfragen ist entscheidend für die Weiterentwicklung des Produktionsverfahrens und für die Ausdehnung einer Getreidekultur, die zu den ertragreichsten Formen zählt.

Die schwerpunktmäßige Etablierung des Rapsanbaus in einigen Bezirken führt zu einem relativ hohen Konzentrierungsgrad in der Pflanzenproduktion, der neben arbeitswirtschaftlichen vor allem fruchtfolgetechnische Konsequenzen nach sich zieht. Hier muß ebenfalls im Rahmen eines zweckmäßigen Ackerflächenverhältnisses nach betriebsökonomisch und biologisch optimalen Lösungen gesucht werden.

Mit der Herausbildung spezialisierter Produktionseinheiten werden die fruchtfolgebiologischen Belange immer brennender. Wenn sich auch seit einigen Jahren die Fragestellung der Fruchtfolgeforschung von der vorwiegend analytisch-registrierenden Form auf eine aktive Bekämpfung negativer Fruchtfolgeeffekte verschoben hat, so reichen Umfang und Tempo dieser Arbeiten nicht aus, um der Praxis schnell und sicher genug Wege zur verstärkten Konzentration der Mähdruschfrüchte zu weisen. Es kommt hinzu, daß die bisher bekanntgewordenen Ergebnisse wenig Aussicht haben, unter Beachtung der Rentabilität in einer industriemäßig betriebenen Pflanzenproduktion praxiswirksam zu werden. Das trifft sowohl für mögliche chemische Bekämpfungsverfahren gegen Fruchtfolgekrankheiten oder -schädlinge als auch für biologische Maßnahmen wie Untersaaten oder Gründüngung zu.

Als Nahziel muß deshalb angestrebt werden, in den spezialisierten Produktionseinheiten Ackerflächenverhältnisse einzurichten, die unter Einbeziehung volkswirtschaftlich wichtiger Mähdruschfrüchte, wie Körnermais, Winterraps und

Körnerleguminosen, einen biologisch vertretbaren und arbeitswirtschaftlich reibungslos funktionierenden Rotationsablauf sichern. Nach unseren mehrjährigen Erfahrungen mit dem Anbau von 85% Mähdruschfrüchten im LVG Welsleben, Krs. Schönebeck, sind dabei die biologischen Belange einfacher abzusichern als die Kontinuität in der Arbeitswirtschaft.
Die schrittweise Ausprägung der Produktionseinheit Mähdruschfrüchte muß nicht nur sinnvoll in Verbindung mit anderen Zweigen der Feldwirtschaft gesehen werden, sondern sie steht auch in perspektivischer Sicht in besonderen Wechselbeziehungen mit industriemäßig produzierenden Stätten der Tierproduktion einerseits als auch mit zwischengenossenschaftlichen Dienstleistungseinrichtungen sowie den Betrieben der Getreidewirtschaft andererseits.
Von diesem Aspekt muß auch die Festigung und weitere Entwicklung der Kooperationsbeziehungen aus der Sicht der Mähdruschfruchtproduktion durch wissenschaftliche Untersuchungen untermauert werden. Ein Schwerpunkt wird dabei die notwendige Profilierung der Kooperationsverbände Getreide sein, die gemäß der zukünftigen gesellschaftlichen Entwicklungsprozesse eine bedeutende Rolle spielen werden.

4. Organisation der Produktionsforschung

Betrachtet man die hier formulierten Aufgaben zusammenfassend, so kommt man zu einigen grundsätzlichen Feststellungen:
– Die Lösung der Probleme ist ohne volle und bewußte Berücksichtigung der Entwicklungsprozesse unserer sozialistischen Gesellschaft bei allen Forschungsarbeiten nicht möglich.
– Die Komplexität der Probleme erfordert von vornherein eine sozialistische Gemeinschaftsarbeit vieler Wissenschaftsdisziplinen und die Einbeziehung erfahrener Landarbeiter, Genossenschaftsmitglieder und Leiter aus LPG, VEG und staatlichen sowie wirtschaftsleitenden Organen.
– Die ökonomische Bedeutung der Getreideproduktion in der sozialistischen Staatengemeinschaft macht es erforderlich, die internationale Zusammenarbeit mit den sozialistischen Bruderländern, insbesondere der Sowjetunion, weiter auszubauen.
Demzufolge kommt auf diesem Sektor der Getreideforschung einer effektiven Wissenschaftsorganisation große Bedeutung zu, wenn nicht – wie oftmals in der Vergangenheit – isolierte Teillösungen, sondern breit anwendbare Ergebnisse erzielt werden sollen. Andererseits darf nicht übersehen werden, daß bei der großen ideologischen, ökonomischen, technischen und natürlichen Differenziertheit des Arbeitsfeldes keine für alle Bedingungen gültigen Rezeptlösungen erwartet werden können.
Die Forschungsarbeiten müssen eine neue Qualität erreichen, die sich insbesondere in der komplexen Durchdringung der Probleme und in der über-

leitungsreifen Endlösung manifestiert. Das muß in Auswertung des XI. Bauernkongresses der DDR unser aller Verpflichtung sein.

Zusammenfassung

Ausgehend von den sich gegenwärtig vollziehenden gesellschaftlichen Prozessen in der sozialistischen Landwirtschaft der DDR werden Aufgabenstellungen für die Forschung auf dem Gebiet der Mähdruschfrucht-Produktion formuliert und Lösungswege aufgezeigt. Bei der Intensivierung der Produktion muß eine höhere Auslastung des Ertragspotentials und eine Stabilisierung der Erträge erreicht werden. Hierbei muß auch die Getreidezüchtung durch Schaffung von Intensivsorten ihren Beitrag leisten. Weitere Rationalisierung im Produktionsverfahren Mähdruschfrüchte führt zu höherer Arbeitsproduktivität und sinkenden Kosten je Produkteneinheit. Bei der Konzentration und Spezialisierung der Mähdruschfrüchte sind ökonomische und biologische Aspekte zu beachten. Die Lösung der vielfältigen Forschungsaufgaben ist nur über eine effektive Wissenschaftsorganisation bei breiter Gemeinschaftsarbeit möglich.

Резюме

Название работы: Проблемы промышленных форм производства культур, убираемых зерновыми комбайнами в пятилетний период с 1971–1975 гг. и выводы для производственных исследований

С учетом происходящих в настоящее время общественных процессов в социалистическом сельском хозяйстве ГДР формулируются задачи исследований в области производства культур, убираемых зерновыми комбайнами и показываются пути их решения. При интенсификации производства необходимо добиться более высокого использования потенциала урожайности и стабилизации урожаев, для чего и селекция должна внести вклад путем создания интенсивных сортов. Дальнейшая рационализация способов производства культур, убираемых зерновыми комбайнами приводит к более высокой производительности труда и к снижению затрат на единицу продукции. При концентрации и специализации производства культур, убираемых зерновыми комбайнами следует учитывать экономические и биологические аспекты. Выполнение многообразных задач исследований возможно только путем эффективной организации науки на основе широкого использования сотрудничества.

Summary

Title of the paper: Problems of industry-like production of combine-harvest crops in the 1971/1975 Five-Year Plan and conclusions for production research

Proceeding from the social processes currently going on in the GDR socialist agriculture, tasks of research in the field of the production of combine-harvest crops are set forth and ways of solution suggested. When intensifying production, the yield potential of the crops must be better utilized and the yields be stabilized. Cereal breeding has to contribute to this end by creating intensive varieties. Further rationalization of production methods for combine-harvest crops results in higher labour productivity and lower costs per unit product. Economic and biological aspects have to be taken into account when concentrating on and specializing in combine-harvest crops. The many-sided tasks of research will only be solved through an effective organization of science and extensive collective work.

Anschrift des Verfassers:

Prof. Dr. Dieter Ebert
Institut für Getreideforschung Bernburg-Hadmersleben
der Akademie der Landwirtschaftswissenschaften der DDR
4351 Bernburg-Strenzfeld, Mitschurinstraße 22

Themenkreis Intensivierung der Getreideproduktion

Tag.-Ber. Akad. Landwirtsch.-Wiss. DDR. Nr. 122. 1973. S. 25–34

Institut für Düngungsforschung Leipzig-Potsdam
und Institut für Getreideforschung Bernburg-Hadmersleben
der Akademie der Landwirtschaftswissenschaften
der Deutschen Demokratischen Republik

Wolfgang Heymann und Horst Bernhardt

Erste Ergebnisse und Erfahrungen mit der Aussaat von Getreide durch Flugzeuge

Seit zwei bis drei Jahren werden in einer größeren Anzahl landwirtschaftlicher Betriebe in verschiedenen Bezirken unserer Republik verstärkt Flugzeuge zur Getreideaussaat eingesetzt. Die Ursache für die beginnende stärkere Verbreitung dieser auf den ersten Blick recht ungewöhnlichen Technologie ist wohl zunächst hauptsächlich in den Bemühungen fortschrittlich geleiteter LPG und VEG zu suchen, alle vorhandenen technischen und technologischen Möglichkeiten zu nutzen, um periodisch auftretende Not- oder Katastrophensituationen besser als mit den herkömmlichen Voraussetzungen beherrschen und überwinden zu können.

1. Erfahrungen in der landwirtschaftlichen Praxis

Eine Häufung der Aussaat von Wintergetreide aus der Luft war deshalb besonders während der extremen Witterungsbedingungen des Herbstes 1970 in den nördlichen und mittleren Bezirken der DDR zu beobachten. In dieser Periode waren viele Saatflächen nach teilweise wochenlangen Regenfällen so aufgeweicht, daß eine normale Aussaat des Getreides mit Traktoren und Drillmaschinen kaum erfolgen konnte. Um die Wintergetreideaussaat überhaupt und zu noch einigermaßen vertretbaren Terminen durchzuführen, setzten eine Reihe von Betrieben Flugzeuge ein, die ja bekanntlich unabhängig vom jeweiligen Bodenzustand arbeiten.können. Allein im Kreis Güstrow, Bezirk Schwerin, ließen 1970 insgesamt 21 LPG, VEG und KOG Wintergetreide (Roggen und Weizen) auf insgesamt mehr als 800 ha Fläche durch Agrarflugzeuge der Interflug aussäen. Die kleinsten Schläge waren 18 ha, der größte 137 ha (LPG Kobrow) groß. Mitarbeiter des Instituts Bernburg-Hadmersleben besichtigten und bonitierten einen Teil dieser Flächen sowie auch andere Flugzeug-Saatflächen in den Kreisen Staßfurt, Schönebeck, Burg, Zerbst, Aschersleben, Rostock und Wismar während der Vegetationsperiode 1971. Nach ihren Feststellungen waren die Bestände überwiegend gut und gleichmäßig entwickelt und standen vergleichbaren Drillsaaten nicht nach. In wenigen Einzelfällen machte sich ein Umbruch erforderlich, der aber ausschließlich solche Flächen betraf, die außergewöhnlich spät (Ende November bis Dezember) ausgesät worden waren. Ertragsfeststellungen, die einzelne landwirtschaftliche Betriebe durchführten, gingen nicht zuungunsten der Flugzeugaussaaten aus. In Aussprachen mit den Verantwortlichen der Landwirtschaftsbetriebe entschied sich die Mehrheit, sicherlich in Verbindung mit den überwiegend guten Erfahrungen des Jahres 1970/71, für die Getreideaussaat durch Flugzeuge. Ihrer Meinung nach hat dieses Verfahren Zukunft und sollte in den nächsten Jahren so entwickelt werden, daß es zu einem festen und ständigen Bestandteil der Anbautechnologie des Getreides in den Landwirtschaftsbetrieben wird. Die Vorteile der Flugzeugaussaat werden vor allem in folgendem gesehen:

– hohe Flächenleistungen bei der Aussaat, verbunden mit hoher Arbeitsproduktivität;
– bessere Einhaltung der agrotechnisch günstigen Aussaatzeitspannen für die einzelnen Getreidearten, vor allem auch deshalb, weil der Einsatz unabhängig vom Bodenzustand erfolgen kann. Aus diesen Gründen ist in bestimmten Grenzen auch eine Ertragserhöhung denkbar;
– wesentliche Hilfe für die landwirtschaftlichen Betriebe in der Zeit, in der die Hackfrucht- und Futterernte zusammen mit der Neubestellung der Herbstsaatflächen zu bedeutenden Arbeitsspitzen und dadurch oft zu Verzögerungen und Terminüberschreitungen führen.

Ein kleinerer Teil der Betriebe betrachtet dieses Verfahren jedoch nach wie vor als „Notmaßnahme", da bisher keine klaren wissenschaftlichen Ergebnisse vorliegen und das Risiko dieser Maßnahmen noch zu groß sei.

2. Erste Untersuchungsergebnisse

Zweifellos ist es notwendig, eine Reihe noch offener Fragen und Probleme zu klären, bevor eine generelle Einführung der Getreideaussaat durch Flugzeuge in die landwirtschaftliche Praxis empfohlen werden kann. Abgesehen von ersten Testen wurde im Institut für Düngungsforschung durch die Forschungsgruppe Agrarflug ab 1971 mit der Untersuchung einiger spezieller Probleme begonnen. Seit Herbst 1971 werden diese Untersuchungen in interdisziplinärer, überbetrieblicher Gemeinschaftsarbeit mit dem Institut für Getreideforschung Bernburg-Hadmersleben durchgeführt, um eine höhere Effektivität der wissenschaftlichen Arbeit und eine schnellere Lösung dieser Aufgabe zu erreichen.
Auf Grund der Aktualität dieser Fragen wird über erste Ergebnisse berichtet. Allgemeingültige Schlußfolgerungen können noch nicht gezogen werden. Die Untersuchungen sind aber geeignet, erste Anhaltspunkte zu vermitteln und einige Probleme sichtbar zu machen, die noch gelöst werden müssen.

2.1. Technologische Untersuchungen zur Getreideaussaat durch Flugzeuge

Von den in der DDR eingesetzten Typen eignet sich zur Getreideaussaat nur das Flugzeug Z-37, das mit einer Schleuderrad-Streuanlage ausgerüstet ist. Für den praktischen Einsatz müssen vor allem diejenigen Parameter näher untersucht und in einer speziellen Flugtechnologie festgelegt werden, die unmittelbaren Einfluß auf das Arbeitsergebnis, d. h. auf die Flächenleistung und die Arbeitsqualität (Streugenauigkeit) ausüben. Von besonderem Interesse sind hier die maximal möglichen Arbeitsbreiten, die bei vorgegebenen Qualitätsgrenzen einzuhalten sind, ferner die Dosierung, die Arbeitsflughöhe über dem Saatacker und der Einfluß von Windgeschwindigkeit und Windrichtung. Diese Parameter müssen für jede Getreideart durch spezielle Versuchsflüge (Abb. 1)

Abb. 1: Agrarflugzeug Z-37 beim Überflug über eine Meßstrecke

und technologische Messungen ermittelt werden. Durch mathematische Auswertung der Meßreihen (Bestimmung des Variationskoeffizienten $s\%$, Korrelations- bzw. Regressionsanalyse) lassen sich sowohl die optimale Überlappung der einzelnen Streubahnen als auch die Art und der Grad der Abhängigkeit und gegenseitigen Beeinflussung der einzelnen Parameter bestimmen.
Nach den bisherigen Untersuchungen besitzen die einzelnen Getreidearten ein typisches Streubild (Streukurve), das – neben den durch die Streuanlage gegebenen technischen Voraussetzungen – vor allem von den physikalischen Eigenschaften der auszubringenden Sorte, besonders Dichte und Körnung, abhängig ist. Die Wintergetreidearten (Abb. 2, 3 u. 4) zeigen durchweg gleichmäßige, ausgeglichene Streubilder mit absoluten Streubreiten um etwa 40 m. Auf Grund des Unterschiedes im spezifischen Gewicht ergibt sich bei Winter-

weizen gegenüber Wintergerste eine um etwa 6 ··· 10 m größere absolute Streubreite. Ähnliche Unterschiede sind auch beim Sommergetreide (Abb. 5 u. 6) vorhanden. Während das Streubild der Sommergerste mit einer absoluten

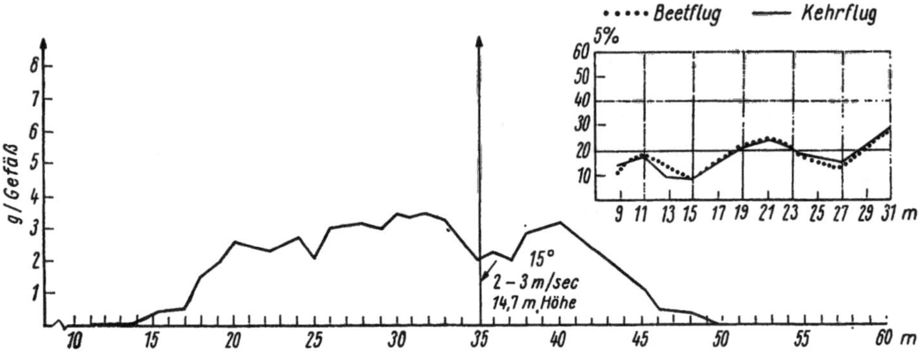

Abb. 2: Streubilder der Wintergetreidearten bei Aussaat durch das Flugzeug Z-37, Wintergerste – Flug-Nr. 55

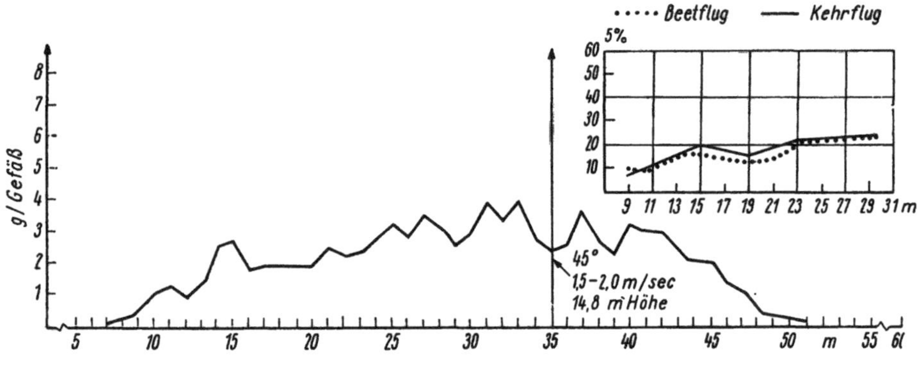

Abb. 3: Streubilder der Wintergetreidearten bei Aussaat durch das Flugzeug Z-37, Winterweizen – Flug-Nr. 51

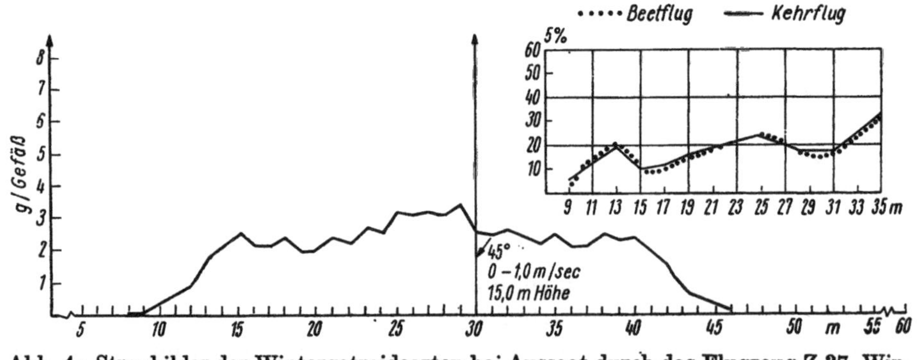

Abb. 4: Streubilder der Wintergetreidearten bei Aussaat durch das Flugzeug Z-37, Winterroggen – Flug-Nr. 43

Streubreite von rd. 40 m etwa dem des Roggens entspricht, ist das des spezifisch leichteren Hafers unausgeglichener und erreicht nur eine absolute Streubreite von rd. 25 m. Abhängig von der Flughöhe ist demzufolge bei Hafer und Winter-

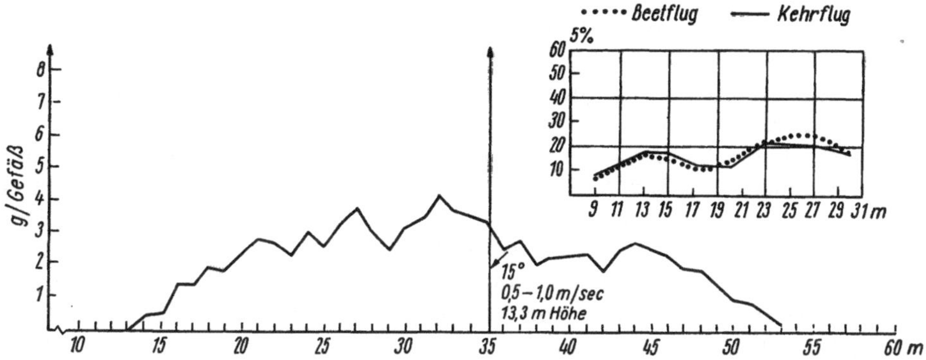

Abb. 5: Streubilder der Sommergetreidearten bei Aussaat durch das Flugzeug Z-37, Sommergerste – Flug-Nr. 59

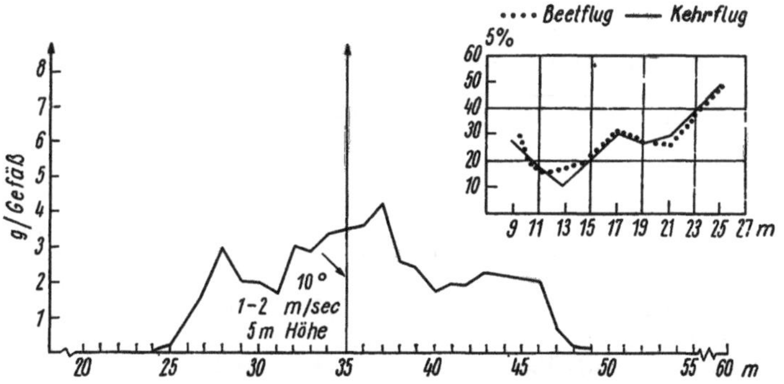

Abb. 6: Streubilder der Sommergetreidearten bei Aussaat durch das Flugzeug Z-37, Hafer – Flug-Nr. 66

gerste auch die Windbeeinflussung während des Streuvorganges größer als bei Weizen und Roggen und muß im praktischen Einsatz besonders berücksichtigt werden. Diese Faktoren und ihr Zusammenwirken sind jedoch noch näher zu untersuchen, um exaktere Empfehlungen ableiten zu können.

Unter Berücksichtigung der notwendigen seitlichen Überlappung der Streubahnen kann im Bereich von Flughöhen von über 10 m bis unter 20 m bei Einhaltung einer Streugenauigkeit von $s\% \pm < 20$ vorläufig mit folgenden maximal möglichen Arbeitsbreiten gerechnet werden:

Winterroggen	17 m	Sommergerste	17 m
Winterweizen	17 m	Hafer	13 m
Wintergerste	15 m		

Diese Arbeitsbreiten sollten bis zum Vorliegen der endgültigen Ergebnisse im praktischen Einsatz nicht überschritten werden.

2.2. Einfluß der Getreideaussaat durch Flugzeuge auf den Ertrag

Die Auswirkung auf den Getreideertrag ist letzten Endes das entscheidende Kriterium der allgemeinen Anwendbarkeit dieses neuen Aussaatverfahrens. Um hierüber eine Aussage treffen zu können, sind exakte Vergleiche unter verschiedenen Standortbedingungen in Form von Modell-, Feld- und Praxisgroßversuchen erforderlich.
Die ersten Versuche dieser Art wurden 1970/71 hauptsächlich auf einem Sandboden-Standort (S 4, D 22/21) sowie auf einigen Böden mittlerer Bonität durchgeführt. In einfachen Modellversuchen sollte zunächst die konventionelle Drillsaat mit der Breitsaat bei etwas variierter Saatstärke verglichen werden. Bei Sommergetreide stehen aus dem Jahre 1971 6 Versuche (je 3 mit Sommergerste und Hafer) zur Auswertung zur Verfügung (Tab. 1). Im Gesamtmittel sind leichte Vorteile für die Breitsaat und die hohe Saatmenge angedeutet, die Unterschiede sind aber nicht signifikant. Eine Saatmengenerhöhung um 20% ergab jedoch gegenüber der Breitsaat mit normaler Saatmenge noch keine Reaktion. Die Zusammenfassung der Versuche nach Arten läßt eine gewisse Gegenläufigkeit der Ertragstendenz erkennen. Während bei Sommergerste die Breitsaat etwas schlechter abschneidet, liegen die Verhältnisse beim Hafer umgekehrt. Auch hier liegt jedoch keine statistische Sicherung der Differenzen vor, so daß die Varianten als gleichwertig betrachtet werden müssen.
Bei Wintergetreide wurde der Versuch in allen Varianten um eine zusätzliche Herbststickstoffgabe von 30 kg N/ha erweitert. Im Mittel von drei Versuchen

Tabelle 1

Ergebnisse von einjährigen Modellversuchen (Vergleich von Drill- und Breitsaat) mit Sommergetreide (Versuche 1971)

Varianten	Kornerträge					
	Gesamtmittel (6 Versuche)		Sommergerste (3 Versuche)		Hafer (3 Versuche)	
	dt/ha	rel.	dt/ha	rel.	dt/ha	rel.
1. Drillsaat, Saatmenge praxisüblich	39,5	100	38,5	100	43,8	100
2. Breitsaat*, Saatmenge wie Var. 1	41,8	106	36,3	94	47,0	107
3. Breitsaat, Saatmenge um 20% erhöht	40,8	103	36,5	95	45,5	104
4. Breitsaat, Saatmenge um 40% erhöht	44,0	111	41,0	106	46,8	107
GD 5%	6,36	16,1	3,35	8,7	6,01	13,7

* simulierte Flugzeugaussaat

1971 (Tab. 2) zeigte die Breitsaat in der Gruppe „ohne zusätzliche N-Gabe im Herbst“ einen gesichert höheren Ertrag als die Drillsaat. Die Ertragsdifferenz lag etwa in der gleichen Größenordnung, wie sie auch durch eine 20%ige Saatmengenverringerung hervorgerufen wurde. Bemerkenswert ist in diesem Falle, daß die zusätzliche N-Herbstgabe von 30 kg N/ha bei leichter Anhebung des allgemeinen Ertragsniveaus alle Unterschiede ausglich.

Tabelle 2

Ergebnisse von einjährigen Modellversuchen (Vergleich von Drill- und Breitsaat) mit Wintergetreide
(3 Versuche 1971, je 1 × Wi.-Roggen, Wi.-Gerste und Wi.-Weizen)

Varianten	Kornertrag		Strohertrag	
	dt/ha	rel.	dt/ha	rel.
A. *Ohne N-Gabe im Herbst*				
1. Drillsaat, Saatmenge praxisüblich	29,8	100	52,5	100
2. Breitsaat*, Saatmenge wie Var. 1	34,4+	115	53,8	102
3. Breitsaat, Saatmenge um 20% verringert	30,4	102	51,1	97
4. Breitsaat, Saatmenge um 20% erhöht	34,4+	116	55,8	106
B. *Mit 30 kg/ha N im Herbst*				
5. Drillsaat, Saatmenge wie Var. 1	34,8+	117	58,8+	112
6. Breitsaat*, Saatmenge wie Var. 1 und 5	35,2+	118	58,3+	111
7. Breitsaat, Saatmenge um 20% verringert	35,4+	119	57,7+	110
8. Breitsaat, Saatmenge um 20% erhöht	36,3+	122	57,3+	109
GD 5%	3,15	10,6	4,36	8,3
Zusammenfassung				
1. Drillsaat	32,3	100	55,7	100
2. Breitsaat, Saatmenge wie Var. 1	34,8	108	56,1	101
3. Breitsaat, Saatmenge um 20% verringert	32,9	102	54,4	98
4. Breitsaat, Saatmenge um 20% erhöht	35,4	110	56,6	102

* simulierte Flugzeugaussaat
\+ = statistisch gesicherte Ertragsdifferenz zur Var. 1 (Vergleichsvariante)

Es war nun zu überprüfen, ob sich die überwiegend positiven Resultate der Modellversuche auch unter Praxisbedingungen bei tatsächlicher Aussaat durch das Flugzeug bestätigen lassen und welche Probleme dabei außerdem auftreten. Gleichzeitig sollte hier der Einfluß einer unterlassenen Einarbeitung des obenaufgestreuten Saatgutes mit erfaßt werden. Aus der Zusammenstellung der insgesamt 7 Versuche aus dem Jahre 1970 und 1971 (Tab. 3) ist die recht unterschiedliche Reaktion der einzelnen Getreidearten zu erkennen. Eindeutig zeigt sich zunächst an den gesicherten Mindererträgen der Variante 2 (mit Ausnahme der Wintergerste), daß es in der Regel nicht möglich ist, auf eine Einarbeitung des Saatgutes zu verzichten. Bei dem wenig empfindlichen Roggen, der nach einer alten Bauernregel „den Himmel sehen“ will, genügte bereits ein einfaches Eineggen mit einer mittleren Saategge, um gleiche Erträge wei bei Drillsaat zu erzielen. Für die Sommergetreidearten reichte das offensichtlich nicht aus.

Tabelle 3

Ergebnisse der Getreideaussaat durch Flugzeuge im Vergleich zur Drillsaat (7 Versuche 1970 und 1971)

Versuchsfrucht	Anzahl der Versuche	Kornerträge Var. 1 Drillsaat, gleiche Saatmenge wie bei Var. 2 u. 3		Var. 2 Flugzeugaussaat, Saat nicht eingearbeitet		Var. 3 Flugzeugaussaat, Saat eingeeggt		GD 5%	
		dt/ha	rel.	dt/ha	rel.	dt/ha	rel.	dt/ha	rel.
1. Futterroggen	1	195,1	100	72,3 +	37	195,6	100	34,9	17,9
2. Winterroggen	2	37,0	100	26,4 +	71	36,2	98	5,22	14,1
3. Wintergerste	1	37,1	100	40,5 +	109	38,8	105	3,34	9,0
4. Sommergerste	1	28,2	100	11,8 +	42	23,8 +	84	3,49	12,4
5. Hafer	2	32,8	100	15,6 +	48	30,6	93	4,46	13,6
6. Mittel aller Versuche (ohne Futterroggen)	6	34,0	100	22,2 +	65	32,6	96	2,00	5,9

+ = gesicherte Ertragsdifferenz zur Var. 1 (Vergleichsvariante)

Wenngleich die Mindererträge hier nur teilweise signifikant sind, deutet sich in der Tendenz doch an, daß höhere Ansprüche an die Einarbeitung gestellt werden, um die erforderlichen Keimbedingungen zu erreichen.

3. Diskussion der Ergebnisse und Schlußfolgerungen

Auf die Problematik und die Einschränkungen bei der Auswertung überwiegend einjähriger Versuchsergebnisse wurde bereits hingewiesen. Ihrem Charakter als erste Tast- oder Erkundungsversuche nach geben sie aber wertvolle Hinweise auf einige Probleme, denen in weiteren Untersuchungen nachzugehen ist.

Obwohl der größte Teil entsprechender Untersuchungen erst in diesem Jahr erfolgen wird, läßt sich bereits jetzt sicher beurteilen, daß es in technologischer Hinsicht keine ernsten Schwierigkeiten und Probleme gibt. Unter definierten Bedingungen kann eine gute Streuqualität durch das Flugzeug Z-37 eingehalten werden, da sich die Getreidearten (für Hafer ergeben sich bestimmte Einschränkungen) gut für eine Verteilung mittels Schleuderradanlagen eignen.

Als ein Kernproblem erweist sich dagegen die Einarbeitung des auf der Bodenoberfläche verteilten Saatgutes, da hiervon, wie die Versuche zeigen, die Keimbedingungen, der Feldaufgang und letztlich die Bestandesdichte wesentlich bestimmt werden. Offensichtlich bestehen in dieser Hinsicht zwischen den Getreidearten bedeutende Unterschiede: Roggen ist mit Sicherheit unempfindlicher als die übrigen Arten, deren unterschiedliche Reaktion in differenzierten Versuchen noch weiter geprüft werden muß. Außerdem hängt der Grad der Empfindlichkeit und die notwendige Stärke und Sorgfalt der Einarbeitung wahrscheinlich recht erheblich von den Witterungs- und Bodenverhältnissen

zur Zeit der Aussaat und in den Tagen danach ab. Je feuchter Witterung und Saatacker in dieser Zeit sind, um so geringer ist die Notwendigkeit einer tiefen Einarbeitung. Bei sehr nasser Herbstwitterung brauchen Feldaufgang und Pflanzenentwicklung nicht eingearbeiteter Partien denen gedrillter Bestände durchaus nicht nachzustehen. Auf die erhöhte Gefährdung derartiger Flächen durch Vogelfraß muß jedoch hingewiesen werden.
Unsere bisherigen Erfahrungen zeigen ferner, daß es unbedingt notwendig ist, bei Flugzeugaussaat ein Saatbett mit möglichst glatter Oberfläche vorzubereiten, um eine gleichmäßige Korn- und Pflanzenverteilung zu erreichen (die ja einen Vorteil der Breitsaat darstellt). Wenn zum Beispiel durch Grubber oder schwere Eggen in größeren Abständen Furchen und Unebenheiten entstehen, verteilt sich das Saatgut vornehmlich in diese Vertiefungen, und es entsteht eine ähnliche Pflanzenverteilung wie bei einer weitreihigen Drillsaat, die den Ertrag entsprechend ungünstig beeinflußt; wahrscheinlich wirkt sich das auf leichten Böden stärker aus als auf besseren.
Nach den hier dargestellten ersten Ergebnissen und Erfahrungen läßt sich heute sagen, daß mit der Getreideaussaat durch Agrarflugzeuge ein Verfahren entsteht, das unter bestimmten Voraussetzungen aus verschiedenen Gründen geeignet erscheint, die konventionelle Saattechnik ständig wirksam zu ergänzen. Unter Berücksichtigung der gegebenen Hinweise kann den Landwirtschaftsbetrieben empfohlen werden, den Flugzeugeinsatz in dieser Hinsicht vorläufig hauptsächlich auf die Aussaat von Winterroggen (einschließlich Futterroggen) zu konzentrieren, weil hier unter praktisch allen Standortbedingungen die größte Sicherheit für gleichwertige Ertragsleistungen besteht und es nur wenig ungeklärte Probleme gibt. Eine abschließende Beurteilung der Anwendbarkeit dieses neuen Aussaatverfahrens für die übrigen Getreidearten wird erst möglich sein, wenn die Ergebnisse der in den nächsten beiden Jahren verstärkt fortzuführenden Untersuchungen vorliegen.

Zusammenfassung

Seit einigen Jahren werden in der DDR auch Flugzeuge zur Getreideaussaat eingesetzt. Erste Erfahrungen aus der Herbstbestellung 1970 besagen, daß besonders bei feuchten Witterungsbedingungen gute Ergebnisse erzielt werden. Bevor jedoch eine generelle Einführung dieses Aussaatverfahrens für die landwirtschaftliche Praxis empfohlen werden kann, sind noch eine Reihe offener Fragen und Probleme zu klären.
Die vorwiegend erst einjährigen Versuchsergebnisse hierzu lassen bereits erkennen, daß bei der Aussaat des Getreides durch das Flugzeug Z-37 keine ernsthaften Schwierigkeiten und Probleme auftreten.
Das Kernproblem ist die Einarbeitung des Saatgutes in den Boden. Die notwendige Stärke der Einarbeitung ist sowohl von der Getreideart als auch von den Witterungs- und Bodenverhältnissen abhängig.

Резюме

Название работы: Первые результаты и опыт посева зерновых культур с самолета

В течение последних лет в ГДР самолеты применяются для посева зерновых культур. Первый опыт осенней посевной 1970 г. показывает, что особенно в условиях влажной погоды получаются хорошие результаты. Однако перед тем как рекомендовать этот способ посева для внедрения в сельскохозяйственную практику необходимо выяснить и решить ряд открытых вопросов и проблем. Однолетние результаты уже теперь показывают, что при посеве зерновых с самолета Z 37 не возникает серьезных проблем и трудностей. Основной проблемой является заделка семян в почву. Необходимая глубина заделки семян зависит от почвенно-климатических условий.

Summary

Title of the paper: Preliminary results and experience regarding cereal crop sowing by means of aeroplanes

For several years aeroplanes have now been used for sowing cereal crops in the German Democratic Republic. Preliminary experience from autumn cultivation in 1970 indicates that good results will be achieved above all in case of moist weather conditions. A number of open questions and problems have still to be solved before this method can be recommended for general introduction into practical farming. The predominantly one-year experimental results already indicate that cereal crop sowing with the aeroplane Z-37 does not imply major difficulties and problems. The most crucial problem consists in working the seed into the soil. The required intensity of this working-in depends on the cereal species concerned as well as on the weather and soil conditions.

Anschrift der Verfasser:

Dr. sc. WOLFGANG HEYMANN
Institut für Düngungsforschung Leipzig-Potsdam
der Akademie der Landwirtschaftswissenschaften der DDR
7022 Leipzig, Gustav-Kühn-Straße 8

Dr. HORST BERNHARDT
Institut für Getreideforschung Bernburg-Hadmersleben
der Akademie der Landwirtschaftswissenschaften der DDR
4351 Bernburg-Strenzfeld, Mitschurinstraße 22

Tag.-Ber. Akad. Landwirtsch.-Wiss. DDR. Nr. 122. 1973. S. 35–42

Forschungszentrum für Bodenfruchtbarkeit Müncheberg
– Bereich Bad Lauchstädt –
der Akademie der Landwirtschaftswissenschaften
der Deutschen Demokratischen Republik

ERWIN BUHTZ

Versuchsergebnisse zur Saattiefe und Aussaatstärke von Weizen und Sommergerste

Die Ablösung der Breitsaat durch die Drillsaat führte zu einer gleichmäßigeren Tiefenablage und damit zur Einsparung von Saatgut. Bei der weiteren Entwicklung der Bestelltechnik gewinnen Genauigkeit der Aussaattiefe und Verteilung des Saatgutes im Hinblick auf den technischen Aufwand bei schnellfahrenden Aggregaten zur kombinierten Bodenbearbeitung und Bestellung zunehmende Bedeutung. Wesentlich ist hierbei der Einfluß auf den Ertrag.
Nach sowjetischen Untersuchungen zur Saattiefe von Winterweizen auf stark ausgelaugter lehmiger Schwarzerde bestockten die Pflanzen im Herbst bei 6 cm tiefer Ablage gut, jedoch war die Bestockung nach der Überwinterung in Varianten mit noch tieferer Saateinbringung intensiver und auch das Wurzelsystem stärker entwickelt. Mit einer Saattiefe bis zu 10 cm verringerte sich der Pflanzenverlust durch Auswinterung und andere ungünstige Faktoren. Im 3jährigen Mittel wurden im Gebiet Pensa (europäischer Teil der UdSSR) mit der Winterweizensorte 'Mironovskaja 808' folgende Erträge erzielt (OGAREV, OSTROBORODOVA, SIZOVA, 1970):

Saattiefe	*Ertrag*
6 cm	38,0 dt/ha
8 cm	40,3 dt/ha
10 cm	41,8 dt/ha

Bei starker Austrocknung der oberen Bodenschichten wird auf Schwarzerde in der UdSSR eine Saattiefe für Winterweizen von 8–10 cm empfohlen. Für schwere Nichtschwarzerdeböden genügen 4–5 cm und für mittlere 5–6 cm. Auf Grund der festeren Zellwände des Weizenkeimlings ist eine übermäßige Ausdehnung des koleoptilen Gewebes möglich. In einigen Fällen ging Weizen sogar bei Aussaattiefen von 18 cm auf, wobei gut ausgebildete Körner wegen der positiven Abhängigkeit zwischen Samen und Koleoptillänge größere Aussaattiefen vertrugen (BONDARENKO, 1965).
KRETSCHMER (1967) schlußfolgert aus einer umfangreichen Literaturauswertung, daß Winterweizensorten mit kurzem Halmheber 5 bis 8 cm tief zu säen sind, da ihr tieferer Bestockungsknoten größere Resistenz gegenüber Auswinterung, Trockenheit und Schädlingen gewährleistet.

Neben der Bedeutung des Feuchtegehalts für den Keimprozeß und der Abhängigkeit des Aufgangs der Saaten von der Lagerungsdichte des Bodens sind Sortenunterschiede zu berücksichtigen. So bringen beispielsweise Steppensorten bei 8 cm Saattiefe oder in Furchen die höchsten Erträge (Drezgić u. Jevtić, 1963). Andererseits verlangen kurzstrohige Weizensorten mit entsprechend kürzerer Koleoptilenlänge flachere Saaten, die nach Untersuchungen von Feather (1968) zwischen 3,8 und 5,1 cm liegen sollten.
Die Saattiefe für Gerste wird in der UdSSR auf schweren Lehmböden mit 3–4 cm, für Trockengebiete mit 6–8 cm angegeben. Wegen ihrer relativ langsamen Keimung benötigen Gerstensamen ausreichende Keimfeuchte.
Von den Getreidearten reagiert Roggen auf die Tiefenablage am stärksten, weil sein Bestockungsknoten unabhängig von der Saatgutablage über 2 cm 2–3 cm tief liegt und er demzufolge eine flache, aber ebenfalls gleichmäßig tiefe Aussaat verlangt.

1. Material, Methode und Ergebnisse

Drei Jahre wurde in der Vegetationshalle in Bad Lauchstädt der Einfluß unterschiedlicher Aussaattiefen zu Sommergerste – Sorte 'Elgina' – bei differenzierten Lagerungsdichten des Löß-Schwarzerdebodens aus dem Ap-Horizont in Gefäßversuchen untersucht. Nach den Prüffaktoren und Prüfgliedern (Tab. 1)

Tabelle 1
Differenzierte Aussaattiefen und Lagerungsdichten zu Sommergerste im Gefäß

Aussaattiefe		Lagerungsdichte	
a_1	1,5 cm	b_1	45% PV
a_2	3,0 cm	b_2	55% PV
a_3	4,5 cm	b_3	Unterschicht 45% PV
a_4	6,0 cm		darüber 55% PV (45/55%)
a_5	7,5 cm	b_4	Unterschicht 55% PV
a_6	9,0 cm		darüber 45% PV (55/45%)

ist die Aussaattiefe bis 9 cm in 1,5 cm großen Abständen differenziert. Die einheitliche Bodenmenge wurde bei 60% FK hydraulisch zusammengepreßt, bzw. locker in die Töpfe eingefüllt, bzw. nur bis zur Saattiefe verfestigt oder locker gelassen und die über dem Saatgut liegende Schicht locker oder als vorgeformte Bodenplatten aufgetragen. Nach einmonatiger Versuchsdauer wurden 1971 folgende Werte im verdichteten Boden ermittelt: Porenvolumen 43%, Luftvolumen 12%, Wasservolumen 31%. Neben normaler Grunddüngung erhielten alle Gefäße bei 4facher Wiederholung 2 g N und wurden normal gegossen. Der Variante mit völliger Verdichtung bzw. der mit oberflächiger Verdichtung liegen nur Ergebnisse aus dem ersten Versuchsjahr zugrunde, in dem das Saatgut in den vorher gepreßten Boden eingebracht wurde. In den darauffolgenden Jahren wurde der Boden mit dem zuvor eingebrachten Saatgut

gepreßt bzw. die verfestigten Platten auf den Samen aufgelegt, dadurch war bei den Tiefen unter 3 cm kein Aufgang mehr zu verzeichnen.
Die Kornerträge sind in quadratischen Regressionen in Abbildung 1 dargestellt. Bei lockerem Boden stiegen die Erträge mit zunehmender Saattiefe kontinuier-

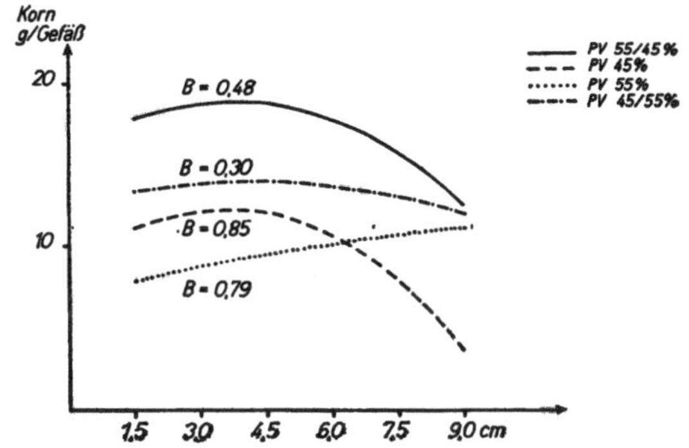

Abb. 1: Aussaattiefen bei Sommergerste bei unterschiedlicher Lagerungsdichte in ihrem Einfluß auf Gefäßversuchserträge

lich an. Starke Verfestigung des Bodens unterhalb der Saattiefe brachte bereits bei flacher Saat gleich hohe Erträge wie bei tieferer Einbringung des Saatgutes.
Auf Löß-Schwarzerde in Bad Lauchstädt und Braunstaugley in Trossin wurden zur Saatguteinbringungstiefe von Winterweizen mehrere Modellversuche mit Aussaattiefen bis zu 9 cm in 1,5 cm Intervallen durchgeführt und Breitsaat-Varianten mitgeprüft. Die Höhe der N-Gabe betrug 80 kg/ha; die Sorten waren 'Fanal' bzw. 'Poros'.
Mit zunehmender Saattiefe traten Auflaufverzögerungen ein, die bei verspäteter Aussaat bis zu 7 Tagen betrugen. Die Blattspreiten wurden schmaler und länger und zeigten eine hellere Färbung. Die Verzögerung des Aufganges mit zunehmender Saattiefe war bei Sommergerste nicht so deutlich wie bei Winterweizen. Auf die Keimdichte hatten Flachsaat, in Trossin auch die extreme Tiefsaat, negativen Einfluß. Zusätzliche Verfestigung des Saatbettes förderte die Anzahl der aufgelaufenen Pflanzen. Eine unbedeutende Bestandshöhenverminderung wurde durch tiefere Saat erzielt. Die Jahreserträge sind die Grundlage für dargestellte quadratische Regressionen (s. Abb. 2 bis 4). Die Ertragsmittel stehen in Tabelle 2. Mitgeprüfte Breitsaaten waren den Drillsaaten im Strohertrag überlegen. Die Kornerträge waren folgende:

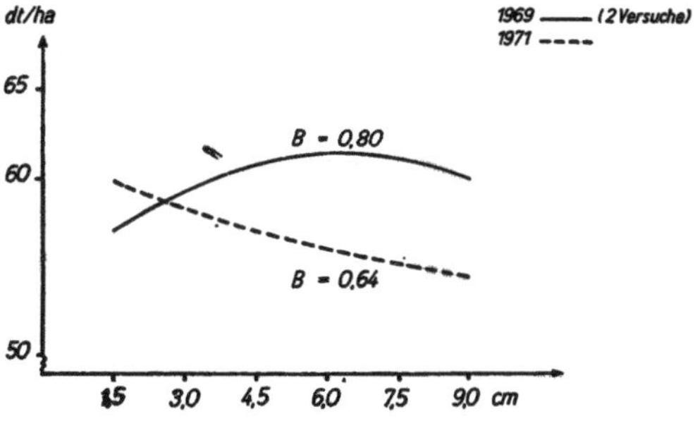

Abb. 2: Aussaattiefen und Winterweizenertrag — Bad Lauchstädt

Standort	Zahl der Wertepaare	Reihensaat	Abstand	Breitsaat
Lauchstädt	6	58,7 dt/ha	20,0 cm	56,7 dt/ha
Trossin	9	58,3 dt/ha	16,7 cm	58,6 dt/ha

Tabelle 2

Aussaattiefen und Durchschnittsertrag dt/ha

	Zahl der Ver-suche	Aussaattiefen in cm 1,5	3,0	4,5	6,0	7,5	9,0
W.-Weizen Lauchstädt	3	58,0	59,4	58,8	59,1	60,6	57,5
W.-Weizen Trossin	4	58,7	57,7	57,7	55,4	52,2	47,2
S.-Gerste Trossin	2	34,1	38,8	40,1	40,6	35,1	nicht geprüft

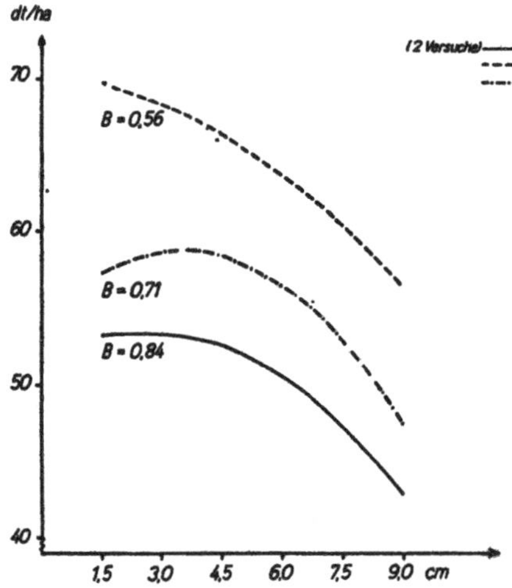

Abb. 3: Aussaattiefen und Winterweizenertrag – Trossin

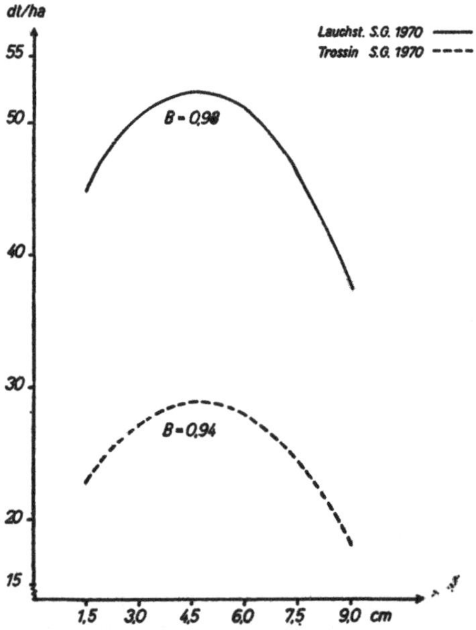

Abb. 4: Aussaattiefen und Sommergerstenertrag

Während eine Abhängigkeit des Ertrages von der Aussaattiefe nachgewiesen wurde, war dies für die in Feldversuchen geprüften Saatstärken nicht gegeben (s. Tab. 3 u. 4).

Tabelle 3

Aussaatstärke und N-Düngung zu W.-Weizen
Bad Lauchstädt 1967

Aussaatstärke kg/ha	Korn dt/ha	N-Düngung kg/ha	Korn dt/ha	rel.
108	53,7	27,6		96
		80,0	54,7	100
		80,0 + 52,4		98
200	54,7	27,6		98
		80,0		100
		80,0 + 52,4		101
292	53,5	27,6		99
		80,0		98
		80,0 + 52,4		95
GD 5%				7

Tabelle 4

Aussaatstärken zu S.-Weizen und Kornertrag, Durchschnitt von 2 Jahren

Aussaatstärke	Bad Lauchstädt		Trossin	
kg/ha	dt/ha	rel.	dt/ha	rel.
60		91		94
110		98		98
200	45,5	100	35,1	100
290		93		100
340		87		101
GD 5%		5		7

2. Diskussion und Schlußfolgerungen

Bei der Saatbettbereitung und Bestellung von Getreide in einem Arbeitsgang mit einem schnellfahrenden kombinierten Aggregat wurde in der UdSSR durch Fräsen in Saattiefe eine gleichmäßigere Bearbeitungstiefe gegenüber herkömmlicher Saatbettbereitung erreicht (Jakušenkov u. Timošenko, 1971), womit eine gleichmäßige Tiefenablage möglich wird. Die Einhaltung vorgegebener Aussaattiefen ist eine Voraussetzung für gleichmäßig aufgelaufene und kräftige Jungpflanzenbestände, die auch bei der Rationalisierung der Bodenbearbeitung durch Kombination, Reduzierung und Substitution für hohe und stabile Erträge erforderlich sind (Buhtz, 1971).
Die Festlegung der optimalen Aussaattiefe wird vom Standort und von der jeweils auszusäenden Art und Sorte bestimmt. Bei sortenspezifischen Aussaattiefenempfehlungen sollten künftig zumindest vergleichende Koleoptilenlängenmessungen im Labor vorausgehen. Für den Keimprozeß müssen dem Keimling

sowohl das erforderliche Quellwasser als auch Sauerstoff zur Verfügung stehen.

Der Aufgang verzögert sich bei verspäteter Aussaat; dies ist unter den klimatischen Bedingungen der DDR ein Kriterium gegen die extreme Tiefsaat, zumal sich diese Zeitverzögerung bei der Blattstadienentwicklung fortsetzt.

Bei Berücksichtigung der Einzel- und Durchschnittserträge sowie der Regressionen wurden unter den Versuchsbedingungen auf Löß-Schwarzerde mit Saattiefen zwischen 3 und 6 cm und auf Braunstaugley zwischen 2 und 4 cm die höchsten Winterweizenerträge erzielt. Für Sommergerste war eine um 4,5 cm tiefe Saateinbringung am ertragreichsten. Sehr flache Saaten sind auf Löß-Schwarzerde nach den Ergebnissen der hier nicht näher erläuterten Prüfgliedvariationen sowie nach den Erfahrungen der Praxis anzuwalzen.

Da in den Gefäßversuchen mit überaus hohen Dichten bei normalen Saattiefen kein Aufgang nachweisbar war, ist eine strukturschonende Saatbettbereitung und Aussaat möglichst in einem Arbeitsgang anzustreben. Die Untersuchungen über den Einfluß unterschiedlicher Aussaatstärken auf die Ertragsbildung von Winter- und Sommerweizen machen deutlich, daß bei den älteren Sorten die Aussaatstärken zu hoch bemessen waren. Trotz sehr extremer Aussaatstärken konnten kaum Ertragsunterschiede nachgewiesen werden. Zu hohe Aussaatmengen, insbesondere bei stärker zur Bestockung neigenden Sorten, führen zu kleineren Ähren mit geringerer Kornmasse und sind besonders in Trockenperioden weniger effektiv. Bei dem Anbau von 'Mironovskaja 808' sind jedoch höhere Saatmengen erforderlich.

Zusammenfassung

Gefäß- und Feldversuche zur Prüfung des Einflusses unterschiedlicher Aussaattiefen auf die Entwicklung und Ertragsbildung bei Sommergerste und Winterweizen unter Verwendung länger zugelassener Getreidesorten auf Löß-Schwarzerde und Braunstaugley zeigten, daß zur Ermittlung optimaler Saattiefen relevant sind: Boden und Klima sowie Witterung, Bodenfeuchte während der Aussaat, Lagerungsdichte des Bodens im Saatbett und in der unteren Krume, Sorte, Korngröße und weitere Korneigenschaften. Die Aussaat muß um so tiefer erfolgen, je kontinentaler das Klima ist, je geringer die Bodenwasservorräte und die Aussicht auf Niederschlag sind, je lockerer der Boden in der gesamten Krume ist und je mehr die Sorten kontinentalen Bedingungen entsprechen. Eine flachere Saat wird bei feuchteren Bodenverhältnissen, dichter lagernder Krume, verspäteter Aussaat, relativ geringer TKM und bei kurzstrohigen Getreidesorten ertragswirksam. Breitsaaten brachten gegenüber der Drillsaat auf Löß-Schwarzerde keine wesentlichen Ertragsdifferenzen. Versuche mit differenzierten Aussaatstärken älterer Getreidesorten orientieren auf Saatguteinsparung und eine weit größere Toleranz gegenüber derzeitigen Normvorschriften.

Резюме

Название работы: Результаты опытов по изучению глубины посева и нормы высева пшеницы и ярового ячменя

Вегетационные и полевые опыты по изучению влияния различной глубины посева на развитие и формирование урожая ярового ячменя и озимой пшеницы при использовании более старых районированных сортов зерновых культур на Löß-Schwarzerde и Braunstaugley показали, что для определения оптимальной глубины посева значение имеют: почва и климат, а также погодные условия, влажность почвы во время посева, плотность сложения почвы на глубине посева и в нижележаших слоях, сорт, величина зерен и другие свойства зерен. Посев должен производиться тем глубже, чем ниже запасы почвенной влаги и чем менее вероятно выпадение осадков, чем более рыхлая почва на всю глубину пахотного слоя и чем больше сорта отвечают континентальным условиям. Мелкий посев способствует получению хороших урожаев при условиях более влажной почвы, более плотного сложения пахотного слоя, запоздалом посеве, сравнительно низком весе 1000 семян и короткосоломистых сортах зерновых. Широкорядный посев по сравнению с рядовым посевом не дал на Löß-Schwarzerde значительных различий по урожайности. Опыты с дифференцированными нормами посева более старых сортов зерновых культур ориентируют на экономию посевного материала и на большую толерантность по сравнению с действующими нормами высева.

Summary

Title of the paper: Experimental results on sowing depth and sowing rate in wheat and spring barley

Pot- and field-trials for investigating the influence of varying sowing depths on development and yield formation of formerly released spring barley and winter wheat varieties, grown on loessy chernozem and brown humic gley soils, showed that the following factors are relevant for fixing optimum sowing depths: soil and climate as well as weather conditions, soil moisture during sowing, soil density in the seedbed and the lower topsoil, variety, cereal grain size and other grain properties. The seed must be placed the deeper the more continental is the climate, the smaller are the soil water reserves and the smaller the likelihood of precipitation, the looser is the soil in all the topsoil and the more the varieties correspond to continental conditions. More shallow sowing will result in good yields under moister soil conditions, with a more densely packed topsoil, delayed sowing, relatively low 1000-grain weight and with short-strawed cereal varieties. On loessy chernozem, broadcast sowing did not produce any considerable yield differences in comparison with drilled sowing. Experiments on varying sowing rates of older cereal varieties indicated that seed should be saved, with a far greater tolerance towards the current sowing rate norms being advisable.

Literatur

Bondarenko, V. I.: Reakcija prorostkov ozimoj pšenicy i rži na uglublennuju zadelku semjan (Reaktion der Winterweizen- und Roggenkeimlinge auf Tiefensaat). Vestnik s.-ch. nauki, Moskva 10 (1965) 1, S. 18–20.

Buhtz, E.: Stand u. Perspektive rationeller Bodenbearbeitung. Arch. Acker- u. Pflanzenbau u. Bodenkd. 16 (1972) 1, S. 39–51

Buhtz, E.; Behrendt, H.: Aussaattiefen zu Getreide. Arbeitsber. 1969, 14 S.

Drezgić, P.; Jevtić, S.: Uticaj dubine setve na neke kvantitativne osobine i prinos pšenice (Die Wirkung der Saattiefe auf einige quantitative Besonderheiten und die Erträge von Weizen). Savremena Poljoprivreda, Novi Sad, 11 (1963) 9, S. 587–598

Feather, J. T.; Qualset, C. O.; Vogt, H. E.: Planting depth critical for short-satured wheat varieties (Saattiefe ist entscheidend für kurzstrohige Weizensorten). Calif. Agric. 22 (1968) 8, S. 12–14.

Jakušenkov, S. M.; Timošenko, G. D.: Agregat, sovmeščajuščij obrabotku počvy i posev zernovych kul'tur (Aggregat für kombinierte Bodenbearbeitung und Bestellung von Getreide). Vestnik s.-ch. nauki, Moskva, 16 (1971) 12, S. 91–94

Kretschmer, G.: Bodentemperatur, Bestockungsknotentiefe und Überwinterung von Getreide. Z. Acker- u. Pflanzenbau 126 (1967), S. 229–256

Ogarev, V.; Ostroborodova, A.; Sizova, M.: Glubina zadelki semjan i urožaj (Saattiefe und Ertrag). Zemledelie, Moskva, 32 (1970) 7, S. 28–30

Ogarev, V.: Rastenievodstvo (Pflanzenbau). Moskva, 1971, 488 S.

Anschrift des Verfassers:

Dr. Erwin Buhtz
Forschungszentrum für Bodenfruchtbarkeit Müncheberg
– Bereich Bad Lauchstädt –
der Akademie der Landwirtschaftswissenschaften der DDR
4204 Bad Lauchstädt, Hallesche Straße 44

Tag.-Ber. Akad. Landwirtsch.-Wiss. DDR. Nr. 122. 1973. S. 43–52

Sektion Pflanzenproduktion der Martin-Luther-Universität
Halle-Wittenberg

Günter Rehbein und Heinz Schönmeier

Feldversuchsergebnisse über die Beeinflussung des Getreideertrages durch unterschiedlich hohe Güllegaben zu den Vorfrüchten

1. Problemstellung

Während der vergangenen zehn Jahre hat in der DDR infolge der raschen Verbreitung einstreuloser Aufstallungsformen in der Tierhaltung der Anteil der Gülle an der Gesamtmenge organischer Dünger zugenommen. Bei dieser Entwicklung kommt es in einer Reihe von Fällen zur Konzentration der Viehbestände verbunden mit einer Erhöhung des Viehbesatzes. Unter solchen Bedingungen gehen die Bestrebungen in der Pflanzenproduktion u. a. dahin, zu möglichst vielen Fruchtarten – darunter auch zu Getreide – die Gülle direkt anzuwenden. Mit Ausnahme reiner Leguminosenbestände gibt es auch tatsächlich kaum eine landwirtschaftliche Kulturpflanze, bei deren Anbau – richtige Dosierung und optimaler Termin vorausgesetzt – der Einsatz von Gülle prinzipiell abzulehnen wäre.

Über die direkte Gülledüngung zu Getreide liegen bereits positive Versuchsergebnisse und Erfahrungen vor (Kühn u. Lange, 1969a, 1969b). Die entsprechenden Empfehlungen lauten im allgemeinen so, daß etwa 20–35 t/ha Dickgülle ausgebracht werden sollten, und zwar zu Wintergetreide im Zeitraum Januar bis März, zu Sommergetreide ebenfalls im Winter oder bereits vor der Herbstfurche (Lange, Specht, Asmus, 1971).

In der Mehrzahl der sozialistischen Landwirtschaftsbetriebe wird der Viehbesatz in absehbarer Zeit lediglich in geringem Maße um den DDR-Durchschnitt schwanken; und damit wird die Gülle bei Ausdehnung der einstreulosen Haltung meist nicht zusätzlich anfallen, sondern an die Stelle des Stalldungs treten. Hier dominiert deshalb die Gülleausbringung zu Hackfrüchten und Nichtleguminosen–Futterpflanzen. Dem Getreide kann dabei eine mehr oder weniger ausgeprägte Nachwirkung der Gülledüngung zugute kommen. Es ist daher durchaus für die Praxis von Bedeutung, über diese Nachwirkung quantitative Angaben zu erhalten, um sie im Rahmen aller Intensivierungsmaßnahmen richtig einschätzen zu können.

2. Versuchsgrundlage

An Hand der Ergebnisse von vier Feldversuchen, die auf zwei verschiedenen Standorten im Bezirk Leipzig zur Durchführung kamen (Tab. 1), soll dargelegt werden, in welchem Maße eine Nachwirkung der Gülle im zweiten Jahr an den Getreideerträgen nachweisbar ist.

Tabelle 1

Bodencharakteristik und Nährstoffverhältnisse im Boden der Versuchsstandorte

Art der Untersuchung	Standort 1 (Seehausen) Lehm-Staugley		Standort 2 (Klitzschen) Sand-Rosterde	
	Krume	Unterboden	Krume	Unterboden
Grobsand (%)	29,2	31,4	73,8	65,7
Feinsand (%)	40,5	38,5	13,2	17,4
Schluff (%)	19,6	16,4	4,9	8,4
Ton (%)	10,7	13,7	8,1	8,5
T-Wert (mval)	8,6	—	6,3	—
N-Gehalt (%)	0,085	0,056	0,082	0,025
C-Gehalt (%)	0,90	0,31	1,10	0,27
C : N (N = 1)	10,6	5,5	13,4	10,8
pH-Wert	6,4	6,0	4,5	4,3
P laktatl. (mg/100 g Boden)	6,4	2,2	6,5	3,5
K laktatl. (mg/100 g Boden)	12,0	5,8	10,8	6,6

Die organischen Dünger wurden in allen vier Versuchen jedes zweite Jahr zu Hackfrüchten verabfolgt. Zwei Versuche gehören zu den sogenannten Gülle-Stallmist-Vergleichen. Sie lieferten in der Anfangsperiode der Gülleforschung in der DDR erste wichtige Informationen über die Güllewirkung bzw. -nachwirkung. Die Laufzeit dieser inzwischen abgeschlossenen Versuche betrug sechs Jahre, so daß je drei Nachwirkungsjahre ausgewertet werden konnten.
In den Steigerungsversuchen wurden Güllemengen bis zu einer Höhe verabreicht, die 400 kg N/ha und in einer extremen Variante 800 kg N/ha entspricht. Die mineralische Düngung wurde dabei so variiert, daß in dem einen Versuch alternativ mit und ohne NPK gearbeitet wurde, in dem anderen hingegen jeweils für Hackfrucht und Getreide zusammen die gleichen NPK-Mengen zur Anwendung kamen, die in der Gülle der entsprechenden Düngungsstufen enthalten waren. In dem letztgenannten Versuch ergaben sich damit regelmäßige Abstufungen und zahlreiche Kombinationen. Beide Steigerungsversuche wurden auf demselben Standort (Lehm-Staugley) durchgeführt. Für die Auswertung standen sechs bzw. vier Jahre, das bedeutet drei bzw. zwei Getreideernten, zur Verügung.
In den Versuchen wurden sinnvoll abgestimmte Fruchtfolgeglieder (Fruchtwechsel) eingehalten, und es kamen Getreidesorten zum Anbau, die den Emp-

fehlungen für den Standort entsprachen. Sortenspezifische Aussagen läßt das Material nicht zu. Die wichtigsten Ermittlungen, auf die hier eingegangen werden soll, erstrecken sich auf den Gesamttrockenmasse- sowie Korn- und Strohertrag, das Korn : Stroh-Verhältnis und den Eiweißgehalt. Neben einer Betrachtung von Jahresergebnissen erschien es zweckmäßig, die Güllenachwirkung auch als mehrjähriges Mittel auszuweisen, wobei es sich jeweils um verschiedene Getreidearten handelt.

3. Ergebnisse aus Gülle-Stallmist-Vergleichen

In der Literatur wird verschiedentlich die Meinung vertreten, daß die Gülle einer raschen, nahezu restlosen Mineralisierung unterliegt und daher einen schnellwirkenden Dünger darstellt, dem keine Nachwirkung eigen ist (Franz, 1960). Ohne eingehende Prüfung ließe die Zusammensetzung der Gülle, vor allem der relativ hohe Anteil löslichen Stickstoffs (ca. 40–70%) und das enge C:N-Verhältnis (z. T. < 10 : 1), das Fehlen einer Nachwirkung naheliegend erscheinen. Im Sinne einer allgemeingültigen Beurteilung dürfte eine solche pauschale Aussage aber nicht genügend begründet sein.
In einem auf der Basis einheitlicher N-Mengen durchgeführten Gülle-Stallmist-Vergleich auf zwei Standorten zeigte sich im Mittel von drei Nachwirkungsjahren mit einer Ausnahme in allen organisch gedüngten Versuchsgliedern ein signifikant höherer Ertrag an Gesamt-Trockenmasse (Korn + Stroh) gegenüber der Bezugsvariante NPK (Abb. 1). Dieses Ergebnis macht zunächst ganz allgemein sichtbar, daß eine Nachwirkung auf das Getreide vorliegt, und bestätigt damit in der neueren Literatur mitgeteilte Befunde (Balachonov, 1968; Müller u. Heisig, 1971).
Bei getrennter Betrachtung der Korn- und Stroh-Mehrerträge ergibt sich, daß auf dem Lehm-Staugley die größere Güllenachwirkung vorzugsweise bei den Stroherträgen festzustellen ist (Tab. 2).

Tabelle 2

Mehrerträge an Korn- und Strohtrockenmasse durch unterschiedliche organische Düngung in dt/ha (3jähr. Mittel)

Variante	Lehm-Staugley		Sand-Rosterde	
	Korn	Stroh	Korn	Stroh
NPK	35,1	38,9	15,0	25,2
NPK + Gülle	+ 3,0	+ 5,8	+ 1,2	+ 2,1
NPK + Gülle + Stroh	+ 2,4	+ 5,0	+ 1,5	+ 0,3
NPK + Rottemist	+ 4,3	+ 7,2	+ 1,8	+ 3,8
GD 5%	3,5	2,3	1,6	2,6

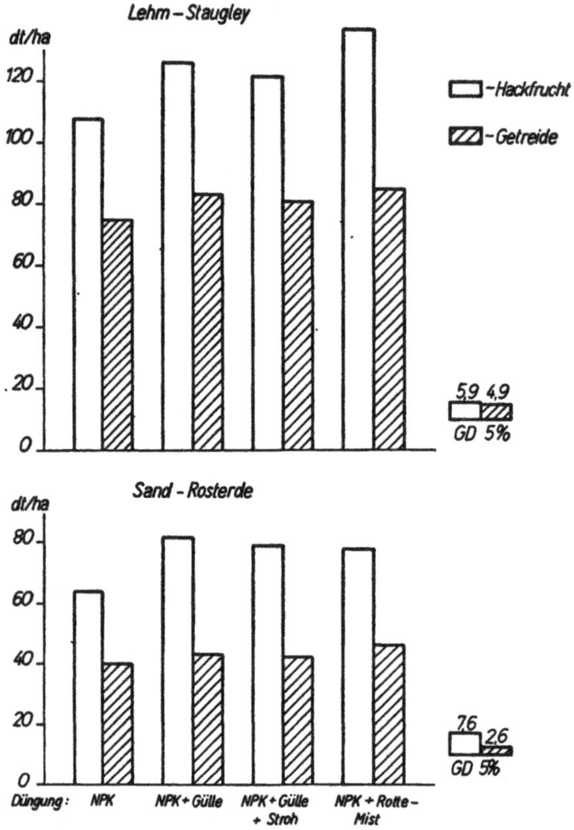

Abb. 1. Gesamt-Trockenmasseertrag der Hackfrüchte und der Getreidearten (Nachwirkung) bei unterschiedlicher organischer Düngung auf zwei Standorten (3jähriges Mittel)

4. Ergebnisse aus Steigerungsversuchen

Die Güllesteigerungsversuche auf dem Standort Lehm-Staugley müßten geeignet sein, das bisherige Bild von der Nachwirkung einer zur jeweiligen Vorfrucht verabreichten Güllegabe wesentlich klarer werden zu lassen. Aus der Abbildung 2 ist im Mittel von drei Jahren wieder ein unterschiedlicher Einfluß der Gülle auf Korn und Stroh abzulesen. Ohne zusätzliche Mineraldüngung steigerten in diesem Versuch Güllegaben bis zu 400 kg Gülle-N/ha und darüber hinaus bis zum Extrem 800 kg Gülle-N/ha den mittleren Kornertrag in den Nachwirkungsjahren nur wenig, in Kombination mit NPK überhaupt nicht. Augenfällig ist dagegen eine kontinuierliche Erhöhung des Strohertrages mit jeder weiteren Steigerung der Güllegabe.

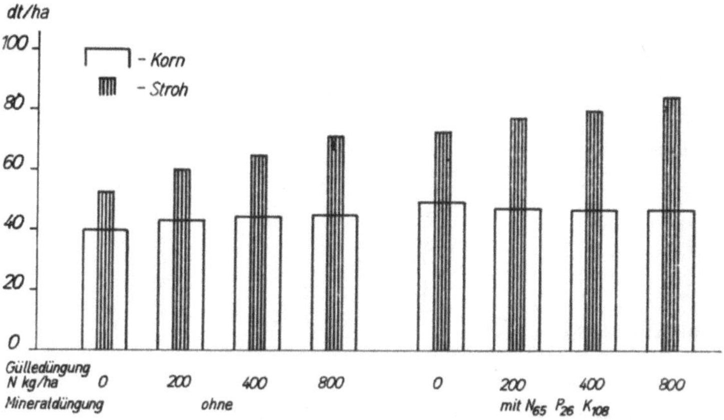

Abb. 2. Nachwirkung gesteigerter Gülledüngung auf den Korn- und Strohertrag bei differenzierter NPK-Düngung (3jähriges Mittel)

Im ersten Nachwirkungsjahr zeigte sich beim Hafer, der allerdings stark lagerte, kein positiver Einfluß der Gülledüngung auf den Kornertrag (Tab. 3).

Tabelle 3

Korn-Mehrerträge verschiedener Getreidearten durch die Nachwirkung gesteigerter Gülledüngung

Gülledüngung N kg/ha	1967 Hafer dt/ha	1969 W.-Weizen dt/ha	1971 S.-Gerste dt/ha	Mittel dt/ha	rel.
0	45,9	43,7	30,3	40,0	100
200	+ 0,3	+ 5,1	+ 5,0	+ 3,5	+ 9
400	+ 1,1	+ 5,7	+ 7,3	+ 4,7	+ 12
800	– 4,8	+ 7,6	+ 12,5	+ 5,1	+ 13
GD 5%	5,5	5,7	3,4		

Zwei Jahre später wurde bei Winterweizen in der Variante 400 kg Gülle-N/ha die Signifikanzschwelle von 5,7 dt/ha Mehrertrag erreicht. Bei der Sommergerste im Jahre 1971 bewirkten bereits die 200 kg Gülle-N aus dem Vorjahr zuverlässig um 5 dt/ha höhere Kornerträge. Wahrscheinlich ist hier ein akkumulativer Effekt nicht auszuschließen.

Die unterschiedliche Güllenachwirkung auf den Korn- bzw. Strohertrag kommt auch sehr deutlich im Korn : Stroh-Verhältnis zum Ausdruck (Tab. 4).

Als Beispiel für mögliche Auswirkungen der Gülledüngung auf die Getreidequalität sei hier der Rohproteingehalt der Körner angeführt (Tab. 5).

Klarer als beim Ertrag – weil ohne Ausnahmen – zeichnet sich bei jeder Getreideart mit zunehmender Güllemenge ein Anstieg des Rohproteingehaltes ab.

Der zweifaktorielle Versuch mit Gülle- und NPK-Steigerung läßt bisher Aussagen über die Nachwirkung von Güllegaben bis zu 400 kg Gülle-N/ha bei

Tabelle 4

Nachwirkung gesteigerter Gülledüngung auf das Korn : Stroh-Verhältnis des Getreides (3jähr. Mittel)

Gülledüngung N kg/ha	Verhältnis Stroh : Korn ohne NPK	mit NPK*
0	1,3	1,5
200	1,4	1,6
400	1,5	1,7
800	1,6	1,8

* Mittlerer NPK-Aufwand zu Getreide: N_{65} P_{26} K_{108}

Tabelle 5

Nachwirkung gesteigerter Gülledüngung auf den Rohproteingehalt der Getreidekörner

Gülledüngung N kg/ha	1967 Hafer %	1969 W.-Weizen %	1971 S.-Gerste %	Mittel %	rel.
0	12,8	12,8	9,5	11,7	100
200	13,8	13,9	10,3	12,7	109
400	14,0	14,4	10,6	13,0	111
800	15,0	14,9	12,2	14,0	120

Sommergerste und Winterweizen zu. Ohne Mineraldünger stieg der Kornertrag der Sommergerste unter dem Einfluß von 200 kg Gülle-N/ha oder mehr signifikant um maximal 6,5 dt/ha. Schon in Kombination mit 25 kg Mineraldünger-N je ha wurde der Höchstertrag erreicht, und bei jeder höheren mineralischen N-Gabe ist der Effekt der steigenden Güllegaben zur Vorfrucht nicht mehr erkennbar (Tab. 6).

Tabelle 6

Nachwirkung gesteigerter Güllegaben bei gestaffelter mineralischer N-Düngung auf den Kornertrag von Sommergerste in dt/ha

Gülledüngung zur Vorfrucht N kg/ha	Mineraldüngung N kg/ha 0	25	50	75	100	Mittel
0	36,8	43,0	44,5	44,7	42,1	42,2
100	38,9	44,9	45,8	42,6	41,1	42,7
200	41,2	45,4	43,9	44,1	43,0	43,5
300	40,8	46,3	44,0	42,5	42,9	43,3
400	43,3	44,2	45,1	43,6	43,4	43,9
Mittel	40,2	44,8	44,7	43,5	42,6	

GD 5%		
	Gülle-N-Nachwirkung	1,5 dt/ha
	Mineraldünger-N-Steigerung	1,2 dt/ha
	Kombinationen	3,0 dt/ha

Beim Winterweizen macht sich zunächst die Güllenachwirkung bei fehlender NPK-Düngung wesentlich stärker bemerkbar (Tab. 7). In der Kombination mit mineralischer N-Düngung tritt aber eine Ertragssteigerung in Abhängigkeit von

Tabelle 7
Nachwirkung gesteigerter Güllegaben bei gestaffelter mineralischer N-Düngung auf den Kornertrag von Winterweizen in dt/ha

Gülledüngung zur Vorfrucht N kg/ha	Mineraldünger N kg/ha 0	40	80	120	160	Mittel
0	27,0	42,5	50,0	54,2	54,2	45,6
100	29,7	47,3	52,4	54,4	55,8	47,9
200	37,4	46,4	51,2	56,0	54,2	49,0
300	36,7	49,3	52,4	54,5	53,4	49,3
400	42,2	49,1	54,0	54,8	54,6	50,9
Mittel	34,6	46,9	52,0	54,8	54,4	

GD 5% Gülle-N-Nachwirkung 2,0 dt/ha
Mineraldünger-N-Steigerung 1,9 dt/ha
Kombinationen 4,2 dt/ha

den Güllegaben auch nur auf der Stufe 40 kg N/ha in Erscheinung. Wichtiger erscheint jedoch, daß der Weizen auf Grund seines höheren Ertragspotentials im Vergleich zur Sommergerste stärker auf höhere Mineraldünger-N-Gaben anspricht. Die höchsten Weizenerträge wurden in der Stufe mit 120 kg Mineraldünger-N/ha erzielt.

In diesem Versuch war in den zwei Prüfjahren kein stärker ausgeprägter Einfluß der Güllenachwirkung auf den Strohertrag festzustellen. Das Korn : Stroh-Verhältnis blieb nahezu konstant.

Tabelle 8

Rohproteingehalt der Getreidekörner in Prozent bei Nachwirkung gesteigerter Güllegaben

Gülledüngung zur Vorfrucht N kg/ha	1968 Sommergerste	1970 Winterweizen
0	10,0	11,4
100	10,4	11,8
200	11,8	12,6
300	11,9	13,1
400	12,7	13,8

Die Rohproteingehalte von Sommergerste und Winterweizen der Varianten mit ausschließlicher Güllenachwirkung lassen einen deutlichen Anstieg entsprechend den gestaffelten Güllemengen erkennen (Tab. 8).

Eine Untersuchung der Gerstenkörner auf Brauqualität erbrachte in mehreren Merkmalen klare Resultate mit guter Übereinstimmung.

Tabelle 9

Nachwirkung gesteigerter Güllegaben bei gestaffelter mineralischer N-Düngung auf den Eiweißgehalt der Braugerste

Gülledüngung zur Vorfrucht N kg/ha	Mineraldüngung N kg/ha 0	25	50	75	100	Mittel
0	8,8	10,0	12,7	13,4	14,3	11,8
100	9,2	9,9	12,3	13,1	15,1	11,9
200	8,8	10,6	12,7	13,9	15,2	12,2
300	10,1	10,9	13,1	13,8	14,8	12,5
400	9,7	11,5	13,1	14,8	15,2	12,9
Mittel	9,3	10,6	12,8	13,8	14,9	

In Tabelle 9 ist wegen seiner besonderen Bedeutung im Braugerstenanbau als Beispiel der Eiweißgehalt dargestellt. Güllegaben bis zu 400 kg Gülle-N/ha, zur Vorfrucht verabreicht, wirkten im Hinblick auf den speziellen Verwertungszweck nicht nachteilig, auch nicht, wenn zu der Gerste 25 kg N/ha in mineralischer Form gegeben wurden. Die nächsthöhere Mineraldünger-N-Stufe führte aber zu einer Beeinträchtigung der Braugerstenqualität.

Zusammenfassung

Aus vier mehrjährigen Gülledüngungsversuchen, die überwiegend auf einem Standort der Bodenform Lehm-Staugley durchgeführt wurden, kann hinsichtlich der Güllenachwirkung auf den Getreideertrag folgendes abgeleitet werden: Eine Gülledüngung zu Hackfrüchten läßt im darauffolgenden Jahr eine deutliche Nachwirkung auf den Korn- und Strohertrag des Getreides erkennen. Bei Gaben bis zu 200 kg Gülle-N/ha sind Korn-Mehrerträge von 3–4 dt/ha (8–10%) zu verzeichnen. Kombinierte Stroh-Gülle-Düngung führt zu ungefähr dem gleichen Mehrertrag. Höhere Güllegaben zur Vorfrucht (bis 400 kg Gülle-N/ha) können – bei nachlassender Effektivität – eine weitere Steigerung des Kornertrages bis zu etwa 7 dt/ha bewirken. Direkt zum Getreide verabreichte gestaffelte Mineraldünger-N-Gaben ergeben in Kombination mit der Güllenachwirkung jedoch ein noch höheres Ertragsniveau. In einigen Fällen kann durch die Nachwirkung der gesteigerten Gülledüngung der Strohertrag stärker als der Kornertrag zunehmen. Ähnlich wie beim Ertrag ist auch am Rohproteingehalt der Körner der Einfluß gesteigerter Güllegaben zur Vorfrucht zu erkennen. Bei Güllenachwirkung allein (bis 400 kg Gülle-N/ha) oder in Verbindung mit den im Braugerstenbau üblichen geringen N-Gaben scheint keine Verschlechterung der Brauqualität einzutreten.

Резюме

Название работы: Результаты полевых опытов, проведенных для выявления влияния дифференцированных норм жидкого навоза под предшествующие культуры на урожай зерновых культур

Результаты четырех многолетних опытов по применению жидкого навоза, проведенных преимущественно на почве «суглинок-псевдоглей», допускают следующие выводы о последействии жидкого навоза на урожай зерновых: внесение жидкого навоза под пропашные культуры приводит в следующем году к явному последействию на урожай зерна и соломы. Нормы до 200 кг/га азота жидкого навоза дают прибавки урожая до 3–4 ц/га (8–10%). Комбинированное удобрение соломой и жидким навозом дает примерно такие же прибавки урожая. Применение повышенных норм жидкого навоза (до 400 кг/га азота) под предшествующую культуру может – при снижающейся эффективности – привести к дальнейшему повышению урожая зерна примерно до 7 ц/га. Непосредственно под зерновые внесенные возрастающие количества минерального азота в сочетании с последействием жидкого навоза еще более повышают урожаи. В некоторых случаях последействие возрастающих норм жидкого навоза сказывается в большей мере в повышении урожая соломы, чем зерна. Повышенные нормы жидкого удобрения под предшествующую культуру отражаются не только на урожае, но и на содержании сырого протеина в зерне. Одно лишь последействие жидкого навоза (до 400 кг/га азота) или же в сочетании с незначительными нормами азота, применяемыми обычно при возделывании пивоваренного ячменя, по-видимому, не приводит к ухудшению качества пивоваренного ячменя.

Summary

Title of the paper: Results of field trials regarding the influence of varying slurry applications to the preceding crops on cereal yields

Four slurry application trials covering several years and mainly conducted on a "Lehm-Staugley" (loamy humic gley) location allow to draw the following conclusions regarding the residual effect of slurry on cereal yields: Slurry application for root and tuber crops have a marked effect on the grain and straw yield of cereals of the subsequent year. At applications up to 200 kg slurry nitrogen per hectare, yield increments of 3 to 4 dt/ha (8 to 10 per cent) were recorded. Combined straw and slurry application was found to induce an equally high yield increment. Higher slurry applications for the preceding crop (400 kg N per ha) may cause a further yield rise of up to 7 dt/ha with efficiency being gradually lower. Split applications of mineral nitrogen for cereals when acting in combination with the slurry's residual effect led to even higher yield levels.

In some cases, on account of the residual effect of increased slurrying the straw yield is likely to rise more strongly than the grain yield. As in the case of yields, the crude-protein content of the grains also revealed the influence of increased slurry amounts applied to the preceding crop. The slurry's residual effect, alone (400 kg N per ha) or in combination with the low mineral N rates common in malting barley cultivation, does not appear to cause an inferior brewing quality of the crop.

Literatur

Balachonov, S. I.: Primenenie židkogo navoza na dernovo-podzolistych suglinistych počvach BSSR. Agrochimija 1968, Nr. 12, S. 51–59

Franz, H.: Feldbodenkunde. Wien-München, Verl. Fromme u. Co, 1960

Kühn, G.; Lange, I.: Der Einfluß einer Gülledüngung im Vergleich zu anderen organischen Düngemitteln. Thaer-Arch. 13 (1969a), S. 1109–1116

Kühn, G.; Lange, I.: Gülleausbringung mit Tankwagen im LVG Bad Lauchstädt. Feldwirtsch. 10 (1969b), S. 311–312

Lange, H.; Specht, G.; Asmus, F.: Einsatz der Gülle zu den Frucht- und Nutzungsarten. Feldwirtsch. 12 (1971), S. 400–402

Müller, G.; Heisig, W.: Zum Problem einer hohen Ackerbaukultur aus der Sicht der Bodenbearbeitung und Düngung. Aktuelles aus Wiss. u. Praxis f. d. soz. Landwirtsch. u. Nahrungsgüterwirtsch. d. Bez. Leipzig 1971, H. 1/2, S. 3–6

Anschrift der Verfasser:

Dr. Günter Rehbein, Dr. Heinz Schönmeier
Sektion Pflanzenproduktion – Lehrstuhl Ackerbau (Düngung) –
der Martin-Luther-Universität Halle-Wittenberg
401 Halle, Adam-Kuckhoff-Straße 35

Tag.-Ber. Akad. Landwirtsch.-Wiss. DDR. Nr. 122. 1973. S. 53–59

Institut für Düngungsforschung Leipzig-Potsdam
der Akademie der Landwirtschaftswissenschaften
der Deutschen Demokratischen Republik

KLAUS KÄMPFE

Einsatzmöglichkeiten von wasserfreiem Ammoniak in der Getreideproduktion

Wasserfreies Ammoniak konnte sich als Stickstoffdünger in größerem Umfang bisher nur in Dänemark, in den USA, in Mexiko und in Argentinien durchsetzen. Sein Anteil am Stickstoffverbrauch beträgt in Dänemark und in den USA 38,1%, in Mexiko 36,9% und in Argentinien 9%.
In vielen europäischen Ländern befindet sich NH_3 im Einführungsstadium, wobei die Verbreitungsaussichten unterschiedlich beurteilt werden. Obwohl in der DDR ebenfalls günstige Preisrelationen zwischen N-fest und NH_3 bestehen, nimmt der Verbrauch von NH_3, bedingt durch das Fehlen eines kompletten Anlagen- und Maschinensystems, nur langsam zu.
Aus den zur Gewinnung acker- und pflanzenbaulicher Normative für die NH_3-Flüssigdüngung durchgeführten Modell- und Feldversuchen lassen sich folgende Schlußfolgerungen ableiten:

1. NH_3-Düngung zu Sommergetreide

Die Düngung von wasserfreiem Ammoniak zu Futtersommergerste und Hafer im Frühjahr vor der Aussaat ist ebenso effektiv wie die Anwendung von Kalkammonsalpeter (Tab. 1). Die Aufnahme von Stickstoff, Phosphor und Kalium durch die Pflanzen wird von der N-Düngerform nicht beeinflußt.
Innerhalb der technologischen Kette „Saatbettvorbereitung“ sollte die NH_3-Düngung als einer der ersten Arbeitsgänge ausgeführt werden. Nachfolgende Bearbeitungsmaßnahmen müssen auf etwa 8 cm Tiefe begrenzt werden. Dabei darf die nachfolgende Bodenbearbeitung erst 3–4 Stunden nach der NH_3-Düngung, zu diesem Zeitpunkt ist die Sorption des NH_3 im Boden völlig abgeschlossen, erfolgen.
Auf den schweren bindigen Böden (LT und T) ergibt sich bei der NH_3-Düngung zu den im zeitigen Frühjahr auszudrillenden Sommergetreidearten bei höherer Bodenfeuchtigkeit die Problematik, daß eine flache Oberflächenbearbeitung mit anschließender Aussaat bereits früher möglich ist als eine mit der Bodenbearbeitung kombinierte 15 cm tiefe NH_3-Injektion. Das Abwarten optimaler

Tabelle 1

Einfluß einer NH_3-Düngung auf den Ertrag von Sommergetreide

Prüfglied	N-Form	Injektions-zinkenab-stand (cm)	Injektions-tiefe (cm)	1969 Korn dt/ha	rel.	Stroh dt/ha	(TM) rel.	1970 Korn dt/ha	rel.	Stroh dt/ha	(TM) rel.	1971 Korn dt/ha	rel.	Stroh dt/ha	(TM) rel.
Versuchsort Spröda															
1	NH_3	16,5	12	25,6	98	36,4	98	45,1	98	40,1	99	41,5	99	43,9	102
2	NH_3	25,0	12	25,4	98	35,2	95	43,5	94	37,2	92	41,3	98	41,7	97
3	NH_3	37,5	12	24,4	94	35,2	95	44,8	97	38,0	94	44,3	105	41,7	97
4	NH_3	16,5	20	25,2	97	36,8	99	45,3	98	40,6	100	43,8	104	40,4	94
5	NH_3	25,0	20	24,6	95	35,6	96	44,5	97	41,7	103	41,8	99	39,4	92
6	NH_3	37,5	20	24,6	95	36,2	97	45,3	98	39,1	96	40,3	96	37,8	88
7	KAS	eingegrubbert		26,0	100	37,2	100	46,1	100	40,6	100	42,0	100	42,9	100
8	ohne	—	—	18,2	70	19,8	53	38,3	83	29,4	72	23,3	55	17,6	41
GD 5%				1,7	7	—	—	6,0	13	—	—	2,6	6	—	—

Injektionsbedingungen führt zu unvertretbaren Aussaatverzögerungen, so daß auf diesen Böden bevorzugt feste N-Dünger eingesetzt werden müssen. Auf den mittleren und leichteren Standorten und bei den später zu bestellenden Fruchtarten ist dieser Umstand ohne Bedeutung.

Die Erhöhung des Injektionszinkenabstandes von 16,5 auf 25 cm bzw. auf 37,5 cm bei Injektionstiefen von 12 und 20 cm beeinflußte den Ertrag des Sommergetreides nicht negativ (Tab. 1). Die Stickstoffausnutzung verminderte sich jedoch mit steigendem Injektionszinkenabstand, wenn NH_3 20 cm tief injiziert wurde. Bei der NH_3-Düngung zu Sommergetreide sollte deshalb ein Injektionszinkenabstand von 25 cm nicht überschritten werden.

In allen Versuchen erwies sich eine Injektionstiefe von 15 cm als optimal. Die Verminderung der Injektionstiefe auf 12 cm ist nur bei sehr günstigen Bodenverhältnissen möglich, wobei die Fahrgeschwindigkeit herabgesetzt werden muß, um das seitliche Aufwerfen des Bodens neben den Injektionsreihen zu verhindern bzw. das Schließen der Injektionsschlitze zu gewährleisten.

2. NH_3-Herbstdüngung zu Wintergetreide

Die Düngung von NH_3 im Herbst zu Futterroggen (Tab. 2) kann nicht empfohlen werden. Die im Herbst mit Stickstoff gedüngten Varianten sind im Ertrag den im Frühjahr gedüngten Varianten deutlich unterlegen, durch Ertragsschwankungen in Abhängigkeit vom Witterungsverlauf in den Herbst- und Wintermonaten gekennzeichnet oder durch wesentlich niedrigere Stickstoffentzüge charakterisiert. Die geringere Ertragsleistung kann auf

Tabelle 2

Wirkung einer NH_3-Herbstdüngung auf den Ertrag von Futterroggen

Prüfglied		Trockenmasseertrag 1969 dt/ha	rel.	1970 dt/ha	rel.	1971 dt/ha	rel.
Versuchsort Canitz							
ohne N		18,1	56	33,2	94	37,1	60
120 kg N/ha als NH_3	(Herbst)	31,9	98	37,3	106	59,2	96
120 kg N/ha als KAS	(Herbst)	26,5	82	38,8	110	58,8	95
120 kg N/ha als KAS	(Frühjahr)	32,5	100	35,2	100	61,9	100
60 kg N/ha als NH_3	(Herbst)						
+ 60 kg N/ha als KAS	(Frühjahr)	30,1	93	34,4	98	67,2	109
GD 5%		3,4	10	2,1	6	11,6	19
Versuchsort Methau							
ohne N		21,1	43	—	—	52,1	81
120 kg N/ha als NH_3	(Herbst)	34,1	70	—	—	53,2	82
120 kg N/ha als KAS	(Herbst)	30,8	63	—	—	55,6	86
120 kg N/ha als KAS	(Frühjahr)	48,7	100	—	—	64,6	100
60 kg N/ha als NH_3	(Herbst)						
+ 60 kg N/ha als KAS	(Frühjahr)	38,7	79	—	—	61,9	96
GD 5%		4,8	10	—	—	5,2	8
Versuchsort Miesitz							
ohne N		23,9	62	15,3	38	32,3	59
120 kg N/ha als NH_3	(Herbst)	29,9	77	20,5	51	44,0	80
120 kg N/ha als KAS	(Herbst)	26,4	68	19,3	48	46,8	86
120 kg N/ha als KAS	(Frühjahr)	38,7	100	40,0	100	54,7	100
60 kg N/ha als NH_3	(Herbst)						
+ 60 kg N/ha als KAS	(Frühjahr)	36,7	95	38,0	95	50,4	92
GD 5%		5,3	14	3,3	8	7,1	13
Versuchsort Spröda							
ohne N		25,8	77	14,4	38	22,7	40
120 kg N/ha als NH_3	(Herbst)	35,5	106	27,9	74	45,9	82
120 kg N/ha als KAS	(Herbst)	31,4	94	30,8	81	46,7	83
120 kg N/ha als KAS	(Frühjahr)	33,4	100	37,9	100	56,1	100
60 kg N/ha als NH_3	(Herbst)						
+ 60 kg N/ha als KAS	(Frühjahr)	34,9	104	38,9	103	52,7	94
GD 5%		1,8	5	3,1	8	2,9	5

die Verlagerung von Stickstoff in größere Bodentiefen und seine verminderte Ausnutzung durch die Pflanzen zurückgeführt werden. Zu Wintergerste und Winterroggen kann die Wirkung der NH_3-Düngung ähnlich wie zu Futter-

roggen eingeschätzt werden. Die für die Entwicklung des Futterroggens als günstig eingeschätzte Anwendung eines Teiles der N-Gabe im Herbst kann nicht bestätigt werden. Die Teilung der N-Gabe brachte keine Vorteile.
Da die Abkühlung des Bodens auf + 5 °C im langjährigen Mittel erst in der 2. bis 3. Novemberdekade, einem Zeitpunkt, an dem die Aussaat des Winterweizens abgeschlossen ist, erreicht wird, kann eine NH_3-Düngung zu Winterweizen auch auf den Lö 1- und Lö 2-Standorten nicht befürwortet werden, obwohl die hohe Wasserspeicherungs- und Sorptionskapazität der N-Verlagerung entgegenwirkt.
Hinzu kommt, daß die optimale N-Gabe im Herbst vor der Aussaat des Winterweizens nicht exakt festgelegt werden kann, da selbst auf Schwarzerde eine Nitratbewegung im Boden nicht ausbleibt und die durch Mineralisierung freigesetzte N-Menge nicht im voraus bestimmt werden kann. Um eine optimale Stickstoffversorgung der Pflanzen zu gewährleisten, wäre es erforderlich, im Frühjahr den pflanzenverfügbaren Stickstoff im Boden zu bestimmen und eine Blattanalyse durchzuführen und auf deren Grundlage die Höhe der N-Ausgleichsdüngung festzulegen.
Eine besondere Form der NH_3-Anwendung ist die Injektion von NH_3 im Frühjahr in Wintergetreidebestände. In 117 ausländischen Versuchen entstand ein mittlerer Minderertrag von 4% gegenüber einer Kopfdüngung mit salzförmigem N-Dünger, der je nach Wassersättigung des Bodens, Bestandesdichte und Injektionszinkenabstand bis 26% betrug. Ursachen für die Mindererträge sind:
- Beschädigung der Wurzeln durch die Injektionszinken,
- Herausreißen der Pflanzen,
- Fahrschäden durch Traktoren und Injektionsgeräte,
- Verbrennungen an den Pflanzen durch entweichendes NH_3,
- Stickstoffverluste durch Nichtschließen der Injektionsschlitze,
- stärkeres Austrocknen des Bodens im Bereich der Injektionsschlitze.

3. Kombination einer NH_3-Herbstdüngung zu Grünhafer mit der Anwendung von DD

Das zur Verzögerung oder Verhinderung der Nitrifikation gemeinsam mit NH_3 eingesetzte Gemisch aus Dichlorpropan und Dichlorpropen konnte in seiner Wirkung befriedigen. Es deutet sich die Möglichkeit an, den Düngetermin im Herbst wesentlich vorzuverlegen und die NH_3-Herbstdüngung auf mittlere und leichtere Standorte, ohne Mindererträge erwarten zu müssen, auszudehnen.
Der Einsatz von DD wirkte sich noch auf den Ertrag der nach Grünhafer angebauten Zweitfrucht (Mais) positiv aus. Dies ist auf das Vorhandensein größerer N-Mengen im Boden zurückzuführen. Für das höhere N-Angebot sind 3 Faktoren von Bedeutung:

– Verhinderung der Verlagerung des gedüngten NH_4^+ — N
– Mineralisierung der zeitweilig akkumulierten organischen Substanz während der Regenerationsphase der Mikroorganismen
– Zusätzliches N-Angebot durch den Abbau der mit DD abgetöteten Mikroorganismen.

4. Einfluß der NH_3-Düngung auf die Keimung von Saatgut

Ein negativer Einfluß der NH_3-Düngung auf die Keimung von Saatgut ist nur zu erwarten, wenn das Saatgut direkt in die NH_3-Ausbreitungszone gedrillt wird (Tab. 3).

Tabelle 3

Einfluß des Abstandes der Saatreihen vom NH_3-Injektionszentrum auf die Keimfähigkeit von Saatgut (Anzahl der Keimpflanzen)

Fruchtart	Versuchsort	Prüfjahre	ohne N	Abstand vom Injektionszentrum (cm)			GD 5%
				0	5	10	
Futterroggen	Canitz	1968—1970	41,6	41,2	42,6	42,8	2,4
Futterroggen	Miesitz	1968—1970	44,9	43,3	44,5	43,2	2,1
Winterweizen	Schafstädt	1968	48,5	43,0	48,5	46,8	2,6
Hafer	Miesitz	1968—1970	43,0	44,3	43,3	43,9	2,6
Mais	Miesitz	1969—1970	43,0	35,5	41,3	41,8	3,2
Zuckerrüben	Schafstädt	1969—1970	34,5	34,5	36,4	34,4	3,4
Futterkohl	Schafstädt	1969—1970	37,3	38,3	37,1	36,4	3,9

N-Gabe: 200 kg/ha

Keimschäden werden ausgeschlossen durch
– Einhalten einer NH_3-Injektionstiefe von 15 cm,
– Einhalten optimaler Aussaattiefen,
– Verfestigung des Bodens nach der NH_3-Düngung,
– Drillen quer zu den NH_3-Injektionsreihen.

Bei der Anwendung sehr hoher NH_3-Gaben (300–400 kg/ha) sollte die Injektionstiefe auf 18–20 cm erhöht werden. Dies wirkt sich günstiger auf die Keimung aus, als das Einfügen einer Zeitspanne zwischen NH_3-Düngung und Aussaat (Aussaatverzögerung).

Zusammenfassung

Die Düngung von NH_3 im Frühjahr zu Sommergetreide ist ebenso effektiv wie die Anwendung von Kalkammonsalpeter. Schwere Lehmböden und Tonböden scheiden für die NH_3-Düngung aus. Bei der Düngung von NH_3 zu

Sommergetreide kann ein Injektionszinkenabstand von 25 cm nicht überschritten werden. Eine Injektionstiefe von 15 cm ist nur bei günstigen Bodenverhältnissen zu unterschreiten. Eine NH_3-Herbstdüngung zu Wintergerste, Winterroggen, Futterroggen und Winterweizen kann nicht empfohlen werden. Sie ist mit erheblichen Mindererträgen und geringerer N-Ausnutzung verbunden. Durch die kombinierte Anwendung von NH_3 und Inhibitoren im Herbst deutet sich die Möglichkeit an, den Düngetermin vorzuverlegen und die NH_3-Herbstdüngung auf mittlere und leichtere Standorte auszudehnen.

Резюме

Название работы: Возможности применения безводного аммиака под зерновые культуры

Внесение NH_3 весной под яровые зерновые культуры дает такой же эффект, как применение известково-аммиачной селитры. На тяжелых суглинистых и глинистых почвах NH_3 не применяют. При внесении NH_3 под яровые зерновые культуры расстояние между сошниками машины не должно превысить 25 см. Внесение NH_3 на глубину менее 15 см допускается лишь в благоприятных почвенных условиях. Вносить NH_3 осенью под озимый ячмень, озимую рожь, кормовую рожь и озимой пшеницы не рекомендуется, так как это приводит к значительным недоборам урожая и менее хорошему использованию азота. Комбинированное применение NH_3 и ингибиторов осенью, по-видимому, позволяет переносить удобрение на более ранний срок и распространять осеннее удобрение NH_3 также на средние и легкие почвы.

Summary

Title of the paper: Possibilities of using anhydrous ammonia in cereal production

Spring application of ammonia to spring-sown cereals is as efficient as fertilization with calcium-ammonium nitrate. Heavy loam and clay soils cannot be fertilized with NH_3. When applying NH_3 to spring cereals the distance between the injection tines should not exceed 25 cm. Only in case of favourable ground conditions, an injection depth of more than 15 cm can be reached. Autumn application of anhydrous ammonia to winter barley, winter rye, forage rye, and winter wheat is not recommendable. It would result in considerable yield depressions and low nitrogen utilization. By way of combined application of NH_3 and growth inhibitors in autumn it would be possible to anticipate the date of application and to extend NH_3 autumn fertilization to locations with medium and fairly light soils.

Anschrift des Verfassers:

Dr. Klaus Kämpfe
Institut für Düngungsforschung Leipzig-Potsdam
der Akademie der Landwirtschaftswissenschaften der DDR
7022 Leipzig, Gustav-Kühn-Straße 8

Tag.-Ber. Akad. Landwirtsch.-Wiss. DDR. Nr. 122. 1973. S. 61–66

Institut für Düngungsforschung Leipzig-Potsdam
der Akademie der Landwirtschaftswissenschaften
der Deutschen Demokratischen Republik

RAINER ZIMMERMANN

Wirkung einer ungleichmäßigen Düngerverteilung auf den Getreideertrag

In der Landwirtschaft der DDR wird die eingesetzte Stickstoffmenge bis 1975 auf 123 kg/ha erhöht. Mit der Einführung des ökonomisch-mathematischen Modells für Düngesysteme sind der Praxis Möglichkeiten gegeben, für jede Fruchtart, entsprechend der Vorfrucht, der organischen Düngung und anderer Einflußfaktoren, die optimalen Düngermengen berechnen zu lassen. Optimierte Stickstoffgaben sichern dem Betrieb einen maximalen Gewinn. Leider wird der Erfolg der Verabreichung über EDV berechneter Düngergaben gegenwärtig noch stark vermindert durch eine unsachgemäße Düngerausbringung. Besonders mit dem Einsatz des Schleuderdüngerstreuers für die Stickstoffdüngung sind starke Abweichungen bei der Düngerverteilung verbunden. Auf dem Prüfstand werden mit Zentrifugalstreuern Abweichungen von 10–15% erreicht, die für die effektive Nutzung der mineralischen N-Dünger ausreichend sind. Leider werden diese Prüfstandsparameter in der Praxis in den seltensten Fällen erreicht. Schon eine Annäherung an die höchstzulässige Streugenauigkeitsabweichung von 15% ist unter Praxisbedingungen sehr problematisch. Es wird eingeschätzt, daß gegenwärtig die Stickstoffdüngemittel mit etwa 30% Abweichung ausgebracht werden. Streugenauigkeitsabweichungen von 50% und mehr sind jedoch auch keine Seltenheit. Um die Ertragsverluste durch unsachgemäße Düngerausbringung möglichst gering zu halten, wird vom pflanzenbaulichen Standpunkt gefordert, daß die Streugenauigkeitsabweichungen bei der Stickstoffausbringung 15% nicht übersteigen.
Zur Untersuchung des Einflusses einer ungleichmäßigen Düngerverteilung auf den Ernteertrag wurden 1970 an mehreren Standorten Feldversuche angelegt. Außerdem erfolgten die Berechnungen der Ernteverluste bei streifenweiser ungleichmäßiger Düngerverteilung mit Hilfe der vom Institut für Mineraldüngung Leipzig und der Zweigstelle Potsdam erarbeiteten Produktionsfunktionen für die N-Düngung. Bei der rechnerischen Ermittlung der Ertragsverluste durch ungleichmäßige Düngerverteilung wurde davon ausgegangen, daß bei einer streifigen Düngerverteilung die einzelnen Streifenerträge den Einzelerträgen eines N-Steigerungsversuches gleichzusetzen sind. Die Produktionsfunktionen, die die Grundlage für die Ermittlung der Ertrags- und

Gewinnverluste bei unterschiedlicher Streugenauigkeitsabweichung bildeten, liegen für 53 Frucht- und Nutzungsarten sowie für 3 Klimazonen und 5 Bodengruppen vor. Zur Ermittlung der Gewinnverluste wurden die Mehrerntekosten bei gesteigerter N-Düngung sowie die Kosten für die entzogenen Nährstoffe mit in die Berechnungen einbezogen.

Während bei unsachgemäßer Handhabung von Schleuderstreuern ein streifiges Streubild entsteht, bei dem sich innerhalb der Streifen die Düngerdosis wenig verändert, ist bei Verwendung von Ketten- oder Tellerdüngerstreuern mit technischen Mängeln bzw. bei schlechter Düngerqualität mit einer unregelmäßigen Verteilung des Düngers zu rechnen. Inwieweit die Nutzpflanzen auf eine Düngerverteilung im Schachbrettmuster mit Ertragsminderungen reagieren und bis zu welchem Abstand der hohen von der niedrigen Düngermenge die Wurzeln der einzelnen Kulturpflanzen ausgleichen, wird in den Feldversuchen geprüft. Neben Sommergerste und Winterroggen wurde der Versuch auch mit Feldgras, Futtermais, Kartoffeln und Zuckerrüben angelegt. Zur Überprüfung der Höhe der Lagerverluste bei überhöhter N-Düngung erfolgte 1971 die Anlage weiterer Feldversuche.

Folgende Ergebnisse wurden bisher erzielt:

Aus den Berechnungen der Ertragsverluste mit Hilfe der Produktionsfunktionen geht deutlich hervor, daß die Verluste je Prozent Streugenauigkeitsabweichung mit der Erhöhung des Düngungsniveaus stark ansteigen. Bei einem Mineral-N-Einsatz von 60 kg/ha ist durch 30% Streugenauigkeitsabweichung mit einem Ertragsausfall von 0,4 dt/ha zu rechnen. Der gleiche Ertragsverlust tritt bei einem Düngereinsatz von 90 kg N/ha bereits durch 20% Streugenauigkeitsabweichung auf. Diese Tatsache verdient besondere Beachtung, da mit gesteigerter Zufuhr mineralischer Düngemittel auch die Gefahr der Düngungsschäden durch unsachgemäße Düngerausbringung weiter ansteigt. Die in der TGL 80-6472 getroffene Festlegung hinsichtlich der Höhe der zulässigen Streugenauigkeitsabweichungen dürfte auch beim Einsatz optimaler Düngergaben von 90–100 kg N/ha zu Getreide noch ausreichend sein, da bei 15% Streugenauigkeitsabweichung die Ertragsausfälle bei 0,2 dt/ha liegen und eine weitere Senkung technisch nur mit starkem Mehraufwand möglich ist (Tab. 1).

Tabelle 1

Ertragsausfälle durch ungleichmäßige streifenartige Düngerverteilung, berechnet über Produktionsfunktionen

Fruchtart	Ertragsverlust in dt/ha bei einer Abweichung von:					
	± 10%	± 15%	± 20%	± 30%	± 50%	± 100%
Winterweizen	0,10	0,22	0,38	0,86	2,38	9,55
Winterroggen	0,09	0,21	0,37	0,84	2,33	9,34
Wintergerste	0,09	0,21	0,37	0,83	2,29	9,16
Sommergerste	0,10	0,23	0,41	0,92	2,55	10,19
Hafer	0,09	0,20	0,37	0,81	2,24	8,98

Bei der Konzipierung und Entwicklung neuer Streuer und neuer Streuprinzipien ist zu erreichen, daß 15% Streugenauigkeitsabweichung auch unter sehr schwierigen Bedingungen in der Praxis nicht überschritten werden.
Die schachbrettartige Düngerverteilung im Feldversuch mit gestaffelter Abweichung von der optimalen Streumenge und unterschiedlichen Teilflächengrößen ergab, daß bei Teilflächengrößen von $\leqq$ 0,56 m² das Wurzelwachstum Streufehler ausgleicht. Obwohl 10–14 Tage nach dem Düngerstreuen die einzelnen überdüngten bzw. zu wenig gedüngten Teilflächen sich deutlich abzeichneten, verschwanden die Unterschiede im Bestand im Verlaufe der Vegetationsperiode immer mehr, bis schließlich zur Erntezeit ein sehr ausgeglichener Bestand vorhanden war. Bei 1 m² Teilflächengröße brachten 35% Streugenauigkeitsabweichung teilweise bereits Ertragsverluste mit sich. Daraus folgert, daß bei einer ungleichmäßigen Düngerverteilung die Flächen mit Über- bzw. Unterdüngung nicht weiter als 0,5 m auseinander liegen sollten. Abweichungen von 10–20% werden auf kleinen Teilstücken von $\leqq$ 0,25 m² bei guter Nährstoffversorgung des Bodens weitgehend ausgeglichen (Tab. 2 u. 3).

Tabelle 2
Wirkung einer ungleichmäßigen, im Schachbrettmuster angelegten Düngerverteilung auf den Ernteertrag

Versuchsort: Methau — Fruchtart: Feldgras

Prüfjahr: 1971 Variante	$\bar{x}$ N-Menge: 120 kg/ha dt/ha	rel.
1. (0,25 m²) ± 10% Abweichung	315	100
2. (0,25 m²) ± 20% „	335	106
3. (0,25 m²) ± 35% „	323	103
4. (0,25 m²) ± 50% „	310	98
5. (0,25 m²) ± 100% „	288	91
6. 1,0 m² ± 10% „	316	100
7. 1,0 m² ± 20% „	325	103
8. 1,0 m² ± 35% „	295	94
9. 1,0 m² ± 50% „	296	94
10. 1,0 m² ± 100% „	251	80

Hohe Ernteverluste treten jährlich durch lagernde Getreidebestände auf. Bei den z. Z. zu Getreide eingesetzten N-Mengen ist die häufigste Ursache für ein partielles Lager in einer schlechten Düngerverteilung zu suchen, wobei Niederschlags- und Windverhältnisse, Bodenfeuchte und Sortenbesonderheiten ebenfalls eine große Bedeutung haben.
Erste Ergebnisse der durchgeführten Feldversuche zeigen, daß der Ertragsausfall stark vom Zeitpunkt der Lagerung abhängt und bis 50% des Gesamtertrages ausmachen kann (Tab. 4).
Die erste N-Gabe zu Getreide sollte bei guter Vorfrucht keinesfalls zu hoch bemessen werden. Außerdem ist gerade bei der N-Grunddüngung im Frühjahr

Tabelle 3

Wirkung einer ungleichmäßigen, im Schachbrettmuster angelegten Düngerverteilung auf den Ernteertrag

Versuchsort: Canitz — Fruchtart: Sommergerste

Prüfjahre: 1970, 1971 — $\bar{x}$ N-Menge: 70 kg/ha

Variante	1970 dt/ha	1970 rel.	1971 dt/ha	1971 rel.
1. Teilflächengrößen				
— ohne Unterteilung	52,9	100	38,3	100
— (0,25 m^2)	52,1	98,5	37,0	96,6
— (0,50 m^2)	51,5	97,4	37,9	98,9
— (0,75 m^2)	53,7	101,5	38,4	100,2
— 1,0 m^2	50,2	94,9	34,0	88,7
2. Abweichung von der mittleren Streumenge				
— ± 0%	52,9	100	38,3	100
— ± 10%	51,5	97,4	37,7	98,4
— ± 20%	52,4	99,1	37,0	96,6
— ± 35%	50,8	96,0	36,8	96,0
— ± 50%	52,8	99,8	35,8	93,4
GD 5%	5,77	10,9	3,48	9,1

Tabelle 4

Ertrags- und Qualitätsbeeinflussung durch Lagerbildung

Fruchtart: Winterweizen

Prüfjahr: 1971

Variante	Versuchsort ME Ertrag dt/ha	rel.	TKM g	Versuchsort SA Ertrag dt/ha	rel.	TKM g
aufrecht stehendes Getreide	57,0	100	46,8	59,9	100	43,2
Lagerung zur Blüte	36,0	63	37,4	26,5	44	29,3
Lagerung 14 Tage nach der Blüte	44,7	78	39,0	33,5	56	32,0
Lagerung 4 Wochen nach der Blüte	46,3	82	42,6	52,0	87	38,9

Tabelle 5

Jährliche Verluste durch ungleichmäßige Düngerverteilung (bei 30% Abweichung) für die Getreideanbaufläche der DDR

Fruchtart	Anbaufläche ha	$\bar{x}$ Ertrag dt/ha	Ertragsverlust dt/ha	Ertragsverlust gesamt dt
Winterweizen	569161	36,1	0,86	489478
Winterroggen	674653	21,9	0,84	566709
Wintergerste	320085	30,8	0,83	265671
Sommerweizen	29030	27,1	0,85	24676
Sommergerste	319424	29,4	0,92	293870
Hafer	209624	26,6	0,81	169795
Getreidegemenge	153564	22,3	0,86	132065
				1942264

den Fragen der Streuqualität größte Beachtung zu schenken, um eine streifenweise Überdüngung zu vermeiden.
Zur größeren Verdeutlichung der dargelegten Problematik wurden die Ertragsverluste bei 30% Streugenauigkeitsabweichung für die Getreideanbaufläche der DDR berechnet (Tab. 5).

Zusammenfassung

Mit der Erhöhung des Düngungsniveaus erlangen die Probleme der genauen gleichmäßigen Stickstoffdüngerverteilung zunehmende Bedeutung. Es werden die Ergebnisse von Feldversuchen mit schachbrettartiger Düngerverteilung sowie Ergebnisse von Ertragsverlustberechnungen unter Verwendung vorliegender Produktionsfunktionen besprochen. Während bei einer streifigen Düngerverteilung 15% Abweichung von der optimalen Streumenge nicht überschritten werden sollte, kann bei einer Düngerverteilung im Schachbrettmuster die Streugenauigkeitsabweichung 20–30% betragen, wenn die Teilflächen $\leqq 0{,}56$ m² sind. Dargestellte Ergebnisse von Lagerungsversuchen zeigen, daß besonders die frühe Lagerung zu bedeutenden Ertrags- und Qualitätsminderungen führt. Daraus wird geschlußfolgert, daß vor allem der genauen Verteilung der 1. N-Gabe große Aufmerksamkeit geschenkt werden muß, um die „technologische Streifenkrankheit“ zu verhindern.

Резюме

Название работы: Влияние неравномерного распределения удобрений на урожай зерна

С увеличением уровня применения удобрений все большее значение приобретают проблемы точного, равномерного распределения азотных удобрений. Обсуждаются результаты полевых опытов с распределением удобрений по принципу шахматной доски, а также результаты расчета снижения урожая с использованием имеющихся производственных функций. Если при распределении удобрений полосами не следует превышать 15-процентное отклонение от оптимального количества вносимого удобрения, то при внесении удобрений по схеме шахматной доски отклонение от точности рассева может составлять 20–30%, если частичные площади $\leqq 0{,}56$ м². Изложенные результаты опытов по хранению показывают, что особенно ранняя закладка на хранение приводит к значительному снижению урожайности и качества, из этого делается вывод, что прежде всего следует обращать внимание на точное распределение первых доз азотных удобрений, чтобы предупредить появление «технологической полосатой болезни».

Summary

Title of the paper: The effect of non-uniform fertilizer distribution on the grain yield

As the level of fertilization goes up, greater attention must be paid to the precise and uniform distribution of nitrogen fertilizers. The paper deals with the results of field trials with fertilizer distribution by the chess-board design as well as with the results of yield loss calculations using the available production functions. While in case of striped fertilizer distribution the variation from the optimal amount should not exceed 15%, fertilizer distribution by the chess-board design may result in 20 to 30% variation, if the subunits are $\leqq$ 0.56 sq. m. in size. The results of lodging experiments show that above all early lodging leads to a considerable decline of yield and quality. Therefore great attention should be paid above all to the proper distribution of the first nitrogen application in order to prevent the "technological strip disease".

Anschrift des Verfassers:

Dr. Rainer Zimmermann
Institut für Düngungsforschung Leipzig-Potsdam
der Akademie der Landwirtschaftswissenschaften der DDR
7022 Leipzig, Gustav-Kühn-Straße 8

Tag.-Ber. Akad. Landwirtsch.-Wiss. DDR. Nr. 122. 1973. S. 67 – 75

Institut für Düngungsforschung Leipzig-Potsdam
der Akademie der Landwirtschaftswissenschaften
der Deutschen Demokratischen Republik

GÜNTER RINNO, KLAUS EBERT und MANFRED WILDNER

Einfluß der Stickstoffdüngung auf den Aminosäuregehalt von Körnerleguminosen

1. Problemstellung

Die steigende Produktion von Fleisch und Milch in der DDR vergrößert den Bedarf an eiweißreichen Futterstoffen. Fisch- und Tierkörpermehle werden infolge der wachsenden Nachfrage auf dem Weltmarkt zunehmend teurer. Das gleiche gilt für die bedeutende eiweißreiche Pflanze, die Sojabohne. Da ihr Ertrag in der DDR nur 50% desjenigen der Ackerbohne und Erbse ausmacht, ist sie nur als Importprodukt verfügbar (ZAUSCH u. KUNZE, 1969).
Der Rohproteingehalt der Körnerleguminose ist etwa 2–3mal so hoch wie der von Getreide. Auch der Rohproteinertrag liegt mit 6–7 dt/ha etwa 50% höher als bei Getreide. Über die Erhöhung und Stabilisierung des Ertrages, wofür sich in der Züchtung Erfolgsmöglichkeiten andeuten, kann der Eiweißertrag noch erheblich gesteigert werden (ŠIMŮNEK, 1970). Dem Anbau von Ackerbohnen wird in verschiedenen Ländern zunehmende Bedeutung beigemessen. So stieg z. B. in Dänemark die Anbaufläche von 1000 ha im Jahre 1967 auf 20000 ha im Jahre 1969 an (N. N. 1970), wobei neue, gegen Krankheiten resistente Sorten Durchschnittserträge von 35 dt/ha brachten.
Eine weitere günstige Eigenschaft der Körnerleguminosen ist die vorteilhafte Zusammensetzung ihres Proteins. In Tabelle 1 ist der Gehalt an den meist in unzureichendem Maße vorhandenen, die Wirkung des Proteins limitierenden

Tabelle 1

Gehalt an limitierenden Aminosäuren in verschiedenen Futterstoffen (n. NEHRING u. a., 1970)

	g/16 g N Lysin	Tryptophan	Cystin	Methionin
Fischmehl	8,0	1,0	1,2	3,0
Ackerbohne	6,0	0,9	0,8	0,8
Saaterbse	7,2	1,0	1,1	0,8
Winterweizen	2,8	1,1	2,0	1,6
Mais	2,9	0,7	1,7	2,0
Sojaextraktionsschrot	6,4	1,3	1,6	1,3

Aminosäuren in einigen Futterstoffen wiedergegeben. Ackerbohnen und Erbsen üben mit einem Lysingehalt, der ebenso hoch ist wie in Sojaextraktionsschrot, eine erhebliche Ergänzungswirkung auf die Aminosäurezusammensetzung des Proteins im Grundfutter aus. Diese Ergänzungswirkung gewinnt zunehmende Bedeutung für den Futterwert eines Eiweißfuttermittels und bei der industriellen Aufarbeitung für neue Nahrungsmittel. Der wirksame Einsatz der Ackerbohne in der Fütterung ist kürzlich von WALLMEN (1970) dargelegt worden. Werden die Leguminosen in einem entsprechenden Umfang als Bestandteil des Kraftfutters eingesetzt, ist nicht mit einer ungünstigen Wirkung durch die Trypsininhibitoren, die in allen Bohnen, oder durch toxisch wirkende Proteine mit einer hämolytischen Wirkung, die als Vicin in Ackerbohnen nachgewiesen sind, zu rechnen (SCHREIBER, 1968). Der von WALLMEN genannte rationelle Anteil der Ackerbohnen in der Tierernährung – etwa 10–20% des Kraftfutters – würde eine wesentliche Erweiterung des Anbaues in der DDR erforderlich machen.

Einer wesentlichen Ausdehnung der Anbaufläche der Körnerleguminosen stehen pflanzenbauliche und phytopathologische Probleme entgegen, die aber bis zu einem bestimmten Anbauumfang beherrschbar sind. Durch Düngung – insbesondere mit Stickstoff – konnte die Produktion bei den in der Vergangenheit anwendbaren Düngermengen nicht bzw. je nach Vorfrucht und Standort nur wenig gesteigert werden (LAVRINENKO u. ISAEV, 1969; LISENKO, 1970). Die Stickstoffgewinnung der Leguminosen durch Symbiose geht mit zunehmendem Angebot an leicht verfügbarem Stickstoff im Boden zurück. Es war zu untersuchen, ob bei den heute unserer Landwirtschaft zur Verfügung stehenden wesentlich größeren Stickstoffmengen, die vor allem auf sorptionsstärkeren Böden zu einer Anhebung des N-Spiegels im Boden führen können, eine bessere Stickstoffversorgung der Leguminosen als durch Symbiose mit den Knöllchenbakterien möglich ist. Neben der Auswirkung auf den Ertrag war die Möglichkeit einer Steigerung des Rohproteingehaltes – insbesondere durch zusätzlich späte N-Düngung – zu prüfen. Weiterhin war zu ermitteln, wie sich die biologische Wertigkeit des Proteins der Leguminosenkörner unter dem Einfluß hoher und später N-Gaben verhält.

2. Lösungsweg

Zur Klärung dieser Probleme diente 1970 ein Gefäßversuch mit einem Lehmboden aus Schafstädt, pH 6,4, der mit Sand 1 : 1 vermischt war. 1971 stand ein Feldversuch mit Ackerbohnen auf 2 Standorten im Norden der DDR zur Verfügung. Das Saatgut war mit Azotogen geimpft. Der Rohproteingehalt wurde anhand einer modifizierten N-Bestimmung nach Kjeldahl und Multiplikation mit dem Faktor 6,25, der Gehalt an „verfügbarem Lysin“ nach einer variierten Methode von CARPENTER mit Dinitrochlorbenzol in Anlehnung an RUTKOWSKI u. CHODKOWSKA-LASSOW (1965), der Tryptophangehalt nach ROBEL (1967) und der Methionin- und Cystingehalt – nach Oxydation mit Perameisensäure und säulenchromatischer Auftrennung mit Puffer von pH 2,8 und 15 °C – ermittelt (LEWIS, 1966; SCHMIDT, 1968). Die übrigen Aminosäuregehalte wurden freundlicherweise im Zentrallabor der Martin-Luther-Universität Halle säulenchromatographisch bestimmt.

3. Ergebnisse und Diskussion

Durch hohe und späte N-Gaben wird bei Ackerbohnen weder der Ertrag noch der Rohproteingehalt gesteigert (Tab. 2). Beim Ertrag ist sogar ein Trend zur Abnahme bei hohen und späten N-Gaben vorhanden. Daraus ist auf eine vollständige Deckung des N-Bedarfs der Ackerbohne aus der Symbiose mit den

Tabelle 2

Einfluß einer N-Spätdüngung auf Ertrag, Rohproteingehalt und -zusammensetzung von Ackerbohnen und Felderbsen

	N-Düngung*		Ertrag	Roh-	g Aminosäure/16 g N			
	g/Gefäß	Zeit	g/Gefäß	prot. %	v. Lys.	Trypt.	Cys.	Meth.
Ackerbohnen	0		71,9	29,4	3,69	0,78	1,55	1,05
Vicia faba	1	a**	68,9	29,8	3,75	0,75	1,42	0,73
Sorte 'Fribo'	1	b	64,0	29,7	3,27	0,77	1,54	0,96
	1	c	63,3	29,8	4,27	0,77	1,89	1,15
	1 + 1	d	69,1	29,4	4,92	0,78	1,39	0,74
	1 + 1	e	66,0	29,1	4,13	0,76	1,55	0,81
		GD 5%	6,8					
Felderbsen	0		40,3	22,9	4,83	0,89	1,76	0,93
Pisum arvense	1	a	53,6	20,6	3,93	0,90	2,03	1,00
Sorte	1	b	50,7	23,2	3,75	0,89	1,84	1,09
'Hödinger'	1	c	46,6	23,9	4,50	0,86	1,91	1,08
	1 + 1	d	47,8	21,8	4,87	0,90	1,97	1,34
	1 + 1	e	45,9	24,2	4,72	0,85	1,72	0,93
		GD 5%	6,9					

* Alle Gefäße erhielten außerdem vor der Aussaat 0,3 g N

** a ≙ bei Blühbeginn, b ≙ 14 d nach Blühbeginn (n. B.), c ≙ 28 d n. B., d ≙ bei und 14 d n. B., e ≙ 14 und 28 d n. B.

Knöllchenbakterien zu schließen. Die N-Versorgung aus der Symbiose ist – auch bei gutem Ertragsniveau – zur Ausbildung des hohen Rohproteingehaltes ausreichend, der ebenfalls weder durch hohe noch durch späte N-Düngung weiter gesteigert werden kann. Entweder ist die physiologisch mögliche „Rohproteinkonzentration" der verwendeten Ackerbohnensorte bei diesen Rohproteingehalten erreicht, oder die N-Versorgung aus der Symbiose ist optimal, so daß sie durch keine der gewählten N-Düngungsvarianten übertroffen wird. Selbst eine sehr späte zusätzliche N-Gabe konnte den Rohproteingehalt nicht mehr erhöhen.

Der Gehalt an den meist limitierenden essentiellen Aminosäuren ändert sich unterschiedlich; der Anteil an „verfügbarem Lysin“ (v. Lys.) nimmt bei hoher und später N-Düngung erheblich zu (Tab. 2), der von Tryptophan bleibt gleich, während der von Methionin nicht systematisch verändert wird. Die absolute Höhe des Methioningehaltes (Meth.-Gehalt) ist mit 0,8–1,3 g/16 g N ($\bar{x}$ = 1,1) geringer als bei Mais und Weizen.
Bei Felderbsen (*Pisum arvense*) bewirkt die N-Düngung demgegenüber einen kräftigen Ertragsanstieg; er wird bei späterem Anwendungstermin geringer. Gleichzeitig steigt der Rohproteingehalt. Eine Verdoppelung der N-Gabe führt zu keinem weiteren Ertragsanstieg und nur bei der späteren Anwendung zu höherem Rohproteingehalt. Das verfügbare Lysin ist in den Düngungsvarianten mit dem starken Ertragsanstieg erheblich vermindert; der Tryptophan- und Methioninanteil zeigt keine bzw. keine gerichteten Veränderungen.
Zwei Sorten von *Pisum sativum* zeigen ebenfalls eine Steigerung des Ertrages und Rohproteingehaltes durch die N-Düngung (Tab. 3). Der Gehalt an verfügbarem Lysin wird bei den Ertragsanstiegen unterschiedlich verändert. Er ist

Tabelle 3

Einfluß einer N-Spätdüngung auf Ertrag, Rohproteingehalt und -zusammensetzung von Speise- und Schalerbsen

	N-Düngung* g/Gefäß	Zeit	Ertrag g/Gefäß	Roh-prot. %	g Aminosäure/16 g N v. Lys.	Trypt.	Cys.	Meth.
Speiseerbsen	0		36,7	20,9	4,73	0,91	2,00	1,63
Pisum sativum	1	a**	47,1	17,8	5,00	0,91	2,19	1,78
Sorte	1	b	44,3	22,0	4,89	0,86	2,28	1,23
'Goldkugel'	1	c	39,0	22,1	4,59	0,84	1,88	1,08
	1 + 1	d	48,2	22,5	4,69	0,87	1,72	1,18
	1 + 1	e	40,9	23,7	4,03	0,83	1,93	0,90
		GD 5%	6,7					
Schalerbsen	0		18,8	17,9	4,40	0,88	2,08	1,24
Pisum sativum	1	a	32,8	20,8	4,43	0,91	1,96	1,55
Sorte 'Frühe	1	b	22,8	24,2	3,93	0,85	1,73	1,29
Harzerin'	1	c	19,4	19,6	4,94	0,87	1,84	1,58
	1 + 1	d	35,2	25,5	4,71	0,79	1,67	1,73
	1 + 1	e	23,0	23,8	4,53	0,79	1,36	0,93
		GD 5%	3,9					

* Alle Gefäße erhielten außerdem vor der Aussaat 0,3 g N
** a ≙ bei Blühbeginn, b ≙ 14d nach Blühbeginn (n. B.), c ≙ 28d n. B., d ≙ bei und 14d n. B., e ≙ 14 und 28d n. B.

jedoch bei den späten Anwendungszeitpunkten annähernd ebenso hoch wie ohne N-Düngung. Im Tryptophangehalt (Trypt.-Gehalt) deutet sich eine geringe Abnahme bei späterem Anwendungstermin und höherer N-Gabe an. Beim Methioningehalt gibt es starke, aber nicht durch die N-Düngung systematisch beeinflußte Änderungen.

Der Gehalt an Gesamtlysin (G. Lys.) von *Pisum arvense* und *Pisum sativum* korreliert nur ungesichert ($r = 0{,}57$) mit dem an verfügbarem Lysin. Gesamtlysin × 0,7 entspricht im Mittel dem verfügbaren Lysin. Bei *Vicia faba* sind die Abweichungen von diesem Mittelwert am größten, weil der Gehalt an Gesamtlysin durch die N-Düngung im Gegensatz zum verfügbaren Lysin nicht verändert wird. Bei den übrigen essentiellen und bedingt essentiellen Aminosäuren sind keine gravierenden und systematischen Veränderungen festzustellen (Tab. 4).

Tabelle 4

Einfluß der N-Spätdüngung auf die Aminosäurezusammensetzung des Proteins einiger Körnerleguminosen

	N-Düngung*		g/16 g N								
	g/Gefäß	Zeit	G. Lys.	His.	Threo.	Phen.	Val.	Ileu.	Leu.	Tyr.	Arg.
Ackerbohnen	0		5,19	2,32	3,10	3,38	2,68	2,28	6,00	2,22	7,28
	1	a**	5,20	2,26	2,39	3,15	3,01	2,52	5,66	1,90	7,29
	1 + 1	b	5,09	2,38	2,86	3,20	2,67	2,27	5,39	1,84	7,08
Felderbse	0		7,08	2,78	2,66	4,14	3,46	2,84	6,54	1,84	7,35
	1	a	5,70	2,72	2,20	3,30	2,34	1,78	5,65	1,29	6,07
	1 + 1	b	6,33	2,48	3,31	3,90	3,59	2,56	6,39	1,74	7,10
Speiseerbse	0		6,08	2,20	2,70	3,46	2,69	2,58	5,54	1,28	5,79
	1	a	6,38	2,23	3,24	3,55	2,54	2,58	5,68	1,34	6,31
	1 + 1	b	7,08	2,58	3,52	4,44	3,28	2,68	7,09	1,78	7,49

* Alle Gefäße erhielten 0,3 g N beim Ansetzen

** a ≙ 14 d nach Blühbeginn, b ≙ bei und 14 d nach Blühbeginn

Relativ oft wird ihr Gehalt durch 1 g N/Gefäß, 14 Tage nach Blühbeginn gegeben, mehr oder minder gesenkt. In der Variante 1 g N bei Blühbeginn + 1 g N 14 Tage nach Blühbeginn ist er wieder erhöht, z. T. über den Gehalt der Variante ohne späte Stickstoffdüngung.

Tabelle 5

Einfluß einer mineralischen und organischen N-Düngung auf den Rohprotein- und Methioningehalt von *Vicia faba* (Sorte 'Erfordia') bei niedrigem ($\bar{x} = 8$ dt/ha, Standort A) und hohem ($\bar{x} = 22$ dt/ha, Standort B) Ertragsniveau

N kg/ha	N-Form	Rohprotein %		Methionin g/16 g N	
		A	B	A	B
0	Kalkammon-	31,8	30,0	0,98	0,96
40	salpeter	31,4	28,0	0,59	0,86
80		31,9	28,5	0,75	0,83
120		31,6	30,1	0,50	1,12
40 + 80	(bei 60 cm Höhe)	32,3	30,8	0,54	1,06
40 + 80	(bei Blühbeginn)	32,6	28,3	0,82	0,94
40	Gülle	30,6	28,3	0,44	1,05
80	Gülle	30,8	28,6	0,83	0,77
120	Gülle	32,0	28,2	0,56	1,28
160	Gülle	32,1	28,8	0,94	1,08

Im Feldversuchsergebnis spiegeln sich die pflanzenbaulichen Probleme des Ackerbohnenbaues wieder (Tab. 5). Auf dem an sich grundwassernahen Sand des Standortes A gab es infolge der starken Sommertrockenheit 1971 einen sehr geringen Ertrag. Die Gehalte an Rohprotein und Methionin sind nur von Interesse, um zu zeigen, daß steigende N-Düngung trotz geringer Erträge den Rohproteingehalt nicht über 32% hinaus zu steigern vermag. Auf Standort B – einem sandigen Lehm in Küstennähe – werden bei dreifach höheren Erträgen – wobei durch hohe mineralische N-Düngung eine Ertragsdepression verursacht wird – gleichbleibende Rohproteingehalte um 29% erzielt. Der Methioningehalt wird auf beiden Standorten zum Teil erheblich, aber ohne Beziehung zur N-Düngung verändert.

4. Schlußfolgerungen

Die übereinstimmenden Ergebnisse von Feld- und Gefäßversuchen zeigen, daß bei Ackerbohnen durch hohe und spät angewandte Stickstoffdüngung – bei gleichbleibendem Ertrag – der Rohproteingehalt nicht gesteigert werden kann. Auch die günstige Wirkung geringerer Gaben (40 kg N je ha) im Sinne einer Startstickstoffgabe, wie sie allgemein für Leguminosen empfohlen wird, kann bei Ackerbohnen aus unseren allerdings einjährigen Versuchsergebnissen nicht bestätigt werden. Eine weitere Prüfung dieses Sachverhaltes auf anderen Böden und Standorten sowie bei verschiedenen Vorfrüchten ist erforderlich. In unseren Versuchen war die Stickstoffversorgung der Pflanzen durch Symbionten optimal und konnte offenbar durch Düngungsmaßnahmen nicht verbessert werden.
Der Gehalt an limitierenden Aminosäuren im Rohprotein wird durch hohe und späte Stickstoffdüngung nicht vermindert. Auf Grund dieser Ergebnisse ist es nicht lohnend, die angedeutete Zunahme des verfügbaren Lysins in weiteren Versuchen zu überprüfen. Allerdings bedürfen diese Ergebnisse noch einer Prüfung unter anderen Jahreswitterungsbedingungen.
Bei Speise- und Felderbsen kann der Ertrag durch eine hohe Stickstoffdüngung bei Blühbeginn erheblich gesteigert werden. Diese Ertragssteigerung ist bei späterer Anwendung des Stickstoffs wesentlich geringer, die Zunahme des Rohproteingehaltes jedoch höher. Daraus folgt, daß die Stickstoffversorgung durch die Symbionten bei Blühbeginn nicht ausreichend war und durch Stickstoffdüngung verbessert werden konnte. Der geringere Rohproteingehalt bei früher N-Düngung kann durch ein höheres Stickstoffangebot aufgebessert werden. Für das Düngungsverfahren bedeutsam ist dabei die Klärung der Frage, ob diese Stickstoffwirkung auch durch eine vor der Bestellung verfügbare hohe Gabe zu erzielen ist bzw. ob eine erforderliche hohe, späte N-Gabe geteilt werden muß. Die Zusammensetzung des erzeugten Rohproteins wird durch eine hohe Stickstoffdüngung nicht verschlechtert; bezogen auf die Trockensubstanz nimmt infolge des höheren Rohproteingehaltes der Lysingehalt in

Übereinstimmung mit den Befunden von SCHILLING und SCHALLDACH (1966) zu.

Bei *Pisum* sind also durch hohe Stickstoffdüngung der Ertrag und der Rohproteingehalt bei gleichbleibender Aminosäurezusammensetzung positiv beeinflußbar. Dieser Tatbestand sollte Veranlassung geben, aus pflanzenbaulicher Sicht die Eignung der *Pisum*arten unter industriemäßigen Produktionsbedingungen als Proteinquelle zu überprüfen.

Zusammenfassung

In Feld- und Gefäßversuchen konnte der Ertrag und der Rohproteingehalt von *Vicia faba* weder durch eine geringe N-Gabe zur Bestellung noch durch eine hohe und spät verabreichte N-Düngung gesteigert werden. In diesen einjährigen Versuchen war die Stickstoffversorgung der Pflanzen aus der Symbiose mit den Knöllchenbakterien so günstig, daß sie durch Düngungsmaßnahmen nicht verbessert werden konnte. Auch der Gehalt an den bedeutendsten limitierenden Aminosäuren wird nicht verschlechtert.

Bei *Pisum arvense* und *Pisum sativum* wird der Ertrag durch hohe N-Gaben bei Blühbeginn erheblich gesteigert. Bei späterer Anwendung wird der Ertragsanstieg geringer, der Rohproteingehalt jedoch höher. Der Gehalt an verfügbarem Lysin wird dabei zum Teil erheblich vermindert. Der Tryptophan- und Methioningehalt zeigt keine Veränderung durch die N-Düngung.

Резюме

Название работы: Влияние внесения азотного удобрения на содержание аминокислот в зернобобовых культурах

В полевых и вегетационных опытах не удалось повысить урожайность и содержание сырого протеина конских бобов ни внесением низкой дозы азота при посеве, ни поздним внесением высоких доз азотного удобрения. В этих однолетних опытах снабжение растений азотом за счет симбиоза с клубеньковыми бактериями было столь благоприятным, что его не удалось улучшить посредством удобрения. Содержание важнейших лимитирующих аминокислот тоже не ухудшается. Урожайность гороха полевого [*Pisum arvense*] и гороха посевного [*Pisum sativum*] значительно повышается при внесении больших доз азота к началу цветения. При более позднем внесении азота уже не достигается такого повышения урожайности, однако содержание сырого протеина увеличивается. При этом отчасти значительно снижается содержание доступного лизина. Содержание триптофана и метионина при внесении азотного удобрения не изменяется.

Summary

Title of the paper: The effect of nitrogen fertilization on the amino acid content of legumes grown for grain

In field and pot experiments, neither low nitrogen dressing on cultivation nor heavy and late nitrogen dressing raised the yield and crude protein content of *Vicia faba*. In these one-year experiments, the nitrogen supply of the plants from their symbiosis with the nodule-forming bacteria was so favourable that fertilization did not result in further improvement. The content of the most important limiting amino acids was not reduced either. Yields of *Pisum arvense* and *Pisum sativum* were raised considerably by heavy nitrogen dressing at the beginning of flowering. In case of later application this yield increase declined while the crude protein content went up, with the content of available lysine being in some cases significantly reduced. The tryptophan and methionine contents remained unchanged after nitrogen fertilization.

Literatur

Lavrinenko, G. T.; Isaev, A. P.: Eiweißgehalt und -qualität der Samen einiger Erbsensorten in Abhängigkeit von Düngung und Aussaatnorm. Agrochimija, Moskva, 1969, 10, S. 43–49

Lewis, O. A. M.: Short ion-exchange volume method for the estimation of cystine and methionine. Nature 209 (1966), S. 1239–1240

Lisenko, V. F.: Die Wirkung einer Stickstoffkopfdüngung auf den Ertrag und die fraktionelle Zusammensetzung des Proteins in Erbsen. Agrochimija, Moskva, 1970, 3, S. 25–28

Nehring, K. u. a.: Futtermitteltabellenwerk. Berlin, VEB Dt. Landwirtsch.-Verl., 1970.

Robel, E. J.: Analyt. Biochemistry. 1967, 18, S. 406–413

Rutkowski, A.; Chodkowska-Lassow, B.: Zur Bestimmung von nutzbaren Lysin-Aminogruppen in pflanzlichen Eiweißprodukten. Chem. Analit. Warszawa 1965, 10, S. 1023–27

Schilling, G.; Schalldach, J.: Untersuchungen über Transport, Einbau und Verwertung spät gedüngten Mineralstickstoffs bei *Pisum sativum*. Thaer-Arch. 10 (1966), S. 895 bis 907

Schmidt, R. D.: Beiträge zur säulenchromatographischen Analytik der essentiellen Aminosäuren Cystin/Cystein, Methionin, Lysin und zum Reaktionsablauf der Ninhydrin-Aminosäure-Farbreaktion. Berlin, Humboldt-Univ., Diss. 1968

Schreiber, K.: Toxische Inhaltsstoffe von Nahrungspflanzen. Kulturpflanze 16 (1968), S. 255–276

Šimůnek, L.: Erfolgsversprechende neue Ackerbohne 'Million'. Uroda, Prag, 12 (1970), S. 445–447

Wallmen, A.: Einsatz von Ackerbohnen in der Fütterung. Tierzucht 24 (1970), S. 13–14

ZAUSCH, M.; KUNZE, B.: Eiweißertrag und Eiweißverwertbarkeit einheimischer Körnerleguminosen in Abhängigkeit von Einflußnahmefaktoren. Wiss. Z. d. Univ. Rostock 18 (1969), Teil 2

ZAUSCH, M.: Zur Produktion und Verwendung von Pferdebohnen in Dänemark. BIKI, Moskva 43 (1970), S. 4

Anschrift der Verfasser:

Dr. habil. GÜNTER RINNO, Dr. sc. KLAUS EBERT
Chem.-Ing. MANFRED WILDNER
Institut für Düngungsforschung Leipzig-Potsdam
der Akademie der Landwirtschaftswissenschaften der DDR
15 Potsdam, Templiner Straße 21

Tag.-Ber. Akad. Landwirtsch.-Wiss. DDR. Nr. 122. 1973. S. 77 – 85

Institut für Pflanzenschutzforschung Kleinmachnow
der Akademie der Landwirtschaftswissenschaften
der Deutschen Demokratischen Republik

WILFRIED NEUHAUS

Wirtschaftliche Bedeutung und Bekämpfungsmöglichkeiten des Getreidemehltaus

Für das zunehmende Interesse der Praxis an der Bekämpfung des Getreidemehltaues gibt es vor allem folgende Gründe:

- Veränderungen in der Anbaustruktur haben in den letzten 10 Jahren zu einer erheblichen Ausdehnung der für den Getreidemehltau besonders anfälligen Sommer- und Wintergerste geführt (Tab. 1).

Tabelle 1

Zunahme der Gerstenanbaufläche von 1959–1968 in der DDR und BRD i. T ha

	Sommergerste				Wintergerste			
Jahr	DDR T ha	Zunahme in %	BRD T ha	Zunahme in %	DDR T ha	Zunahme in %	BRD T ha	Zunahme in %
1958	220	–	679	–	116	–	201	–
1968	282	28	893	31	313	170	430	114

- Die Reduzierung der zur Verfügung stehenden Sorten begünstigt Bildung und Ausbreitung neuer Mehltaurassen. Nach WITT (1971) soll die Sorte 'Elgina' 1972 92% der gesamten Sommergerste-Anbaufläche einnehmen.
- Intensivierungsmaßnahmen, wie steigende N-Gaben, können den Mehltaubefall fördern (JANKE, 1970).
  Darüber hinaus ist durch Arbeiten von HEITEFUSS (1970), HEITEFUSS und BRANDES (1970) sowie BRANDES und HEITEFUSS (1971) bekannt geworden, daß durch bestimmte Herbizide (Simazin, Monolinuron, Fluometuron) eine Förderung des Getreidemehltaus möglich ist. Auch bezüglich der CCC-Anwendung gibt es Hinweise, daß in Verbindung mit hohen N-Gaben der Mehltau gefördert wird (ZWATZ, 1971a, b).
- Insbesondere die Entwicklung von Systemfungiziden mit guter Wirksamkeit gegen den Getreidemehltau hat große Beachtung gefunden.

1. Welche Möglichkeiten der chemischen Bekämpfung des Getreidemehltaus sind bisher bekannt?

Eine praktisch bedeutsame Bekämpfung des Getreidemehltaues gab es in der Vergangenheit nicht, wenn auch mit Schwefel (4–6 kg/ha) eine Einsatzmöglichkeit bestand (Kradel und Pommer, 1970). Obwohl sich mit der Entwicklung der organischen Fungizide die Wirkstoffpalette erweiterte (Dinocap, Chinomethionat), blieb die Bekämpfung des Getreidemehltaues unbedeutend.
Erst in den letzten 3 Jahren konnte durch Entwicklung von Systemfungiziden ein Durchbruch erreicht werden.
Von praktischer Bedeutung sind folgende Wirkstoffe, wobei dem Tridemorph auf Grund des niedrigen Preises z. Z. die größte Einsatzchance einzuräumen ist:

Tridemorph	gegen Echten Mehltau an Getreide. Nach Kradel und Pommer (1971) auch wirksam gegen Septoria, Helminthosporium und Cercosporella an Getreide. Mit dieser Nebenwirkung könnte zusammenhängen, daß auch bei mehltauresistenten Sorten Ertragssteigerungen nachzuweisen waren.
Ethirimol	gegen Echten Mehltau an Getreide
Chloraniformethan	gegen Echten Mehltau an Getreide und Zierpflanzen
Triforine	gegen Echten Mehltau an Getreide und Zierpflanzen, Rostpilze an Zierpflanzen (Schicke und Arndt, 1971; Fuchs u. a., 1971)
Tetrachlorquinoxalin	gegen Echten Mehltau an Getreide, Gurkenmehltau u. a. Echte Mehltauarten
Benomyl	gegen Echten Mehltau an Getreide, Gurken- und Apfelmehltau, Apfelschorf, Botrytis an Wein, Schneeschimmel, Cercosporella und Flugbrand an Getreide u. a. (Price, 1971; Bollen u. Fuchs, 1971; Kukalenko u. Dvojcenkova, 1970)
Triarimol	gegen Echten Mehltau an Getreide und Zierpflanzen, Apfelmehltau, Apfelschorf, Getreideroste. (Snel und Gramlich, 1971; Farrant, Gramlich, Schwer, 1970)
Thiophanat	gegen Echte Mehltaupilze, Apfelschorf, Cercosporella an Rüben (Ishii, 1970)

2. Welche Einsatzmöglichkeiten bieten die genannten Fungizide im Getreide?

Grundsätzlich könnten bei allen Getreidearten Systemfungizide zur Mehltaubekämpfung eingesetzt werden. Ein wirtschaftlicher Einsatz jedoch ist bisher

nur bei Sommer- und Wintergerste durch zahlreiche Versuchsergebnisse belegt worden. Eine ökonomisch vertretbare Anwendung in Sommer- und Winterweizen ließ sich nur aus einem Teil der Versuche ableiten.
Es soll daher zunächst über Bekämpfungserfolge bei Gerste berichtet werden, wobei vor allem Ergebnisse ausgewählt sind, die mit dem zur Zeit aussichtsreichsten Mehltaufungizid, dem Tridemorph, gewonnen wurden.

3. Welche Bekämpfungserfolge wurden beim Einsatz in Sommergerste erzielt?

Der Schaden, den der Getreidemehltau verursacht, wird von Zwatz (1971c) auf 5–20% bei Gerste und Weizen geschätzt. In diesen Grenzen bewegen sich auch die erzielten Mehrerträge (Tab. 2) (Hampel, 1970).

Tabelle 2

Einfluß der Befallsstärke auf die Ertragsbildung bei Sommergerste 1969 (nach Hampel, 1970)

Variante	Mehltaubonitur bei Unbehandelt								
		1–4,0			4,1–6,0			6,1–9	
		Ertrag			Ertrag			Ertrag	
	n	dt/ha	rel.	n	dt/ha	rel.	n	dt/ha	rel.
Unbehandelt		45,2			43,7			33,0	
	3		105	5		105	1		110
Tridemorph 0,5 l/ha		47,5			45,7			36,3	
Unbehandelt		39,3			42,9			35,0	
	236		104	55		109	14		117
Tridemorph 0,75 l/ha		41,2			46,9			40,8	
Unbehandelt		50,7			46,3			36,4	
	39		103	14		107	5		110
Tridemorph 1,0 l/ha		52,1			49,4			40,2	
Unbehandelt		45,2			45,6			35,8	
	6		103	11		105	6		110
Tridemorph 1,5 l/ha		46,5			48,0			39,5	

Sie zeigen recht deutlich, daß der Ertragszuwachs eng mit dem Befallsgrad korreliert ist. Large und Doling (1962) haben diesen Zusammenhang ausgewertet und eine Formel entwickelt, die es gestattet, aus dem Blattbefall auf den Ertragsausfall zu schließen (Ertragsdepression = Befall in % × 2,5). Krüger (1971) nimmt für westdeutsche Verhältnisse einen Faktor von 2 an.
Neben dem Ertragszuwachs ist bei Sommergerste auch eine Qualitätsverbesserung durch Erhöhung des TK-Gewichtes und des Vollgerstenanteils nachweisbar. Eigene Versuche in Sommergerste im Jahre 1970 führten zu gleichen Aussagen (Tab. 3).

Tabelle 3

Prüfung fungizider Spritzmittel zur Bekämpfung von *Erysiphe graminis* an Sommergerste 1970

Präparat	Aufwand-menge je ha	Kleinmachnow			Erfurt						K.-M.-Stadt			Hohenthurm			Magdeburg			Halle		
		1	2	3	1	2	3	1	2	3	1	2	3	1	2	3	1	2	3	1	2	3
UK		7,0	—	—	7,8	47,4	—	8,5	54,8	—	7,5	49,2	—	7,8	41,1	—	8,0	49,2	—	6,8	—	—
Milstem 80% AS	1,0 kg	2,5	—	19,3	—	—	—	6,5	55,4	0,3	4,8	50,1	4,3	7,5	43,6	22,7	5,3	54,2	2,5	3,0	—	13,0
Milstem 50% AS	2,0 l	2,6	—	22,1	5,8	48,5	2,6	5,8	56,1	5,9	4,8	49,1	4,7	—	—	—	5,3	54,2	16,0	3,0	—	2,0
Calixin	0,75 l	2,0	—	20,2	5,8	48,4	—2,5	6,0	55,1	8,1	4,8	50,4	0	—	—	—	4,8	52,9	9,4	3,0	—	10,0
Sorte		Plena			Alsa			Alsa			Alsa			Ciro			Alsa			Plena		

Legende:
1 $\bar{x}$ der Blattbonitur
2 TK-Gewicht in g
3 rel. Mehrertrag zur UK

Gesamtmittel:	1	2	3
UK	7,6	48,4	—
Milstem 80% AS	4,9	50,8	10,3
Milstem 50% AS	4,5	52,0	8,2
Calixin	4,4	51,7	7,5

4. Wann erfolgt die Fungizidanwendung?

In der Jugendphase der Sommergerste, d. h. vom 3–4-Blatt-Stadium bis zum Halmschieben werden Bestandesdichte, Ährenanlage und Kornzahl fixiert (ZWATZ 1971c). Ein früher Mehltaubefall wirkt deshalb besonders ertragsmindernd.

Der Spritztermin sollte daher in folgenden Bereichen liegen: Vorbeugende Anwendung (Wirkungsdauer bei Tridemorph 3–5 Wochen), besonders für Gebiete mit regelmäßigem Mehltaubefall: Ende der Bestockung bis Beginn des Schossens.

Gezielte Spritzung bei Beginn stärkerer Infektionen mit Beginn des Schossens (Getreidehöhe 20–35 cm).

Bei stärkerem Mehltaubefall in einem sehr frühen Entwicklungsstadium (z. B. während der Bestockung) sofortige 1. Spritzung, 2. Spritzung bei Beginn des Schossens.

In der Regel führt eine 2. Spritzung zu einer Reduzierung des Mehltaubefalls, wirkt sich jedoch nur geringfügig auf den Ertrag aus, so daß eine Spritzung als ausreichend erscheint. Neben der Möglichkeit des Spritzens gibt es für Sommergerste auch eine Trockenbeizung mit Ethirimol. Für Benomyl scheint eine Bodenbehandlung ebenfalls erfolgversprechend zu sein (JOHNSTON, 1970).

5. Welche Möglichkeiten des Einsatzes von Systemfungiziden gibt es bei anderen Getreidearten?

Wintergerste:
Herbstbehandlung unökonomisch. Bei einer Behandlung zwischen Ende der Bestockung bis Beginn des Schossens lassen sich etwa die gleichen Ertragssteigerungen erzielen wie bei Sommergerste. KRADEL und POMMER (1971) geben mit Tridemorph eine Ertragssteigerung von 10% an (Mittel von 45 Vergleichen). In Einzelfällen wurden Mehrerträge von 22% erzielt.

Winterweizen:
Winterweizen reagiert empfindlicher auf Tridemorph-Anwendung. 1969 wurden z. T. phytotoxische Schäden beobachtet (HAMPEL, 1970). Bei Winterweizen ist die Wahl des optimalen Behandlungszeitpunktes besonders wichtig, wenn man mit einer Spritzung auskommen will, da der Mehltau auch an der Ähre schädigend vorkommen kann.

In einem Versuch mit der Winterweizensorte 'Hanno' wurden von POMMER und KRADEL (1971) mit einer Tridemorph-Spritzung 27% Mehrerträge erzielt.

Benada (1971) erhielt mit Ethirimol bei 2maliger Spritzung (Beginn des Schossens und Beginn des Ährenschiebens) 26,5% Ertragszuwachs bei Winterweizen.
Angaben über Sommerweizen liegen bisher nur in sehr geringem Umfang vor.

6. Welche Möglichkeit der Kombination von Arbeitsgängen bei der Mehltaubekämpfung gibt es?

Für Tridemorph wurden Mischungen mit Wuchsstoffherbiziden und Harnstoff für sinnvoll angesehen. Versuche ergaben keine nachhaltigen Wirkungen (Stöhr, 1971; Zwatz, 1971b). Bei Winterweizen wurde sogar eine Mischung aus 4 Komponenten (Tridemorph, Herbizid, CCC und Stickstoff) erfolgreich erprobt. Inwieweit auch mit anderen Wirkstoffen solche Mischungen möglich und sinnvoll sind, bedarf sorgfältiger Untersuchungen.

7. Welche Probleme können sich aus der Anwendung der genannten Fungizide ergeben?

Beim Einsatz systematischer Pflanzenschutzmittel besteht die Gefahr einer Anreicherung des Wirkstoffes in der Pflanze. Dies gilt auch für systemische Fungizide. Soweit bisher Ergebnisse zu den einzelnen Wirkstoffen vorliegen, sind die Rückstände im Getreidekorn sehr gering bzw. liegen unterhalb der Nachweisgrenze.
Eine weitere Gefahr liegt in der Entstehung von Resistenzerscheinungen bei den zu bekämpfenden Pilzen. Sie ist bei Systemfungiziden größer als bei prophylaktisch eingesetzten Fungiziden. Für Benomyl und dem Dimethirimol liegen bereits Literaturhinweise vor, die allerdings noch nicht den Getreidemehltau betreffen (Dekker, 1971).
Ein weiteres Problem könnte der stärkere Befall von Getreiderosten auf mit Mehltaufungiziden behandeltem Getreide sein. In einem Versuch des vergangenen Jahres entwickelte sich nach einer erfolgreichen Mehltaubekämpfung auf Sommergerste der Gerstenzwergrost sehr stark, so daß keine Ertragssteigerungen nachweisbar waren. Systemfungizide, die Getreidemehltau und Getreideroste erfassen, wären auch aus diesem Grunde sehr zu wünschen.

Zusammenfassung

Veränderungen in der Anbaustruktur sowie Intensivierungsmaßnahmen haben zu einer zunehmenden Bedeutung des Getreidemehltaus geführt. Mit den in den letzten Jahren entwickelten Systemfungiziden läßt sich der Getreidemehltau sicher bekämpfen. Dabei stehen z. Z. Präparate auf der Basis Tridemorph, Ethirimol und Triforine im Vordergrund des Interesses. Die Mehrerträge beim Einsatz in Sommer- und Wintergerste nach einmaliger Anwendung liegen durchschnittlich bei 10%. Ähnliche Werte sind auch beim Einsatz in Weizen zu erwarten. Voraussetzung für den Erfolg sind richtige Wahl des Spritzzeitpunktes sowie Berücksichtigung der Sortenresistenz.

Резюме

Название работы: Экономическое значение мучнистой росы зерновых и возможности борьбы с ней

Изменения структуры посевных площадей, а также меры по интенсификации привели к возрастающему значению мучнистой росы зерновых. Разработанные за последние годы системные фунгициды обеспечивают надежное уничтожение мучнистой росы. При этом в настоящее время основной интерес представляют препараты на основе тридеморфа, этиримола и трифорина. Прибавка урожая ярового и озимого ячменя после однократного применения составляет около 10%. Примерно таких же показателей можно добиться при их использовании в посевах пшеницы. Предпосылкой успешного применения является правильный выбор срока для опрыскивания, а также учет разной устойчивости сортов.

Summary

Title of the paper: The economic importance of powdery mildew of cereals and possibilities of its control

Changes in the cropping system as well as measures of intensification have added to the importance of powdery mildew of cereals. This disease can be reliably controlled with the systemic fungicides that have been developed in recent years, with products based on Tridemorph, Ethirimol and Triforine being most important at present. Yields go up by about 10% on an average after one application of these products to spring and winter barley. Similar results are expected from application to wheat. These results will, however, only be reached when spraying at the optimal date and considering the resistance of the given varieties.

Literatur

Benada, J.: Pouziti Milstemu proti padli na psenici (Anwendung von Milstem gegen Getreidemehltau des Weizens). Agrochemia, Bratislava, 11 (1971) 3, S. 89–91

Bollen, G. J.; Fuchs, A.: On the specificity of the in vitro and vivo antifungal activity of beomyl. Neth. J. Plant Pathol., Wageningen, 76 (1971) 6, S. 299–312

Brandes, W.; Heiterfuss, R.: Nebenwirkung von Herbiziden auf Erysiphe graminis und Cercosporella herpotrichoides an Weizen. II. Physiologische und biochemische Ursachen des veränderten Befalls der Pflanzen. Phytopath. Z. 72 (1971), S. 34–52

DEKKER, J.: Slective action of systemic fungicides and development of resistance. Abstracts 2nd Int. IUPAC-Congress of Pesticide Chemistry, Tel-Aviv, Febr., 1971

FARRANT, D. M.; GRAMLICH, J. V.; SCHWER, J. F.: EL-273 (Triarimol). A summary of field results in Europe, the Middle East and South Africa for the control of important diseases of fruits and cereals. VII. Internat. Pflanzenschutzkongreß, Paris 21. – 25. 9. 1970 Zusammenfassung der Vorträge, Paris, 1970, S. 208

FUCHS, A.; DOMA, S.; VÖRÖS, J.: Laboratory and greenhous evalution of a new systemic fungicide, N.N'-bis-(1-formamido-2.2.2trichloroethyl)-piperazin (Cela W 524). Neth. J. Plant. Pathol., Wageningen, 77 (1971) 2, S. 42–54

HAMPEL, M.: Versuchsergebnisse der Getreidemehltaubekämpfung mit Calixin. Manuskript, März 1970

HEITERFUSS, R.: Nebenwirkungen von Herbiziden auf Pflanzenkrankheiten und deren Erreger. Z. Pflanzenkrankheiten, Stuttgart, 1970 So, 5, S. 117–227

HEITERFUSS, R.; BRANDES, W.: Nebenwirkungen von Herbiziden und Kalkstickstoff auf den Befall von Weizen mit Erysiphe graminis. Nachrichtenbl. Dt. Pflanzenschutzd., Stuttgart, 22 (1970), S. 40–43

ISHII, K.: New fungicides, thiophanate and its derivatives. VII. Internat. Pflanzenschutzkongreß, Paris 21.–25. 9. 1970 Zusammenf. d. Vorträge, Paris, 1970, S. 200

JAHNKE, CH.: Einfluß von Stickstofform und Stickstoffmenge auf die Stärke des Mehltauauftretens an Getreide. Nachrichtenbl. Dt. Pflanzenschutzd., Berlin, 24 (1970), S. 236–240

JOHNSTON, H. W.: Control of powdery mildew of wheat by soil-applied benomyl. Plant. Dis, Reptr. 54, (1970), S. 91–93

KRADEL, J.; POMMER, E. H.: Chemische Bekämpfung von Blatt- und Ährenkrankheiten bei Getreide. Z. Pflanzenkrankheiten u. Pflanzenschutz 77 (1970), S. 443–454

KRADEL, J.; POMMER, E. H.: Beiträge zum Wirkungsspektrum von Tridemorph. Meded. Fac. Landbouwwetensch. Rijksnniv. Gent 36 (1971), S. 343–347

KRÜGER, W.: Bekämpfung und Beurteilung des Mehltaus (Erysiphe graminis) bei Sommergerste. Nachrichtenbl., Braunschweig, 23 (1971), S. 8–14

KUKALENKO, S. S.; DVOJCENKOVA, E. A.: Fungicidnye svojstva zamescennych benzimidazola. Chim. sel'sk. choz., Moskau, 8 (1970) 11, S. 36–41

LARGE, E. C.; DOLING, D. A.: The measurement of cereal mildew and its effect on yield. Plant Pathol. 11 (1962), S. 45–57

POMMER, E. H.; KRADEL, J.: Beiträge zur Wirkungsweise von Tridemorph gegen Erysiphe graminis. Meded. Fac. Landbouwwetensch. Rijksnniv. Gent, 36 (1971), S. 121–125

PRICE, T. V.: Invasion of wheat by Heterodera avena in the presence of benomyl. Plant Dis. Reptr., Washington, 55 (1971) 1, S. 67–68

SCHICKE, P.; ARNDT, S.: Die Bekämpfung von Zierpflanzenkrankheiten mit Triforine (ein systemisches Fungizid). 23. Internat. Symposium Pflanzenschutz, Gent/Belgien, 4. 5. 71

SNEL, M.; GRAMLICH, J. V.: Physikalische und chemische Eigenschaften und Wirksamkeit des Triarimol. 23. Internat. Symposium Pflanzenschutz, Gent/Belgien, 4. 5. 71

STÖHR, W.: Versuchsergebnisse zur Bekämpfung des Getreidemehltaus in Sommergerste. Gesunde Pflanzen, Frankfurt/Main 23 (1971), S. 104–108

WITT, H.: Stand und Entwicklung des Sortiments der Getreidearten von 1971–1975. Feldwirtschaft 12 (1971), S. 496–499

ZWATZ, B.: Chemische Bekämpfung des Getreidemehltaues. Pflanzenarzt 24 (1971 a), S. 54–55

ZWATZ, B.: Getreidemehltau – ein Beitrag im Hinblick auf die neue Möglichkeit einer chemischen Bekämpfung. Pflanzenarzt 24 (1971b), S. 29–30

ZWATZ, B.: CCC als Hilfsmittel in der Resistenzprüfung. Pflanzenarzt 24 (1971c), S. 99–100

Anschrift des Verfassers:
Dr. WILFRIED NEUHAUS
Institut für Pflanzenschutzforschung Kleinmachnow
der Akademie der Landwirtschaftswissenschaften der DDR
1532 Kleinmachnow, Stahnsdorfer Damm 81

Tag.-Ber. Akad. Landwirtsch.-Wiss. DDR. Nr. 122. 1973. S. 87–93

Pflanzenschutzamt Potsdam

Horst Goltz

Ergebnisse der Bekämpfung von Ackerruchgras (*Anthoxanthum puelii*) im Bezirk Potsdam

In der DDR hat die Getreideproduktion als Spezialzweig der Nahrungsgüterwirtschaft eine Schlüsselposition. Um die gesteckten Ziele zu erreichen, bedarf es in den kommenden Jahren gewaltiger Anstrengungen aller an der Getreideproduktion Beteiligten. Zweifellos wird dabei auch den Maßnahmen des Pflanzenschutzes, speziell denen der Unkrautbekämpfung, erhöhte Bedeutung zukommen. Dabei wird es darauf ankommen, chemische Mittel in Abhängigkeit von der vorhandenen Unkrautflora in den verschiedenen Getreidearten gezielter und damit effektiver als bisher einzusetzen.
Der jahrelange und vermehrte Einsatz selektiver Herbizide erlaubte einseitig nur die Bekämpfung zweikeimblättriger Unkräuter und führte damit zwangsläufig zu einer Zunahme der Ungräser. Die nach der Anwendung von Kontakt- und Wuchsstoffherbiziden verbleibenden Gräser haben mehr Lebensraum und können sich vielfach besser entwickeln und mehr Samen erzeugen, als das auf einer nicht mit Herbiziden behandelten Fläche möglich wäre.
Ein weiterer Grund für die starke Verbreitung von Ungräsern liegt in der Erntetechnik. Durch den heute überall üblichen Mähdrusch bleibt das Getreide länger als früher auf dem Halm stehen. Die dadurch eintretende Ernteverzögerung begünstigt das Abreifen der Unkräuter, speziell auch der Ungräser; außerdem trägt das Abblasen der Spreu mit dem Unkrautsamen zusätzlich zu einer weiteren Verseuchung der Ackerfläche bei. Die Änderung der Arbeitsmethoden in der modernen Landwirtschaft, wie z. B. die Veränderung der Fruchtfolge, die Vorverlegung der Saatzeit und die Vernachlässigung der Humuswirtschaft, sind weitere wichtige Ursachen für die starke Zunahme der Unkräuter.
In der Fruchtfolge nimmt der voll mechanisierte Getreidebau immer mehr zu. Durch die weitere Vergrößerung des Getreideanteils in den Fruchtfolgen ist mit einer noch stärkeren Verbreitung der bereits vorhandenen und mit dem Auftreten neuer Ungräser zu rechnen. Vor allem der Windhalm (*Apera spica venti*) breitet sich immer mehr aus und gewinnt als ertragsmindernder Faktor zunehmende Bedeutung.
Das in Westeuropa sehr gefürchtete Ackerfuchsschwanzgras (*Alopecurus myosuroides*) hat jetzt auch auf das Gebiet der DDR übergegriffen. Zur Zeit

sind Vorkommen im Thüringer Raum und in den Bezirken Halle, Cottbus, Potsdam und Rostock nachgewiesen.
Zahlreiche Anfragen aus der Praxis lenkten die Aufmerksamkeit des Pflanzenschutzamtes Potsdam vor einigen Jahren auf ein weniger bekanntes Ungras, das in einigen Gebieten, besonders unter Wintergetreide, zum Teil bestandsbildend auftritt. Es handelt sich dabei um das Ackerruchgras „*Anthoxanthum puelii*".
Im Jahre 1967 wurden die Getreideflächen von 20 Gemeinden des Kreises Jüterbog auf Ruchgrasbesatz überprüft. Von 12000 ha untersuchter Fläche wiesen 2704 ha = 22,3% z. T. sehr starken Ruchgrasbefall auf. In einigen Gemeinden sind mehr als 50% der Flächen mit diesem Ungras regelrecht verseucht.
Die Heimat des Ackerruchgrases ist das Mittelmeergebiet. Nach Deutschland soll die Pflanze während der deutsch-französischen Kriege 1805 bis 1813 eingeschleppt worden sein. Es würde im Rahmen dieses Beitrages zu weit führen, alle bisher bekannt gewordenen Fundorte zu nennen. Die Schwerpunkte des Vorkommens in der DDR liegen zur Zeit in den Bezirken Cottbus, Frankfurt, Potsdam und Schwerin.
Der Entwicklungsrhythmus des Ackerruchgrases ähnelt dem des Windhalms. Die Hauptkeimzeiten liegen also im Herbst und im Frühjahr. Der Entwicklungsverlauf des Ruchgrases paßt sich gut den Lebensbedingungen an, wie sie besonders die Wintergetreideflächen bieten. Das Auflaufen des Ackerruchgrases ist im allgemeinen von der Aussaatzeit der Kulturpflanze abhängig. Vorher aufgelaufene Pflanzen werden durch die Bestellungsarbeiten vernichtet.
Da der überwiegende Teil der Samen entweder vor der Ernte auf dem Felde ausfällt oder bei der Ernte den Boden verseucht, vermag sich das Ackerruchgras besonders rasch auszubreiten. Flächen, auf denen in der Fruchtfolge Wintergetreide nach Wintergetreide steht, sind besonders gefährdet.
Ackerruchgras mindert, wenn es in Massen auftritt, nicht nur die Erträge, sondern ist vor allem bei der Durchführung der Erntearbeiten außerordentlich hinderlich. In den mit Ruchgras befallenen Getreideflächen ist die Ernte selbst bei gutem Wetter nur an wenigen Stunden des Tages möglich, da der Ruchgraspelz, der bis ein Drittel der Höhe des Getreides erreichen kann, nach Regentagen und Taunächten nur sehr schwer austrocknet und damit eine Ernte des Getreides unmöglich macht.
Maßnahmen zur Beseitigung des Ackerruchgrases sind also nicht nur aus Gründen der Ertragssicherung für die betroffenen Genossenschaften von größter Bedeutung. Während man sich in der Vergangenheit im wesentlichen mit ackerbaulichen und Fruchtfolgemaßnahmen begnügen mußte, wird seit einiger Zeit auch mit chemischen Mitteln versucht, der zunehmenden Ausbreitung Herr zu werden.
Für diesen Zweck bot sich zunächst der Kalkstickstoff an. Mehrjährige Versuche zur Bekämpfung des Ackerruchgrases im Kreise Ludwigslust machte Borchert schon in den Jahren 1930–1932. Diese Versuche regten Becker

im Jahre 1957 zu weiteren Untersuchungen im gleichen Gebiet an. Im Ergebnis seiner Untersuchungen empfiehlt er eine möglichst frühzeitige Anwendung des Kalkstickstoffs im November bis Dezember, wenn das Getreide 4 bis 6 Blätter gebildet hat. Im November reichen 150 bis 200 kg/ha, um Ergebnisse von 85 bis 90% Abtötung zu erzielen. Da sich die Widerstandsfähigkeit des Ruchgrases mit zunehmendem Alter erhöht, sollen die Aufwandmengen bei späterer Anwendung nicht unter 200 kg/ha liegen. Der Erfolg wird aber dann mit zunehmendem Risiko immer geringer.

Da uns Kalkstickstoff für diesen Zweck nicht mehr zur Verfügung steht, mußten andere Möglichkeiten gefunden werden, um der übergroßen Vermehrung von Ungräsern in unseren landwirtschaftlichen Kulturen Einhalt zu bieten. Das geschieht gegenwärtig durch einen gezielten und sachgemäßen Einsatz moderner Herbizide.

Im Verlaufe der letzten 10 Jahre ist eine große Zahl neuer herbizider Wirkstoffe auf den Markt gekommen, von denen sich einige, vor allem Triazine und Harnstoffe, auch zur Bekämpfung von Ungräsern in Getreidebeständen anbieten. Bei der Vielzahl der Präparate ist es jedoch schon heute nicht mehr ganz leicht, die geeigneten Wirkstoffe, die ja auch von den verschiedenen Getreidearten toleriert werden müssen, herauszufinden.

Welche Grundforderungen sind an ein derartiges Herbizid zu richten?

1. Es müssen mindestens 85 bis 90% der vorhandenen Ungräser vernichtet werden.
2. Das Präparat sollte möglichst auch gegen die im Getreide auftretenden diktylen Unkräuter wirksam sein.
3. Die Wirkung muß auch nach Vorsaat- oder Vorauflaufanwendungen lange genug anhalten, um einen Neuauflauf von Ungräsern, etwa im Frühjahr des folgenden Jahres, zu verhindern.
4. Die Einsatzmöglichkeiten dürfen zeitlich nicht zu kurz begrenzt sein und im günstigsten Falle eine Vorsaat- bis Nachlauflaufanwendung ermöglichen.
5. Das Präparat muß eine möglichst geringe Umweltabhängigkeit, vor allem von der Witterung und vom Boden aufweisen.
6. Die Kulturpflanze muß die für die Bekämpfung des Ungrases erforderlichen Mindestaufwandmengen des Präparates tolerieren.
7. Der Einsatz des Präparates muß wirtschaftlich sein.

Auf der Suche nach geeigneten Herbiziden wurde im Frühjahr 1964 erstmalig das Präparat „Unkrautbekämpfungsmittel W 6658“ mit dem Wirkstoff Simazin gegen Ackerruchgras im Winterroggen geprüft. Da auf diesem Anwendungsbereich noch keinerlei Erfahrungen vorlagen, brachten diese ersten Vorversuche zunächst nicht die gewünschten Ergebnisse. In den Folgejahren wurden die Versuche unter Einbeziehung von Kombinationsprodukten auf der Wirkstoffgrundlage von Simazin + Prometryn, die Präparate „W 6729“ und „W 6733“, letzteres ist das heutige „Uvon-Kombi 33“, fortgesetzt. Ab 1970 wird auch das vom VEB Chemiekombinat Bitterfeld entwickelte Kombinationsprodukt „Trazalex“ (Wirkstoff Diphenyläther + Simazin) in Winterroggen auf leichten und mittleren Böden geprüft.

Die Versuche wurden durchweg in Übereinstimmung mit den für die Amtliche Pflanzenschutzmittelprüfung in der DDR geltenden Richtlinien angelegt und ausgewertet. Das bedeutet eine Trennung in Versuche zur Feststellung der herbiziden Wirksamkeit und in Ertragsversuche.
Die Prüfung der herbiziden Wirksamkeit der Präparate erfolgte auf stark mit Ruchgras verseuchten Flächen an 4 verschiedenen Versuchsorten des Bezirkes Potsdam. Für die Ertragsversuche wurden dagegen weitgehend unkrautfreie Flächen ausgewählt, um den Einfluß der Herbizide auf die Ertragsleistung ungestört durch die mittelbedingte Verunkrautung der Versuchsparzellen sicher zu erkennen. Alle Versuche wurden auf Praxisflächen angelegt.
Bei der Bonitur der herbiziden Wirksamkeit der Präparate bewährte sich die Skala von 1 bis 9, nachdem wegen Personalmangel die sehr arbeitsaufwendige Zählung der Gräser auf ausgesteckten Zählquadraten aufgegeben werden mußte. Die Ergebnisse der Abschlußbonituren stimmten mit den durch Auszählung gefundenen Werten überraschend gut überein. Die Bonitur der Gesamtparzellen hat außerdem den Vorzug, daß sie in regelmäßigen Abständen nach der Spritzung wiederholt werden kann und damit einen genauen Überblick über die nach der Spritzung eintretenden Veränderungen gestattet.
Auf Grund der vorliegenden Versuchsergebnisse können die folgenden Empfehlungen zur Bekämpfung des Ackerruchgrases in Winterroggen gegeben werden:
1. Vorauflaufanwendung – Für den Einsatz von Herbiziden zwischen Aussaat und Auflaufen des Roggens steht bei normalem Aussaattermin Ende September nur ein Zeitraum von wenigen Tagen zur Verfügung. Die erforderlichen Bedingungen für eine sachgemäße Anwendung dürften nur in Ausnahmefällen alle vorhanden sein. Gute Bodenvorbereitung und gleichmäßige Aussaat des Roggens sind wichtige Voraussetzungen, um eine Schädigung der Kulturpflanzen, vor allem bei Spritzungen kurz vor dem Auflaufen, auszuschließen. Die zur Vorauflaufanwendung geeigneten Produkte weisen eine um so größere Kulturpflanzenverträglichkeit auf, je kürzer das Intervall zwischen Aussaat und Behandlung ist. Die Spritzung sollte daher möglichst kurz nach der Aussaat erfolgen.
Positive Ergebnisse wurden mit den folgenden Präparaten erzielt: „Uvon-Kombi 33“ 1,5 kg/ha und „Trazalex“ 8–10 kg/ha. Wie Weizen reagiert auch Roggen bei Anwendung von „Trazalex“ einige Zeit nach dem Auflaufen mit anfänglichen Blattnekrosen und Blattaufhellungen, die aber bald überwachsen werden und keinen signifikanten Einfluß auf den Ertrag haben. Da die Untersuchungen noch nicht abgeschlossen sind, ist ein endgültiges Urteil über die Eignung der Präparate zur Bekämpfung von Ackerruchgras in Roggen bei Vorauflaufanwendung frühestens für Ende 1972 zu erwarten.
2. Nachauflaufanwendung – Die vom Pflanzenschutzamt Potsdam durchgeführten mehrjährigen Untersuchungen führten im Dezember 1970 zur amtlichen Anerkennung des Präparates „Uvon-Kombi 33“ gegen das Ackerruchgras in Winterroggen. Das Präparat kann im Herbst mit einer Aufwandmenge von

1,2 bis 1,5 kg/ha auf leichten und mittleren Böden eingesetzt werden. Ein ausreichender Bekämpfungserfolg ist aber nur zu erzielen, wenn die folgenden Voraussetzungen erfüllt sind:
Das Ruchgras sollte zum Spritztermin im Herbst möglichst klein (bis 3 Blätter) und noch nicht bestockt sein; das Getreide muß dagegen zur Vermeidung von Spritzschäden möglichst weit entwickelt (4 bis 5 Blätter) sein. Das kann nur durch frühzeitige Aussaat (3. Septemberdekade) erreicht werden, wenn nach rechtzeitiger Saatbettvorbereitung kurz vor dem Drillen bereits aufgelaufenes Ruchgras mechanisch beseitigt wird. Ein Bekämpfungserfolg ist solange zu erwarten, wie die Pflanzen noch zügig wachsen. Spritzungen nach Eintritt der Vegetationsruhe, im allgemeinen schon nach dem 15. Oktober, bringen auch bei frostfreiem Wetter nicht mehr den gewünschten Erfolg.
Im Frühjahr sind nur bei spät gedrilltem Getreide noch befriedigende Ergebnisse zu erzielen. Die Spritzung muß hier so früh wie möglich nach Eintreten offenen Wetters erfolgen. Auf frostgeschädigten Flächen muß mit der Behandlung gewartet werden, bis sich das Getreide wieder gekräftigt hat. In frühgedrilltem Getreide kann dagegen kein ausreichender Bekämpfungserfolg mehr erwartet werden, da die Ruchgraspflanzen auf solchen Flächen im allgemeinen schon zu weit entwickelt sind. Zu späte Behandlungen, schon ab etwa Mitte April, sind nicht nur wirkungslos, sondern können sogar zu deutlichen Mindererträgen führen. In Jahren mit normalem Frühjahr ist eine Spritzung nach dem 1. April nicht mehr zu empfehlen.
Zusammenfassend kann festgestellt werden, daß die Vorauflaufanwendung mit den dazu geeigneten Herbiziden trotz des kurzen Anwendungszeitraumes und der damit verbundenen Schwierigkeiten für eine termingerechte Spritzung für die Zukunft größere Erfolgsaussichten hat als eine Behandlung nach dem Auflaufen der Kulturpflanzen und der Unkräuter.

Zusammenfassung

Neue Anbaumethoden und Ernteverfahren sowie der jahrelange Einsatz selektiver Herbizide zur Bekämpfung dikotyler Unkräuter haben zu einer starken Zunahme der Gräser in Getreidekulturen geführt. Besonders unter Winterroggen auf leichten Böden hat das Ackerruchgras stellenweise erhebliche wirtschaftliche Bedeutung erlangt. In der Vergangenheit versuchte man der Ausbreitung des Ackerruchgrases durch ackerbauliche und Fruchtfolgemaßnahmen zu begegnen. Vom Jahre 1964 ab wurden vom Pflanzenschutzamt Potsdam die für den Einsatz in Getreide in Frage kommenden herbiziden Wirkstoffe in unterschiedlichen Aufwandmengen und zu verschiedenen Anwendungsterminen auf ihre Verwendbarkeit gegen Ackerruchgras in Winterroggen geprüft. Die besten Resultate sowohl hinsichtlich der herbiziden Wirksamkeit als auch im Hinblick auf die Verträglichkeit des Getreides wurden mit den Präparaten „Uvon-Kombi 33“ (Prometryn + Simazin) 1,5 kg/ha und „Trazalex“ (Diphenyläther + Simazin) 8–10 kg/ha bei Vorauflaufanwendung erzielt.

Резюме

Название работы: Результаты борьбы с душистым колоском остистым в округе Потсдам

Новые методы возделывания и способы уборки урожая как и многолетнее применение гербицидов избирательного действия для борьбы с двудольными сорняками вызвали усиленный рост сорных злаковых трав в посевах зерновых культур. Особенно в посевах озимой ржи на легких почвах местами получил довольно большое экономическое значение душистый колосок остистый. Раньше пытались препятствовать распространению душистого колоска остистого путём агротехнических мероприятий и севооборотов. С 1964 г. служба защиты растений в Потсдаме испытывала применимость против душистого колоска остистого в посевах озимой ржи всех пригодных для зерновых культур гербицидных действующих веществ. Гербициды применялись в различных количествах и в разные сроки. Что касается действенности и безвредности препаратов для зерновых культур, наилучшие результаты при довсходовом применении дали „Uvon-Kombi 33“ [прометрин + симазин] 1,5 кг/га и „Trazalex“ [дифениловый эфир + симазин] 8–10 кг/га.

Summary

Title of the paper: Results of controlling *Anthoxanthum puelii* in the Potsdam County

New cropping and harvesting methods as well as many years of using selective herbicides for controlling dicotyledonous weeds have led to a heavy increase of grasses in cereal stands. Particularly under winter rye on light soils Anthoxanthum puelii has gained considerable economic importance in certain places. In the past it had been tried to control the spread of that weed by certain cultural practices and methods of crop rotation. Since 1964, the Potsdam plant protection office has tested, in different concentrations and at different times of application, the various herbicidal agents that may be used with cereal crops for their suitability for controlling Anthoxanthum puelii. The most satisfactory results with regard to the herbicidal effect and to the cereals' tolerance were obtained with the products „Uvon-Kombi 33“ (Prometryne + Simazine) and „Trazalex“ (diphenyl ether + Simazine) applied prior to field emergence in quatities of 1.5 and 8 to 10 kg/ha, respectively.

Literatur

Becker, H. G.: Das Ackerruchgras und die Möglichkeiten seiner Bekämpfung. Rostock, Univ., Dipl.-Arb., 1957

Borchert, A.: Erfahrungen mit Kalkstickstoff. Mecklenburg. Landwirtsch. Wochenz. 30. 9. 1932

Goltz, H.: Ackerruchgras (*Anthoxanthum puelii*) und Möglichkeiten seiner Bekämpfung. Vortr. Wiss. Konferenz (RGW), Pulawy, VR Polen, 1970

Anschrift des Verfassers:

Dipl.-Biologe Horst Goltz
Pflanzenschutzamt beim Rat für Landwirtschaftliche Produktion
und Nahrungsgüterwirtschaft
15 Potsdam, Templiner Straße 21 b

Themenkreis Ökonomik der Getreideproduktion

Tag.-Ber. Akad. Landwirtsch.-Wiss. DDR. Nr. 122. 1973. S. 97–102

Hochschule für Landwirtschaft und Nahrungsgüterwirtschaft
– Wissenschaftsbereich IV –

GERHARD PANNICKE

Die Einflußnahme der Kombinate für Getreidewirtschaft auf die Steigerung der Getreideproduktion

1. Die Aufgaben des VEB Kombinat für Getreidewirtschaft

Die Bildung der Kombinate der Getreidewirtschaft ist der Ausdruck der sich objektiv vollziehenden Prozesse der Konzentration, Spezialisierung und Kombination. Das Kombinat stellt die zusammengefaßte Organisation der Produktionsstufen der Getreidebearbeitung, -lagerung und -verarbeitung dar. Es nimmt einen bedeutenden Platz im volkswirtschaftlichen Reproduktionsprozeß ein. Durch seine ökonomische und organisatorische Tätigkeit wirkt es entscheidend auf die arten-, termin-, sortiments- und qualitätsgerechte Erfüllung des Volkswirtschaftsplanes Getreide ein. Diese Aufgabe ist nicht der seinerzeit notwendigen Beschaffungstätigkeit des VVEAB gleichzusetzen. LENINS Hinweise über die staatliche Beschaffung, Lieferung und Organisation des Betriebes heute verwirklichen, heißt für das Kombinat und seine Betriebe, nicht schlechthin Getreide von den LPG zu kaufen, sondern ihnen aktiv bei der Organisation der Produktion nach dem Produkt und der dazugehörenden Technologie und beim Übergang zu industriemäßigen Produktionsmethoden zu helfen.

H a u p t f u n k t i o n e n des Kombinates für Getreidewirtschaft sind die

Zirkulationsfunktion,
Produktionsfunktion,
Dienstleistungsfunktion.

Um diese Funktionen zu realisieren, nimmt das Kombinat, insbesondere durch die VEB Getreidewirtschaft und durch den zweigspezifischen Beratungsdienst, Einfluß auf die Steigerung der Getreideproduktion unter Beachtung volkswirtschaftlich begründeter qualitativer und quantitativer Anforderungen. Die Kombinate der Nahrungsgüterwirtschaft arbeiten eng mit den Organen der staatlichen Leitung der Landwirtschaft und Nahrungsgüterwirtschaft zusammen. Die Rolle des Getreidekombinates wächst kontinuierlich; das ist ein Ausdruck steigender Verantwortung und leitet sich aus der wachsenden Führungsrolle der Arbeiterklasse ab. Die Tätigkeit des Getreidekombinates wird künftig nicht nur an der Steigerung der Produktion der Betriebe der

Getreidelagerung und -verarbeitung, sondern auch der getreideerzeugenden LPG und VEG beurteilt.

2. Wie löst das Getreidekombinat seine Aufgaben?

Im folgenden sei von den Möglichkeiten, die Getreideproduktion zu beeinflussen, die Organisation der Vertragsbeziehungen herausgegriffen.
Die Pläne der VEB Getreidewirtschaft werden aufkommensseitig durch Verträge mit den LPG, VEG und ihren kooperativen Einrichtungen abgesichert. Organisation der Vertragsproduktion heißt Organisation einer stabilen Getreideproduktion, die kontinuierlich eine bestimmte Getreidemenge sorten- und artengerecht der Volkswirtschaft zur Verfügung stellt. Darunter ist weiter zu verstehen, daß die Vertragspartner in enger sozialistischer Gemeinschaftsarbeit zielstrebig um die Erfüllung und Übererfüllung der Vertragsziele ringen. Von den Partnern der Landwirtschaft werden in den Verträgen bestimmte Mengen der einzelnen Getreidearten und -sorten verlangt. Die Genossenschaftsbauern und Landarbeiter werden durch die Formulierung der Vertragsziele in eine bestimmte Richtung stimuliert. Diese Vertragsbeziehungen sind Klassenbeziehungen, sind lebendiger Ausdruck des Bündnisses zwischen Arbeiterklasse und Genossenschaftsbauern. Die Vertragsproduktion wird um so wirkungsvoller, je mehr es gelingt, ausgehend von der Entwicklung der Hauptproduktionsrichtung, langfristige Verträge vorzubereiten und abzuschließen.
Der Gegenstand langfristiger Vertragsbeziehungen zwischen Betrieben der Landwirtschaft und der Nahrungsgüterwirtschaft sollte durch folgende Schwerpunkte gekennzeichnet sein:

- Getreideart in dt (Brutto- und Marktproduktion einschl. Tauschgetreide) unter Beachtung der jährlichen Steigerung
- Qualitätsfestlegungen
- Saatgutbereitstellung nach Arten.

Bei der Festlegung der Mengen und Qualitäten sind Toleranzen in Abhängigkeit von den jeweiligen Produktionsbedingungen festzulegen. In Sortenfragen kann der langfristige Vertrag eine jährliche Spezifikation erfahren. Auch die Dienstleistungen, wie z. B. Aufbereitung von Rohware, Trocknung usw. sollten langfristig vereinbart werden. Gleiches gilt für die gemeinsamen Investitionen. Langfristige Verträge dürfen sich nicht auf die Zusammenarbeit zwischen zwei Produktionsstufen – Getreideproduktion und Getreidelagerung – reduzieren, sondern müssen zu weiteren Vor- und Nachstufenpartnern fortgesetzt werden.
Die Langfristigkeit trägt entscheidend dazu bei, die Pläne der LPG und VEG als auch der VEB Getreidewirtschaft wissenschaftlicher zu gestalten, die Zulieferung neuer Maschinensysteme rechtzeitig vorzubereiten und die Bereitstellung von Mineraldünger und anderen chemischen Stoffen umfassend abzusichern. Durch sie wird die planmäßige Konzentration und Spezialisierung in der Landwirtschaft gefördert.
Organisation der Vertragsproduktion verlangt auch eine kontinuierliche Ver-

sorgung mit hochwertigem Saatgut. Dazu schließt das Kombinat Koordinierungsvereinbarungen mit der DSG ab. Die Erfahrungen der Praxis zeigen, daß die Getreidekombinate in Realisierung ihrer Rolle in der Erzeugnislinie in vielfältiger Art und Weise die Landwirtschaft unterstützen. Sie beeinflussen die Saatgutversorgung, die Maschinen- und Düngerbeschaffung.

Der Weg der sozialistischen Intensivierung und des Übergangs zu industriemäßigen Produktionsformen kann nur unter Führung der Arbeiterklasse gegangen werden: Gerade dieser Prozeß ist von den Kombinaten allseitig zu fördern. Sie sind selbst Bestandteil der Nahrungsgüterindustrie, und die daraus resultierenden Erfahrungen vermitteln sie den Genossenschaftsbauern und Landarbeitern zur Meisterung der Entwicklungsprozesse der LPG, VEG und ihrer kooperativen Einrichtungen.

Ausgehend von den Erzeugnissen Brot, Mischfutter, Teigwaren, Bier u. a. m. erwachsen objektive Anforderungen an das Produkt Getreide, die eine Ausrichtung auf bestimmte Gebrauchswerte, wie Backweizen, Futterweizen, Braugerste, Industriehafer u. a., verlangen.

Im Auftrag der staatlichen Leitung sorgt das Kombinat für den zielgerichteten Einsatz der staatlichen Mittel, schafft Voraussetzungen, damit die Landwirtschaftsbetriebe in den Genuß der finanziellen Förderung kommen. Das Kombinat ist aber nicht nur Verteiler finanzieller Mittel, sondern muß in Zusammenarbeit mit der Landwirtschaft die Konzentration und Spezialisierung in der Getreideproduktion stimulieren, die die Hauptvoraussetzung für die Erzeugung einheitlicher Partien darstellt.

Alle genannten Aktivitäten des Kombinates und seiner Betriebe stehen im Zusammenhang mit der Tätigkeit des Beratungsdienstes. Die in seinen Reihen arbeitenden Kollegen tragen die Verantwortung, die Zusammenarbeit zwischen den Vertragspartnern immer weiter zu entwickeln. Die Beratungspflicht ist Teil des Inhaltes der Verträge, bedarf aber der weiteren Präzisierung. Ausgehend von der wachsenden Rolle der Kombinate bei der Entwicklung der Landwirtschaft und Nahrungsgüterwirtschaft, die nur durch die Intensivierung der kooperativen Zusammenarbeit der LPG, VEG und VEB Getreidewirtschaft ihre Realisierung finden kann und durch die zunehmend wissenschaftliche Gestaltung der Pläne und Verträge gekennzeichnet wird, ergibt sich zwangsläufig die Schlußfolgerung, die Tätigkeit des Beratungsdienstes zu verstärken. Die Produktionsberatung der VEB Getreidewirtschaft ist prädestiniert, die Produktionsergebnisse der Getreideproduzenten des Beratungsbereiches zu vergleichen und dabei Produktionsreserven zu erschließen.

Es darf aber nicht bei der Kontrolle der Planerfüllung bleiben, sondern die Produktionsmethoden der Schrittmacher sind tiefgründig zu analysieren. Es kommt darauf an, das Wie herauszufinden; dazu werden z. B. Schlagkarteikarten geführt, die sich für eine maschinelle Auswertung eignen. Dieses neue bedeutende Arbeitsmittel dient der Erfassung agrotechnischer Fakten und erlaubt nach mehrjähriger Führung Schlußfolgerungen für den Aufbau, für die agrotechnischen Termine für die Arten- und Sortenwahl.

Untersuchungen der Produktionserfolge in Kooperationsverbänden der Getreidewirtschaft haben gezeigt, daß es auf das organisierte Zusammenwirken aller Kräfte ankommt. Größte Erfolge, gemessen z. B. an der Durchsetzung neuer Sorten, an der Ausdehnung der ertragreichen Wintergetreidearten, an der Anwendung und Auslastung der neuen Technik, an der Abstimmung der Ernte- und Abnahmetechnik, wurden dort erreicht, wo der RLN die Produktion fest leitete, der VEB Getreidewirtschaft die Produktion umfassend organisierte und die Genossenschaftsbauern und Landarbeiter ihre Produktionsverantwortung in Realisierung des Bündnisses mit der Arbeiterklasse voll wahrgenommen haben.
Feste Leitung durch den RLN, umfassende Organisation und Wahrnehmung der Verantwortung durch den VEB Getreidewirtschaft sind heute undenkbar ohne intensive Arbeit der Aktivs der RLN und der Erzeugerbeiräte. Als eine wirksame Form der Zusammenarbeit haben sich die Kooperationsverbände erwiesen. Ihre Wirksamkeit steht und fällt mit der Aktivität des VEB Getreidewirtschaft in den Verbänden.
Untersuchungen der Effektivität der Kooperationsverbände der Getreidewirtschaft haben gezeigt, daß durch ihr Wirken
– die Brutto- und Marktproduktion von Getreide gesteigert wird;
– der Konzentrations- und Spezialisierungsprozeß gefördert wird;
– der wiss.-techn. Fortschritt beschleunigt angewendet wird.
Die Verbandsmitglieder erweisen sich z. B. als Vorbilder bei der Durchsetzung neuer Sorten. Ihnen gelingt es, Vorbehalte gegenüber neuen Dingen schneller zu überwinden, Altes schneller zu verdrängen. Der Kooperationsverband ist eine neue Form effektiver Anwendung der sozialistischen Demokratie. Er verstärkt die Einflußnahme der Kombinate und Betriebe für Getreidewirtschaft auf die Getreideproduktion.

Zusammenfassung

Das Kombinat Getreidewirtschaft stellt die zusammengefaßte Organisation der Produktionsstufen der Getreidebearbeitung, -lagerung und -verarbeitung dar. Es trägt Verantwortung für die arten-, termin-, sortiments- und qualitätsgerechte Erfüllung des Volkswirtschaftsplanes Getreide. Die Aufgaben des Getreidekombinates werden durch kameradschaftliche Zusammenarbeit mit den Genossenschaftsbauern auf der Basis intensiver Vertragsbeziehungen gelöst. Letztere gewinnen insbesondere durch die Langfristigkeit an Wirksamkeit. Gemeinsam mit dem VEB Saat- und Pflanzgut wird die Saatgutversorgung organisiert. Ausgehend von solchen Erzeugnissen wie Brot, Mischfutter, Teigwaren usw. erwachsen objektive Anforderungen an das Getreide, aus denen sich der Gegenstand der Arbeit der Kooperationsverbände in der Getreidewirtschaft ableitet, die um so erfolgreicher sind, je besser sie von den RLN gelenkt und geleitet werden.

Резюме

Название работы: Воздействие комбинатов по обработке зерна на увеличение производства зерна

Комбинат по обработке зерна организационно объединяет такие ступени производства как обработка, хранение и переработка зерна. Комбинат несет ответственность за выполнение народнохозяйственного плана по таким показателям как виды зерна, сроки, сортимент и качество. Задачи зернового комбината решаются путем товарищеского сотрудничества с крестьянами-кооператорами на основе точных договоров. Особое значение и действенность имеют долгосрочные договоры. Совместно с Объединением народных семеноводческих предприятий организуется снабжение посевным материалом. Исходя из таких конечных продуктов как хлеб, комбикорм и макаронные изделия возникают объективные требования к зерну. Выполнение этих требований является предметом работы кооперативных союзов в зерновом хозяйстве, которая осуществляется тем успешнее, чем лучше ею руководят и управляют местные советы сельскохозяйственного производства и перерабатывающей промышленности.

Summary

Title of the paper: How the combined works for cereal industry influence the increase of grain production

The combined works for cereal industry (Kombinat Getreidewirtschaft) is the combined organization of the various production stages concerning the preparation, storage and processing of grain. It carries the responsibility for fulfilling the national plan of grain production with regard to species, dates, assortment and quality. The tasks of the combined works are solved through friendly cooperation with the cooperative farmers on the basis of intensive contractual relations. These contracts become particularly effective because of their long standing. Seed supply is organized jointly with the nationally owned enterprise VEB Saat- und Pflanzgut. From such products as bread, mixed feed, farinaceous products etc. objective demands accrue for the grain quality, thus providing the objective of the work of the cooperation associations in grain industry. These associations will be the more successful the better they are guided and controlled by the Councils of agriculture and food industry.

Anschrift des Verfassers:

Dr. Gerhard Pannicke
Hochschule für Landwirtschaft und Nahrungsgüterwirtschaft
– Wissenschaftsbereich IV
435 Bernburg, Mitschurinstraße 28

Tag.-Ber. Akad. Landwirtsch.-Wiss. DDR. Nr. 122. 1973. S. 103–111

Institut für Getreideforschung Bernburg-Hadmersleben
der Akademie der Landwirtschaftswissenschaften
der Deutschen Demokratischen Republik

HANS-JOACHIM BECHER

Probleme einer volkswirtschaftlich und betriebswirtschaftlich effektiven Getreideproduktion in Kooperationen der Pflanzenproduktion und ihre Verflechtungsbeziehungen zu den Getreidewirtschaftsbetrieben

Im Prozeß der weiteren Intensivierung der Getreideproduktion kommt es nicht nur darauf an, die Brutto- und Marktproduktion maximal zu steigern, sondern wir müssen gleichzeitig unsere Aufmerksamkeit auf hohe Gebrauchswerteigenschaften des erzeugten Getreides richten. Die Entwicklung der Produktivkräfte erfordert gesetzmäßig die weitere Konzentration und Spezialisierung der Produktion und die Durchsetzung der industriemäßigen Produktionsmethoden auf dem Wege der Kooperation in der Getreideproduktion. Die kooperative Abteilung Pflanzenproduktion mit der Hauptproduktionsrichtung Getreide ist die geeignete Organisationsform, um ausgehend vom Produkt Getreide und der dazugehörenden Technologie planmäßig durch Konzentration und Spezialisierung größere Produktionseinheiten zu schaffen und die industriemäßige Getreideproduktion zu verwirklichen.

Ausgehend von der industriemäßigen Getreideproduktion und unter Berücksichtigung der konkreten Bedingungen des Kreises Gotha (Bez. Erfurt) wurden im Rahmen eines Forschungsauftrages in enger Zusammenarbeit mit dem RLN des Kreises Gotha und dem zweigspezifischen Beratungsdienst des Getreidewirtschaftsbetriebes Vorschläge zur Verbesserung der volkswirtschaftlichen und betriebswirtschaftlichen Effektivität der Getreideproduktion und -wirtschaft erarbeitet.

Der Kreis Gotha hat sehr differenzierte Boden- und Klimabedingungen. Die Palette der natürlichen Standorteinheiten reicht von Lö 1/2-Standorten des Erfurter Beckens über V 1/2-Standorte der Übergangslagen bis zu V 3/6-Standorten und vereinzelt sogar V 9-Lagen im Vorwald- und Waldgebiet. Die Höhenlage schwankt zwischen 250 m und 800 m, die jährliche Niederschlagsmenge zwischen 500 mm und 700 mm. Aus volkswirtschaftlichen Erfordernissen überschreitet der Getreideanteil auf den Lö-Standorten kaum 50% der Ackerfläche und erreicht in den V-Lagen bis 65% der Ackerfläche, obwohl hier die Getreideerträge wesentlich niedriger liegen, wie die Tabelle 1 zeigt.

Auf allen Standorten des Kreises liegt der Winterweizen im Ertragsniveau am höchsten, gefolgt von Winter- und Sommergerste. Als erste Intensivierungsmaßnahme der Getreideproduktion wurde deshalb mit dem RLN und dem

Tabelle 1

Durchschnittserträge 1967–1969 ausgewählter LPG der verschiedenen Standorte im Kreis Gotha (dt/ha)

Natürliche Standorteinheit	Ackerzahl	Getreide gesamt	Winterweizen	Wintergerste	Winterroggen	Sommergerste	Hafer
vorwiegend Lö 1/2	63–74	41,2	46,2	38,5	33,1	39,5	34,8
V 1	51–63	35,8	41,4	36,5	28,3	35,2	33,5
V 2/3/6	38–50	33,2	38,7	34,0	26,8	32,1	30,4

Beratungsdienst der Getreidewirtschaft ein Vorschlag erarbeitet, wie sich in den nächsten Jahren die Getreideanbaufläche und das Getreideartenspektrum in den einzelnen Kooperationen entwickeln sollten. Entsprechend den Standortbedingungen erfahren Winterweizen, Wintergerste und Sommergerste eine weitgehende Ausdehnung, während der Roggenanbau auf extreme Lagen beschränkt wird, der Haferanbau etwas zurückgeht und das Gemenge zugunsten des reinen Hafer- und Sommergerstenanbaues bis 1975 auslaufen soll. Tabelle 2 zeigt die Möglichkeiten der Artenstrukturverbesserung.

Tabelle 2

Entwicklung der Getreideartenstruktur im Kreis Gotha

	1964	1967	1970	Vorschlag 1975
Getreideart	% Getreidefläche			
Wi.-Weizen	24,1	27,5	41,3	42,6
Wi.-Gerste	5,4	8,3	10,9	14,5
Wi.-Roggen	12,6	8,2	7,6	5,3
Wi.-Getreide gesamt	42,1	44,1	59,7	62,4
So.-Weizen	5,5	7,6	1,3	2,1
So.-Gerste	21,0	20,3	21,1	24,1
Hafer	17,0	15,2	11,9	11,4
Gemenge	14,2	12,8	6,0	—
So.-Getreide gesamt	57,9	55,9	40,3	37,6
Getreideanteil in % Ackerfläche	49,1	50,9	52,4	53,2

Der Anteil der drei ertragreichen Getreidearten Winterweizen, Wintergerste und Sommergerste steigt somit von 67% der Getreidefläche 1969 auf 81% Getreidefläche bis 1975. Die Ausnutzung dieses Struktureffektes bedeutet für den Kreis Gotha einen Mehrertrag von etwa 1,1–1,3 dt/ha Getreideanbaufläche.

Eine weitere Maßnahme zur Intensivierung der Getreideproduktion ist die Auswahl der ertragreichsten und ertragssichersten Sorten für die unterschiedlichen Standortbedingungen des Kreises Gotha.

Einige neue Getreidesorten haben in den letzten 2–3 Jahren ihre Überlegenheit im Ertragsniveau gegenüber den älteren Sorten unter den Bedingungen des Kreises Gotha eindeutig bewiesen. Als Beispiel seien einige Spitzenerträge der Ernte 1971 genannt:
In der kooperativen Abteilung Pflanzenproduktion „Nessetal“ brachte ein 102 ha umfassender Schlag der Sorte 'Mironovskaja 808' 62 dt/ha, und auf einer 200-ha-Fläche, die mit der Sorte 'Orlando' bestellt war, wurden ebenfalls 62 dt/ha erreicht. Dabei ließ sich feststellen, daß die Sorte 'Orlando' besonders in den Übergangslagen durch gute Erträge hervortrat.
Die Kooperation Friemar erzielte auf einem mit der Sorte 'Delphin' bebauten 80-ha-Schlag 70 dt/ha. Des weiteren wurden Erträge von über 50 dt/ha in verschiedenen Kooperationen des Kreises mit der Braugerstensorte 'Elgina' und auch mit der Hafersorte 'Romulus' erreicht.
Die schnelle Einführung neuer leistungsfähiger Getreidesorten trägt wesentlich zur Steigerung der Brutto- und Marktproduktion bei. Aus diesem Grunde wurde im Kreis Gotha von der zersplitterten Absaatenproduktion in den einzelnen LPG und ihren Kooperationen abgegangen und die Absaatenproduktion für die beiden Kreise Gotha und Eisenach auf der Grundlage eines Neuerervorschlages konzentriert durchgeführt. Die LPG der Kooperation Friemar (Kr. Gotha) und die LPG der zwischengenossenschaftlichen Einrichtung Creuzburg (Kr. Eisenach) haben für alle sozialistischen Landwirtschaftsbetriebe und deren gemeinsame Abteilungen Pflanzenproduktion beider Kreise die Absaatenerzeugung auf vertraglicher Basis übernommen. Mit modernen Anlagen für die Lagerung und Aufbereitung des Saatgutes ausgerüstet, produzieren sie industriemäßig alle erforderlichen Absaaten einschließlich einer Saatgutreserve für die rund 25000 ha umfassende Getreidefläche beider Kreise. Damit werden folgende Vorteile wirksam:
– In allen LPG, VEG und kooperativen Abteilungen Pflanzenproduktion wird jährlich ein 100%iger Saatgutwechsel realisiert.
– Zur Aussaat kommt nur Hochzuchtsaatgut oder 1. Hochzuchtabsaat.
– Das durch die DSG bereitgestellte Hochzuchtsaatgut neuer Intensivsorten wird voll zur Absaatenproduktion genutzt, so daß neue Sorten wesentlich schneller eingeführt und zur Ertragssteigerung genutzt werden.
– Durch diese Konzentration der Absaatenerzeugung werden über 1200 ha Vermehrungsfläche eingespart, die zur Produktion von Konsumgetreide genutzt werden können.
– Die Konzentration ermöglicht industriemäßige Methoden auch in der Absaatenerzeugung und bringt damit eine effektivere Nutzung der Grundmittel, höhere Arbeitsproduktivität und niedrigere Kosten in der Absaatenproduktion.
– Die Bearbeitungs- und Aufbereitungskosten je dt Absaaten reduzierten sich von durchschnittlich 10–11 M/dt in der einzelnen LPG auf etwa 5,50 M/dt in den beiden Absaatenerzeugungszentren.
Der volkswirtschaftliche Nutzeffekt der Getreideproduktion kann aber zukünftig noch beträchtlich erhöht werden, wenn jeder Getreidewirtschafts-

betrieb entsprechend den Standortbedingungen seines Einzugsbereiches, dem Getreideartenverhältnis und durch richtige Sortenwahl eine bestimmte „Versorgungsaufgabe" auf längere Sicht übertragen bekommt. Darunter ist zu verstehen, daß jeder Getreidewirtschaftsbetrieb konkrete Kennziffern erhält, z. B. wieviel Backweizen, Backroggen, Industriegerste, Industriehafer, Braugerste und eiweißreiches Futtergetreide nach Menge und Qualität er jährlich im Rahmen des staatlichen Aufkommens an Getreide und durch den Verkauf gegen Mischfutter zu erfassen hat. Diese Mengen müssen mit dem Bedarf der im Einzugsbereich liegenden Verarbeitungsbetriebe (Mühlen, Malzfabriken, Mischfutter- und Nährmittelwerke usw.) und mit den Ausfuhrverpflichtungen in andere Kreise oder Bezirke bzw. für den Export bilanziert sein. Seine „Versorgungsaufgabe" wird der Getreidewirtschaftsbetrieb zum großen Teil durch große einheitliche Partien Qualitätsgetreide aus den Mitgliedsbetrieben des Kooperationsverbandes decken, dem ja die kooperativen Abteilungen mit der Hauptproduktionsrichtung Getreide angehören. Darüber hinaus sind aber auch andere sozialistische Landwirtschaftsbetriebe und kooperative Abteilungen durch ihr staatliches Aufkommen an Getreide und durch den Verkauf gegen Mischfutter an der Erfüllung der Versorgungsaufgabe beteiligt. Es obliegt den Getreidewirtschaftsbetrieben, ihre Vertragsbeziehungen möglichst langfristig mit der sozialistischen Landwirtschaft so zu gestalten, daß die in der Versorgungsaufgabe geforderten Qualitäten nach Menge und Termin sowohl im Anbau als auch in der Ablieferung abgesichert werden.

Die Organisation einer solchen Vertragsproduktion ist in erster Linie eine Aufgabe des Kooperationsverbandes, denn er muß, ausgehend vom volkswirtschaftlichen Bedarf in Form der Versorgungsaufgabe, die Stufenproduktion in der Erzeugnislinie Qualitätsgetreide organisieren und die Beziehungen zwischen den einzelnen Stufenproduzenten vertraglich absichern.

Als Produktionsstufen in der Erzeugnislinie Qualitätsgetreide muß man beachten:

– Die DSG mit ihren Vermehrungsbetrieben für die Erzeugung hochwertigen Saatgutes der höheren Anbaustufen und ertragreichsten Sorten

– Die Absaatenerzeugungsbetriebe, die für den Teil der Getreidefläche 1. Hochzuchtabsaaten sortimentsgerecht produzieren, für den kein Hochzuchtsaatgut bereitgestellt werden kann.

– Die eigentlichen Primärproduzenten, d. h., die LPG, VEG und ihre kooperativen Einrichtungen, die Qualitätsgetreide in möglichst großen einheitlichen Partien erzeugen.

– Die Getreidewirtschaftsbetriebe, die sich immer stärker auf eine industriemäßige Annahme, Reinigung, Trocknung, Aufbereitung und sortenreine Lagerung konzentrieren müssen.

– Die Verarbeitungsbetriebe, denen kontinuierlich Qualitätsgetreide mengen- und termingerecht zur Herstellung hochwertiger Endprodukte bereitgestellt wird.

Der Entwicklungsstand der Produktivkräfte erfordert die Weiterentwicklung der sozialistischen Produktionsverhältnisse in dieser Richtung. In diesem Prozeß erhält die Arbeit der Kooperationsverbände erhöhte Bedeutung.
Im Kooperationsverband Qualitätsgetreide Gotha-Eisenach wurde begonnen, diese Verflechtungen zwischen den einzelnen Produktionsstufen zu entwickeln und dazu das erforderliche Vertragssystem zu gestalten. Da aber nur drei Kooperationen von insgesamt neun die Hauptproduktionsrichtung Getreide gewählt haben und damit nur etwa 60% des staatlichen Aufkommens an Getreide aus den Mitgliedsbetrieben des Kooperationsverbandes Qualitätsgetreide erfaßt werden, ist der Getreidewirtschaftsbetrieb dabei, auch die übrigen Kooperationen schrittweise mit in die Vertragsproduktion einzubeziehen, vor allem bei der Produktion von eiweißreichem Futtergetreide.

Verflechtungsmodell – Beziehungen zwischen Kooperationen der Pflanzenproduktion und dem VEB Getreidewirtschaft

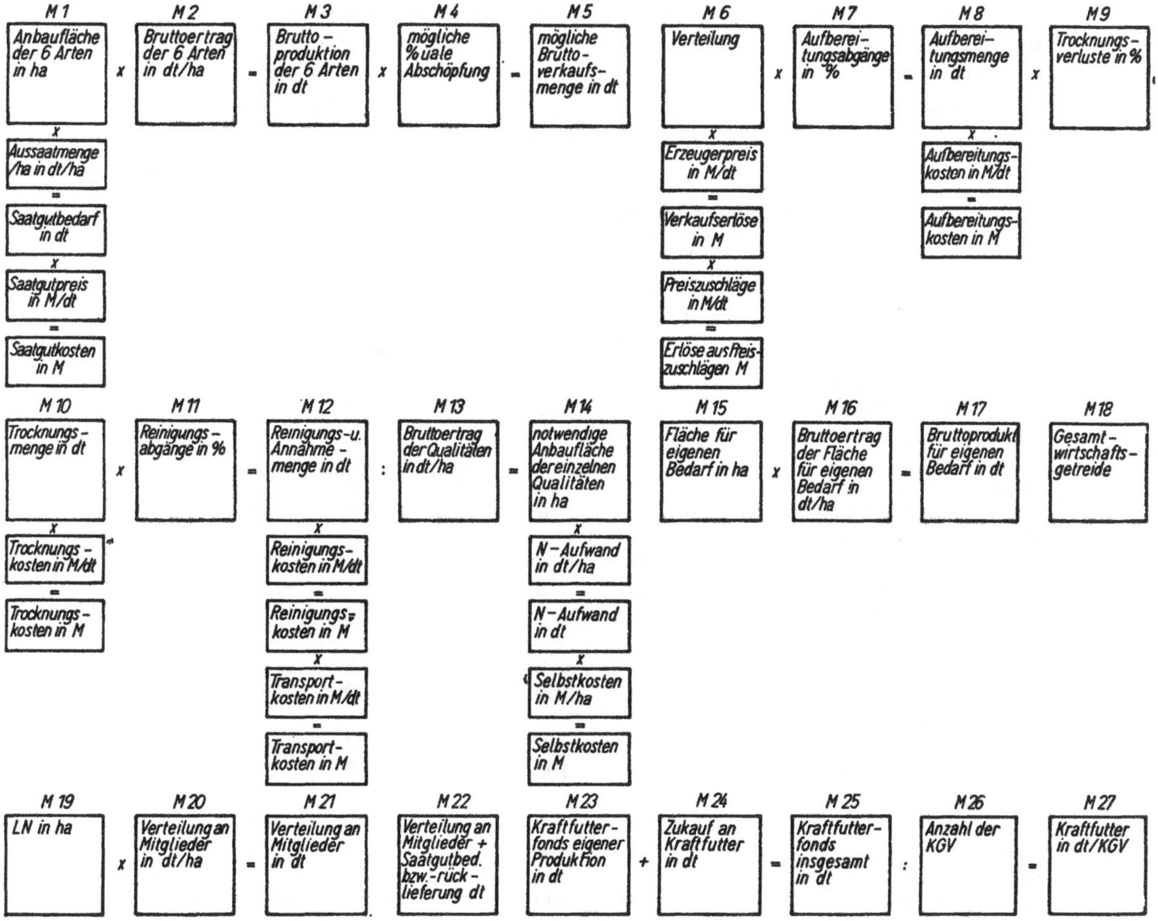

Zur Erleichterung der Leitungs- und Planungsarbeit sowie zur besseren Bilanzierung in den Getreidewirtschaftsbetrieben wurde von uns ein Verflechtungsmodell entwickelt, das die notwendigen Beziehungen zwischen den LPG, VEG und kooperativen Abteilungen Pflanzenproduktion und dem VEB Getreidewirtschaft deutlich macht und darüber hinaus noch wertvolle ökonomische Kennziffern für den Produktions- und Reproduktionsprozeß der Getreideproduktion auswirft. In der vorstehenden Abbildung wird der Aufbau des Verflechtungsmodells dargestellt.
Die Anbauflächen der Getreidearten werden für jede kooperative Abteilung Pflanzenproduktion bzw. jeden Betrieb vorgegeben, ebenso ein differenzierter Hektarertrag für jede Getreideart, je nach den Standortbedingungen der einzelnen kooperativen Einrichtung.
Von der so errechneten Bruttoproduktion wird ein bestimmter Prozentsatz als mögliche Verkaufsmenge jeder Getreideart wiederum vorgegeben.
Die in Tabelle 3 aufgezeigte Verteilungsmatrix enthält die Aufgliederung der Gesamtaufkaufmenge an Getreide (staatl. Aufkommen plus Mischfuttertausch) für den gesamten Kreis, die nach den einzelnen Qualitäten und entsprechend der Versorgungsaufgabe vorgenommen wurde (vertikale Spalte). In der letzten Zeile horizontal wird die Verkaufsmenge jeder kooperativen Abteilung als Begrenzung eingegeben (staatl. Aufkommen plus Mischfuttertausch).

Tabelle 3
Aufgliederung der Gesamtaufkaufmenge an Getreide

	Verteilung					
	Betrieb 1	Betrieb 2	Betrieb 3	Betrieb 4	Betrieb 5	Betriebe 1—5
Backwinterweizen	2	2	2	3	100	60000
eiweißr. Futterweizen	2	2	3	3	2	50000
normaler Futterweizen	100	100	3	3	3	5000
Winterweizen gesamt						115000
Backroggen	100	2	100	100	2	2500
eiweißr. Futterroggen	100	4	100	100	4	500
normaler Futterroggen	100	3	100	100	3	1000
Winterroggen gesamt	100		100	100		4000
Industriewintergerste	100	100	100	100	100	—
eiweißr. Futterwintergerste	2	3	3	4	100	8500
normale Futterwintergerste	2	3	3	4	2	9000
Wintergerste gesamt						17500
Backsommerweizen	100	2	100	3	4	3000
Futtersommerweizen	100	100	100	100	100	—
Sommerweizen gesamt	100		100			3000
Braugerste	2	2	2	3	100	64000
Futtersommergerste	100	100	100	3	2	2000
Sommergerste gesamt						66000
Industriehafer	2	2	4	100	100	9000
Futterhafer	3	3	100	2	2	4000
Hafer gesamt						13000
Getreide gesamt	76100	74800	30200	22300	15100	218500

Betriebe bzw. kooperative Abteilungen, die bei einer Qualitätsart nicht vertreten sein sollen, werden gesperrt (100). Sollten einzelne kooperative Abteilungen bei einer Qualität stärker oder schwächer vertreten sein, kann das durch Änderung des Verteilungsgrades (z. B. 1–5) noch berücksichtigt werden. Die höchste Begrenzung für jede Kooperation in einer Qualität ist dann die mögliche Verkaufsmenge.

Die so ermittelten Anteile jeder Kooperation je Qualität sind die Nettoanteile, die mit den prozentualen Abgängen für Aufbereitung, Trocknung und Reinigung zu multiplizieren sind und so die anzuliefernde Rohware je Qualität ergeben. Dividiert durch den Bruttoertrag je ha ergibt das die notwendige Anbaufläche für jede Qualität, die vertraglich zwischen der Kooperation und dem Getreidewirtschaftsbetrieb zu binden ist. In den weiteren Operationen wird das Wirtschaftsgetreide jeder Kooperation ermittelt und seine Verteilung bis zum Kraftfutter je kraftfutterverzehrende Großvieheinheit. In einer gekoppelten Aufwandsmatrix werden weitere wichtige Kennziffern materieller und finanzieller Art vor allem für den Getreidewirtschaftsbetrieb, aber auch für die LPG und ihre kooperativen Einrichtungen, für die staatliche Leitung und für die einzelnen Stufenproduzenten errechnet.

Die hier dargelegten Ergebnisse und Erfahrungen, die bei der schrittweisen Verwirklichung industriemäßiger Produktionsmethoden in der Erzeugnislinie Qualitätsgetreide im Kooperationsverband Gotha-Eisenach und im Kreis Gotha erreicht und gesammelt wurden, sind als ein möglicher Weg zur Erhöhung der volkswirtschaftlichen und betriebswirtschaftlichen Effektivität der Getreideproduktion und Getreidewirtschaft anzusehen. Sie haben das Ziel, die Forderung des VIII. Parteitages der SED zu erfüllen, im Perspektivplanzeitraum die Bevölkerung noch besser mit Nahrungsmitteln und die Industrie mit Rohstoffen aus der eigenen landwirtschaftlichen Produktion zu versorgen.

Zusammenfassung

Am Beispiel des Kreises Gotha, Bezirk Erfurt, werden verschiedene Wege zur Intensivierung der Getreideproduktion aufgezeigt. Für alle Kooperationen des Kreises wurde ein standortgerechtes Getreideartenverhältnis entwickelt. Über eine Sortenprüfung in einem Konsultationspunkt des Kreises und die Konzentration der Absaatenproduktion in zwei Kooperationen werden ertragreichere Sorten schnell im Anbau ausgedehnt. Beide Maßnahmen tragen wesentlich zur Steigerung der Bruttoproduktion bei. Die volkswirtschaftliche Effektivität der Getreideproduktion und -wirtschaft wird durch die Konzentration des Anbaues geeigneter Sorten, ausgerichtet auf den Bedarf der Verarbeitungsindustrie in Form einer „Versorgungsaufgabe", erhöht. Der VEB Getreidewirtschaft – in Verbindung mit dem Kooperationsverband Qualitätsgetreide – entwickelt seine Vertragsbeziehungen so, daß der überwiegende Teil der Qualitätsgetreidearten in großen Partien aus den Kooperationen mit der Hauptproduktionsrichtung Getreide erfaßt wird. Zur besseren Planung und Bilanzierung einer arten- und sortengerechten Getreideproduktion sowie ihrer sortenreinen Annahme und Bearbeitung im Getreidewirtschaftsbetrieb wurde ein Verflechtungsmodell entwickelt, mit dessen Hilfe es bei der Entscheidungsfindung schnell möglich ist, Varianten in bezug auf ihre ökonomischen und betriebsorganisatorischen Auswirkungen zu prüfen.

Резюме

Название работы: Проблемы производства зерна в растениеводческих кооперациях, эффективного с точки зрения народного хозяйства, а также организации и экономики сельского хозяйства, и межотраслевые связи коопераций с предприятиями зернового хозяйства

На примере Готаского района, Эрфуртского округа, показаны различные пути к интенсификации производства зерна. Для всех коопераций района разработана структура посевных площадей зерновых культур. На основе сортоиспытаний и районном консультационном пункте и концентрации производства семян. высших репродукций в двух кооперациях быстро расширяется площадь под более урожайными сортами. Оба мероприятия значительно способствуют повышению валового производства зерна. Народнохозяйственная эффективность зернового производства и хозяйства возрастает в связи с концентрацией возделываемых подходящих сортов, направленной на удовлетворение потребности перерабатывающей промышленности в данной продукции. Народное предприятие «Зерновое хозяйство» — сообща с кооперативным союзом «Качественное зерно» — развивает свои договорные связи таким образом, что преобладающая часть качественных видов зерна будет закупаться большими партиями в кооперациях, производящих главным образом зерно.

Для лучшего планирования и сбалансирования рационального по видам и сортам зернового производства, а также для обеспечения приема и обработки чистосортного материала в предприятиях зернового хозяйства, разработана модель межотраслевых связей, с помощью которой возможна быстрая проверка вариантов по производственно-организационным последствиям для изыскания правильного решения.

Summary

Title of the paper: Problems of grain production in inter-farm co-operative crop production associations being efficient from national-economic and farm-economic points of view and their lacing relations with the grain industry enterprises.

Different ways towards the intensification of grain production are explained using the example of the Gotha district, county of Erfurt. A site-adapted proportion of grain species was established for all inter-farm co-operative associations of the district. Through variety testing at a district consultative centre and by concentrating seed production in two inter-farm co-operative associations, the growing of high-yielding varieties was rapidly expanded. Both measures contributed decisively to boosting gross production.
The national-economic efficiency of grain production and grain industry was increased by concentrating the cultivation of adequate varieties, adapted to the requirements of the processing industry fulfilling a "Supply task".
The nationally-owned grain industry–in combination with the vertical co-operative union "Quality grain"–establishes its contractual relations in such a way that the majority of the quality grain species is purchased in large batches from inter-farm co-operative associations having cereal growing as main production line.
In order to improve planning and balancing of a species- and variety-adapted grain production and for handling and processing grain in varietal purity at the respective grain industry enterprise, an input-putput model was set up. It is aimed at rapidly studying variants with their economic and organizational effects before the respective decision is made.

Anschrift des Verfassers:
Dipl.-Agrarökonom Hans-Joachim Becher
Institut für Getreideforschung Bernburg-Hadmersleben
der Akademie der Landwirtschaftswissenschaften der DDR
4351 Bernburg-Strenzfeld, Mitschurinstraße 28

Tag.-Ber. Akad. Landwirtsch.-Wiss. DDR. Nr. 122. 1972. S. 113–118

Institut für Pflanzenzüchtung Gülzow-Güstrow
der Akademie der Landwirtschaftswissenschaften
der Deutschen Demokratischen Republik

Hans-Joachim Michel

Zum Stand der Konzentration und Spezialisierung der Druschfruchtproduktion im Norden der DDR

Für die weitere Intensivierung und den schrittweisen Übergang zu industriemäßigen Formen der landwirtschaftlichen Produktion ist die immer stärkere Konzentration und Spezialisierung in Verbindung mit der Anwendung vielfältiger Kooperationsbeziehungen von großer Bedeutung.
In diesem Zusammenhang wurde im Institut Gülzow die Frage untersucht, welcher Stand der Konzentration und Spezialisierung der Mähdruschfruchtproduktion gegenwärtig in den Betrieben bzw. Kooperationen der Nordbezirke der DDR erreicht ist. In diese Untersuchung wurden alle LPG vom Typ III, alle VEG einschließlich der Lehr- und Versuchsgüter und alle gemeinsamen Abteilungen Pflanzenproduktion, die zum Termin der Untersuchung bestanden, einbezogen. Die Gesamtzahl der untersuchten Betriebe bzw. Kooperationen (im folgenden Betriebe genannt) beträgt 1370. Der Untersuchung liegt der Stand des Jahres 1971 zugrunde. Zur Erfassung des Einflusses von Standort, Betriebsgröße und Eigentumsform auf den Stand der Konzentration und Spezialisierung wurde eine dreifache Gruppierung der Betriebe vorgenommen. Es wurden 7 Standortgruppen, 4 Betriebsgrößengruppen und 3 Gruppen unterschiedlicher Eigentumsformen gebildet.
Der Gesamtumfang des Anbaues von Druschfrüchten in den drei nördlichen Bezirken der DDR betrug im Untersuchungsjahr 1971 731928 ha.
Damit wurden von der Ackerfläche dieser Bezirke 59,6% durch die Produktion von Druschfrüchten genutzt. Der Getreideanbau betrug 51,0% der Ackerfläche. Außerdem wurden 5,4% der Ackerfläche durch Ölfrüchte, 1,3% durch Hülsenfrüchte und 1,9% durch Feldfuttervermehrungspflanzen genutzt.
Die Begriffe der Konzentration und Spezialisierung werden häufig gleichsinnig gebraucht. So spricht man von Konzentrationsproblemen in Zusammenhang mit hohen Getreideanteilen an der Ackerfläche und in der Fruchtfolge. Im vorliegenden Bericht wird jedoch von Konzentration nur in Zusammenhang mit dem absoluten Umfang des Druschfruchtanbaues in den Betrieben gesprochen. Der Begriff Spezialisierung wird dagegen dann verwendet, wenn es um den relativen Anteil des Druschfruchtanbaues an der Ackerfläche der Betriebe geht.

1. Zur Konzentration des Druschfruchtanbaues

Der mittlere Umfang des Druschfruchtanbaues in den Untersuchungsbetrieben beträgt annähernd 500 ha. Wie aus Tabelle 1 hervorgeht, ist dieser Umfang am geringsten in den LPG und liegt auch in den VEG nicht wesentlich über dem

Tabelle 1
Mittlerer Umfang des Druschfruchtanbaues in den Untersuchungsbetrieben in Abhängigkeit von Standort und Eigentumsform (in ha Anbaufläche)

Eigentumsform	natürliche Standorteinheit D 1	D 2	D 3	D 4	D 5	D 6	Al_1	Betriebe insgesamt
LPG Typ III	306	345	382	467	487	441	157	432
VEG	568	483	528	522	479	579	—	516
Kooperationen	1109	1415	1560	1732	2004	—	727	1664
Betriebe insgesamt	366	458	418	525	547	454	187	491

Tabelle 2
Anteil von Betrieben mit unterschiedlichem Umfang der Druschfruchtfläche an der Gesamtheit der Untersuchungsbetriebe ausgewählter Standorte in Abhängigkeit von der Eigentumsform (in %)

Druschfruchtfläche ha	Eigentumsform LPG Typ III	VEG	Kooperationen	Betriebe insgesamt
N StE D 1				
< 300 ha	60,0	33,3	—	55,0
300— 599 ha	28,6	33,3	25,0	28,7
600— 899 ha	11,4	16,4	—	11,3
900—1199 ha	—	—	—	—
1200—1499 ha	—	16,4	50,0	3,7
> 1499 ha	—	—	25,0	1,3
Betriebe insgesamt	100,0	100,0	100,0	100,0
N StE D 5				
< 300 ha	28,9	19,6	—	26,6
300— 599 ha	50,0	50,0	—	48,2
600— 899 ha	13,4	28,3	—	14,8
900—1199 ha	4,0	—	7,7	3,6
1200—1499 ha	1,7	2,1	7,7	2,0
> 1499 ha	2,0	—	84,6	4,8
Betriebe insgesamt	100,0	100,0	100,0	100,0
Mittel aller Standorte				
< 300 ha	36,2	18,3	—	33,3
300— 599 ha	46,3	50,5	3,5	44,8
600— 899 ha	12,0	23,9	10,6	12,9
900—1199 ha	2,9	3,7	14,0	3,4
1200—1499 ha	1,3	2,8	15,8	2,0
> 1499 ha	1,3	0,8	56,1	3,6
Betriebe insgesamt	100,0	100,0	100,0	100,0

Durchschnitt aller Betriebe. In den Kooperationen sind dagegen durchschnittlich 1664 ha Druschfruchtfläche konzentriert.
Die Untersuchungen zum Stand der Konzentration der Druschfruchtproduktion lassen jedoch eine sehr große Differenziertheit zwischen den Betrieben erkennen (Tab. 2). Einem hohen Anteil von Betrieben, die Druschfrüchte auf einer Fläche von weniger als 300 ha produzieren, steht nur eine geringe Zahl von Betrieben gegenüber, deren Druschfruchtfläche größer als 1200 bzw. 1500 ha ist. Damit wird deutlich, daß nur in einem kleinen Teil der Betriebe im Zweig Druschfruchtproduktion Produktionseinheiten bestehen, die eine moderne industriemäßige Produktion bei hoher Effektivität ermöglichen. Vor der übergroßen Mehrzahl der Betriebe steht die Aufgabe, die Konzentration der Druschfruchtproduktion wesentlich zu erhöhen. Der entscheidende Weg zur Erhöhung der Konzentration ist die Kooperation.

2. Zur Spezialisierung der sozialistischen Landwirtschaftsbetriebe auf die Produktion von Druschfrüchten

Die Spezialisierung auf dem Gebiet der Druschfruchtproduktion kommt zum Ausdruck im Anteil der Erzeugerbetriebe der einzelnen Druschfrüchte an der Gesamtheit der Untersuchungsbetriebe sowie im Anteil der Druschfruchtfläche an der AF bzw. LN der Betriebe, insbesondere in der Differenzierung dieses Anteils zwischen den Betrieben.
Der Anteil der Erzeugerbetriebe der einzelnen Druschfrüchte an der Gesamtheit der untersuchten Betriebe wird in Tabelle 3 in Abhängigkeit vom natürlichen Standort dargestellt. Zwischen den Fruchtarten bzw. Fruchtartengruppen

Tabelle 3

Anteil der Erzeugerbetriebe der einzelnen Druschfrüchte an der Geamtheit der Untersuchungsbetriebe auf den einzelnen Standorten (in %)

Druschfrucht	natürliche Standorteinheit D 1	D 2	D 3	D 4	D 5	D 6	Al_1	Betriebe insgesamt
Getreide insgesamt	100,0	100,0	100,0	100,0	100,0	100,0	100,0	100,0
Ölfrüchte insgesamt	1,2	21,3	57,3	79,1	86,1	91,2	26,3	67,3
davon Wi.-Raps	—	19,1	55,8	77,8	85,8	88,2	26,3	66,1
Hülsenfrüchte	39,5	28,7	23,1	18,1	17,3	32,3	36,8	21,9
Körnerfrüchte insgesamt	100,0	100,0	100,0	100,0	100,0	100,0	100,0	100,0
Feldfuttervermehrung	38,3	32,4	30,7	24,2	25,6	29,4	5,3	27,2
Durschfrüchte insgesamt	100,0	100,0	100,0	100,0	100,0	100,0	100,0	100,0

bestehen erhebliche Unterschiede hinsichtlich der Verteilung des Anbaues auf die Betriebe. Während die Fruchtartengruppen Getreide und damit auch Körner- und Druschfrüchte insgesamt in allen Untersuchungsbetrieben zum Anbau kommen, werden Ölfrüchte, Hülsenfrüchte und Feldfuttervermehrungsfrüchte nur in einem Teil der Betriebe erzeugt.

Die Ursachen für diese Unterschiede sind in erster Linie in den unterschiedlichen volkswirtschaftlichen Anforderungen an die Produktion der einzelnen Fruchtartengruppen zu suchen. Obwohl die Getreideerträge trotz der großen Arten- und Formenmannigfaltigkeit des Getreides sehr standortabhängig sind, ist es auf Grund des hohen und steigenden volkswirtschaftlichen Bedarfs an Getreide notwendig, auf allen Standorten und in allen Betrieben Getreide zu produzieren. Die Produktion von Ölfrüchten, Hülsenfrüchten und Feldfuttervermehrungspflanzen konnte dagegen auf einen Teil der Betriebe beschränkt und so die Konzentration der Produktion erhöht werden.

Für die große Mehrzahl der Betriebe ist ein Druschfruchtanteil um 60% der Ackerfläche typisch. Der Anteil der Betriebe, die mehr als 70% und weniger als 50% Druschfrüchte in Prozent der Ackerfläche anbauen, ist gering. Bei Getreide (Tab. 4) liegt der Anbauanteil an der Ackerfläche in mehr als der Hälfte der Betriebe in einem mittleren Bereich zwischen 45 und 55%. Etwa

Tabelle 4

Anteil von Betrieben mit unterschiedlichem Ackerflächenanteil von Getreide an der Gesamtheit der Untersuchungsbetriebe jedes Standortes (in %)

Getreideanteil in % der AF	natürliche Standorteinheit D 1	D 2	D 3	D 4	D 5	D 6	Al_1	Betriebe insgesamt
< 45 %	9,9	11,8	14,6	11,8	13,9	17,7	0,0	12,9
45,0–54,9%	38,3	39,0	51,8	56,3	59,3	54,4	0,0	52,4
55,0–64,9%	42,0	37,5	28,6	30,1	24,2	25,0	10,5	29,3
> 64,9%	9,9	11,8	5,0	1,8	2,5	2,9	89,5	5,5
Betriebe insgesamt	100,0	100,0	100,0	100,0	100,0	100,0	100,0	100,0

30% der Betriebe haben einen höheren Getreideanteil von 55 bis 65% der AF. Ein sehr hoher Getreideanteil von mehr als 65% der AF ist in 5,5% der Untersuchungsbetriebe festgestellt worden. Dagegen betreiben etwa 13% der Betriebe nur einen vergleichsweise geringen Getreideanbau von weniger als 45% der AF. Größer ist die Differenzierung innerhalb der nichtgetreideartigen Druschfrüchte, wie am Beispiel von Winterraps in Tabelle 5 gezeigt wird.

Tabelle 5

Anteil von Betrieben mit unterschiedlichem Ackerflächenanteil von Wi.-Raps an der Gesamtheit der Untersuchungsbetriebe jedes Standortes (in %)

Wi.-Rapsanteil in % der AF	natürliche Standorteinheit D 1	D 2	D 3	D 4	D 5	D 6	Al_1	Betriebe insgesamt
kein Anbau	100,0	80,9	44,2	22,2	14,2	11,8	73,7	33,9
< 5,0%	0,0	11,8	28,6	17,9	11,1	8,8	10,5	15,5
5,0– 9,9%	0,0	6,6	25,1	49,6	52,1	44,1	15,8	38,8
10,0–14,9%	0,0	0,7	2,0	8,9	18,9	29,4	0,0	10,1
> 14,9%	0,0	0,0	0,0	1,4	3,6	5,9	0,0	1,8
Betriebe insgesamt	100,0	100,0	100,0	100,0	100,0	100,0	100,0	100,0

Neben einem Einfluß des Standortes konnte auch ein Einfluß von Betriebsgröße und Eigentumsform auf die Konzentration und Spezialisierung festgestellt werden. Mit steigender Betriebsgröße fällt der Getreideanteil an der Ackerfläche bei gleichzeitiger Zunahme des Anteils nichtgetreideartiger Druschfrüchte. Eine hohe Konzentration der Druschfruchtproduktion ist besonders in den Kooperationen der Feldwirtschaft vorhanden.
Die vorgelegten Untersuchungsergebnisse lassen erkennen, daß sich im Norden der DDR Betriebe mit hoher Konzentration der Druschfruchtproduktion bei gleichzeitiger Spezialisierung auf die Produktion von Druschfrüchten herausgebildet haben. In Forschungsarbeiten, die an die durchgeführte Analyse anschließen, wird die zweckmäßige betriebswirtschaftliche Einrichtung derartig spezialisierter Betriebe im Norden der DDR untersucht.

Zusammenfassung

Konzentration und Spezialisierung in Verbindung mit vielfältigen Kooperationsbeziehungen gewinnen für die Entwicklung der landwirtschaftlichen Produktion in der DDR zunehmende Bedeutung. In den Bezirken Rostock, Schwerin und Neubrandenburg wurde der bis zum Jahre 1971 erreichte Stand der Konzentration und Spezialisierung auf dem Gebiet der Druschfruchtproduktion in allen LPG Typ III, VEG und Kooperationen der Pflanzenproduktion untersucht. Der Stand der Konzentration und der Spezialisierung ist sehr differenziert und vor der übergroßen Mehrzahl der Betriebe steht die Aufgabe, die Konzentration der Druschfruchtproduktion wesentlich zu erhöhen. Durch eine entsprechende Gruppierung des Materials war es möglich, den Einfluß des Standortes, der Betriebsgröße und der Eigentumsform auf die Konzentration und die Spezialisierung der Druschfruchtproduktion herauszuarbeiten.

Резюме

Название работы: Об уровне концентрации и специализации производства зерновых культур на севере ГДР

Для развития сельскохозяйственного производства ГДР растущее значение приобретают концентрация и специализация в сочетании с разнообразными кооперативными отношениями. В округах Росток, Шверин, Нойбранденбург во всех СХПК типа III, народных имениях и кооперативных растениеводческих отделениях было проведено исследование достигнутого к 1971 году уровня концентрации и специализации в области выращивания зерновых культур. Уровень концентрации и специализации сильно различается и перед подавляющим большинством хозяйств стоит задача, значительно повысить концентрацию зерновых культур. Посредством соответственной группировки материала исследований было определено влияние места произрастания, размера хозяйств и формы собственности на концентрацию и специализацию производства зерновых культур.

Summary

Title of the paper: On the present situation regarding the concentration and specialization of the production of combine-harvested crops in the northern part of the German Democratic Republic

Concentration and specialization in combination with multifarious cooperative relations are becoming increasingly important for the development of farm production in the GDR. All the cooperative farms type III as well as all the State farms and cooperations for plant production in the Counties of Rostock, Schwerin and Neubrandenburg were analyzed for the level of concentration and specialization they had reached by 1971 in the production of combine-harvested crops. This level of concentration and specialization was found to vary greatly, and the vast majority of farms are facing the task of considerably intensifying the concentration of combine-harvested crops. Appropriate arrangement of the material made it possible to work out the effects of site, farm size and forms of ownership on the concentration and specialization in the production of these crops.

Anschrift des Verfassers:
Dr. Hans-Joachim Michel
Institut für Pflanzenzüchtung Gülzow-Güstrow
der Akademie der Landwirtschaftswissenschaften der DDR
2601 Gülzow, Kreis Güstrow

Tag.-Ber. Akad. Landwirtsch.-Wiss. DDR. Nr. 122. 1973. S. 119–124

Institut für Landwirtschaftliche Information und Dokumentation
der Akademie der Landwirtschaftswissenschaften
der Deutschen Demokratischen Republik

Klaus-Dieter Gellerich

Untersuchungen einiger Aspekte der Getreideproduktion in ausgewählten sozialistischen und kapitalistischen Ländern unter besonderer Berücksichtigung natürlicher Produktionsfaktoren

Die Getreideproduktion nimmt in der sozialistischen Landwirtschaft der DDR eine wichtige Stellung ein. Sie hat das Ziel, hohe, sichere Getreideerträge zu erreichen. Dazu müssen alle Möglichkeiten genutzt werden, so auch der Vergleich bestimmter Aspekte der Getreideproduktion, der verschiedene Länder einbezieht und die Ableitung von Schlußfolgerungen erwarten läßt.

Die Untersuchungen erstreckten sich auf die sozialistischen Länder DDR, VR Polen und ČSSR und auf einige kapitalistische Länder. Hinsichtlich der Auswahl der Länder muß eindeutig festgestellt werden, daß allein die geographische Lage zur DDR ausschlaggebend war, weil bei den durchgeführten Vergleichen nur natürliche Produktionsfaktoren berücksichtigt wurden. Daraus erklärt sich auch, warum die UdSSR in den Ausführungen nicht berücksichtigt wird, obwohl sie in der Getreideproduktion wertvolle Erfahrungen besitzt.

Des weiteren sei betont, daß es nicht Sinn der Untersuchungen war festzustellen, zu welchen Teilen natürliche Standortbedingungen und ökonomische Faktoren Einfluß auf die Gestaltung der Getreideproduktion nehmen. Es ist bekannt, daß der Komplex ökonomischer Faktoren häufig die natürlichen Faktoren überdeckt. In dieser Arbeit sollten allein die natürlichen Standortbedingungen berücksichtigt werden.

Methodisch wurde so verfahren, daß zunächst eine Einteilung der natürlichen Produktionsfaktoren in Gruppen vorgenommen wurde, um die einzelnen Gebiete vergleichbar zu machen. Da für statistische Erhebungen die politische Einteilung der Länder in Bezirke verwendet wird, mußte auch hierbei dieser Rahmen zugrunde gelegt werden, obwohl die politischen Grenzen hinsichtlich Boden und Klima nur selten einheitliche Gebiete umfassen.

Danach wurden die Bodenarten und die durchschnittlichen jährlichen Niederschläge in einer Karte dargestellt und auf dieser Grundlage die politischen Bezirke eingeteilt in

– Bezirke mit vorherrschend sandigen Böden und weniger bzw. mehr als 600 mm Niederschlag/Jahr (Gruppe 1 bzw. Gruppe 2)

– Bezirke mit vorherrschend lehmigen Böden und weniger bzw. mehr als 600 mm Niederschlag (Gruppe 3 bzw. Gruppe 4).

Es wäre falsch, z. B. 40jährige Niederschlagsdurchschnitte mit 5–10jährigen Ertragsdurchschnitten zu verrechnen oder bei der gewählten Größenordnung weitere Klimafaktoren einzubeziehen. Es kam vielmehr darauf an, die umfangreichen Gebiete vergleichbar und Tendenzen sichtbar zu machen. Dazu schien die gewählte Einteilung in die genannten 4 Gruppen geeignet.
Folgende Faktoren der Getreideproduktion wurden untersucht und auf die oben genannten Gruppen bezogen:
– Umfang des Getreidebaus
– Getreideartenverhältnis einschließlich des Anteils des Wintergetreides und der Intensivgetreidearten an der Getreidefläche
– Höhe der Getreideerträge
– Ertragssicherheit.

1. Umfang des Getreidebaus

Um 1950 begann in einigen kapitalistischen Ländern eine starke Ausdehnung des Getreideanteils am Ackerland. 1970 wurden in der BRD, Dänemark und Belgien 68, 65 bzw. 62% der Ackerfläche mit Getreide bestellt. Auch für die DDR, die 1970 49,5% aufwies, wird dieser Problemkreis mit der standortgerechten Gestaltung des Getreidebaus immer bedeutungsvoller.
Aus den für die einzelnen Bezirke ermittelten Werten läßt sich folgendes ableiten:
– Die sozialistischen Länder weisen zwar einen durchschnittlich geringeren, insgesamt jedoch gleichmäßiger über die Bezirke verteilten Getreideanteil am Ackerland auf.
– Zwischen dem Getreideumfang und der Gruppeneinteilung sind in den sozialistischen Ländern keine Beziehungen erkennbar. Das heißt jedoch nicht, daß es in diesen Ländern keine Rayonierung gäbe.
– In den kapitalistischen Ländern konzentriert sich der Getreidebau auf die Bezirke mit guten Böden und ausreichender Wasserversorgung. Dazu gehören der Norden der BRD und Frankreichs, ferner Belgien, Dänemark und die Ebenen Österreichs. Während in der DDR, der VR Polen und der ČSSR die Werte zwischen den Bezirken mit dem geringsten und dem höchsten Getreideanteil nur um 10% schwanken, differieren sie in den kapitalistischen Ländern zwischen 20 und 50%.
– Auch in den Bezirken mit der höchsten Getreidekonzentration konnte ein ständiger Ertragsanstieg nachgewiesen werden.
– Seit 1968 wurde die Getreidefläche in den meisten Staaten nur noch sehr zögernd ausgeweitet.
– Bei der weiteren Ausdehnung der Getreidefläche in der DDR sollten verstärkt die dafür geeigneten Standorte berücksichtigt werden.

2. Getreideartenverhältnis

Für den Vergleich des Getreideartenverhältnisses und dessen Veränderung wurden für alle Bezirke die Durchschnitte der Jahre 1953/56 und 1965/68 errechnet und das Verhältnis der Getreidearten zueinander ermittelt. Ein Vergleich in den Gruppen zeigt:

Gruppe 1, vorherrschend sandig, unter 600 mm Niederschlag/Jahr
Gebiete dieser Art gibt es in der DDR (Neubrandenburg, Frankfurt/O., Potsdam und Cottbus) und in den östlichen Teilen der VR Polen. Beide weisen auf Grund der Bodenverhältnisse einen Weizenanteil an der Getreidefläche unter 20%, einen Roggenanteil von 60–70% sowie einen 5–25% betragenden Hafer- bzw. Gerstenanteil auf.

Gruppe 2, vorherrschend sandig, über 600 mm Niederschlag/Jahr
Derartige Gebiete besitzen die DDR (Rostock und Schwerin), die VR Polen im Nordwesten des Landes, die BRD in Schleswig-Holstein und Niedersachsen sowie Frankreich, die Niederlande und Schweden. Das Getreideartenverhältnis Polens, der DDR, der BRD und der Niederlande weist Ähnlichkeiten auf. Der Weizenanteil liegt – von Frankreich mit 30–60% abgesehen – unter 20%. Der Roggenanteil nimmt in westlicher Richtung ab, der Anteil der Gerste zu. Der Haferanteil ist u. a. wegen der besseren Wasserversorgung in dieser Gruppe deutlich höher.

Gruppe 3, vorherrschend lehmig, unter 600 mm Niederschlag/Jahr
Solche Gebiete finden sich in der DDR (Halle, Erfurt, Leipzig, Gera, Magdeburg), im Südwesten Polens, in der westlichen ČSSR, im zentralen Frankreich und in Ostschweden. Allen gemeinsam ist der hohe Weizen- und Gerstenanteil. Der Haferanteil liegt meist unter 10%, Roggen spielt nur in der VR Polen, der DDR und der ČSSR mit Werten zwischen 10 und 50% eine Rolle.

Gruppe 4, vorherrschend lehmig, mehr als 600 mm Niederschlag/Jahr
Zu dieser Gruppe gehören die Bezirke Dresden, Karl-Marx-Stadt und Suhl, die ebenen Gebiete Österreichs, der Norden Frankreichs, ferner Belgien, die Niederlande, Dänemark und der Süden Schwedens sowie die mittleren und südlichen Länder der BRD. Die Getreideartenverhältnisse der DDR, der ČSSR, Österreichs und das der BRD ähneln einander. Der höhere Anteil bergigen Geländes hat in diesen Bezirken einen Roggenanteil bis 30% zur Folge. Einen besonders hohen Weizenanteil zwischen 40 und 85% der Getreidefläche haben die entsprechenden Teile Frankreichs und der Niederlande, einen hohen Gerstenanteil bis zu 70% auf Kosten aller anderen Getreidearten Dänemark und teilweise Schweden.

Insgesamt ist festzustellen, daß in ausnahmslos allen Bezirken eine Verschiebung des Getreideartenverhältnisses zugunsten von Weizen und Gerste auf Kosten des Roggens und in den meisten Fällen auch auf Kosten des Gemenges und des Hafers vor sich gegangen ist. Bei unterschiedlicher Gestaltung des Getreideartenverhältnisses ähneln sich aber die Prozentzahlen der Veränderung der einzelnen Arten. Außerdem ist eine deutliche Abhängigkeit der Veränderung des Getreideartenverhältnisses von den natürlichen Gegebenheiten erkennbar.

2.1. Anteil des Wintergetreides an der Getreidefläche

Der Anteil der Winterung an der Getreidefläche ist außerordentlich unterschiedlich. 1970 erreichte die DDR einen Anteil von 68%, die BRD und Österreich wiesen bereits über 20% weniger Winterung an der Getreidefläche auf. Allgemein läßt sich feststellen, daß mit zunehmender Entfernung von den Küsten der Anteil des Wintergetreides an der Getreidefläche steigt. Ein Vergleich in den Gruppen ergibt, daß er auch in den Bezirken mit vorherrschend lehmigen Böden deutlich höher ist.
Neben dem hohen Winterroggenanteil wird in der DDR im Gegensatz zu den meisten anderen Ländern auch ein hoher Weizen- bzw. Gerstenanteil als Winterung gebaut, weil die Winterung hinsichtlich ihrer Erträge dem Sommergetreide überlegen ist. Allerdings darf dabei die enorme Arbeitsspitze im Herbst nicht übersehen werden.

2.2. Anteil der Getreidearten Weizen und Gerste

Die DDR erreichte 1970 einen Anteil von 54% Weizen und Gerste an der Getreidefläche. Die entsprechenden Zahlen für die ČSSR und die VR Polen betragen 72 bzw. 35%. Die höchsten Anteile hatten Dänemark mit 84%, Frankreich mit 73% und die Niederlande mit 67%. In allen Ländern sind deutliche Beziehungen zwischen der Bodenart und dem Anteil von Weizen und Gerste erkennbar. Ein Vergleich mit den Bezirken der DDR zeigt, daß in den anderen Ländern in allen 4 Gruppen ein höherer Anteil der Getreidearten Weizen und Gerste an der Getreidefläche erreicht wird. So betragen in der Gruppe „Sandige Böden, über 600 mm" die Werte in den entsprechenden Bezirken Schwedens, Frankreichs und der BRD 50—80%, in den Bezirken Rostock und Schwerin nur 35–45%. Die Bezirke Magdeburg, Halle, Erfurt, Gera und Leipzig bauten 55—75% Weizen und Gerste, die vergleichbaren Bezirke der ČSSR und Frankreichs dagegen bis zu 90%, in den Niederlanden bis zu 99%.

3. Höhe der Getreideerträge

Im Durchschnitt der Jahre 1965–1969 erzielte die DDR 30 dt/ha Getreide, Dänemark 38,8 dt/ha, die Niederlande 38,5 dt/ha und Belgien 38,2 dt/ha. Eine Auswertung der Ertragsdurchschnitte der Jahre 1964–1969 sowie der Jahre 1953–1956 ergibt folgendes Bild:

– In den meisten Bezirken wurden die höchsten Erträge bei Weizen erzielt, in Österreich bei Gerste, in den Niederlanden, Dänemark und Schweden teilweise auch bei Hafer. Roggen brachte fast überall die geringsten Erträge.
– Ebenso wurden beim Weizen in den meisten Bezirken auch die höchsten Steigerungsraten, beim Roggen dagegen die geringsten erreicht.
– Das Ertragsniveau ist durch die hohen Steigerungsraten beim Weizen in den meisten Bezirken uneinheitlicher geworden.

– Bei der Ertragshöhe und teilweise auch bei der Höhe der Steigerungsraten sind Beziehungen zu den gebildeten Gruppen erkennbar.
– Ein Vergleich der in den einzelnen Bezirken erreichten Erträge in den einzelnen Gruppen zeigt, daß für die DDR bei den Gruppen 1 und 3 (sandige bzw. lehmige Böden, unter 600 mm) die höchsten Erträge vorliegen. In den Gruppen 2 und 4 (sandige bzw. lehmige Böden, über 600 mm) werden jedoch in anderen Ländern ungleich höhere Erträge erzielt, die zugleich zeigen, welche Reserven in der Getreideproduktion der DDR zu erschließen sind.

4. Ertragssicherheit

Zur Feststellung der Ertragssicherheit wurde in allen Bezirken anhand der Erträge der 4 Hauptgetreidearten für die Jahre 1960–1969 der Variationskoeffizient errechnet. Dabei wurden sehr unterschiedliche Ergebnisse erzielt:
– Die Länder und Bezirke in Meeresnähe weisen die höchste Ertragssicherheit auf. Das trifft z. B. für Dänemark mit Werten zwischen 3–11%, für die Niederlande mit 5–15% und für die nördlichen Teile der BRD mit 10–13% zu. Mit zunehmendem Einfluß des kontinentalen Klimas steigen die Werte bis auf 25% und darüber an. In der DDR liegen sie zwischen 10–25%.
– In den meisten Ländern treten bei Weizen und Gerste die höchsten, bei Roggen dagegen die geringsten Schwankungen auf. In der DDR sind – immer unter Berücksichtigung der gewählten Größenordnung – keine eindeutigen Unterschiede erkennbar.
– In Dänemark und Schweden weist die Winterung gegenüber dem Sommergetreide beträchtlich höhere Schwankungen auf, in anderen Ländern, auch in der DDR, ist kein eindeutiger Unterschied festzustellen. (Für die VR Polen und die ČSSR waren die Zahlen für das Verhältnis Winterung zu Sommerung nicht zu beschaffen.)
– Bei der gewählten Größenordnung war für viele Länder kein Zusammenhang zwischen der Ertragssicherheit und den Standorten erkennbar. In der DDR scheinen die Erträge in Seenähe und auf guten Böden sicherer zu sein.

Zusammenfassung

In 10 ausgewählten sozialistischen und kapitalistischen Ländern wurden Umfang, Struktur, Ertragshöhe und Ertragssicherheit des Getreidebaues ermittelt und die Werte in 4 Gruppen natürlicher Standortbedingungen eingeteilt. Sie waren, um als Produktionsgebiete vergleichbar zu sein, aus Bodenarten und durchschnittlichen Jahresniederschlägen gebildet worden.
Dabei wiesen das Getreideartenverhältnis, der Anteil der Getreidearten Weizen und Gerste an der Getreidefläche und das Ertragsniveau enge Beziehungen zu den Gruppen natürlicher Standortbedingungen auf. Auch hinsichtlich des Umfangs des Getreideanteils am Ackerland, des Anteils des Wintergetreides an der Getreidefläche und der Sicherheit der Getreideerträge sind Zusammenhänge erkennbar.

Резюме

Название работы: Изучение некторорых аспектов производства зерна в избранных социалистических и капиталистических странах с особым учетом естественных факторов производства

Автор использовал сведения о возделывании зерновых культур в 10 избранных социалистических и капиталистических странах и определил объем, структуру, уровень и устойчивость урожаев. Для получения сравнимых данных, районы возделывания подразделялись по видам почв и показателям среднегодовых атмосферных осадков на 4 группы земель с приблизительно одинаковыми природными условиями. Установлена тесная связь между соотношением возделываемых зерновых культур, долей пшеницы и ячменя в общей площади зерновых культур и урожайностью, с одной стороны, и группами вышеназванных земель с другой стороны. Также относительно доли посевной площади зерновых культур в пашне, доли посевной площади озимых культур в общей площади зерновых культур и устойчивости урожаев зерновых культур отмечаются связи.

Summary

Title of the paper: Studies on some aspects of grain production in selected socialist and capitalist countries with special reference to natural production factors

Volume, structure, yield level, and yielding security of cereal growing in 10 selected socialist and capitalist countries were estimated the corresponding results being divided into 4 groups of natural site conditions. For comparing the growing areas, these groups were formed on the basis of soil classes and mean annual precipitation. Close relationships were found between the proportion of cereal species, the share of wheat and barley in the total cereal growing area and yield level, on the one hand, and groups of natural site conditions on the other. Likewise, correlations were found to exist between the share of cereals in arable land, the share of winter-sown cereals in the total cereal growing area, and the security of grain yields.

Anschrift des Verfassers:
Dipl.-Landwirt Klaus-Dieter Gellerich
Institut für Landwirtschaftliche Information und Dokumentation
der Akademie der Landwirtschaftswissenschaften der DDR
108 Berlin, Krausenstraße 38/39

Themenkreis Technologie der Getreideproduktion

Tag.-Ber. Akad. Landwirtsch.-Wiss. DDR. Nr. 122. 1973. S. 127–135

Forschungszentrum für Bodenfruchtbarkeit Müncheberg
– Bereich Bad Lauchstädt –
der Akademie der Landwirtschaftswissenschaften
der Deutschen Demokratischen Republik

PETER WISSING

Zusammenhänge zwischen Ertragsbildung, Termin und Dauer der Arbeitsdurchführung sowie Maschinenbedarf und Arbeitsorganisation bei der Produktion von Mähdruschfrüchten

Die entscheidenden Maßnahmen zur Intensivierung der landwirtschaftlichen Produktion mit dem Ziel einer systematischen Steigerung der Erträge der wichtigsten Kulturen bei niedrigen Selbstkosten und hoher Arbeitsproduktivität sind auf dem VIII. Parteitag der Sozialistischen Einheitspartei Deutschlands beschlossen worden.
Besondere Beachtung wird dabei neben den Maßnahmen zur Melioration und Chemisierung der verstärkten Zuführung leistungsfähiger Landmaschinen und den spezifischen Anforderungen der künftigen sozialistischen Produktionsorganisation geschenkt. Immer mehr werden industriemäßige Produktionsmethoden und die Konzentration von Produktion und Arbeit an Bedeutung gewinnen. Bereits MARX weist darauf hin, „daß die aus der Kooperation und Teilung der Arbeit entspringenden Produktivkräfte nichts kosten“. Sie sind, wie er sagt: „Naturkräfte der gesellschaftlichen Arbeit“.
Sie zu nutzen, heißt praktische Anwendung des allgemeinen Gesetzes der Ökonomie der Zeit, und Zeitgewinn ist in der Pflanzenproduktion nicht nur schlechthin mit Aufwandseinsparungen, sondern darüber hinaus mit Ertragsgewinn und Qualitätsverbesserung verbunden. Nur die Einhaltung der agrotechnisch optimalen Termine und Zeitspannen garantiert hohe Erträge bei niedrigen Kosten. Bedeutungsvoll ist deshalb ein den agrarbiologischen Erfordernissen der verschiedenen Fruchtarten angepaßter Maschinenbestand sowie sein rationeller Einsatz in den sozialistischen Landwirtschaftsbetrieben und ihren kooperativen Einrichtungen. Es ist bekannt, daß mit steigender Maschinenausnutzung Kosten eingespart werden können. Andererseits ist eine Erhöhung der jährlichen Auslastung oft mit einer Ausdehnung der Arbeitszeitspannen bzw. mit einer unvertretbaren Überschreitung der agrotechnisch günstigen Termine verbunden. Ziel aller ökonomisch organisatorischen Maßnahmen muß es deshalb sein, kostengünstige Jahresleistungen der Maschinen und Geräte bereits in den für die verschiedenen Fruchtarten optimalen Bearbeitungszeitspannen zu erreichen. Diese Möglichkeiten der Intensivierung ohne zusätzliche Investitionen verdienen unsere besondere Aufmerksamkeit. Ihre vollständige Nutzung ist nur

auf dem Wege der Kooperation über die Anwendung industriemäßiger Produktionsmethoden möglich.

1. Der Einfluß der Arbeitszeitspannen auf die Erträge und die Qualität der Produkte

In welchem Maße die Ertragshöhe und die Qualität der Produkte bei Mähdruschfrüchten durch den Zeitpunkt der Arbeitserledigung und die Länge der Arbeitszeitspannen beeinflußt werden, ist der Tabelle 1 zu entnehmen. Hier sind die Veränderungen in Abhängigkeit vom Saattermin dargestellt. Ursache der je nach Fruchtart, Sorte und Jahreswitterung oft erheblichen Ertragseinbußen durch verspätete Bestellung ist die Verkürzung der Wachstumsphasen und die ungenügende Übereinstimmung des Entwicklungszustandes der Pflanzen mit den dafür günstigen, von der Jahreszeit abhängenden klimatischen Bedingungen.

Tabelle 1

Ertragsverluste je Tag durch Saatzeitverspätung

Fruchtart	Saatzeitspanne opt. Termin*	Ertragsverluste je Tag nach dem opt. Termin dt/ha	%	Verlustart
Sommergetreide				
Sommerweizen	21. 3. ··· 5. 4.	0,30	0,75	Korn
Sommergerste	21. 3. ··· 5. 4.	0,30	0,75	Korn
Hafer	21. 3. ··· 5. 4.	0,25	0,65	Korn
Leguminosen				
Speiseerbsen	21. 3. ··· 5. 4.	0,20	0,80	Erbsen
Ackerbohnen	21. 3. ··· 5. 4.	0,30	1,00	Bohnen
Winterraps	21. 8. ··· 31. 8.	0,20	1,00	Korn
Wintergetreide				
Wintergerste	16. 9. ··· 30. 9.	0,30	0,75	Korn
Winterroggen	16. 9. ··· 15. 10.	0,20	0,60	Korn
Winterweizen	15. 10 ··· 31. 10.	0,15	0,33	Korn
Winterweizen	1. 11. ··· 15. 11.	0,25	0,55	Korn
Winterweizen	16. 11. ··· 30. 11.	0,15	0,33	Korn

* Als optimaler Termin für Winterweizen wurde der 15. 10. unterstellt (sortenabhängig). Bei weiterer Verzögerung der Bestellarbeiten ändern sich die Verluste wie angegeben.

Typische Beispiele dafür sind die Sommergetreidearten. Deshalb ist es unbedingt erforderlich, am ersten Tag im Frühjahr, an dem es möglich ist, die notwendigen Bodenbearbeitungsmaßnahmen durchzuführen, mit ihrer Bestellung zu beginnen. Dabei sind „weder Kalendertermine noch atmosphärische und Bodentemperaturen, noch Rücksichten auf Frostschäden und spätere Bestandsverunkrautung entscheidend, sondern ausschließlich der Bodenzustand, sein Abtrocknungsgrad bzw. seine Fähigkeit, Maschinen und Geräte ohne garemäßig-strukturelle Schäden zu vertragen. Mit jeder Stufe verspäteter Saat ergibt sich ein gradliniger, in allen Fällen erheblicher Ertragsabfall. Früh bestellte Felder ergeben die höheren Erträge“ (KLITSCH, 1955). Darüber hinaus sind durch Spätbestellung in ihrer Entwicklung gestörte Pflanzenbestände wesentlich anfälliger gegen Krankheiten und Schädlinge. Generell muß festgestellt werden, daß sich Ertragsverluste durch verspätete Bestellung weder durch hohe Stickstoffdüngung noch durch andere agrotechnische Maßnahmen ausgleichen lassen. Auch ist die allgemein verbreitete Ansicht falsch, Ertragsverluste vor allem bei spätbestelltem Wintergetreide durch erhöhte Saatmengen je ha verhindern zu können. Diesbezügliche Erfahrungen, die von Praktikern in Jahren mit günstigem Spätherbst- und Winterwetter gemacht wurden, haben keinesfalls Allgemeingültigkeit. Die Gefahr der Auswinterung oder zumindest stark lückiger Bestände durch schlechten Aufgang ist größer als die Aussicht auf Normalerträge.

2. Ökonomische Auswirkungen eines unterschiedlichen Maschineneinsatzes zur Sommergetreidebestellung

Die aufgezeigten erheblichen Ertragsverluste je Tag Saatzeitverspätung erzwingen die kurzfristige Erledigung aller Bestellarbeiten. Andererseits erfordert die Verkürzung der Bestellzeitspannen eine größere Schlagkraft, also mehr Maschinen zur Saatbettbereitung und Bestellung. Erhöhter Maschinenbesatz ist jedoch zwangsläufig mit einer Verminderung der jährlichen Ausnutzung und einer Erhöhung der Einsatzkosten verbunden. Zusatzinvestitionen sind deshalb erst gerechtfertigt, wenn alle betriebsökonomischen und arbeitswirtschaftlichen Möglichkeiten zur schlagkräftigeren Gestaltung des Maschineneinsatzes genutzt worden sind. Am Beispiel der Sommergetreidebestellung sollen die Zusammenhänge untersucht werden.
Tabelle 2 vermittelt einen Überblick über die ökonomischen Effekte des Drillmaschineneinsatzes zur Frühjahrsbestellung. Die ausgewählten Varianten unterscheiden sich durch differenzierte tägliche Einsatzzeit bzw. unterschiedliche Anzahl eingesetzter Aggregate gleichen Typs. Zur exakten Kostenkalkulation wurde im Beispiel unterstellt, daß von den zum Einsatz gelangenden Drillmaschinen jährlich 2500 ha Bestellarbeiten zu bewältigen sind. Ausschlaggebend für die Höhe der durchschnittlichen Erlöse je ha ist die Länge der Saatzeitspanne, der unterstellte Optimalertrag und das Anbauverhältnis der Sommergetreidearten. Der Anbau von 700 ha Sommergetreide, 400 ha Sommerweizen und 100 ha Hafer ergibt die in Spalte 9 eingetragenen durchschnittlichen Erlöse.
Durch die Ausnutzung der verfügbaren täglichen Arbeitszeit gelingt es, ohne zusätzlichen Grundmitteleinsatz die Saatzeitspanne von 9 auf 4,5 Tage zu verkürzen, vgl. Variante 0, 1 und 3.
Die damit verbundene Realisierung zusätzlichen Gewinns ist beträchtlich. Für die unterstellte 1200 ha Sommergetreidefläche kann bei Konsumproduktion mit

Tabelle 2

Auswirkungen einer unterschiedlichen Ausnutzung der verfügbaren täglichen Arbeitszeit und eines differenzierten Maschinenbesatzes auf die Ökonomie des Maschineneinsatzes (Sommergetreidebestellung)

Variante	tägl. Einsatzzeit	Anzahl eingesetzter Aggregate[1]	Leistung	Dauer der Saatzeitspanne[2]	Auslastung je Drillaggregat	Verfahrenskosten[3]	Verfahrenskostenerhöhung	Erlöse[4]	Mehrerlöse	zusätzlicher Gewinn	Investmittelbedarf	Rückflußdauer
	h		ha/Tag	Tage	ha/Jahr	M/ha	M/ha	M/ha	M/ha	M/ha	M/ha	Jahre
0	8	10	136	9	250	13,71	—	(2752,53) 1329,57	—	—	28,28	—
1	12	10	204	6	250	13,71	—	(2784,06) 1344,71	(31,53) 15,14	(31,53) 15,14	28,28	(0,9) 1,9
2	12	15	306	4	166	15,09	1,38	(2805,09) 1354,82	(52,56) 25,25	(51,18) 23,87	38,19	(0,7) 1,6
3	16	10	272	4,5	250	13,71	—	(2800,17) 1352,46	(47,64) 22,89	(47,64) 22,89	28,28	(0,6) 1,2

[1] MTS 52 und A 591
[2] Arbeitsumfang der Sommergetreidebestellung 1200 ha
[3] ohne Berücksichtigung der Saatbettbereitung
[4] unterstellter Optimalertrag: 40 dt/ha
Werte in Klammern geben die ökonomischen Effekte bei der Produktion von Hochzuchtsaatgut an.
Variante 0: Basisvariante

etwa 18,- bis 27,– TM und bei Erzeugung von Hochzuchtsaatgut mit etwa 37,– bis 57,– TM gerechnet werden. Hinzu kommt, daß mit der Verkürzung der Einsatzzeitspannen die Wahrscheinlichkeit einer witterungsbedingten Unterbrechung stark reduziert wird und weitere schwer kalkulierbare Verluste vermieden werden können. Grundsätzlich ist bei der Vorbereitung der Frühjahrsbestellung davon auszugehen, den Anteil der operativen Zeit in der Normzeit zu erhöhen. Organisatorische Maßnahmen müssen die Ausnutzung des Tageslichtes zu Bestellarbeiten ermöglichen. Dazu gehören:
Kampagnefeste Reparatur, detaillierte Arbeitsablaufplanung und Arbeitsvorbereitung zur Verminderung von Verlustzeiten, Verlagerung der Vorbereitungs- und Abschlußarbeiten in die Nachtstunden, Reduzierung der Befüllzeiten durch mechanische Beschickung u. a. m. Nur wenn diese Maßnahmen einschließlich Mehrschicht- und Komplexeinsatz nicht zur Einhaltung der optimalen Saatzeitspannen von 3 bis 5 Tagen führen, sind Neuinvestitionen zur Erhöhung der Schlagkraft erforderlich. Variante 2 zeigt die ökonomischen Auswirkungen. Trotz beachtlicher Leistungsverminderung je Jahr durch die zusätzliche Anschaffung von fünf Drillmaschinen ist die Erhöhung der Verfahrenskosten mit 1,38 M/ha minimal. Das ist darauf zurückzuführen, daß die Abnahme der Jahresleistung der Drillmaschinen von 250 auf 166 ha nur zu einer geringfügigen Festkostenerhöhung führt. Demgegenüber ist der Erlöszuwachs um ein Vielfaches größer als die Erhöhung der Verfahrenskosten, vgl. Variante 2 mit 1. Der zusätzliche Gewinn hat sich um 8,73 bzw. 19,65 M/ha erhöht, und die Rückflußdauer der eingesetzten Investmittel konnte verkürzt werden. Nicht immer wird es möglich sein, durch Neuanschaffungen vorhandene Lücken zu schließen. Das übersteigt in den meisten Fällen die finanziellen Möglichkeiten der Genossenschaften und volkseigenen Güter. Aber bereits der Entschluß zur Zusammenarbeit in einer kooperativen Abteilung Pflanzenproduktion eröffnet neue Wege zur Beschleunigung der Feldarbeiten und wird damit ein entscheidendes Kriterium bei der Ertragsteigerung.
Allein die territoriale Konzentration der Produktion in großen Schlageinheiten bzw. in bestimmten Abteilungen verhindert z. B. bei der Bestellung ein zu häufiges Umsetzen der Technik. Wegfallende Umrüst- und Umsetzzeiten können damit für den eigentlichen Arbeitsprozeß zur Verkürzung der Zeitspannen genutzt werden.
Die drei Ziele eines effektiven Maschineneinsatzes: Steigerung der Erträge, Erhöhung der Arbeitsproduktivität in Verbindung mit der Verbesserung der Arbeits- und Lebensbedingungen und die Senkung der Selbstkosten erfordern über die Konzentration der Produktion die Organisation des komplexen Maschineneinsatzes im Schichtsystem. Vor allem bei transportverbundenen Arbeiten können durch den gemeinsamen Einsatz mehrerer leistungsbestimmender Maschinen Verlustzeiten vermieden werden. Diese Gesetzmäßigkeiten sind allgemein bekannt und werden bereits in großem Umfang in der Praxis angewendet. Es sei jedoch an dieser Stelle darauf hingewiesen, daß formales Vorgehen bei der Zusammenstellung der Komplexe oft zu Fehleinschätzungen

führt. Hier muß eine gründliche Arbeitsvorbereitung Abhilfe schaffen. Leistungsfähige Maschinenkomplexe können nur unter Berücksichtigung der betriebsspezifischen Produktionsbedingungen wie Leistungen, Erträge, Entfernungen, Wegeverhältnisse, Schlaggrößen usw. gebildet werden. In Zukunft sind deshalb in den Kooperationen Kader zur Arbeitsvorbereitung einzusetzen. Sie müssen in Zusammenarbeit mit den operativ tätigen Kollegen und unter Verwendung moderner Planungsmethoden die einzelnen Arbeitskampagnen vorbereiten. Diese Form der Arbeitsablaufplanung muß auch dazu führen, daß die Schichtarbeit in allen Betrieben als ein wichtiges Mittel zur Senkung von Kosten und Ertragsverlusten angesehen wird. Vor allem durch die Schichtarbeit besteht die Möglichkeit, eine hohe Auslastung, also kostengünstige Leistungen der Maschinen und Geräte bei gleichzeitiger Einhaltung agrotechnisch optimaler Arbeitszeitspannen, zu erreichen. Mit der Schichtarbeit erst zu beginnen, sobald sich technische oder witterungsbedingte Schwierigkeiten einstellen, ist bei industriemäßiger Produktion einfach nicht mehr möglich. Keine kooperative Abteilung Pflanzenproduktion kann es sich leisten, durch Festhalten an herkömmlichen Organisationsformen wertvolle Zeit in Schönwetterperioden zu verschenken oder ihre Arbeitskräfte durch verlängerte Schichten an günstigen Einsatztagen zu überfordern. Während beim Schicht- und transportverbundenen Komplexeinsatz die ökonomischen Vorteile rechnerisch nachweisbar sind, liegen zum Mehrmaschineneinsatz noch keine wertmäßigen Nutzeffektberechnungen vor. Trotzdem erweisen sich z. B. kooperative Pflugkomplexe als leistungsfähiger gegenüber dem Einzeleinsatz der gleichen Anzahl Aggregate. Ursache dafür ist die Förderung der Wettbewerbsatmosphäre in Verbindung mit materiellen Stimuli, die schnelle Verallgemeinerung der besten Erfahrungen, die bessere soziale Betreuung sowie die gegenseitige Hilfe bei Havarien und anderen technischen Störungen.

Während mit zunehmender Ausdehnung der Arbeitszeitspannen erhebliche Ertragsverluste entstehen, werden durch die damit verbundene Erhöhung der Jahresleistung der Maschinen und Geräte Kosten eingespart. Aus dem Verhalten der Einsatzkosten und Erlöse lassen sich ökonomisch begründete Arbeitszeitspannen, ökonomisch begründete Leistungen der Landmaschinen und damit Schlußfolgerungen für einen sinnvollen Maschinenbesatz ableiten. In der Abbildung wird nachgewiesen, daß infolge der Festkostendegression und der linearen Erlösverminderung bereits nach wenigen Einsatztagen der Drillmaschine der höchste zusätzliche Gewinn erzielt wird, zu einem Zeitpunkt also, wo aus kostenwirtschaftlichen Gesichtspunkten die Leistungen des Drillaggregates noch nicht zufriedenstellend sind.

Beim Überprüfen des Nutzeffektes der Investitionen fällt jedoch auf, daß die Ausnutzung der Drillmaschinen bei dem Erreichen der kürzesten Rückflußdauer in Jahren größer ist als die zur Erzielung des höchsten zusätzlichen Gewinns erforderliche. Der effektivste Maschineneinsatz wird also erst bei höheren Leistungen erreicht. Da jedoch die Verbesserung des Nutzeffektes der aufgewendeten Investitionen in der Zeitspanne zwischen höchstem zusätzlichem Gewinn und kürzester Rückflußdauer in Jahren relativ gering ist, sollte die Ausnutzung der Drillmaschinen nach Überschreiten des höchsten zusätzlichen Gewinns nur noch so weit erhöht werden, wie eine wesentliche Verkürzung der Rückflußdauer erreichbar ist. Entscheidend hierbei ist, daß durch einschichtigen Maschineneinsatz Leistungen erreicht werden, die lediglich bei 50% der in Abhängigkeit von der Kostendegression anzustrebenden liegen. Infolge des starken Einflusses der Ertragsentwicklung auf die Ökonomie des Landmaschineneinsatzes kann deshalb die Festkostendegression nur durch Mehrschichtarbeit ausgenutzt werden. Hohe Leistungen der Maschinen und Geräte in kurzen Arbeitszeitspannen garantieren hohe Erträge und Erlöse, niedrige Verfahrenskosten, einen hohen zusätzlichen Gewinn und kurze Rückflußdauer der aufgewendeten Investmittel bei vergleichsweise niedrigem Maschinenbestand.

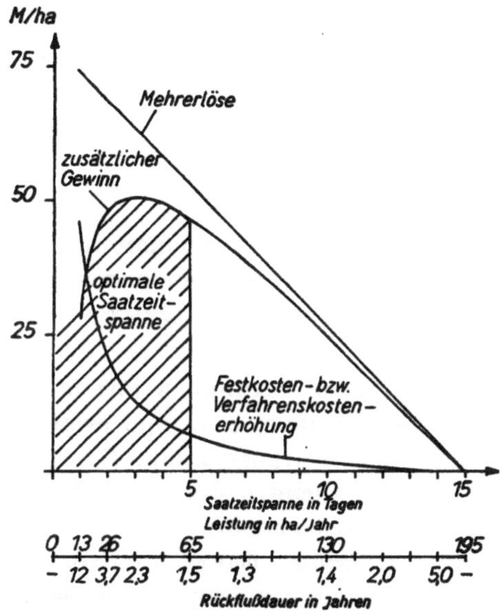

Der Einfluß der jährlichen Auslastung der Drillmaschine A 591-5,00 auf die Verfahrenskosten, den zusätzlichen Gewinn und die Rückflußdauer der aufgewendeten Investmittel bei der Sommerweizenbestellung – optimaler Bestelltermin: 20. 3.; verfügbare Arbeitszeit: 70%; Jahresbetrag fester Kosten: 633,20 M; tägliche Einsatzzeit: 10 h

Zusammenfassung

Niedriger Maschinenbesatz im Interesse hoher, kostengünstiger Jahresleistungen ist unwirtschaftlich, sobald dabei die agrotechnisch günstigen Termine und Zeitspannen überschritten werden. In diesem Fall ist eine Erweiterung des Maschinenbestandes, der Ersatz der Alttechnik durch leistungsfähigere Maschinen bzw. eine Erhöhung der Schlagkraft durch organisatorische Maßnahmen anzustreben. Diese Tatsache kann nicht genügend betont werden. Es hat sich bei den Untersuchungen wiederholt gezeigt, daß die erzielten Kosteneinsparungen durch Maschineneinsatz über die optimalen Bearbeitungszeitspannen hinaus wesentlich geringer sind als die damit verbundene Ertrags- bzw. Erlösverminderung. Im allgemeinen reicht jedoch die vorhandene Arbeitskräfte- und Maschinenkapazität aus, alle termingebundenen Arbeiten rechtzeitig und in hoher Qualität durchzuführen. Dazu ist es lediglich notwendig, jede Arbeitskampagne sorgfältig vorzubereiten und den Einsatz aller Arbeitskräfte und Landmaschinen im Mehrschicht- und Komplexeinsatz in kooperativer Zusammenarbeit unter Beachtung aller zeitsparenden Maßnahmen zu organisieren. Es sollte jedem Leitungskollektiv klar werden, daß die Mehrschichtarbeit gleichzeitig die entscheidende Maßnahme zur Senkung von Ertragsverlusten und Kosten ist.

Резюме

Название работы: Связи между формированием урожая, сроком и продолжительностью проведения работ, а также между потребностью в машинах и организацией труда при возделывании культур, убираемых зерновыми комбайнами

Использование на единицу площади малого объема техники в интересах оптимальной ее нагрузки в течение года нерентабельно, если при этом не соблюдаются сроки, рациональные с точки зрения агротехники. В таком случае целесообразно увеличить число машин, заменить старую технику новой, более производительной, и повысить эффективность производства организационно-техническими мероприятиями. Этому факту необходимо уделить должное внимание. Результаты исследований повторно показали, что экономия затрат от использования машин вне оптимальных сроков их применения значительно ниже связанного с этим урожая или выручки. В общем, однако, имеющаяся рабочая сила и производственная мощность техники достаточны для своевременного и качественного проведения всех работ. Для этого только важно тщательно подготовить каждую рабочую кампанию и организовать комплексное использование всех рабочих сил и сельскохозяйственных машин во многих сменах, в кооперативном сотрудничестве, с учетом всех экономящих время мероприятий. Каждому руководящему коллективу должно быть ясно, что многосменный труд является одновременно и решающим мероприятием для снижения затрат и потерь урожая.

Summary

Title of the paper: Relationships between yield formation, date and duration of cropping operations as well as machinery demand and labour organization when producing combine-harvest crops

A small number of machinery in the interest of low operational costs may prove unprofitable when the agrotechnically most favourable dates and time periods for farm operations cannot be observed. In such a case, the machine stock should be expanded, old machinery be replaced by more efficient machines or a higher „striking force" be reached through organizational measures. This fact cannot be overemphasized. Studies have repeatedly shown that the cuts in costs thorugh machine use beyond the optimum range of time do not make up for the loss in yield or returns caused by delay of operations. In general, the existing labour and machine capacities are sufficient for performing all date-dependent operations in time and at high quality. For doing so any labour peak must be carefully prepared. Labour and farm machinery should be used in shifts and complexes through inter-farm co-operation with due consideration of any time-saving measure. Every management group should fully understand that shift-work is at the same time a decisive step for cutting yield losses and costs.

Literatur

KLITSCH, CL.: Der Saattermin der Sommergetreidearten. Dt. Landwirtsch. 6 (1955) 1, S. 27–33

THURM, R.: Der Einfluß der Ausnutzung von Traktoren und Landmaschinen auf die Kosten und den Maschinenbedarf. Dt. Agrartechnik 1967, 1, S. 20–24

WISSING, P.: Untersuchungen über den ökonomischen Effekt des Maschineneinsatzes in Abhängigkeit von den Arbeitszeitspannen in der Pflanzenproduktion soz. Landwirtschaftsbetriebe. Halle, Sektion Pflanzenproduktion der Martin-Luther-Univ., Diss. 1970

WISSING, P.: Gründliche Vorbereitung und schlagkräftige Organisation der Frühjahrsbestellung als Schlüssel für hohe Leistungen in der Pflanzenproduktion. Saat- und Pflanzgut 1972, 2, S. 20–23

WISSING, P.: Die Ermittlung optimaler Arbeitszeitspannen in der Pflanzenproduktion. Feldwirtsch. 13 (1972) 2, S. 58–61

Anschrift des Verfassers:

Dr. PETER WISSING
Forschungszentrum für Bodenfruchtbarkeit Müncheberg
– Bereich Bad Lauchstädt –
der Akademie der Landwirtschaftswissenschaften der DDR
4204 Bad Lauchstädt, Hallesche Straße 44

Tag.-Ber. Akad. Landwirtsch.-Wiss. DDR. Nr. 122. 1973. S. 137–143

Institut für Pflanzenzüchtung Gülzow-Güstrow
der Akademie der Landwirtschaftswissenschaften
der Deutschen Demokratischen Republik

ALOIS KROSCHEWSKI

Ergebnisse einer Untersuchung zu den Stroherträgen bei Getreide

Bei der Verwertung von Getreidestroh, unabhängig ob es verfüttert, eingestreut, industriell verarbeitet oder als Düngungskomponente direkt untergepflügt werden soll, interessieren in jedem Fall Angaben über die Höhe der Stroherträge bzw. über die Beziehungen zwischen Korn- und Strohertrag. Abgesehen von der Bedeutung dieser Werte als Planungsgrößen für den Wiedereinsatz, ist deren Kenntnis bei der Anwendung industriemäßiger Produktionsmethoden auch wichtig für die konstruktive Auslegung der Maschinen und Geräte für die Korn- und Strohbergung bzw. für die Strohzerkleinerung und -einarbeitung sowie für die Festlegung notwendiger Leistungsparameter.

Aus diesem Grunde wurden die Getreideversuchsergebnisse der Haupt- und Kontrollprüfungen der Zentralstelle für Sortenwesen aus den Jahren 1962 bis 1965 (ACKERMANN), den letzten Jahren, in denen bei diesen Prüfungen noch Stroherträge ermittelt wurden, einer auswertenden Untersuchung unterzogen[1]. Bei diesen Prüfungen handelte es sich bei den einzelnen Getreidearten um 5 bis 9 Sorten bzw. Stämme, die im Durchschnitt dieses Zeitraumes an etwa 30 bis 50 Prüforten verschiedener Standortbedingungen jährlich untersucht wurden. Dabei wurden zur Ernte der Versuchsflächen überwiegend Parzellenfrontmäher (bedeutungsvoll für die Einschätzung der Stoppellänge bzw. -masse) und Parzellendrescher eingesetzt. Bei den ermittelten Angaben für die Stroherträge handelt es sich um das geerntete lufttrockene Stroh.

Zunächst konnte festgestellt werden, daß im Durchschnitt aller Versuche dieses Zeitraumes die Beziehungen zwischen dem Korn- und Strohertrag bei den geprüften Sorten und Stämmen nur unwesentliche Unterschiede erkennen lassen, wie aus der Abbildung 1 am Beispiel von vier Winterweizensorten zu ersehen ist. Demgegenüber zeigt sich beim Korn : Stroh-Verhältnis der verschiedenen Getreidearten und -sorten deutlich ein Einfluß der Jahre. Hierfür dienen die in der Abbildung 2 dargestellten Ergebnisse von vier Wintergerstensorten als Nachweis. Obwohl aus der Erfahrung bekannt ist, daß das Korn : Stroh-

[1] Für die aktive Unterstützung bei dieser Untersuchung sei besonders Herrn MORITZ von der Zentralstelle für Sortenwesen Nossen gedankt.

Verhältnis mit steigendem Strohertrag enger wird, gilt das jedoch nicht als Ursache für die in der Abbildung 2 aufgezeigte Feststellung. Im Durchschnitt aller Versuche der Haupt- und Kontrollprüfungen wurde 1964 bei allen Getreide-

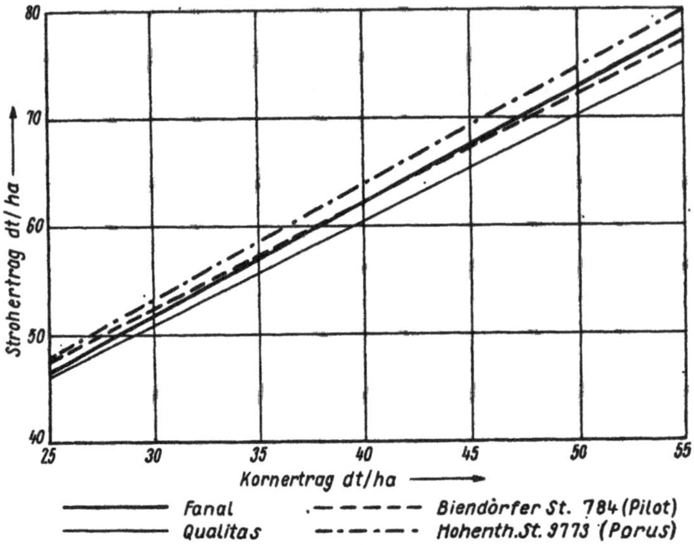

Abb. 1: Beziehungen zwischen Kornertrag und Strohertrag bei vier Winterweizensorten bzw. Stämmen – ermittelt bei der Auswertung aller Ergebnisse der Haupt- und Kontrollprüfungen 1962 bis 1964 der Zentralstelle für Sortenwesen Nossen

arten ein weiteres Korn: Stroh-Verhältnis als 1963 festgestellt, obwohl die Kornerträge im Durchschnitt der einzelnen Getreidearten und für Getreide insgesamt, sowohl in der Praxis als auch in den Versuchen, 1964 höher waren als 1963. In der Abbildung 3 ist hierzu als Beispiel der Verlauf der empirisch

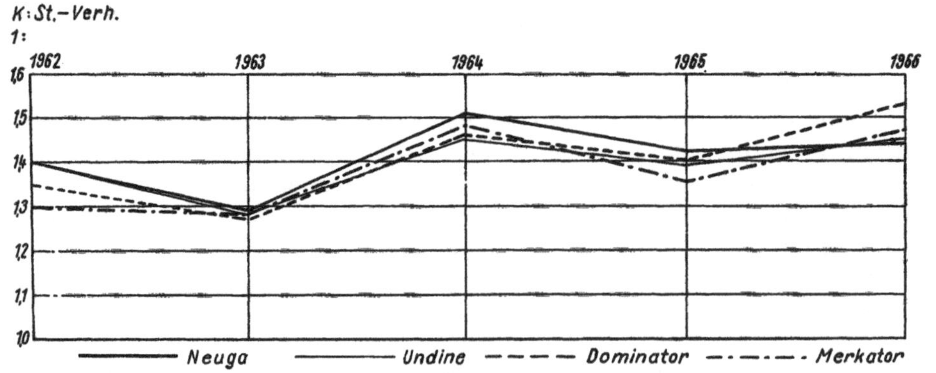

Abb. 2: Korn : Stroh-Verhältnis von vier Wintergerstensorten – Mittel aller Haupt- und Kontrollprüfungen 1962 bis 1966 der Zentralstelle für Sortenwesen Nossen

ermittelten Werte für das Korn : Stroh-Verhältnis des Sortenmittels von Wintergerste und Winterweizen in Abhängigkeit vom Kornertrag dargestellt, denen die Versuchsergebnisse der Haupt- und Kontrollprüfungen aus den Jahren 1963 und 1964 zugrunde liegen. Die jährlichen Schwankungen des Korn : Stroh-Verhältnisses dürften vor allem durch die Witterung bedingt sein. Die vorherrschende durchschnittliche Jahreswitterung unterschiedlicher Gebiete findet in der Abgrenzung von Klimagebieten Berücksichtigung. Deshalb lag es nahe, auf der Grundlage aller Versuche der Haupt- und Kontrollprüfung

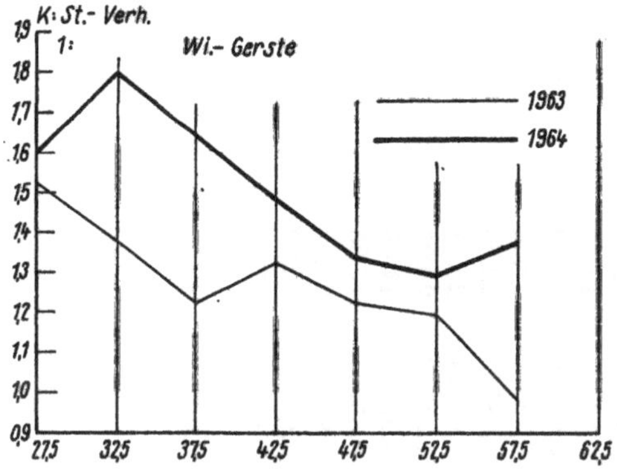

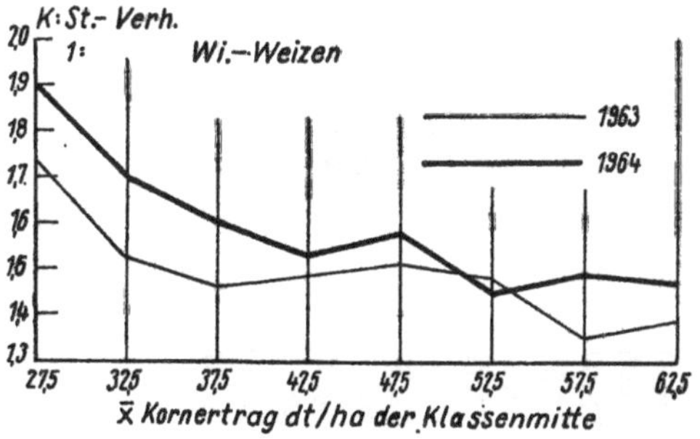

Abb. 3: Korn : Stroh-Verhältnis für das Sortenmittel von Wintergerste und Winterweizen nach Kornertragsklassen — Auswertung der Ergebnisse der Haupt- und Kontrollprüfungen der Zentralstelle für Sortenwesen Nossen

der Zentralstelle für Sortenwesen (1962 bis 1964/65) die Beziehungen zwischen Korn- und Strohertrag aller Getreidearten für unterschiedliche Klimagebiete der DDR zu ermitteln. Dazu wurden die im Klimaatlas für das Gebiet der DDR (1953) aufgeführten Klimagebiete wie folgt zusammengefaßt:

Klimagebiet I	Ostseeküstenklima, Mecklenburgisch-brandenburgisches Übergangsklima und Übergangsklima der Lüneburger Heide
Klimagebiet II	Ostdeutsches Binnenlandklima
Klimagebiet III	Börde- und Mitteldeutsches Binnenlandklima
Klimagebiet IV	Mitteldeutsches Berg- und Hügellandklima sowie Deutsches Mittelgebirgsklima

Die Ergebnisse der entsprechenden Regressionsanalysen sind aus der Tabelle ersichtlich, während die genannten Beziehungen in den Abbildungen 4 bis 9 graphisch dargestellt werden.

Aus diesen Abbildungen ist zu ersehen, daß das Korn : Stroh-Verhältnis bei allen Getreidearten und in allen Klimagebieten mit steigendem Kornertrag enger wird, der Strohertrag jedoch ansteigt. Eine Ausnahme bildet der Winterroggen im Klimagebiet 3 (Börde). Es zeigte sich, daß in diesem Gebiet hohe

Zusammenstellung der Ergebnisse der Regressionsanalyse zur Beziehung zwischen Kornertrag und Strohertrag der Getreidearten nach Klimagebieten

Getreideart	Klimagebiet	n	Kornertrag dt/ha $\bar{x}$	Strohertrag dt/ha $\bar{y}$	Absolutglied a	Regressions-koeffizient b	Testgröße t	Irrtums-wahrscheinlichkeit in %
Wintergerste	I	323	41,45	62,82	47,92	0,35955	19,62	< 0,1
	II	394	41,88	52,86	33,81	0,45508	11,02	< 0,1
	III	143	49,84	54,63	54,55	0,00158	3,04	0,27
	IV	263	44,51	51,87	49,38	0,05595	6,35	< 0,1
Winterroggen	I	112	36,25	72,42	30,36	1,16035	20,80	< 0,1
	II	164	35,15	64,61	33,39	0,88775	21,43	< 0,1
	III	51	42,40	75,02	79,69	– 0,11015	17,09	< 0,1
	IV	119	42,45	76,82	54,20	0,53270	29,59	< 0,1
Sommergerste	I	242	38,02	52,42	18,48	0,89283	13,06	< 0,1
	II	376	38,69	52,14	24,15	0,72387	17,45	< 0,1
	III	229	47,17	60,41	24,47	0,76180	10,56	< 0,1
	IV	282	41,13	58,45	24,08	0,83572	17,51	< 0,1
Hafer	I	286	38,23	60,05	18,91	0,95056	13,38	< 0,1
	II	390	45,47	72,07	30,10	0,78346	19,38	< 0,1
	III	148	44,45	73,56	27,26	0,98553	12,59	< 0,1
	IV	269	41,39	64,36	28,79	1,00721	25,21	< 0,1
Winterweizen	I	268	46,34	74,74	27,61	1,01709	20,95	< 0,1
	II	420	44,26	67,35	7,42	1,35402	11,46	< 0,1
	III	232	47,95	71,37	30,49	0,85253	17,65	< 0,1
	IV	343	47,53	70,17	25,87	0,93203	26,52	< 0,1
Sommerweizen	I	119	37,84	60,03	18,48	1,09809	10,92	< 0,1
	II	203	34,99	59,57	10,64	1,39853	17,39	< 0,1
	III	143	48,23	75,30	17,80	1,19210	16,27	< 0,1
	IV	116	43,62	75,37	36,67	0,88717	19,95	< 0,1

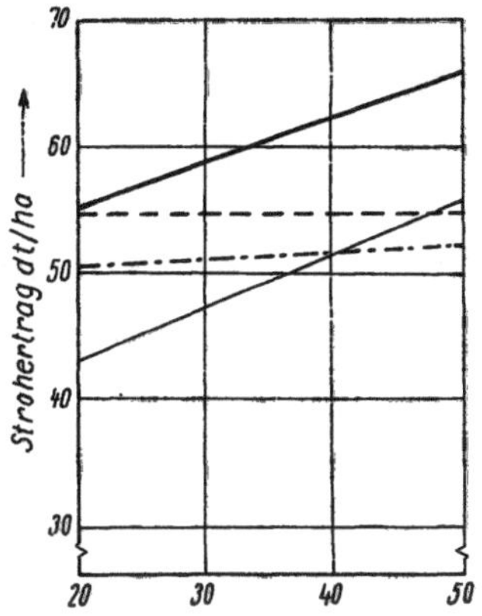

Abb. 4

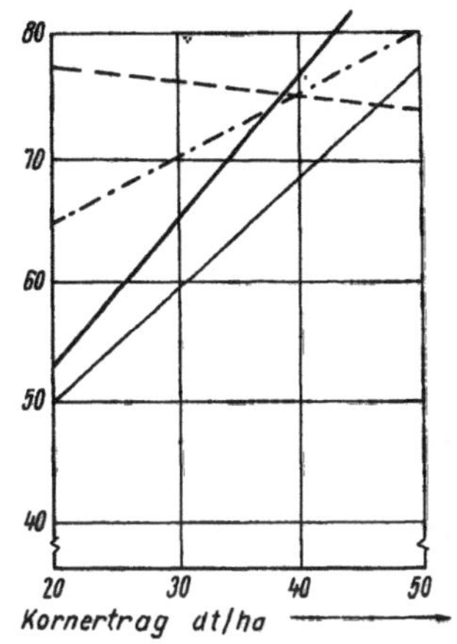

Abb. 5

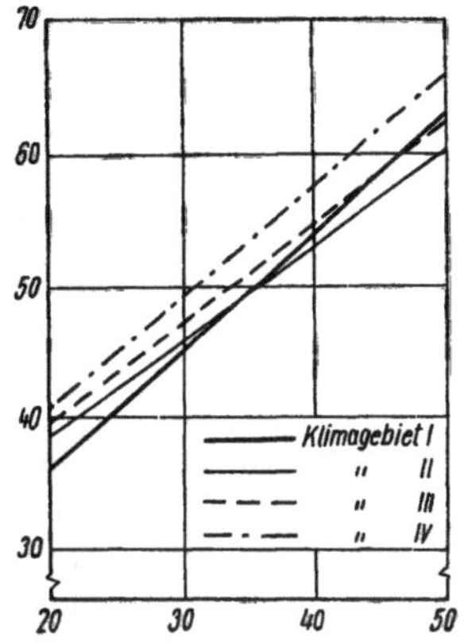

Abb. 6

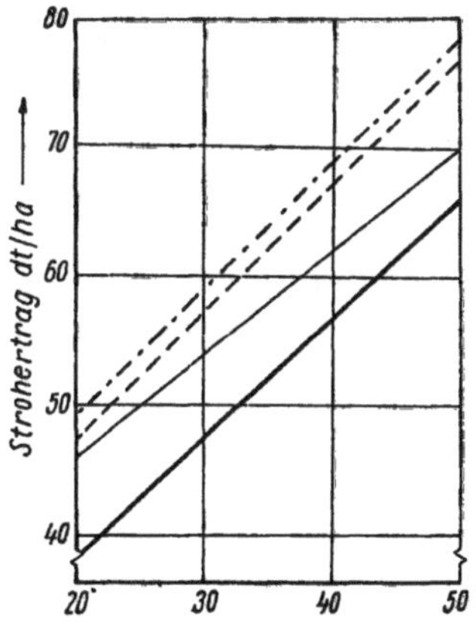

Abb. 7

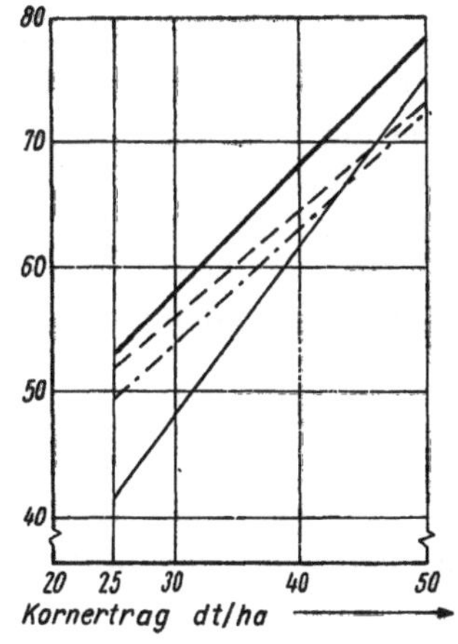

Abb. 8

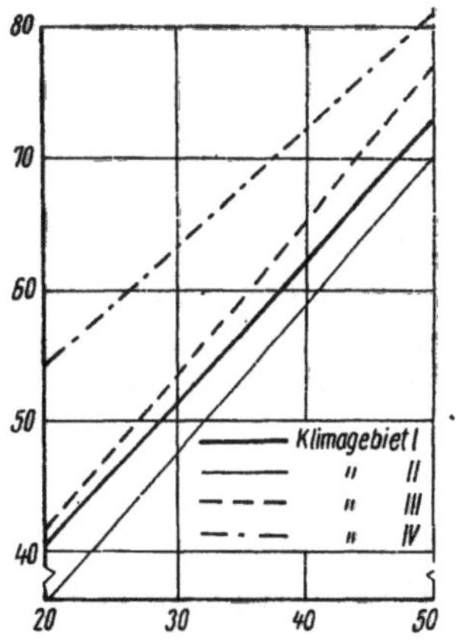

Abb. 9

Abb. 4: Beziehungen zwischen Kornertrag und Strohertrag bei Wintergerste nach Klimagebieten (H.- u. K.-Prüfung 1962 bis 1965)
Abb. 5: Beziehungen zwischen Kornertrag und Strohertrag bei Winterroggen nach Klimagebieten (H.- u. K.-Prüfung 1962 bis 1964)
Abb. 6: Beziehungen zwischen Kornertrag und Strohertrag bei Sommergerste nach Klimagebieten (H.- u. K.-Prüfung 1962 bis 1965)
Abb. 7: Beziehungen zwischen Kornertrag und Strohertrag bei Hafer nach Klimagebieten (H.- u. K.-Prüfung 1962 bis 1965)
Abb. 8: Beziehungen zwischen Kornertrag und Strohertrag bei Winterweizen nach Klimagebieten (H.- u. K.-Prüfung 1962 bis 1964)
Abb. 9: Beziehungen zwischen Kornertrag und Strohertrag bei Sommerweizen nach Klimagebieten (H.- u. K.-Prüfung 1962 bis 1964)

Werte für die Bonitur der Standfestigkeit registriert wurden. Somit kann geschlußfolgert werden, daß hohe Roggenstroherträge in Verbindung mit starkem Lager zu niedrigen Kornerträgen führten.
Die festgestellten Beziehungen zwischen Korn- und Strohertrag lassen für die einzelnen Getreidearten und Klimagebiete beachtenswerte Unterschiede erkennen, deren Ursachen zu ergründen jedoch nicht mehr Gegenstand der durchgeführten Untersuchung war.

Zusammenfassung

Zur Feststellung der Beziehungen zwischen dem Korn- u. Strohertrag wurden die Getreideversuchsergebnisse aus den Haupt- u. Kontrollprüfungen der Zentralstelle für Sortenwesen der DDR aus den Jahren 1962 bis 1965 einer auswertenden Untersuchung unterzogen.
Es wurde festgestellt, daß im Durchschnitt aller Versuche dieses Zeitraumes die Beziehungen zwischen dem Korn- und Strohertrag bei den geprüften Sorten und Stämmen nur unwesentliche Unterschiede erkennen lassen. Demgegenüber zeigte sich beim Korn : Stroh-Verhältnis der verschiedenen Getreidearten und -sorten deutlich ein Einfluß der Jahre. Diese jährlichen Schwankungen dürften vor allem durch die Witterung bedingt sein. Da die Witterung bei der Abgrenzung von Klimagebieten Berücksichtigung findet, wurden die Beziehungen zwischen Korn- und Strohertrag aller Getreidearten für unterschiedliche Klimagebiete der DDR ermittelt und tabellarisch sowie grafisch dargestellt. Zwischen den einzelnen Klimagebieten sind bei den Getreidearten beachtenswerte Unterschiede zu erkennen.

Резюме

Название работы: Результаты исследования урожайности соломы зерновых культур
Для определения соотношений между урожаем зерна и соломы были подробно проанализированы результаты опытов с зерновыми культурами основных и контрольных испытаний за 1962–1965 г., проведенные центральной станцией сортоведения ГДР. Было отмечено, что в среднем по всем опытам за этот период соотношения между урожаем зерна и соломы испытанных сортов и штаммов отличались только незначительно, однако на этом соотношении четко отражалось влияние отдельных лет. Эти ежегодные колебания вероятно обусловлены прежде всего погодой. Так как при разделении климатических зон учитывается погода, то были установлены соотношения между урожаем зерна и соломы всех видов зерновых культур для разных климатических зон ГДР и были представлены в виде графиков и таблиц. По отдельным климатическим зонам имеется значительная разница между видами зерновых культур.

Summary

Title of the paper: Results of an investigation of the straw yields of cereal crops

In order to find out the relations that exist between the grain and straw yields, the results of experiments with cereal crops carried out between 1962 and 1965 in the frame of the main and control tests of the GDR's variety testing centre „Zentralstelle für Sortenwesen" were subjected to further analysis. On an average of all the experiments carried out during the said period, the relations between the grain and straw yields of the tested varieties and strains differed but slightly. On the other hand, the grain: straw ratio of the different cereal species and varieties depended significantly on the respective year. These annual variations are mainly due to the weather conditions. Since the climatic conditions are taken into account when delimiting climatic regions, the relations between the grain and straw yields of all the cereal species were determined for the various climatic regions of the German Democratic Republic and plotted in tables and graphs. Significant differences exist between the cereal species grown in the different climatic regions.

Literatur

ACKERMANN, D.; HENKEL, R.; KOHL, E.; MORITZ, D.: Berichte über die Haupt- und Kontrollprüfung mit Sommer- und Wintergerste, Sommer- und Winterweizen, Winterroggen und Hafer der Jahre 1962–1965. Nossen, Zentralstelle für Sortenwesen

.... Klimaatlas für das Gebiet der DDR. Hrsg. vom Meteorologischen und Hydrologischen Dienst der DDR. Berlin, Akademie-Verl., 1953

Anschrift des Verfassers:

Dr. ALOIS KROSCHEWSKI
Institut für Pflanzenzüchtung Gülzow-Güstrow
der Akademie der Landwirtschaftswissenschaften der DDR
2601 Gülzow, Kreis Güstrow

Tag.-Ber. Akad. Landwirtsch.-Wiss. DDR. Nr. 122. 1973. S. 145–153

Institut für Getreideforschung Bernburg-Hadmersleben
der Akademie der Landwirtschaftswissenschaften
der Deutschen Demokratischen Republik

Reiner Otto

Untersuchungen zu einigen technologischen Fragen beim Anbau von kurzstrohigen Winterweizen- und Sommergerstenformen

Die Standfestigkeit der Getreidepflanzen ist ein sehr wesentliches Problem der modernen Getreideproduktion.
Im Hinblick auf die Verbesserung der Standfestigkeit steht die Verkürzung der Getreidepflanze im Vordergrund. In dieser Hinsicht sind in den letzten Jahren sowohl auf züchterischem Wege als auch durch den Einsatz halmverkürzender Substanzen beachtliche Erfolge erzielt worden.
In den Jahren 1968 bis 1970 wurden vom Institut für Getreideforschung Bernburg Experimente mit kurzstrohigen Modellformen von Winterweizen und Sommergerste durchgeführt. Ziel dieser Versuche war, zu untersuchen, ob sich bei dem zu erwartenden verstärkten Anbau kurzstrohiger Getreideformen Veränderungen in den agrotechnischen Maßnahmen notwendig machen und ob eine stärkere Halmverkürzung auch Einfluß auf den technologischen Prozeß in der Getreideproduktion hat. Aus dem Material der umfangreichen Untersuchungen soll hier lediglich über einige Ergebnisse berichtet werden, die von der technologischen Seite her von Bedeutung für den Anbau kurzstrohiger Getreideformen werden können.

1. Kurzstrohformen und Standfestigkeit

Der Einfluß der Pflanzenlänge auf die Standfestigkeit zeigte sich in unseren Versuchen, in denen jeweils neben der stärker verkürzten Getreideform gleichzeitig auch die langstrohige Vergleichssorte verwendet wurde, wie nicht anders zu erwarten war, recht deutlich. Die beiden verwendeten Sorten je Getreideart und die Variationen der Halmlänge in den einzelnen Versuchsjahren (beim Weizen wurden auch die Versuchsorte mit einbezogen) ergaben sowohl bei der Sommergerste als auch beim Winterweizen mit abnehmender Pflanzenlänge eine signifikante Verbesserung der Standfestigkeit (Abb. 1). So wurde bei der Sommergerste durch eine um 10 cm kürzere Pflanzenlänge eine Verbesserung der Standfestigkeit um eine Boniturnote festgestellt. Beim allgemein standfesteren Weizen waren es 0,6 Noten je 10 cm Halmlänge.

Auch waren die Wirkungen der einzelnen Jahre und Standorte hinsichtlich der Pflanzenlänge und Standfestigkeit bei den Kurzformen von untergeordneter Bedeutung, da bei beiden untersuchten Getreidearten selbst unter extremen

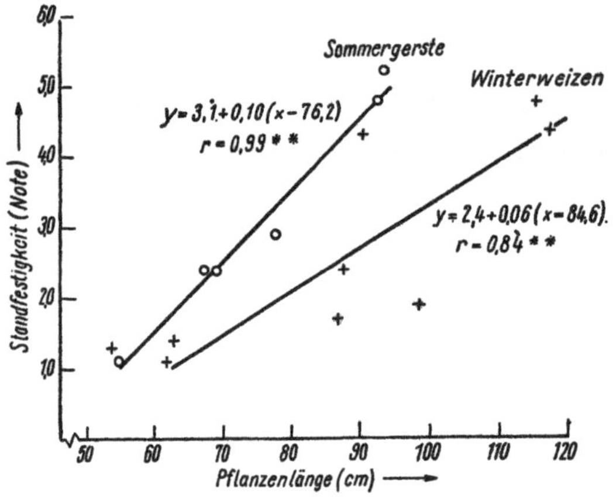

Abb. 1: Abhängigkeit der Standfestigkeit von der Pflanzenlänge

Bedingungen die gute Standfestigkeit der kurzstrohigen Sorten kaum beeinträchtigt wurde. In keinem der Versuchsjahre kam es bei den Kurzformen zu Lager. Weitere Beobachtungen zeigten, daß bei den Langformen bei einer mittleren Standfestigkeitsbonitur mit den Noten 5–6 zur Zeit der Ernte bereits Beeinträchtigungen beim Mähdrusch eintraten. Bei den kurzstrohigen Getreideformen war es aber auf Grund der guten Standfestigkeit in jedem Falle möglich, das Getreide mit dem Mähdrescher ohne größere Störungen abzuernten. Damit wird deutlich, daß die Standfestigkeit immer mehr auch zu einem Merkmal für technologische Eigenschaften der Getreidepflanze wird und kurzstrohige, standfeste Getreideformen diesen Anforderungen an eine moderne Getreidesorte am ehesten gerecht werden können.

2. Die Entwicklung von Untersaaten unter Kurzstrohformen

Da neben den Feuchtigkeitsverhältnissen vor allem das Licht für die Jugendentwicklung der Untersaaten eine große Bedeutung hat und auch die Sortenfrage bei Untersaat unter Deckfrucht eine Rolle spielt, sollten in einigen Versuchsvarianten auch die Beziehungen zwischen kurzstrohigem Getreide und Untersaaten untersucht werden. Zu diesem Zweck wurde in allen Parzellenversuchen eine Variante mit Rotkleeuntersaat geprüft.
1968 war im Winterweizenversuch bereits visuell festzustellen, daß sich der Rotklee in den kurzstrohigen Weizenparzellen in jedem Falle besser entwickelte. Dies wurde später auch durch die gewichtsmäßigen Ermittlungen bestätigt (Tab.).

Aufwuchs der Rotkleeuntersaaten in Winterweizen (gTM/m²)

Versuchsort/Jahr		Langform	Kurzform	relativ (Langform = 100)
Bernburg	1968	2,4	3,8	159
Straßberg	1969	13,9	59,4	427
Bernburg	1970*	23,0	53,0	230

* g lufttrockene Masse/m²

Während im Jahre 1969 durch die anhaltende Trockenperiode die Untersaaten in Bernburg völlig vertrockneten, waren 1970 wiederum signifikante Unterschiede im Kleeaufwuchs zwischen der lang- und kurzstrohigen Weizenform ermittelt worden. Dabei muß auch betont werden, daß Winterweizen zwar prinzipiell eine schlechte Deckfrucht ist, die kurze Form aber, sofern die Feuchtigkeit ausreichte, wesentlich günstigere Entwicklungsbedingungen für die Rotkleeuntersaat schaffte.

Die Ursachen der besseren Entwicklung des Rotklees in den kurzstrohigen Parzellen waren in einer geringeren Beschattung des Erdbodens durch die kürzeren Weizenhalme zu suchen. So konnte 1968 und 1970 beim Winterweizen ein starker korrelativer Zusammenhang zwischen der am Erdboden gemessenen relativen Beleuchtungsstärke und der Entwicklung des Rotklees gefunden werden (Abb. 2). Mit zunehmender Beleuchtung des Erdbodens nahm der Klee-Ertrag signifikant zu. Daß neben der Halmlänge natürlich auch andere morphologische Eigenschaften der Getreidepflanzen wie z. B. Blattfläche und -stellung Einfluß auf die Beschattung haben können sowie die spektrale Zusammensetzung des durchgelassenen Lichtes und andere Konkurrenzfaktoren für die Entwicklung der Untersaaten eine Rolle spielen, soll hierbei ebenfalls nicht außer acht gelassen werden.

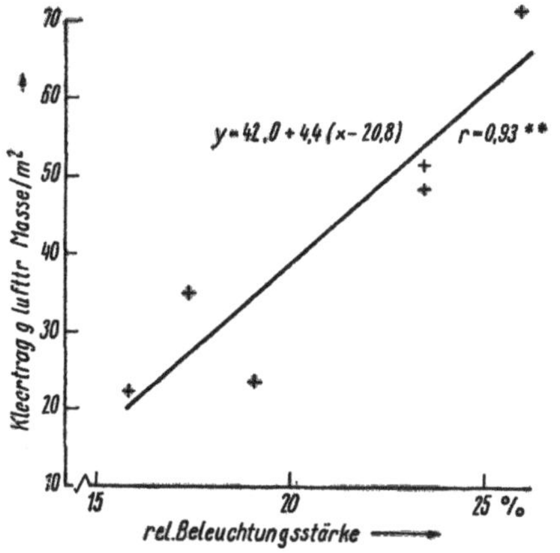

Abb. 2: Abhängigkeit des Rotkleeaufwuchses von der relativen Beleuchtungsstärke unter Winterweizen – Bernburg 1970 –

Hinreichend bekannt sind aber auch die Folgen, die sich aus zu üppig entwickelten Untersaaten ergeben können. Wie sich solche Fälle bei kurzstrohigem Getreide auswirken können, veranschaulicht das Beispiel des Sommergerstenversuches aus dem Jahre 1970. Infolge der reichlichen Niederschläge entwickelte sich die Rotkleeuntersaat in diesem Versuch besonders üppig. Es zeigte sich, daß die höchsten Kleepflanzen bei beiden Getreidesorten häufig die untersten Ähren überragten. Die Größe einer solchen Überschneidung war aber bei der kurzstrohigen Form viel stärker als bei der langstrohigen, da die untersten Ähren bei der kurzen Form verständlicherweise auch in geringerer Höhe über dem Erdboden zu finden waren und sich andererseits der Rotklee in der kurzstrohigen Variante auch besser entwickeln konnte. Stellenweise war der Klee sogar höher als die Gerste.

Um aber noch einen möglichst großen Anteil der unteren Ähren zu ernten, mußte die Schnitthöhe entsprechend niedrig gewählt werden. Der dabei zwangsläufig mitgeerntete Kleeanteil war deshalb bei der Kurzform entsprechend höher. Bei einer Schnitthöhe von beispielsweise 22 cm befanden sich im Erntegut der Kurzform noch etwa 70% der gemessenen Kleepflanzen, während es bei der Langform nur noch 30% waren (Abb. 3). Beim Weizen sind die Unter-

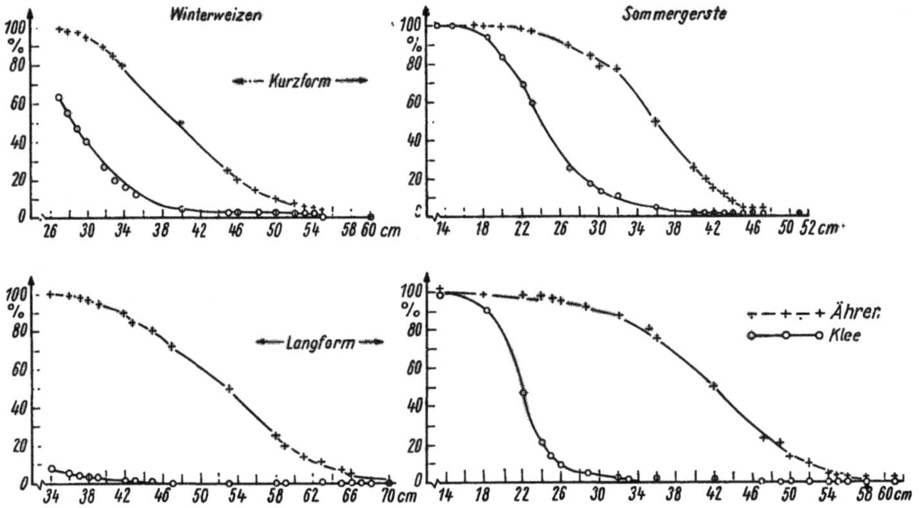

Abb. 3: Prozentualer Anteil von unteren Ähren und Klee im Erntegut in Abhängigkeit von Sorte und Schnitthöhe

schiede noch größer. Dies führte zu einer Zusatzbefeuchtung des Erntegutes und zu einem höheren Grüngutanteil im ausgedroschenen Getreide. Die Folge davon war, daß im Druschgut der Kurzform ein deutlich höherer Wassergehalt festgestellt werden konnte, während auf Grund des geringeren Kleeaufwuchses das Druschgut der Langform trockener war (Abb. 4).

Daraus ergibt sich, daß kurzstrohige Sommergerste zwar eine sehr gute Eignung für Untersaaten besitzt, jedoch der Anbau von hochwüchsigen Untersaaten in futterwüchsigen Lagen oder in niederschlagsreichen Jahren infolge Durchwuchses zu einer weit größeren Beeinträchtigung des Kornertrages, des Mähdrusches und der Weiterbearbeitung des Getreides führen kann bzw. höhere Kosten durch Trocknung und Reinigung entstehen können, als das bei bisher geläufigen langstrohigen Sorten der Fall war. Im Interesse einer industriemäßigen Getreideproduktion sollte deshalb bei einem Anbau kurzstrohiger Sommergerstensorten von einer Untersaat mit hochwüchsigen Futterpflanzen abgesehen werden.

Da beim Winterweizen unter unseren Bedingungen auch in den kommenden Jahren keine extreme Halmverkürzung eintreten wird (im Gegensatz zu unseren Versuchen) und mit einem weiteren Ansteigen des Stickstoffaufwandes zu rechnen ist, dürfte der Winterweizen trotz der geschilderten besseren Deckfruchteigenschaften der verwendeten kurzstrohigen Form in nächster Zeit sicherlich keine größere Bedeutung als Deckfrucht für legume Untersaaten erlangen. Auswirkungen in technologischer Hinsicht, wie dies am Beispiel der Rotkleeuntersaat in der Sommergerste gezeigt werden konnte, sind deshalb beim Weizen nicht zu befürchten.

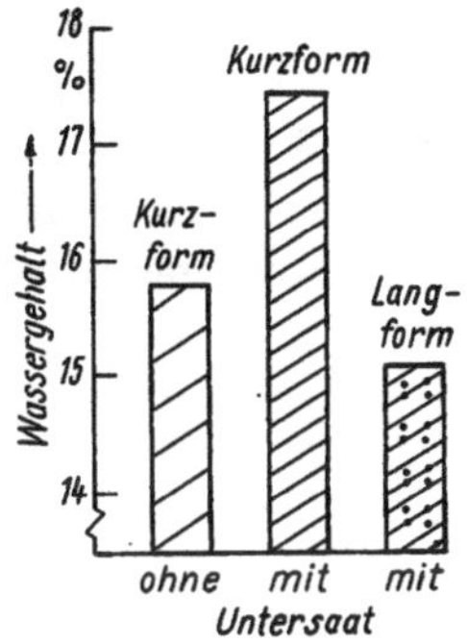

Abb. 4: Einfluß der Rotkleeuntersaat auf den Wassergehalt des Druschgutes von Sommergerste – Bernburg 1970 –

3. Kurzstrohformen und Ährenverluste

In Druschversuchen mit dem Mähdrescher E 512 im Jahre 1970 wurde festgestellt, daß in Fahrtrichtung des Mähdreschers vorhandene Furchen und Dämme bzw. sehr tiefe Fahrspuren durch vorherige Bearbeitungsmaßnahmen gelegentlich zu seitlichen Neigungen des Mähdreschers einschließlich des Schneidwerkes führten und damit infolge des breiten Schneidwerkes auch sehr große Stoppellängen (bis zu 45 cm) an einer Schneidwerksseite verursachten (Abb. 5). Dies führte natürlich dazu, daß besonders bei den kurzstrohigen

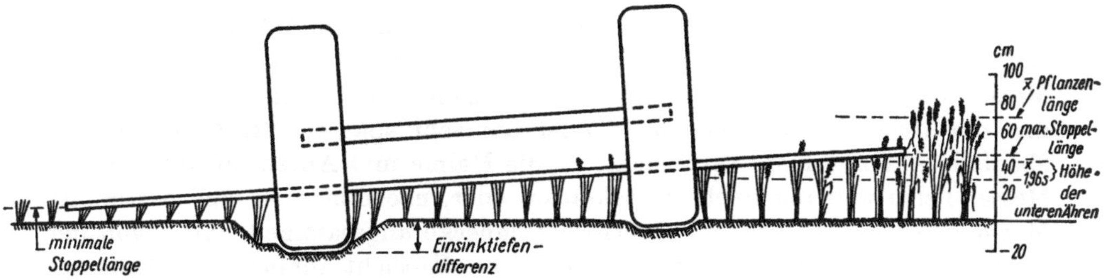

Abb. 5: Profil der Stoppellängen von Kurzstrohweizen bei unterschiedlicher Stellung der Triebräder des Mähdreschers E 512, gegenüber der ebenen Bodenoberfläche (maßstabgerechte Darstellung nach Meßergebnissen)

Formen (sowohl beim Weizen als auch bei der Sommergerste) an solchen Stellen nicht mehr alle Ähren abgeerntet werden konnten und damit erhebliche Verluste eintraten. Das traf auch dort zu, wo das Getreide in Bodenvertiefungen wuchs und die Schneidwerksstellung solchen Vertiefungen nicht angepaßt werden konnte. So wurden z. B. bei einer Schnitthöhe von 40 cm im langstrohigen Weizen noch ca. 95% der unteren Ähren geerntet, während bei der kurzstrohigen Form nur etwa 50% der unteren Ähren vom Schneidwerk erfaßt werden konnten. Ähnliche Verhältnisse waren auch bei der Sommergerste zu finden (Abb. 6).

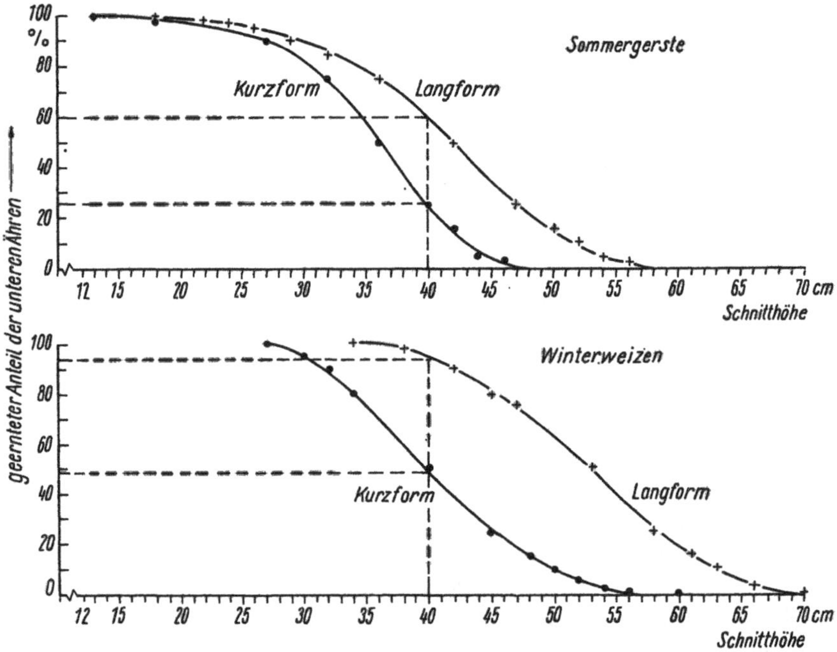

Abb. 6: Abhängigkeit des geernteten Anteiles unterer Ähren von der Schnitthöhe und Sorte – Bernburg 1970 –

Eine andere Beobachtung erfolgte bei der Ernte mit dem Mähdrescher E 175. Bei der stellenweise sehr kurzen Sommergerste wurden zwar die Halme vom Messer abgeschnitten, aber infolge des geringen Halmanteils von der Haspel und der Querförderschnecke nicht oder nur sehr spät erfaßt. Dabei wurden ebenfalls Ährenverluste verursacht, da die Halme und Ähren mitunter in das Messer fielen und regelrecht zerschnitten oder, nachdem sich eine bestimmte Menge zwischen Haspel und Querförderschnecke angesammelt hatte, von der Haspel auseinandergestreut wurden. In dieser Hinsicht ähnliche Probleme der Ernte kurzstrohigen Getreides wurden auch aus der Sowjetunion bekannt.
Unsere Beobachtungen zeigten, daß diese Fälle zwar keine generelle Erscheinung bei der Ernte von kurzstrohigem Getreide darstellten, sondern vorwiegend

durch Bodenunebenheiten, Furchen und Dämme quer zur Arbeitsrichtung hervorgerufen wurden sowie auf Stellen mit extrem kurzen Pflanzen entstanden. Eine dabei meist notwendig werdende Schnitthöhenverstellung erfolgte bei der manuellen Regulierung auf Grund zu späten Erkennens und zu geringer Ansprechgeschwindigkeiten der Steuerung des Mähdrescher in der Regel mit größerer Verzögerung, so daß höhere Ährenverluste entstehen konnten. Eine automatische Schnitthöhenverstellung an modernen Mähdreschern könnte deshalb wesentlich zur Verbesserung der Arbeitsqualität bei der Ernte sehr kurzer Getreidebestände beitragen.

Es ist anzunehmen, daß die im Jahre 1970 beim Mähdrusch von Kurzstrohgetreide beobachteten und auf verschiedene Art und Weise entstandenen Schnittährenverluste sich auch in Zukunft in ähnlicher Form zeigen werden. Vom Standpunkt einer verlustarmen Getreideernte sind diese aber nicht mehr zu tolerieren. Die Höhe dieser Verluste hängt neben den Eigenschaften des Mähdreschers sehr wesentlich von der Ansatzhöhe der unteren Ähren und von der Ausgeglichenheit des Mikroreliefs ab. Je kürzer die Pflanzen sind und je unebener der Acker ist, desto größer ist die Wahrscheinlichkeit des Auftretens von Schnittährenverlusten. In Zukunft ist deshalb bei einem Anbau von kurzstrohigem Getreide, insbesondere aber bei kurzstrohiger Sommergerste darauf zu achten, daß eine sorgfältige Herrichtung eines ebenen Saatbettes erfolgt und tiefe Fahrspuren bei der Bestellung und Pflege des Getreides vermieden werden.

Die Erfahrungen aus unseren Druschversuchen besagen auch, daß mit den verwendeten kurzstrohigen Modellformen, die mitunter eine Pflanzenlänge von nur 50–60 cm erreichten, beim gegenwärtigen Halmaufbau und der z. Z. üblichen Mähdrescherkonstruktion aus technologischer Sicht etwa die mögliche niedrigste Halmlänge erreicht wurde, wenn man dabei bedenkt, daß die unteren Ähren sich noch wesentlich tiefer befinden, die Ähren der Gerste in der Regel nach unten hängen und es Standorte gibt, auf denen die Pflanzen sicherlich noch kleiner bleiben, als dies in unseren Versuchen der Fall war.

In der Zukunft sollte deshalb von der Züchtung auch mehr auf eine gleichmäßige Ährenansatzhöhe bei den Kurzformen geachtet werden, um eine genügend große Variation in der Schnitthöhe zu ermöglichen. Auch muß bei kurzen Gerstenformen die Forderung nach hoher Knickfestigkeit der Ähren verstärkt werden, da bei den kurzen Halmen die geknickten Ähren viel tiefer hängen, als dies bei langstrohigen Sorten der Fall ist und damit der Anteil an Schnittährenverlusten größer wird.

Zusammenfassend kann gesagt werden, daß die in den Untersuchungen festgestellten Besonderheiten kurzstrohiger Getreideformen um so stärker in Erscheinung treten werden, je weiter wir uns von den heute üblichen langstrohigen Typen entfernen.

Zusammenfassung

In den Jahren 1968 bis 1970 wurden mit kurzstrohigen Modellformen von Winterweizen und Sommergerste einige technologische Fragen beim Anbau von kurzstrohigen Getreideformen untersucht.
Die Verkürzung der Halmlänge führte bei beiden Getreidearten zu einer Verbesserung der Standfestigkeit. Bei den kurzstrohigen Getreideformen war es auf Grund der guten Standfestigkeit in jedem Falle möglich, das Getreide ohne größere Störungen abzuernten.
Untergesäter Rotklee konnte sich unter den Kurzformen besser entwickeln. Starker Rotklee in kurzstrohiger Sommergerste führte 1970 zu einem höheren Feuchtigkeitsgehalt des Druschgutes.
Größere Bodenunebenheiten und tiefe Fahrspuren führten beim Mähdrusch mit dem Mähdrescher E 512 infolge seitlicher Neigungen des breiten Schneidwerkes zu Schnittährenverlusten bei den Kurzformen.
Aus den Untersuchungsergebnissen wurden Hinweise für die Praxis erarbeitet und entsprechende Forderungen für Wissenschaft und Technik abgeleitet.

Резюме

Название работы: Изучение некоторых технологических вопросов выращивания форм короткосоломистой озимой пшеницы и ярового ячменя

В 1968–1970 гг. на модельных формах короткосоломистой озимой пшеницы и ярового ячменя исследовались некоторые технологические вопросы выращивания короткосоломистых форм зерновых. Уменьшение длины соломины у обеих форм зерновых приводит к увеличению их неполегаемости. Во всех случаях, когда имелись короткосоломистые формы зерновых, уборка не была связана с большими помехами благодаря их низкой полегаемости. Подсеваемый красный клевер особенно хорошо развивался под покровом короткосоломистых зерновых. Сильно развитый посев красного клевера под покровом короткосоломистого ярового ячменя обусловил в 1970 г. более высокую влажность убираемой массы. Неровности почвы и глубокие колеи при уборке комбайном Е 512 приводят к обрезанию колосьев короткосоломистых форм за счет бокового наклона широкого режущего аппарата, что увеличивает потери зерна. На основании результатов исследований были разработаны указания для практики и сделаны выводы о соответствующих требованиях к науке и технике.

Summary

Title of the paper: Studies on some technological problems concerning the cultivation of short-strawed forms of winter wheat and spring barley

Between 1968 and 1970, the short-strawed model forms of winter wheat and spring barley were used to study some technological problems concerning the cultivation of short-strawed cereal forms. With both species culm shortening resulted in better resistance to lodging. Because of their high resistance to lodging, the short-strawed forms were in all cases harvested without great trouble. Red clover sown under the crop developed particularly well under the short forms. In 1970, vigorous red clover growth under short-strawed spring barley resulted in a higher moisture content of the threshed material. When harvesting short-strawed forms with the combine harvester E 512, severely broken ground and deep tracks caused the loss of ears because of the side-tilt of the wide cutting unit. The experimental results formed the basis for suggestions for practical farming as well as for the respective demands to be put before science and technology.

Anschrift des Verfassers:
Dipl.-Landwirt Reiner Otto
Institut für Getreideforschung Bernburg-Hadmersleben
der Akademie der Landwirtschaftswissenschaften der DDR
4351 Bernburg-Strenzfeld, Mitschurinstraße 22

Themenkreis Körnermaisproduktion

Tag.-Ber. Akad. Landwirtsch.-Wiss. DDR. Nr. 122. 1973. S. 157—166

Institut für Getreideforschung Bernburg-Hadmersleben
der Akademie der Landwirtschaftswissenschaften
der Deutschen Demokratischen Republik

HANSGEORG STEIKHARDT

Zur Standortwahl für den Körnermaisanbau in der DDR

Zahlreiche Versuche und die Einführung des Körnermaises in die Praxis während der letzten Jahre haben gezeigt, daß der Körnermais verhältnismäßig großen Ertragsschwankungen unterliegen kann. Prinzipiell lassen sich dafür zwei Ursachen nennen:

1. Mangelhafte Agrotechnik. Der Körnermais stellt verschiedene spezifische Anforderungen an die Agrotechnik, wie Saatbett, Saatzeit, Pflanzenzahl pro Flächeneinheit, die als Voraussetzung für hohe und sichere Erträge erfüllt werden müssen, jedoch beim erstmaligen Anbau oft nicht realisiert werden.
2. Falsche Standortwahl. Körnermais benötigt neben einer Durchschnittstemperatur von mehr als 15 °C während der Monate Mai bis September 2,4 bis 3,4 Mill. Liter Wasser pro Hektar und insbesondere eine ausreichende Feuchtigkeitsversorgung während der Monate Juli und August.

Die beiden letzten Jahre, insbesondere das Jahr 1971, haben die Auswirkungen mangelhafter Wasserversorgung deutlich demonstriert und unter Beweis gestellt, daß Körnermais in unserem Klimabereich neben bestimmten Temperaturen auch auf eine gewisse Feuchtigkeitsversorgung angewiesen ist.

Um den Körnermaisanbau verhältnismäßig sicher zu gestalten, kommt es deshalb neben anderen Maßnahmen darauf an, Standorte in unserer Republik auszuwählen, auf denen die Feuchtigkeitsversorgung in der Regel gewährleistet ist.

Bei einer derartigen Standortbestimmung muß von der Sicherung des erforderlichen Wärmebedarfes ausgegangen werden, da für die gegenwärtig zur Verfügung stehenden Hybridsorten der mittelfrühen Reifegruppe allgemein durchschnittliche Mai- bis September-Temperaturen von 15 °C als unterste Grenze gelten (WERBLOW, 1966; ZSCHEISCHLER u. GROSS, 1966; KISING, o. J.).

Diese Temperaturen stehen in den mittleren Bezirken unserer Republik im Durchschnitt der Jahre zur Verfügung. In den Bezirken Frankfurt, Potsdam und Cottbus sowie in den westlich und südlich angrenzenden Lagen liegen die Temperaturen zwischen 15,5 und 16 °C, in den Bezirken Magdeburg und Halle teilweise auch über 16 °C.

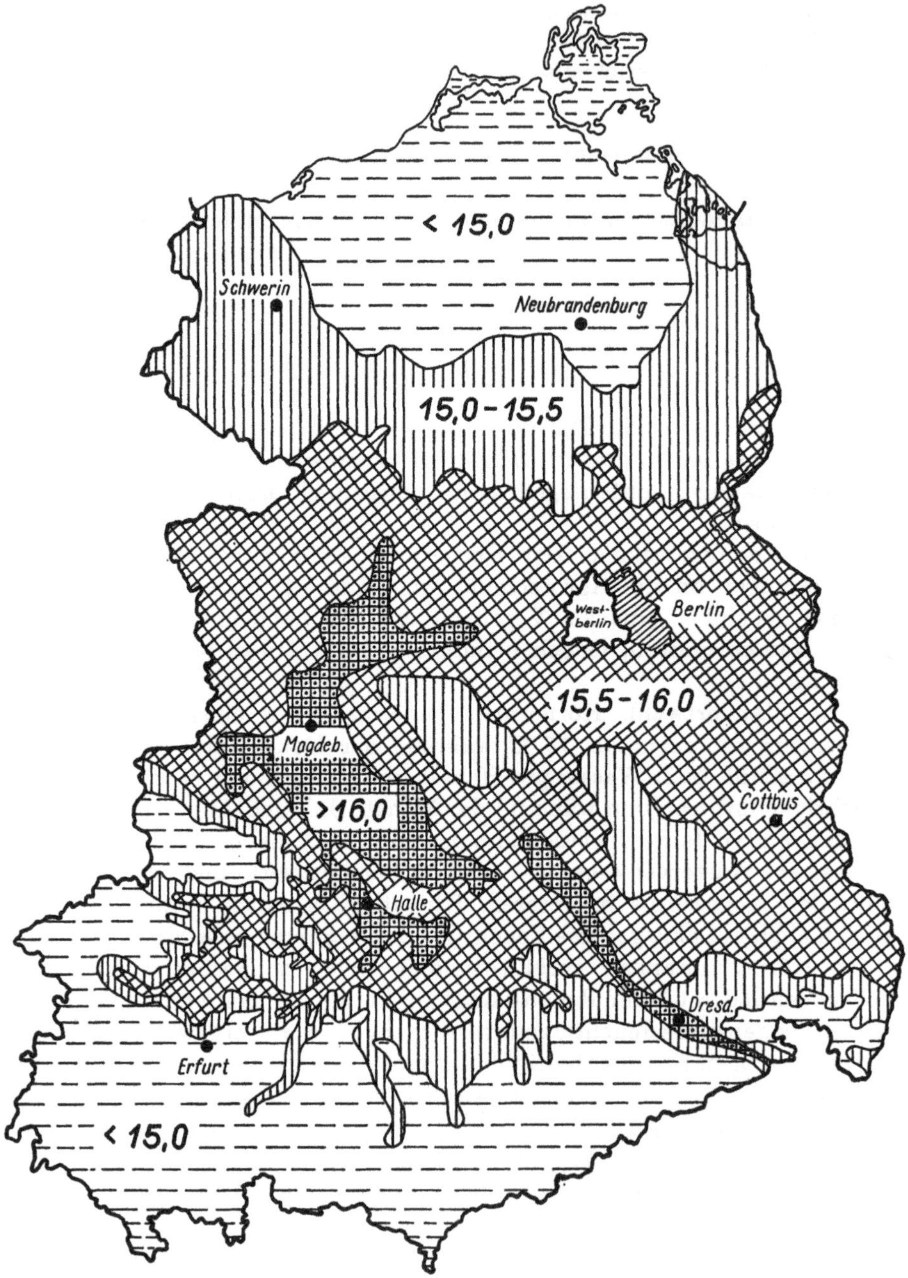

Abb. 1: Mittlere Temperaturen Mai–September; °C, 50 Jahre (Kartographie nach Unterlagen des Instituts für Agrarmeteorologie Halle)

Tabelle 1

Häufigkeit von Mai–September Durchschnittstemperaturen innerhalb von 20 Jahren

	unter 15,0°	über 15,0°	über 15,5°	über 16,0°
Schwerin	10	10	3	1
Neustrelitz	12	8	4	0
Potsdam	3	17	13	8
Frankfurt/O	1	19	16	11
Cottbus	2	18	17	12
Halle	0	20	19	13
Leipzig	2	18	14	9
Erfurt	10	10	4	0
Dresden	4	16	11	7

Auszählungen ergaben, daß die für den Körnermais erforderliche Mindesttemperatur von 15 °C und mehr in den mittleren Bezirken unserer Republik nahezu in jedem Jahr eingetreten ist. Daraus läßt sich ableiten, daß die Ansprüche des Maises an die Temperatur in diesen Gebieten fast immer gedeckt werden und Temperaturprobleme deshalb keine entscheidende Rolle im Körnermais spielen dürften.

Bei der Beurteilung der Feuchtigkeitsverhältnisse in diesen temperaturgünstigen Lagen spielt die Wasserversorgung während der Monate Juli und August eine Rolle. Der Hauptbedarf des Maises setzt Ende Juni/Anfang Juli mit dem Schossen ein und hält etwa bis zur beginnenden Milchreife an. Eine besonders kritische Periode ist die etwa zwei Wochen dauernde Zeit des Pollenschüttens und der weiblichen Blüte, die von Mitte Juli bis Anfang August reicht. Fehlt in dieser Zeit das Wasser, dann kommt es zu Befruchtungs- und Entwicklungsstörungen:

- Der Abstand zwischen männlicher und weiblicher Blüte wird so groß, daß die lebensfähigen Pollenkörner zur Befruchtung der Narbenfäden nicht ausreichen.
- Die Pollenkörner bilden auf den trockenen Narbenfäden keine Pollenschläuche, so daß die Befruchtung unterbleibt.
- Die Kolben bleiben in den Blattachseln sitzen.
- Die Narbenfäden an den Kolben werden nicht aus den Kolben herausgeschoben.
- Bereits befruchtete junge Kolben trocknen von der Spitze her ein.

Aus diesen Gründen ist die Feuchtigkeitsversorgung in den Monaten Juli und August für einen sicheren Körnermaisanbau sehr bedeutungsvoll.

Der Wasserbedarf des Maises in den Monaten Juli und August wird mit 120 bis 160 mm angegeben (Werblow, 1966; Zscheischler u. Gross, 1966; Kising, o. J.; Rintelen u. Zscheischler, 1971). In Versuchen unserer Republik bewirkten Niederschläge von 100 mm und weniger bei mittleren und höheren Temperaturen auf weniger wasserhaltigen Böden sichtbare Ertragsminderungen.

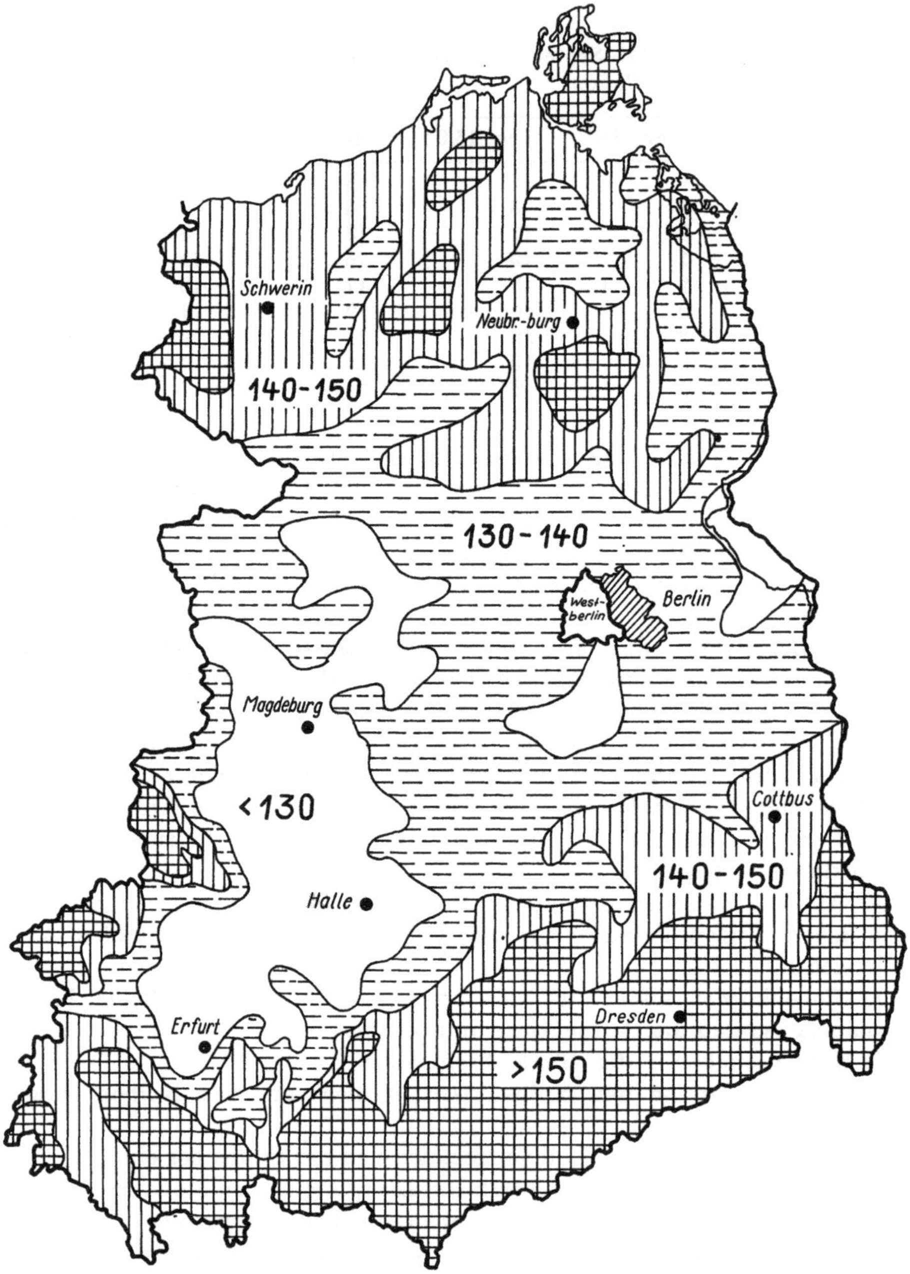

Abb. 2: Mittlere Niederschlagssummen Juli–August; mm, 50 Jahre (Kartographie nach Unterlagen des Hauptamtes für Klimatologie Potsdam)

Die Karte läßt in den mittleren Lagen der DDR drei verschiedene Niederschlagsbereiche erkennen. Im Raum Magdeburg-Halle fallen weniger als 130 mm, in großen Teilen der übrigen mittleren Lagen belaufen sich die Niederschläge auf 130 bis 140 mm, und im Norden sowie im Südosten dieses klimagünstigen Gebietes werden 140 und 150 mm und darüber erreicht.

Tabelle 2

Juli- und August-Niederschläge und deren mittlere Abweichungen (mm, 20 Jahre)

	Juli absolut	Abweichung	August absolut	Abweichung	Juli und August absolut	Abweichung
Zehdenick	62	26	60	30	122	37
Potsdam	68	20	72	18	140	41
Frankfurt/O	77	43	55	22	132	42
Brandenburg	60	25	64	25	124	33
Gardelegen	68	34	68	19	136	36
Wittenberg	64	29	71	16	135	32
Kirchhain	70	42	66	24	136	49
Cottbus	78	46	74	23	152	48
Halle	63	35	63	22	126	44
Leipzig	67	38	67	20	134	40
Erfurt	58	30	64	19	122	40
Dresden	99	63	66	19	165	71

Diese Niederschlagsmengen sind jedoch größeren Schwankungen unterworfen. Die mittleren Abweichungen betrugen in den letzten zwanzig Jahren im Juli 20 bis 45 mm, im August 16 bis 25 mm und in beiden Monaten zusammen 30 bis 50 mm.

Die Häufigkeit des Eintritts bestimmter Niederschlagsmengen in einzelnen Jahren ist ebenfalls ein Maßstab. Es wurde ausgezählt, wie oft in den Monaten

Tabelle 3

Häufigkeit von Niederschlagsmengen innerhalb von 20 Jahren

	Juli über 50 mm	August über 50 mm	Juli/August über 100 mm
Zehdenick	13	11	15
Potsdam	13	13	15
Frankfurt/O	12	12	16
Brandenburg	12	13	13
Gardelegen	12	15	16
Wittenberg	14	16	17
Kirchhain	10	13	14
Cottbus	12	15	17
Halle	10	13	13
Leipzig	13	15	15
Erfurt	9	13	12
Dresden	14	15	16

Juli und August jeweils Niederschläge von mehr als 50 mm und in beiden Monaten zusammen von mehr als 100 mm fielen. Die Tabelle 3 läßt erkennen, daß diese Mindestniederschläge in den letzten zwanzig Jahren nicht in jedem Jahr eingetreten sind. So fielen 50 mm Regen und mehr im Juli in 10 bis 14 Jahren und im August in 12 bis 16 Jahren. 100 mm Regen in beiden Monaten zusammen traten 15- bis 17mal ein. Es ist also auch in Zukunft damit zu rechnen, daß Feuchtigkeit nicht in jedem Jahr in ausreichendem Maße zur Verfügung steht.

Die Auswirkungen einer zeitweise geringen Feuchtigkeitsversorgung sind bekannterweise u. a. von der Bodenart abhängig. Aus diesem Grunde muß bei der Standortwahl für den Körnermais auch der Boden in die Diskussion einbezogen werden. Die Grundwasserferne sowie die mangelhafte Wasserhaltung der geringen Sandböden führen dabei zu der Aussage, daß D 1-, auch trockene D 2-Standorte, in niederschlagsarmen Gebieten bzw. bei einem trockenen Witterungsverlauf keine sicheren Standorte für den Körnermais sind und deshalb für den planmäßigen Anbau nicht benutzt werden sollten.

Diese Standorte sind besonders risikobelastet, da der Körnermais hier auf regelmäßige Regenfälle angewiesen ist.

Tabelle 4

Natürliche Standorteinheiten (in Tha der Ackerfläche der Bezirke)

	AF	D_1	D_2	D_3–D_6	AL	Lö	V
Potsdam	420	26	120	274	—	—	—
Frankfurt/O.	295	21	81	152	41	—	—
Cottbus	239	15	78	130	16	—	—
Magdeburg	557	1	16	291	50	193	6
Halle	488	1	12	58	36	338	43
Leipzig	289	1	4	66	16	200	2
Dresden	286	1	9	75	—	165	36
Summe	2574	66	320	1046	159	896	87

Eine Zusammenstellung der natürlichen Standorteinheiten in den temperaturgünstigen Bezirken unserer Republik läßt erkennen, daß der Anteil der D 1-Standorte verhältnismäßig gering ist und deshalb eine Ausgliederung dieser Lagen für den Maisanbau nicht ins Gewicht fällt. Auch ein Verzicht auf D 2-Standorte, die gering und grundwasserfern sind, läßt sich verantworten.

Die Entscheidung, D 1- und teilweise D 2-Standorte in den mittleren Bezirken unserer Republik aus Gründen mangelhafter Wasserversorgung vom Körnermaisanbau auszuschließen, wird dadurch unterstützt, daß diese Böden z. Z. oft ungenügende pH-Werte aufweisen. Zahlreiche Prüfungen stellen unter Beweis, daß die Kalkversorgung einen Einfluß auf Wachstum und Entwicklung des Maises ausübt.

Als Ergebnis dieser Klima- und Bodenanalysen darf die Aussage gemacht werden, daß in den mittleren Bezirken unserer Republik, in denen für den Maisanbau in der Regel genügend Wärme zur Verfügung steht, rund 1,2 Mill. Hektar D-Standorte vorhanden sind, die sich für den Körnermais eignen, und auf denen sein planmäßiger Anbau erfolgen sollte. Diese Lagen besitzen normalerweise ein besseres Wasserhaltevermögen und sind in der Regel nicht so grundwasserfern und flachgründig. Lediglich 66000 Hektar D 1- und etwa 160000 Hektar geringere D 2-Standorte müssen zunächst als nicht geeignet für den Körnermaisanbau eingestuft werden.

In manchen Kreisen der temperaturgünstigen Gebiete ist der Anteil an D 1- und geringen D 2-Standorten verhältnismäßig hoch. Es entsteht deshalb die Frage, in welcher Weise diese Standorte dennoch für den Maisanbau benutzt werden können. Dazu sind folgende zwei Vorschläge zu unterbreiten:

1. Körnermaisanbau mit Beregnung,
2. Körnermaisanbau und seine eventuell entwicklungsbedingte vorzeitige Nutzung als Grünfutter.

Gibt es die Möglichkeit der Beregnung und läßt sie sich technologisch durch rollende Beregnung mit einem 2-m-Raddurchmesser, durch Aufsetzen von Standrohren oder durch Weitwurfregner verwirklichen, sollte Körnermais planmäßig mit einer Zusatzberegnung angebaut werden.

Untersuchungen in unserer Republik zeigen, daß Mais für Wassergaben sehr dankbar sein kann und mit guten Mehrerträgen auf die Zusatzbewässerung antwortet. Auf diese Weise wird Mais auf D 1-Standorten zu einer sicheren Frucht.

Der zweite Vorschlag geht davon aus, daß zunächst ebenfalls Körnermais ausgelegt wird. Anfang August erfolgt jedoch bei einer Feldbesichtigung die Entscheidung, ob der Bestand zur Körnergewinnung stehen bleibt oder zur Grünfutter-, Silage- bzw. Trockengrüngewinnung benutzt wird.

Tabelle 5

Trockenmasseerträge von Körner- und Silomais bei vorzeitiger Nutzung (6 Versuche)

	Pflanzenzahl/ha	dt/ha	rel.
Silomais	100000	81,2	100
Körnermais	60000	71,5	88
Körnermais	80000	74,1	91
Körnermais	100000	77,5	95

Eine derartige Entscheidung ist ab Anfang August möglich, weil dann allgemein Befruchtung, Kolben- und Kornansatz erfolgt sind und beurteilt werden können. Ist dieser Ansatz vorhanden, bleibt der Mais zur Körnergewinnung stehen. Haben dagegen aus klimatischen Gründen keine oder nur eine geringe Kolben- und Kornbildung stattgefunden, wird der Bestand als Grünfutter genutzt, einsiliert oder getrocknet. Diese Entscheidung über die vorzeitige Grünfutter- oder normale Körnernutzung läßt sich Anfang August sehr sicher fällen. Mais, der zu dieser Zeit Kolben ausgebildet hat und über einen normalen

Kornansatz verfügt, besitzt in der Regel auch so viel Feuchtigkeit im Blatt-, Stengel- und Wurzelsystem, daß die restliche Kolben- und Kornausbildung sowie Ausreife gesichert sind. Andererseits kann sich Mais, dessen Befruchtung Ende Juli/Anfang August unterbleibt, nicht mehr zu Körnermais entwickeln, da Blüte und Pollenschütten prinzipiell nur einmal erfolgen.

Zwei Voraussetzungen sind jedoch für die Durchführung dieser entwicklungsabhängigen vorzeitigen Grünfutter- oder normalen Körnernutzung erforderlich:

1. Der Anbau darf nicht mit dem VEB Getreidewirtschaft als Körnermais vertraglich gebunden sein.
2. Die Pflanzenzahl des Maises pro Hektar muß bei etwa 80000 Pflanzen liegen, da dann bei einer vorzeitigen Ernte mehr Grünmasse als bei 60000 Pflanzen gewonnen werden kann.

Dieser zweite Vorschlag läßt die Frage aufkommen, ob unter derartigen Verhältnissen ein zünftiger Grün- oder Silomais nicht einem Anbau von Körnermais vorzuziehen ist. Silomaisbestände haben etwa 100000 Pflanzen, und Körnermaisbestände besitzen nur 70000 bis 80000 Pflanzen pro Hektar. Bei einer vorzeitigen Nutzung bringt also Silomais höhere Erträge als Körnermais. Entsprechende Prüfungen bestätigen das. Die Ertragsunterschiede zwischen beiden Nutzungsrichtungen sind jedoch nicht groß. Sie betragen, wie aus Versuchsergebnissen hervorgeht, etwa 9 Prozent bzw. 7 dt/ha Trockenmasse.

Zusammenfassung

Als Grundlage für die weitere Einführung und Stabilisierung des Körnermaisanbaues in unserer Republik wurden Temperatur- und Niederschlagsverhältnisse analysiert und unter Berücksichtigung der Bodenverhältnisse geeignete Anbaugebiete benannt. In den mittleren Bezirken unserer Republik stehen die für mittelfrühe Körnermaishybriden erforderlichen Temperaturen nahezu immer zur Verfügung. In diesen temperaturgünstigen Bezirken fallen die besonders wichtigen Juli- und August-Niederschläge nicht in jedem Jahr in ausreichendem Maße. Geeignete Standorte sind in den temperaturgünstigen Gebieten Böden, die weitgehend wasserhaltefähig, grundwassernah und nicht flachgründig sind. Nicht geeignet sind deshalb D 1- und geringe D 2-Standorte. Zusatzberegnung und eine entwicklungsbedingte Körnermais- oder vorzeitige Grünfutternutzung sind zwei Wege, auch D 1- und geringe D 2-Standorte in den Maisanbau einzubeziehen.

Резюме

Название работы: О выборе земель для возделывания кукурузы на зерно в ГДР

Для дальнейшего внедрения кукурузы на зерно и стабилизации урожаев в нашей республике, изучались температурные условия и атмосферные осадки. С учетом почвенных условий были установлены подходящие земли для возделывания кукурузы на зерно. В центральных районах нашей республики почти всегда имеется температура, необходимая для возделывания среднеранних гибридов кукурузы на зерно. В этих районах с благоприятными температурными условиями не в каждом году выпадает достаточное количество осадков, особенно важных в июле и августе. Пригодные для возделывания кукурузы на зерно земли с положительными температурными условиями имеют почвы с хорошей водоудерживающей способностью, высоким стоянием грунтовых вод и с мощным пахотным горизонтом. Поэтому мало подходят $Д_1$ и малоценные $Д_2$-земли. В дополнительном дождевании и использовании кукурузы в зависимости от степени созревания или на зерно или преждевременно на зеленый корм представлены две возможности включать в возделывание кукурузы такие малоценные земли $Д_1$ и $Д_2$.

Summary

Title of the paper: Siting grain maize growing in the GDR

With the view of establishing and stabilizing grain maize growing in the German Democratic Republic, climatic (temperatures and precipitation) and soil conditions were analysed and appropriate growing areas determined. In the central counties of the GDR, the temperatures necessary for growing medium-early grain maize hybrids are available almost any year. In these counties favoured by temperature, the July and August rains being particularly important, do not always fall in adequate amount. In the areas with unfavourable temperatures, suitable sites should have soils with sufficient water-holding capacity, lying near to the ground-water table and should not be shallow. Therefore, D-1 and poor D-2 sites are not suited. Supplemental sprinkling and alternative grain maize or early forage maize utilization (depending on vegetative development) are two ways of including D-1 and poor D-2 sites in maize growing.

Literatur

Kising, W.: Maisanbau auf neuen Wegen. Verl. Kniebühler, Endingen a. K., o. J.

Kramm, R.; Mühle, P.; Steikhardt, Hg.: Schlußfolgerungen aus dem Körnermaisanbau 1970/71 für die weitere Körnermaisproduktion in der DDR. Feldwirtschaft 13 (1972), S. 30–33

Rintelen, P., u. a.: Mais. BLV Verlagsgesellsch., München-Bern-Wien, 1971

Steikhardt, Hg.: Stand und Perspektive der Körnermaisproduktion in der DDR. Agroforum 1971, H. 3, S. 70–74

Steikhardt, Hg.: Hinweise für den erfolgreichen Körnermaisanbau. Feldwirtschaft 12 (1971), S. 14–15

STEIKHARDT, Hg.; KAPPEL, W.; GRUND, S.; MÜHLE, P.: Probleme und Perspektive des Körnermaises in der DDR. Feldwirtschaft 11 (1970), S. 24–27

STEIKHARDT, Hg.; KRAMM, R.: Schlußfolgerungen für den Körnermaisanbau aus der Sicht der Ergebnisse 1970. Feldwirtschaft 12 (1971), S. 218–220

WERBLOW, U.: Der Anbau von Körnermais in der Welt in Abhängigkeit von den natürlichen Standortfaktoren. Berlin, Diss. 1966

ZSCHEISCHLER, J.; GROSS, F.: Maisanbau und Verwertung. DLG-Verl., Frankfurt (M.), 1966

Anschrift des Verfassers:

Prof. Dr. sc. HANSGEORG STEIKHARDT
Institut für Getreideforschung Bernburg-Hadmersleben
der Akademie der Landwirtschaftswissenschaften der DDR
435 Bernburg-Strenzfeld, Mitschurinstraße 22

Tag.-Ber. Akad. Landwirtsch.-Wiss. DDR. Nr. 122. 1973. S. 167–172

Forschungszentrum für Bodenfruchtbarkeit Müncheberg
– Zweigstelle Bad Lauchstädt –
der Akademie der Landwirtschaftswissenschaften
der Deutschen Demokratischen Republik

GÜNTER KÜHN

Zum Ertragspotential des Körnermaises auf Lö 1-Standort Bad Lauchstädt

In Bad Lauchstädt werden auf Lö 1, Bodenwertzahl 94, in einem Intensivierungsversuch seit 1969 die Ertragsleistungen einer Fruchtfolge mit Winterweizen, Wintergerste und Körnermais geprüft. Als Intensivierungsmaßnahmen sind die Beregnung und unterschiedliche Stickstofformen, wie Kalkammonsalpeter und Gülle, im Versuch, deren Auswirkungen auf Komponenten der Bodenfruchtbarkeit untersucht werden. Sämtliche Strohrückstände der drei Körnerfrüchte werden auf dem Feld belassen und eingearbeitet. Nach dem Anbau von Wintergerste erfolgt die Aussaat von Stoppelfrüchten, die als Gründüngung für den Körnermais verwendet werden.
Bei der Wintergerste kamen ein Hohenthurmer Stamm (13531/62), bei Winterweizen die standfeste sowjetische Intensivsorte 'Kavkas' und beim Körnermais die Sorte INRA 200 zum Anbau. Die Aussaat von Wintergerste und Winterweizen erfolgte zum 15. 9. bzw. 8. 10. Beide Getreidearten wurden mit CCC behandelt.
In Tabelle 1 sind die wichtigsten Angaben zur Agrotechnik des Körnermaises aufgeführt. Zur Unkrautbekämpfung wurde Wonuk bzw. Uvon eingesetzt. Die Bodenbearbeitung erfolgte ortsüblich. Als Standweite für den Körnermais wurden 62,5 × 25 cm gewählt. Damit wurde eine Bestandesdichte von 64000 Pflanzen/ha bei der Ernte erreicht. Einheitlich wurde zu allen Körnerfrüchten

Tabelle 1

Angaben zur Agrotechnik bei Körnermais V 421 Bad Lauchstädt

	1969	1970	1971
Aussaat	14. 5.	6. 5.	7. 5.
Aufgang	26. 5.	17. 5.	15. 5.
Herbizidanwendung	20. 5.	4. 6.	11. 5.
Kopfdüngung N kg/ha	120 (28. 5.)	100 (20. 5.)	100 (18. 5.)
Beregnung	29. 5. 20 mm	19. 6. 20 mm	8. 7. 25 mm
	17. 6. 20 mm	21. 7. 20 mm	27. 7. 25 mm
	3. 7. 20 mm		
	4. 8. 20 mm		
Ernte	30. 9.	6. 10.	30. 9.

je dt eingepflügtes Stroh bei 86% Trockenmasse 0,5 kg N im Herbst ausgebracht, um eine N-Festlegung im Boden zu vermeiden. Bei durchschnittlich 100 dt Stroh/ha wurden somit 50 kg N im Herbst als Gülle bzw. Kalkammonsalpeter verabreicht. Als Kopfdünger im Frühjahr erhielten Wintergerste und Winterweizen 50 kg N und Körnermais 100 kg N/ha in Form von Kalkammonsalpeter.
Die wichtigsten Angaben zur Düngung sind in Tabelle 2 zu finden.

Tabelle 2

Die Düngung von Körnermais V 421 Bad Lauchstädt

	1969	1970	1971
Stroh dt/ha	70	90	72
N-Zusatz kg/ha Gülle/Kalkammonsalpeter	35	45	36
N-Kopfdüngung kg/ha	120 (28. 5.) 60 (19. 6.)	100 (20. 5.)	100 (18. 5.)
P_2O_5 kg/ha	80	80	80
K_2O	100	100	100

Einige für Körnermais wichtige Angaben zur Witterung während der Vegetationsperiode der einzelnen Versuchsjahre sind der Tabelle 3 zu entnehmen. Die vorliegenden Werte der Durchschnittstemperatur und die Sonnenscheinstunden entsprechen in den Versuchsjahren den von Steikhardt (1970, 1971) genannten Zahlen. Jedoch reichten die natürlichen Niederschläge 1969 und 1971 in keiner Weise aus. In diesem Rahmen interessiert besonders der Ertrag des Körnermaises im Vergleich zu den einzelnen Getreidearten, der Wintergerste und dem Winterweizen. Zunächst sollen die Erträge der einzelnen Versuchsjahre getrennt behandelt werden. Die Ertragsunterschiede zwischen den einzelnen Intensivierungsmaßnahmen sind im allgemeinen statistisch nicht gesichert, so daß auf eine Wiedergabe der statistisch errechneten Werte verzichtet werden kann.

Tabelle 3

Angaben zur Witterung in den Versuchsjahren

	langjährige Mittel	1969	1970	1971
Durchschnittl. Temperatur °C	15,6	16,0	15,7	16,0
Niederschläge mm Mai–September	276	205	364	212
Niederschläge mm Juni–August	188	127	256	133
Juli–August	125	71	195	56
Sonnenscheinstunden Mai–September	943	901	919	855

Tabelle 4

Die Erträge bei unterschiedlichen Intensivierungsmaßnahmen (dt/ha und rel.)

	1969 Winter-gerste		Winter-weizen		Körner-mais		1970 Winter-gerste		Winter-weizen		Körner-mais		1971 Winter-gerste		Winter-weizen		Körner-mais	
ohne Beregnung mit KAS	53,7	100	57,2	100	67,3	100	48,9	100	71,1	100	68,0	100	28,3	100	34,7	100	69,4	100
ohne Beregnung mit Gülle	51,6	96	57,6	101	67,4	100	51,5	105	72,4	102	69,9	103	23,5	83	43,0	124	62,9	90
mit Beregnung mit KAS	53,0	99	56,7	99	67,5	100	53,0	108	69,5	98	71,5	105	26,7	94	39,9	115	69,5	100
mit Beregnung mit Gülle	52,7	98	52,5	92	65,5	97	52,6	108	69,2	97	71,5	105	30,6	108	38,0	110	68,7	99

Tabelle 5

Die Erträge bei unterschiedlichen Intensivierungsmaßnahmen 1969–1971 (dt/ha und rel.)

	Wintergerste		Winterweizen		Körnermais		Wintergerste	Winterweizen	Körnermais
ohne Beregnung mit KAS	43,6	100	54,5	100	68,3	100	64	80	100
ohne Beregnung mit Gülle	42,2	97	57,7	106	66,7	98	63	87	100
mit Beregnung mit KAS	44,2	101	55,4	102	69,5	102	64	80	100
mit Beregnung mit Gülle	44,9	103	53,3	98	68,6	100	65	78	100

KAS = Kalkammonsalpeter

In Tabelle 4 sind die Erträge der Versuchsjahre aufgezeichnet. Der Körnermais bringt 1969 gegenüber dem Winterweizen einen um 10 dt/ha höheren Ertrag. Der Winterweizen aber liefert etwa 4 dt/ha mehr Korn als die Wintergerste. 1970 sind ertragserhöhende Wirkungen der zusätzlichen Beregnung bei Wintergerste nachweisbar. Die Differenzen zur Beregnung sind jedoch nicht gesichert. Bemerkenswert sind außerdem die sehr hohen Erträge bei Winterweizen mit 70 dt/ha, die in diesem Jahr an die Leistung des Körnermaises herankommen. Dagegen scheint unter diesen Bedingungen das Ertragspotential der Wintergerste mit 52–53 dt/ha erschöpft zu sein.
1971 war auf Grund des ungünstigen Witterungsverlaufes ein sehr schlechtes Produktionsjahr für Körnerfrüchte. Mit sehr starken Ertragsabfällen reagierten Wintergerste und Winterweizen, die im Vergleich zum Vorjahr bis zu 50% niedrigere Erträge brachten. Ganz im Gegensatz dazu lieferte der Körnermais auch unter diesen Verhältnissen einen sicheren und stabilen Ertrag. Auch hier wirkte sich die Zusatzberegnung nicht ertragsfördernd aus. Die Grenzdifferenz ist in diesem Jahr bei den Getreidearten besonders hoch, so daß die hier ausgewiesenen Ertragsunterschiede statistisch nicht gesichert werden konnten.
Das Ergebnis der dreijährigen Durchschnittserträge für die einzelnen Körnerfrüchte enthält Tabelle 5. Auf Grund der starken Ertragsausfälle des Jahres 1971 erreichte die Wintergerste mit 44 dt/ha bei weitem nicht die Leistungen des Winterweizens mit 55 bzw. 56 dt/ha. Als ertragssicher hat sich auf dem Lö 1-Standort der Körnermais erwiesen, der im Durchschnitt der 3 Versuchsjahre zwischen 67 und 69 dt Korn/ha bei 14% Feuchtigkeit lieferte.
Bei der Betrachtung der Wirkung von Kalkammonsalpeter bzw. Gülle als N-Ausgleichsdünger zum verabreichten Stroh (Tab. 6) lassen sich zwischen den einzelnen Getreidearten bzw. Körnerfrüchten keine gesicherten Unterschiede nachweisen.

Tabelle 6

Die Wirkung der Düngemittel 1969–1971

	Wintergerste		Winterweizen		Körnermais	
Kalkammonsalpeter	43,9	100	55,0	100	68,9	100
Gülle	43,6	99	55,5	101	67,7	97

Im Mittel der drei Jahre sind die Ertragsdifferenzen, die auf die Intensivierungsmaßnahmen zurückzuführen sind, für eine statistische Sicherung nicht ausreichend, obwohl bei Wintergerste und bei Körnermais gewisse Tendenzen der Ertragserhöhung durch Beregnung nachweisbar sind (Tab. 7).

Tabelle 7

Die Wirkung der Beregnung 1969–1971

	Wintergerste		Winterweizen		Körnermais	
ohne Beregnung	42,9	100	56,1	100	67,5	100
mit Beregnung	44,5	104	53,8	96	69,0	102

Die natürlichen Niederschläge in Verbindung mit dem speicherfähigen Lößboden genügten, um optimale, ausreichende Feuchtigkeitsverhältnisse zu schaffen, trotz geringer Niederschläge.

Zusammenfassung

Als Ergebnis des dreijährigen Ertragsvergleiches von Wintergerste, Winterweizen und Körnermais in einer dreifeldrigen Getreidefruchtfolge, in der alle anfallenden organischen Rückstände dem Boden als Düngung wieder zugeführt wurden, kann festgestellt werden, daß die Ertragsstabilität des Winterweizens höher ist als die der Wintergerste, daß sie jedoch noch von den Leistungen des Körnermaises übertroffen wird, der relativ konstant in allen drei Versuchsjahren Erträge zwischen 68 und 70 dt trockenes Korn/ha lieferte. Für Betriebe mit einem hohen Anteil von Körnerfrüchten und in der Spezialrichtung Getreide wird der Körnermais auch auf den besseren Standorten in den nächsten Jahren zur Ergänzung der Getreidearten beitragen und somit zu einer Stabilisierung der Erträge führen.

Резюме

Название работы: Урожайность кукурузы на зерно на лессовой почве L_1 в Бад Лаухштедте

В трехпольном зерновом севообороте, в котором все органические остатки заделывались в почву в качестве удобрения, сравнивались полученные за три года урожаи озимого ячменя, озимой пшеницы и кукурузы на зерно. Результаты показывают, что озимая пшеница по устойчивости превосходит озимый ячмень, но уступает кукурузе на зерно. Урожаи этой культуры во все годы трехлетнего опыта были относительно устойчивы и составляли 68—70 ц сухого зерна на гектар. В хозяйствах, с высоким удельным весом зерновых культур и в хозяйствах, специализировавшихся на производстве зерна, кукуруза на зерно, дополняя зерновые культуры, приведет в ближайшие годы и на сравнительно хороших землях к стабилизации урожаев.

Summary

Title of the paper: Yielding potential of grain maize grown on the Bad Lauchstädt Lö-1 location

Three-year trials comparing the yields of winter barley, winter wheat, and grain maize in a 3-field cereal rotation, in which all the organic residues produced were returned to the soil, revealed that the yielding stability of winter wheat is higher than that of winter barley. Winter wheat, however, is outyielded by grain maize which produced, over 3 experimental years, relatively stable yields of 68 to 70 dt dry grain per hectare. For farms with a high proportion of cereal growing and specialized in grain production, grain maize, even when grown on better locations, will help to supplement the range of cereal species and is likely to stabilize yields.

Literatur

STEIKHARDT, Hg. u. a.: Probleme und Perspektive des Körnermaisanbaues in der DDR. Feldwirtsch. 11 (1970), S. 24–27

STEIKHARDT, Hg.; KRAMM, R.: Schlußfolgerungen für den Körnermaisanbau aus der Sicht der Ergebnisse 1970. Feldwirtsch. 12 (1971), S. 218–220

STEIKHARDT, Hg.: Hinweise für den erfolgreichen Körnermaisanbau. Feldwirtsch. 12 (1971), S. 14–15

Anschrift des Verfassers:

Dr. GÜNTER KÜHN
Forschungszentrum für Bodenfruchtbarkeit Müncheberg
– Zweigstelle Bad Lauchstädt –
der Akademie der Landwirtschaftswissenschaften der DDR
4204 Bad Lauchstädt, Hallesche Straße 44/46

Tag.-Ber. Akad. Landwirtsch.-Wiss. DDR. Nr. 122. 1973. S. 173–181

Institut für Getreideforschung Bernburg-Hadmersleben
der Akademie der Landwirtschaftswissenschaften
der Deutschen Demokratischen Republik

PETER MÜHLE

Komplexwirkungen pflanzenbaulicher Intensivierungsmaßnahmen in zweijährigen Feldversuchen mit Körnermais

Der zunehmende Anbau leistungsstarker Körnermais-Hybridsorten erfordert die Überprüfung bisheriger, in der Regel nur für freiabblühende Sorten gültiger Empfehlungen, u. a. zur Wahl der Bestandesdichte und zur Bemessung von N-Gaben.

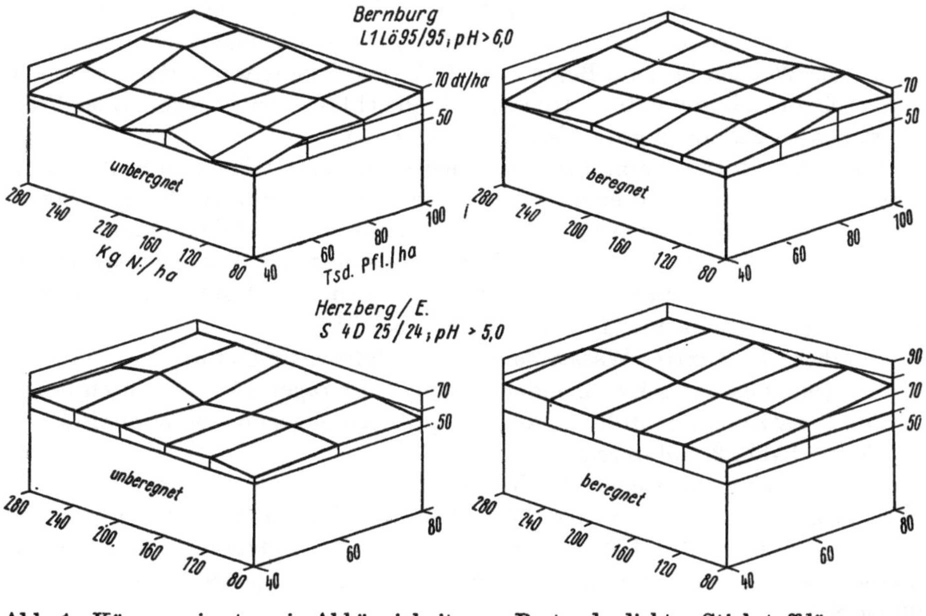

Abb. 1: Körnermaisertrag in Abhängigkeit von Bestandesdichte, Stickstoffdüngung und Zusatzberegnung; Versuchsjahr 1970; Hybride INRA 200 (dt/ha Korn bei 86% TS-Gehalt)

In neueren, vom Institut für Getreideforschung Bernburg-Hadmersleben durchgeführten Untersuchungen zeigte die Hybride INRA 200 im ersten Versuchsjahr (1970) die in Abbildung 1 dargestellten Reaktionen auf N-Steigerung von 80 auf 280 kg/ha sowie auf Zusatzberegnung und Erhöhung der Bestandesdichte von 40000 auf 80000 bzw. 100000 Pflanzen je Hektar.

Das Jahr 1970 war in Bernburg durch ein normales Wärmeangebot, aber hohe Niederschlagsmengen vor allem ab Anfang August gekennzeichnet; im Versuchsort Herzberg/E. waren der Mai und der Juli zu kühl und die Monate Juni und Juli zu trocken.
Die statistische Auswertung der Kornerträge weist für Bernburg keine signifikanten Mehrleistungen infolge Zusatzberegnung oder N-Steigerung nach, die Zunahme der Pflanzenzahl von 40000 auf 100000 je ha bewirkte indessen einen hochgesicherten Mehrertrag von 25 Prozent.
Auf Herzberger Sandboden war die Ertragsbeeinflussung durch starke N-Gaben ebenfalls unwesentlich; Erhöhung der Bestandesdichte sowie 180 mm Zusatzregen hatten dagegen jeweils hochsignifikante Ertragssteigerungen zur Folge; zwischen den letztgenannten Prüffaktoren bestand zudem eine gesicherte Wechselwirkung.
Während also durch N-Düngung trotz reichlicher Niederschlagsversorgung selbst auf kolloidarmem Boden nur geringe Wirkungen erzielt werden konnten, wurde die Möglichkeit der Ertragssteigerung durch Bestandesdichtenerhöhung in beiden Orten offenbar noch nicht ausgeschöpft.
Im zweiten Versuchsjahr (1971) dürfte ein allgemein naßkalter Juni sowohl das Wurzelwachstum als auch die Bildung großer Maisblattflächen gehemmt haben. Die Wochen bis zum Beginn der 3. Augustdekade waren dagegen warm, sonnenscheinreich und extrem trocken; ein gleichfalls relativ regenarmer Frühherbst bot anschließend gute Abreifebedingungen.
Zwischen den Prüffaktoren Bestandesdichte und Zusatzberegnung des Bernburger Versuches bestand eine statistisch gesicherte Wechselwirkung – Steigerung der Bestandesdichte erhöhte die Effektivität der Zusatzberegnung. Nichtsdestoweniger verfügte Lößlehm noch über ausreichende Bodenwasservorräte, so daß die Zusatzberegnung im Mittel aller anderen Prüfglieder gegenüber „unberegnet“ nur einen 5%igen Mehrertrag bewirkte.
In Herzberg/E. führte Wassermangel zu Befruchtungsstörungen und behandlungsunabhängig schwankenden, geringen Erträgen (Abb. 2, unten links); 240 mm Zusatzregen im Juli/August ermöglichten dagegen eine normale Kornausbildung (Abb. 2, unten rechts).
Auffallend gering ist erneut die Reaktion auf steigende N-Gaben. In Bernburg wird die gegenüber der 80-N-Stufe höchste Ertragssteigerung von nur 3% bereits in der 120-N-Stufe erreicht; auf zusatzberegnetem Sand in Herzberg/E. liegt die Grenze der produktiven Dünger-N-Ausnutzung bei 160 kg N/ha.
Starken Einfluß auf die Kornerträge übten wiederum die Erhöhungen der Pflanzenzahlen aus. Mit Hilfe der Regressionsanalyse konnte allerdings für das unberegnete Bernburger Großteilstück neben der linearen Abhängigkeit des Kornertrages von der Bestandesdichte auch ein gesicherter quadratischer Einfluß nachgewiesen werden; hier erfährt der Anstieg der Ertragskurve eine Sättigung, der höchstmögliche Kornertrag wird also bei 100000 Pflanzen/ha nahezu ausgeschöpft.

Der durchschnittliche Mehrertrag der höchsten gegenüber der geringsten Bestandesdichte betrug im ersten Versuchsjahr 19%, im zweiten Jahr waren es 56%. Das lag nicht etwa an einem Mangel an photosynthetisch aktiver Blatt-

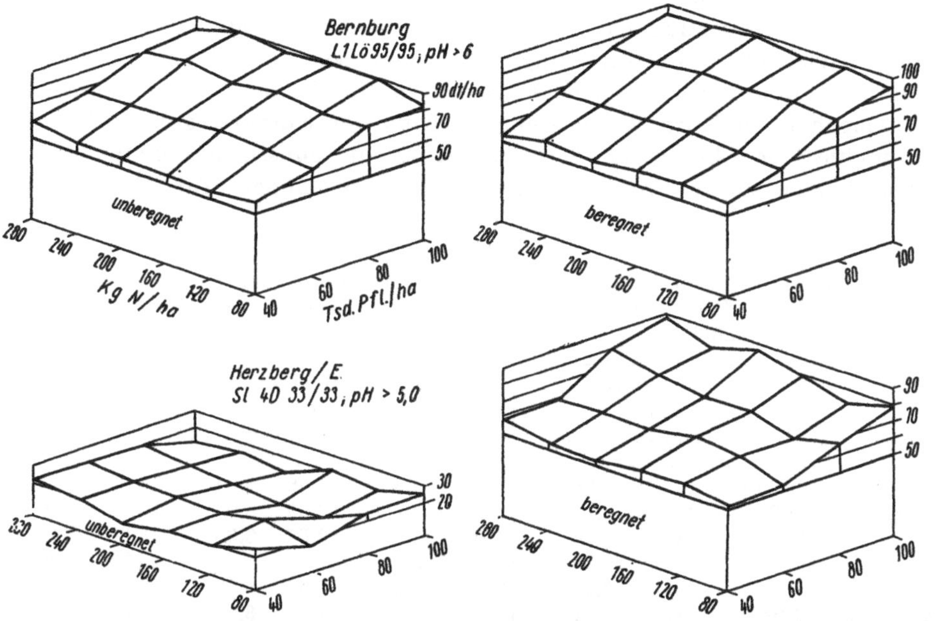

Abb. 2: Körnermaisertrag in Abhängigkeit von Bestandesdichte, Stickstoffdüngung und Zusatzberegnung; Versuchsjahr 1971; Hybride INRA 200 (dt/ha Korn bei 86% TS-Gehalt)

fläche im ersten Jahr; die Ergebnisse von Blattflächenmessungen reflektieren z. B. recht deutlich den blattwachstumshemmenden Einfluß gerade des naßkalten Juni 1971 (Abb. 3). Wenn Körnermais trotz geringerer Blattfläche im

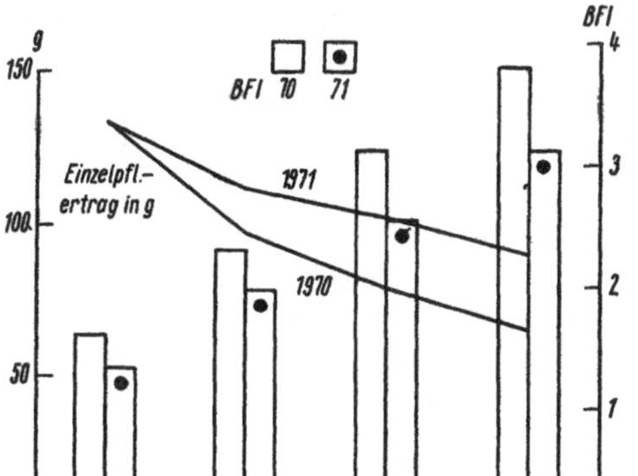

Abb. 3: Körnermais-Einzelpflanzenertrag und Blattflächenindex in Abhängigkeit von der Bestandesdichte – Bernburg 1970/71

zweiten Versuchsjahr höhere Erträge gebildet hat, so ist dies mit Sicherheit auf den primär kornertragsbestimmenden Einfluß des in jedem Jahr relativ starken Licht- und Wärmeangebotes[1] in der Phase des reproduktiven Pflanzenwachstums zurückzuführen.

Ähnlich dem Kornertrag wurde auch der Proteingehalt weniger durch N-Steigerung als vielmehr durch Änderung der Bestandesdichte und Zusatzberegnung beeinflußt. Dem mit zunehmender Pflanzenzahl/ha in der Regel abnehmenden Proteingehalt im Korn stand – entsprechend der Kornertragsentwicklung – im ungünstigen Abreifejahr 1970 eine geringe, im günstigen Abreifejahr 1971 indessen eine starke Proteinertragssteigerung gegenüber (Tab. 1). In jenem

Tabelle 1

Rohproteingehalt (% der Korn-TS) und Rohproteinertrag (dt/ha) von Körnermais (INRA 200) in Abhängigkeit von Standort, Wasserversorgung und Bestandesdichte

		Bernburg				Herzberg/E.			
		1970		1971		1970		1971	
Pflanzen/ha		Gehalt	Ertrag	Gehalt	Ertrag	Gehalt	Ertrag	Gehalt	Ertrag
un-	40000	12,24	5,68	12,48	5,89	12,66	6,04	13,93	2,23
beregnet	60000	11,98	6,11	12,30	7,07	12,05	6,01	14,19	2,36
	80000	11,67	6,46	12,30	8,58	12,07	6,38	13,65	2,11
	100000	10,80	6,29	12,45	9,27	–	–	13,34	1,92
zusatz-	40000	12,08	5,48	12,44	5,99	11,89	6,52	12,36	5,73
beregnet	60000	11,89	6,01	12,35	7,15	11,54	6,70	11,63	6,00
	80000	11,00	6,00	11,75	8,62	11,17	7,08	11,75	7,06
	100000	11,03	6,20	11,43	9,38	–	–	11,13	7,73

günstigen Abreifejahr muß die physiologische Wurzelleistung durch ein – besonders für den leichten Standort – überraschend starkes Stickstoffnachlieferungsvermögen des Bodens gefördert worden sein. Messungen des Stickstoffentzuges (Abb. 4) bestätigten dies. Im Bernburger Versuch mag Leguminosengemenge als Vorfrucht ein zusätzliches Stickstoffreservoir geschaffen haben; für den zusatzberegneten Herzberger Sandboden mit Vorfrucht Silomais ist das erkennbare Verhältnis von mineralischer N-Düngung und Stickstoffentzug durch die oberirdische Pflanzenmasse jedenfalls ausgesprochen günstig.

Vor hohen N-Gaben zu Körnermais wird unter Hinweis auf die Gefahr von Reifeverzögerungen z. T. noch in der neueren Literatur gewarnt. Selke (1960) z. B. empfahl, nicht mehr als 60 kg N/ha zu verabreichen. Diesen Aussagen stehen allerdings zunehmend Berichte entgegen, denenzufolge N-Gaben von über 300 kg/ha auch in Körnermais-Grenzlagen keine nachteiligen Wirkungen zeigten.

[1] Nach Angaben des Meteorologischen Dienstes der DDR lag die in Potsdam gemessene Globalstrahlungsenergie in den Monaten Juli bis einschließlich September 1971 mit 35678 cal/cm^2 um 12% über dem entsprechenden langjährigen Mittelwert.

Auch unsere Untersuchungen ließen keinen negativen Einfluß steigender N-Versorgung z. B. auf die Kornfeuchte zur Ernte als den wichtigsten Reife-

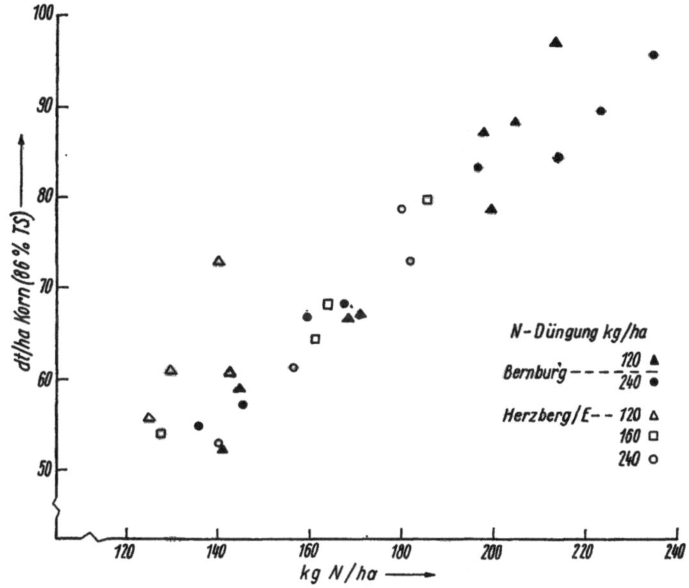

Abb. 4: Stickstoffentzug von Körnermais, Korn + Restmais; Hybride INRA 200; 1971

gradmesser erkennen (Tab. 2). Deutlich wird vielmehr die Wirkung unterschiedlicher Witterungsbedingungen zur Zeit der Abreife widergespiegelt. Vielfach wird weiterhin auf den reifeverzögernden Effekt zu hoher Bestandesdichten als Folge einer verlängerten vegetativen Pflanzenentwicklung hingewiesen (Downey, 1971; Ivanova, 1970). Zu hohe Bestandesdichten werden auch oft als Ursache für mangelhafte Standfestigkeit der Pflanzen angesehen.

Tabelle 2

Maiskorn-Trockensubstanzgehalt zur Zeit der Ernte in Abhängigkeit von Stickstoffdüngung und Jahreswitterung (Bernburg und Herzberg/E.)

kg N/ha	1970 % TS-Gehalt n = 14	1971 n = 12
80	65,6	70,9
120	65,3	70,4
160	66,0	71,0
200	65,8	71,7
240	65,7	71,3
280	65,4	71,0
Durchschnitt	65,6	71,0

Tabelle 3

Merkmale der vegetativen und generativen Entwicklung von Körnermais (INRA 200) in Abhängigkeit von der Bestandesdichte (Versuchsort Bernburg)

	1970				1971							
	$\bar{x}$ unberegnet/beregnet				unberegnet				beregnet			
Tausend Pflanzen/ha	40	60	80	100	40	60	80	100	40	60	80	100
Boniturnote Jugendentwicklung	6	5	5	4	4	3	2	2	3	3	3	2
Vegetationstage bis 50% männl. Blüte	59	60	61	61	65	65	66	66	65	65	66	66
Vegetationstage bis 50% weibl. Blüte	69	71	72	73	71	72	73	74	71	72	73	73
Pflanzenlänge (cm)	172	174	185	186	137	142	149	151	143	145	151	154
Ansatzhöhe des Hauptkolbens (cm)	93	96	102	104	58	66	72	75	63	67	75	78
Pflanzen ohne kornerntewürdigen Kolben (%)	2,7	4,8	6,2	8,5	4,4	4,3	5,0	7,5	3,8	3,9	4,0	4,2
Boniturnote Standfestigkeit zur Ernte	5	6	7	7	2	3	3	4	2	2	2	3
Korn TS-Gehalt zur Zeit der Ernte (%)	65,1	65,0	64,9	65,2	74,1	73,4	72,4	72,2	74,0	73,8	72,5	72,0

In unseren bisherigen Untersuchungen an der Doppelhybride INRA 200 konnten wir auf Lößlehm hierzu u. a. folgendes feststellen (Tab. 3):
Steigerung der Bestandesdichte führt in Abhängigkeit offenbar primär vom Lichtangebot zu mehr oder minder ausgeprägten Verzögerungen des Blühvorganges, wobei sich dies weniger am Eintritt der männlichen als vielmehr am Eintritt der weiblichen Blüte zeigt. Diese Beeinflussung der sogenannten Vormännlichkeit war erheblich; einem etwa normalen Verzug von 6–8 Tagen stand 1970 ein Verzug von maximal 12 Tagen entgegen.
Mit zunehmender Bestandesdichte wurde weiterhin die Neigung zu höherem Pflanzenwuchs bzw. Höherlegung des Hauptkolbenansatzes beobachtet. Ebenfalls mit dichter werdenden Beständen deutete sich eine Zunahme des Anteiles von Pflanzen ohne erntewürdigen Kolben an, wobei dieser Anteil im lichtarmen Jahr generell höher lag. Knipmeyer (zit. n. Downey, 1971) bzw. Zierserl u. a. (1963) erklären derartige Erscheinungen als Hemmungen der Quastenausbildung auf Grund lichtmangelbedingter Störungen des Stickstoffmetabolismus.
Die Standfestigkeit der kornreifen Maispflanze als erntetechnologisch wichtiges Merkmal wird durch Faktoren wie Stengelfestigkeit und Fusariumresistenz, aber auch Faktoren wie Niederschlags- und Windverhältnisse zur Erntezeit bestimmt. Einengung des Standraumes pro Einzelpflanze führt auf Grund der genannten Veränderungen der Pflanzengestalt insbesondere bei standweitensensitiven Genotypen zu verstärkter Lagerneigung. Im Jahr 1970 wurde dies unter dem Einfluß der extrem schlechten Abreifebedingungen auch an der normalerweise recht standfesten Hybride INRA 200 deutlich.
Der Korn-Trockensubstanzgehalt zur Ernte zeigte im ersten Versuchsjahr keine wesentlichen standweitenbedingten Schwankungen innerhalb des Normalbereiches; im zweiten Jahr traten Unterschiede von maximal 2% zwischen den Körnern der geringsten und denen der höchsten Bestandesdichte auf, wobei diesen Unterschieden angesichts des erreichten Reifegrades nur geringe praktische Bedeutung zukommt.
Die bisher erzielten Ergebnisse des Komplexversuches erlauben nachstehende Schlußfolgerungen:
1. Die optimale N-Gabe für Körnermais auf ausreichend wasserversorgten Standorten liegt in Abhängigkeit von Jahreswitterung sowie Stickstoffvorrat des Bodens im Bereich von 80–160 kg N/ha; für leichteren Boden mit Gefahr von Wassermangel genügen Gaben von 80–120 kg N/ha.
2. Zusatzberegnung von Körnermais auf tiefgründigen, feintexturierten Böden läßt mit Sicherheit keine spezialkostendeckenden Mehrerträge erwarten. Auch für die Getreideart Mais gilt die Regel, daß Zusatzberegnung auf leichtesten Standorten am ehesten wirtschaftlich ist. Mais gilt auf diesen Standorten als beregnungswürdigstes Getreide, wenn auch der Zeitraum der eigentlichen Beregnungsdankbarkeit mit etwa 6 Wochen relativ kurz ist und die Effektivität der Zusatzregengabe nicht nur durch das natürliche Niederschlagsangebot, sondern auch durch die Befriedigung der nach wie vor relativ hohen Wärme- und Lichtansprüche der Kultur modifiziert wird.

3. Ausreichende Feuchtigkeitsversorgung gestattet Erhöhungen der Bestandesdichten.
Maishybriden, die in ihrem Phänotyp der zur Zeit gültigen Standardsorte INRA 200 entsprechen, sollten auf ausreichend feuchten Standorten in Dichten von etwa 110000 Korn/ha gelegt werden. Diese Steigerung auf etwa 100000 Pflanzen/ha zur Ernte ermöglicht gegenüber den zur Zeit noch als wünschenswert angesehenen Dichten von etwa 70000 Pflanzen/ha Mehrerträge von 20–30%.
Ernsthafte Beeinträchtigungen der Kornerntefähigkeit sind nicht zu befürchten, wenn die angebauten Sorten hinsichtlich Reifetyp, Standfestigkeit und Standweitentoleranz der von uns geprüften Hybride nicht nachstehen und wenn die Ernte zum optimalen, d. h. frühestmöglichen Termin bei sachgemäßer Maschineneinstellung erfolgt.

Zusammenfassung

In Feldversuchen auf Lößlehm und Sand wurde 1970 und 1971 der Einfluß unterschiedlicher N-Gaben und Bestandesdichten auf Entwicklung und Ertragsbildung von unberegnetem bzw. beregnetem Körnermais geprüft. Die Steigerung der N-Gaben übte in jedem Falle nur geringe Wirkung aus; in Abhängigkeit von N-Nachlieferungsvermögen des Standortes und Bodenwasserversorgung erscheinen Gaben von 80–160 kg N/ha angebracht. Die Erhöhungen der Bestandesdichten bewirkten – besonders auf leichtem Boden in enger Wechselbeziehung mit der Zusatzberegnung – erhebliche Ertragssteigerungen. Es wird empfohlen, standfeste Körnermaishybriden auf ausreichend wasserversorgten Böden in Dichten von 100000 erntefähigen Pflanzen je Hektar anzubauen. Der Zusatzberegnung von Körnermais auf feinerde- und humusreichen Standorten wird nur geringe Bedeutung beigemessen.

Резюме

Название работы: Комплексное действие растениеводческих мер по интенсификации в двухлетних полевых опытах с кукурузой на зерно

В полевых опытах, проведенных в 1970 и 1971 гг. на лессовом суглинке и песчаной почве изучалось влияние различных доз азотных удобрений и густоты посева на развитие кукурузы на зерно в неорошаемых условиях и на формирование урожая. Увеличение доз азотных удобрений во всех вариантах оказывало лишь слабое влияние; в зависимости от мобилизации азота на данном местопроизрастании и от водного режима почвы приемлимыми кажутся дозы в 80–160 кг азота на га. Увеличение густоты посева, особенно на легких почвах в тесной взаимосвязи с поливом, приводит к значительному увеличению урожайности. Рекомендуется, неполегающие гибриды кукурузы на зерно высевать на достаточно увлажненных почвах из расчета 100000 пригодных для уборки растений на гектар. Поливу посевов кукурузы на зерно на мелкоземных, богатых гумусом местопроизрастаниях, придается лишь небольшое значение.

Summary

Title of the paper: Complex effects of agronomical measures of intensification in two-year field experiments with grain maize

The effect of different nitrogen doses and stand densities on the development and yield formation of non-sprinkled or sprinkler-irrigated grain maize, respectively, was tested in field experiments on loess loam and sand in 1970 and 1971. In all cases increased nitrogen doses had a slight effect only; depending on the capacity of nitrogen mineralization of the respective site as well as on the soil water status, doses of 80–160 kg N/ha seem to be suitable. Particularly on light soils and in close correlation with additional sprinkler irrigation, higher stand densities resulted in considerable yield increase. It is recommended to grow lodging-resistant grain maize hybrids on soils with a sufficient moisture status at a density of 100,000 harvestable plants per ha. Additional sprinkler irrigation of grain maize grown on soils that are rich in fine earth and humus is of little importance only.

Literatur

DOWNEY, L. A.: Plant density – yield relations in maize. J. Austral. Inst. Agric. Sci., Melbourne, 37 (1971), S. 138–146.

IVANOVA, V. P.: Dejstvie udobrenij na produktivnost' rastenij kukuruzy pri raznoj gustote ich stojanija. (Die Wirkung der Düngung auf den Ertrag von Maispflanzen bei unterschiedlicher Bestandesdichte.) Agrochimija, Moskva, 1970, Nr. 3, S. 49–56

SELKE, W.: Schriftliche Mitteilung, 1960

ZIERSERL, J. F.; RIVENBARK, W. L.; HAGEMANN, R. H.: Nitrate reductase activity, protein content and yield of four maize hybrids at varying plant populations. Crop. Sci. 3 (1963), S. 27–32

Anschrift des Verfassers:

Dipl.-Landwirt PETER MÜHLE
Institut für Getreideforschung Bernburg-Hadmersleben
der Akademie der Landwirtschaftswissenschaften der DDR
435 Bernburg, Mitschurinstraße 22

Tag.-Ber. Akad. Landwirtsch.- Wiss. DDR. Nr. 122. 1973. S. 183–188

Institut für Getreideforschung Bernburg-Hadmersleben
der Akademie der Landwirtschaftswissenschaften
der Deutschen Demokratischen Republik

REGINA KRAMM

Ergebnisse und Schlußfolgerungen aus Großversuchen mit Körnermais

In den Jahren 1969 bis 1971 wurden gemeinsam mit zahlreichen sozialistischen Landwirtschaftsbetrieben Anbauversuche auf Großflächen durchgeführt mit der Zielstellung, den Körnermais als leistungsfähige Kultur im Vergleich zu anderen Getreidearten anzubauen und die im Laufe der Jahre gewonnenen wissenschaftlichen Erkenntnisse praktisch anzuwenden. Mit der Einführung und Demonstration moderner Produktionsverfahren sollten Aussagen über Standorteignung, Anbautechnik und Ökonomik ermöglicht sein sowie Voraussetzungen für die Ausdehnung auf alle klimagünstigen Gebiete der DDR geschaffen werden.
Dabei wurden in den einzelnen Prüfungen und Jahren sehr unterschiedliche Leistungen erreicht. Aus diesem Grunde wird im folgenden versucht, den Ursachen nachzugehen und für den weiteren Anbau entsprechende Schlußfolgerungen zu ziehen.
Da der Körnermais für den Aufbau seiner Pflanzenmasse und insbesondere auch die Befruchtung verhältnismäßig viel Wasser benötigt, wurde eine Gruppierung der Betriebsgroßversuche nach den Feuchtigkeitsverhältnissen des Standortes vorgenommen (Tab. 1).
Dabei wird deutlich, daß bei einer optimalen Wasserversorgung über Niederschläge und über den Boden die höchsten Erträge erzielt worden sind, sowohl unter Bördebedingungen als auch auf mittleren Standorten, die infolge eines Lehmuntergrundes über ein großes Wasserspeicherungsvermögen verfügen (Gruppe I).
In Gruppe II wurden alle Standorte zusammengefaßt, die vom Boden her nicht über einen ausreichenden Wasservorrat verfügen, aber doch noch relativ gut mit Niederschlägen versorgt worden sind. Innerhalb der vergleichbaren Standorte schwanken die Erträge in Abhängigkeit von der Niederschlagsversorgung.
Gruppe III beinhaltet Betriebe, die sowohl den Körnermais auf leichten, grundwasserfernen Standorten anbauten als auch unter akuter Sommertrockenheit zu leiden hatten. Die Kolbenausbildung war mangelhaft bzw. gänzlich unterblieben, so daß auch die Ertragsleistungen zu wünschen übrig ließen.

Tabelle 1

Erträge in den Betriebsgroßversuchen mit Körnermais auf unterschiedlich mit Feuchtigkeit versorgten Standorten (1970)

			Bodenart	AZ	Niederschläge Juli–August 1970 mm	$\bar{x}$ Temperatur Mai–September 1970 °C	Pflanzen/ha zur Ernte (in 1000)	Kornertrag dt/ha	Getreide dt/ha
I	mittlerer	Bernburg	Lö	85	214,5	15,9	72	66,0	39,1
	und besserer Boden,	Osternienburg	lS	32			75	41,5	26,0
	ausreichend Niederschlag	Drewitz	lS–LS	32	143,0	15,8	86	40,3	16,3
						mittlerer Ertrag		49,3	27,1
II	leichter Boden,	Seyda	lS	23	147,8	—	61—65	44,2	32,3
	durch Niederschlag	Krakow	S	22	124,0	14,9	70	35,0	20,0
	ausreichend mit	Prettin	S–lS	18—23	—	—	50	32,4	33,0
	Feuchtigkeit versorgt	Paulinenaue	lS	23	117,0	15,8	51	30,0	22,0
		Priborn	lS	25	—	—	59	20,0	16,0
						mittlerer Ertrag		32,3	24,7
III	grundwasserferner,	Beeskow	Sl	17—28	43,0	13,4	72	18,7	26,7
	trockener Standort,	Schmerwitz	lS	20—26	107,0	15,3	62	18,5	26,0
	geringer Niederschlag	Trebatsch	S	25—27	85,5	13,4	62	17,0	23,5
						mittlerer Ertrag		18,1	25,4

Aus den Ergebnissen ist ersichtlich, daß die Körnermaiserträge in den Prüfungsjahren stark von den Feuchtigkeitsverhältnissen beeinflußt worden sind. Aus diesem Grunde sollten die Betriebe Körnermais nicht auf den leichtesten, sondern zunächst auf den besseren Standorten mit guter Wasserversorgung anbauen. Die Jahre 1970 und insbesondere 1971 haben jedoch auch gezeigt, daß auf Übergangsstandorten D_1 und D_2 in trockenen Lagen bei einem kritischen Witterungsverlauf kein völliger Ertragsausfall zu entstehen braucht, wenn Bestände, die keinen Kornertrag erwarten lassen, rechtzeitig als Grün- oder Silomais genutzt werden.

Aus Tabelle 1 ist auch zu entnehmen, welche vergleichbaren Getreideerträge in den Betrieben erreicht worden sind. Danach brachte der Körnermais auf Standorten mit guter Wasserführung und bei ausreichenden Niederschlägen bessere Erträge als das Getreide. Auch auf den leichteren noch gut mit Feuchtigkeit versorgten Standorten waren mehr oder weniger deutliche Ertragsdifferenzen vorhanden. Dort, wo der Körnermais dagegen versagte bzw. keine Kolben- und Kornausbildung stattfinden konnte wurden mit Getreide bessere Ertragsleistungen erzielt.

Ein weiterer Faktor, der in den Betriebsgroßversuchen den Ertrag maßgebend beeinflußte, war die Saatzeit. Durch eine frühzeitige Aussaat in der 2. Aprilhälfte werden durch ein intensiveres Pflanzenwachstum gute Voraussetzungen für den Kolbenbildungsprozeß geschaffen. Aussaatverzögerungen bis Mitte Mai verkürzen diese Entwicklungsspanne und damit die Nährstoffaufnahme und beeinflussen so den Ertrag ungünstig.

Tabelle 2

Ertragsbildung in Abhängigkeit von der Saatzeit auf D_2- und D_3-Standorten

Anbaujahr	Anzahl der Versuche	Saatzeit	Ertrag dt/ha	rel.
1969	3	29. 4.– 2. 5.	32,9	100
	1	12.5.	16,3	50
1970	3	25. 4.–29. 4.	39,4	100
	4	2.5.–13. 5.	21,4	54

Tabelle 2 stellt die Ertragshöhe in Abhängigkeit vom Aussaattermin auf vergleichbaren Standorten dar. Auf lehmigen Sanden wurden bei ausreichender Feuchtigkeitsversorgung bzw. günstiger Niederschlagsverteilung in der Blüh- und Befruchtungsphase bei Bestandesdichten zwischen 60000 und 70000 Pflanzen/ha unterschiedliche Erträge erreicht. Besonders 1970 hatte der im April gelegte Mais einen deutlichen Entwicklungsvorsprung, da durch Nässe und Kälte im Mai die Spätsaat nachhaltig in der Entwicklung gehemmt wurde. Für das Jahr 1971 hatten die Betriebe, in denen Großversuche zur Anlage kamen, daraus bereits Schlußfolgerungen gezogen und den Körnermais in der Zeit vom 15. 4. bis 30. 4. gelegt.

Ein weiterer Umstand, der sehr wirksam die Bestandesentwicklung und den Kornertrag beeinflußt, ist die Pflanzenzahl je Flächeneinheit.

Tabelle 3

Erträge der Betriebsgroßversuche mit Körnermais bei verschiedenen Bestandesdichten

	Betrieb	Standort	Pflanzen/ha in Tausend	Ertrag dt/ha	rel.
ausreichende	Bernburg	Lö 1	80	59,0	
Wasserversorgung,	Schackstedt	Lö 1	77	48,2	
optimale Pflanzenzahl	Osternienburg	D_2/D_3	75	41,5	
	Jessen	D_2	65	35,6	
		Mittel	75	46,1	= 100
ausreichende	Osternienburg	D_2/D_3	46	30,2	
Wasserversorgung,	Priborn	D_3	59	20,0	
zu niedrige	Prettin	D_2	50	32,4	
Pflanzenzahl	Paulinenaue	D_3	51	30,0	
		Mittel	52	28,2	= 61
ungünstige	Weißensee	V_1	77	–	
Wasserversorgung,	Stotternheim	V_1	89	–	
zu hohe Pflanzenzahl	Straußfurt	V_1	90	–	
	Bismark	D_2	83	20,0	
		Mittel	85	–	= 0

In Tabelle 3 sind Betriebsgroßversuche der Jahre 1969–1971 zusammengefaßt, in denen die Ertragsabhängigkeit von der Bestandesdichte deutlich wird, unbeeinflußt von extremen Witterungsbedingungen und sonstigen Anbaufehlern. Es wurden die Betriebe berücksichtigt, die sich in dieser Hinsicht unterscheiden.
Bei Einhaltung der standortabhängigen Pflanzenzahl/Flächeneinheit wurden sowohl auf gut mit Wasser und Nährstoffen versorgten Böden als auch auf den leichteren Böden gute Erträge erzielt.
Die Betriebe, deren Pflanzenzahl 20–30% unter dem Optimum lag, haben zwar eine gute Entwicklung der Einzelpflanzen, aber keine Höchsterträge erreicht, da der Bodenvorrat an Nährstoffen und Wasser nicht voll genutzt wurde. Sehr negativ wirkte sich das Vorhandensein zu vieler Pflanzen aus. Infolge Wassermangel in zu dichten Beständen trat kein ausreichendes Pflanzenwachstum ein, so daß der Kornertrag gering bzw. gänzlich ausgeblieben war.
Aus diesen Gründen muß der Einhaltung empfohlener Bestandesdichten größte Aufmerksamkeit gewidmet werden. Auf leichteren bis mittleren D_2- und D_3-Standorten liegt die ertragsoptimale Bestandesdichte bei 60000–70000 Pflanzen/ha zur Zeit der Ernte, während auf tiefgründigen Lehm- bzw. Lößböden mit guter Wasserführung und optimaler Nährstoffversorgung und 80000–90000 Pflanzen/ha Höchsterträge erzielt werden.
Auch die Pflege hat in den Betriebsgroßversuchen einen Einfluß auf die Ertragsbildung gehabt. Durch den Einsatz der Herbizide Wonuk und W 6658

ist das Unkrautproblem nahezu gelöst. Dennoch muß erwähnt werden, daß nur die rechtzeitige Anwendung der Herbizide einen unkrautfreien Bestand sichert und Versäumnisse in der Vergangenheit gelegentlich auch zu Ertragsausfall geführt haben.

Ein weiteres Problem in den Betriebsgroßversuchen hat sich aus dem Erntetermin ergeben.

Da der Beginn der Körnermaisernte im Gegensatz zum übrigen Getreide terminunabhängiger ist, wurde mit der Ernte in manchen Betrieben nicht bei Eintritt der Reife, sondern erheblich später begonnen. Das führte zu hohen Ernteverlusten, geringer MD-Leistung und Störungen im Arbeitsablauf, da mit ungünstiger werdender Witterung sich Wurzel- und Stengelfäule am Körnermais verstärkten (Tab. 4).

Tabelle 4

Körnermaiserträge des gleichen Bestandes zu verschiedenen Erntezeiten

Ernte	Frischgut dt/ha	rel.	Ursache
20. Oktober	93,1	100	—
28. Oktober	71,4	77	Stengelbruch
8. November	39,6	42	Stengelbruch und Sturm

Daraus ergibt sich, daß mit der Ernte bei Eintritt der Reife begonnen werden muß, um das Korn verlustarm zu bergen. Voraussetzung dafür sind Konzentration der Anbaufläche und Komplexeinsatz der Erntemaschinen.

Zusammenfassung

In den Jahren 1969 bis 1971 konnte die Anbauberechtigung des Körnermaises auf vielen Standorten der DDR nachgewiesen werden. Dabei ist den Mindestanforderungen an Klima und Boden durch entsprechende Anbaumaßnahmen bzw. Vermeidung entscheidender Anbaufehler Rechnung zu tragen. Voraussetzungen für hohe und sichere Erträge sind Standortwahl unter Beachtung der Wasserverhältnisse, rechtzeitige Aussaat, Einhaltung der standortabhängigen Bestandesdichte und Ernte sofort nach Eintritt der Reife.

Резюме

Название работы: Результаты производственных опытов с кукурузой на зерно и выводы из них

В 1969–1971 гг. было установлено, что кукурузу на зерно можно возделывать во многих местах ГДР. Необходимо только сообразиться с минимумомтребований к климату и к почве применением соответственных агротехнических мер и не допускать решающих ошибок при возделывании этой культуры. Условиями высоких и устойчивых урожаев являются правильный выбор земли и определение водного режима, своевременный посев соблюдение зависящей от местных условий густоты стояния растений и уборка урожая немедленно по достижении спелости.

Summary

Title of the paper: Results and conclusions from large-scale trials with grain maize

Between 1969 and 1971, grain maize growing was found to be justified on many locations of the GDR. Minimum climatic and soil requirements must be taken into account by applying appropriate methods of cultivation and avoiding fundamental mistakes in growing. High and stable yields presuppose adequate siting and due consideration of water conditions, timely sowing, observance of the site-dependent stand density, and harvest inmediately upon ripening.

Anschrift der Verfasserin:

Dipl.-Landwirt REGINA KRAMM
Institut für Getreideforschung Bernburg-Hadmersleben
der Akademie der Landwirtschaftswissenschaften der DDR
4351 Bernburg-Strenzfeld, Mitschurinstraße 22

Tag.-Ber. Akad. Landwirtsch.-Wiss. DDR. Nr. 122. 1973. S. 189–197

Institut für Getreideforschung Bernburg-Hadmersleben
der Akademie der Landwirtschaftswissenschaften
der Deutschen Demokratischen Republik

EWALD MIEGEL

Erste Erfahrungen mit der sowjetischen Kolben- und Restmaiserntemaschine Chersonez-7

In der DDR wird gegenwärtig für die Körnermaisernte der Mähdrescher E 512 mit dem 4reihigen Pflückvorsatz ZEA-4 und innerem Umbausatz verwendet. Hierbei wird das Frischkorn als Ernteprodukt geborgen, während das Maisstroh (Restmais) in geknicktem Zustand auf dem Felde zurückbleibt.

In verschiedenen Ländern werden für die Körnermaisernte neben den Mähdreschern auch andere Maschinen eingesetzt, die außer dem Kolbenpflücken noch unterschiedliche Kombinationen bezüglich der Restmaisbearbeitung enthalten. Man unterscheidet bei den Kolbenpflückern solche, die nur den Kolben bergen, andere, die mittels Schlegeleinrichtungen den Restmais zerkleinern und auf dem Feld verteilen, sowie Maiserntemaschinen, die neben den Kolben auch den Restmais ernten. Zur letzten Gruppe gehört die 2reihige sowjetische Kolben- und Restmaiserntemaschine Chersonez-7.

Im Jahr 1971 wurde erstmals eine solche Maschine unter den Bedingungen des Körnermaisanbaues der DDR im Arbeitsprozeß auf Leistung und Arbeitsqualität untersucht.

Die Chersonez-7 ist eine zapfwellengetriebene Anhängemaschine, welche die ganze Pflanze bei Reihenabständen von 70 und 90 cm ernten kann. Den durchgeführten Untersuchungen liegt die bei uns obligatorische Reihenentfernung für Körnermais von 70 cm zugrunde.

Als Antriebsmaschine wird ein Traktor der 2-Mp-Klasse, der mit einer Hubkupplung entsprechend TGL 33-58255 mit 50 mm Ösendurchmesser ausgerüstet ist, benötigt.

Die Pflanze wird bei der Ernte vom Aufnahmeteil der Maschine erfaßt und abgemäht, anschließend der Kolbentrennvorrichtung zugeführt. Während die Maiskolben nach ihrer Trennung von der Pflanze die Entliescheinrichtung passieren und auf einem angehängten Anhänger gesammelt werden, wird die Restpflanze einem Wurfhäcksler zugeführt und gelangt als Häcksel über den Auswurfbogen auf das links neben der Erntemaschine herfahrende Häckseltransportfahrzeug (Abb. 1).

Bei einem Ertrag von beispielsweise 140 dt/ha Restmais mit 40% Tr. S. kann neben dem Korn noch ein Energieertrag von rd. 2500 Kilo EFr je ha geerntet werden.

Für die Erschließung dieser beachtlichen Futterreserve ist die sowjetische Maiserntemaschine Chersonez-7 gut geeignet, da mit ihr eine saubere und verlustarme Bergung der Gesamtpflanze bei Körnermais möglich ist.

Abb. 1: Die Übergabe des gehäckselten Restmaises bei der sowjetischen Maiserntemaschine Chersonez-7 auf das nebenherfahrende Transportfahrzeug

1. Einsatzbedingungen während der Untersuchung

Der Einsatz der Maiserntemaschine Chersonez-7 erfolgte in Körnermais bei zwei verschiedenen Reifestadien, und zwar zu Beginn der Körnerreife Ende September und in der vollen Körnerreife um den 20. Oktober. Wie die Tabelle 1 zeigt, wurden die Messungen bei unterschiedlichen Körnermaisbeständen durchgeführt.

Tabelle 1

Einsatzbedingungen bei den Untersuchungen

	Maßeinheit	Reifegrad beginnende Körnerreife	volle Körnerreife
Sorte		Anjou 210	Anjou 210
Pflanzenbestand	Pflanzen/ha	88800	91900
Pflanzenhöhe	m	1,92	1,78
Kolbenbesatz	%	85,5	92,9
Bodenzustand	—	feucht	feucht
Kolbenertrag	dt/ha	104,0	89,0
Kornertrag bei 86% Tr.-S.	dt/ha	50,0	47,0
Kornfeuchte	%	35,1	32,2
Restmaisertrag	dt/ha	227,0	145,5
Tr.-S.-Gehalt des Restmaises	%	30,5	40,7

2. Ergebnisse der Einsatzprüfungen

2.1. Leistung

Zu Beginn der Körnerreife wurde auf ebenem bis welligem Gelände mit dem ZT 300 eine Arbeitsgeschwindigkeit im Dauerbetrieb bis zu 5,4 km/h ermittelt (II. Gruppe, 2. Gang). Die Variationsbreite betrug maximal 4,2–5,4 km/h. Damit wurde eine gute Ausnutzung des Antriebstraktors ZT 300 erreicht.
Zur Leistungsermittlung wurden Zeitstudien durchgeführt. In der vollen Körnerreife wurden bei hohem Ertragsniveau Zeiten gemessen, die in der Tabelle 2, auf einen Modellschlag bezogen, dargestellt sind. Nicht berücksichtigt ist hier eine aufgetretene Hilfszeit für das Weiterschaufeln der Kolben auf den Anhänger (7 min/ha). Diese Zeit kommt in Wegfall, wenn die Wurfweite des Förderbandes durch Erhöhen der Umlaufgeschwindigkeit vergrößert wird. In der hier unterstellten Normzeit (T_{06}) von 8,75 Std. beträgt die mittlere Schichtleistung 2,90 ha, dies entspricht 0,33 ha/h.

Tabelle 2

Zeitaufwand und Leistungen der Ch-7 umgerechnet auf einen Modellschlag (reine Ernteflläche) Ertrag: 90 dt/ha Kolben
140 dt/ha Restmais

Aufwand auf Modellschlag	für 30 ha insges. min	min je ha	ha/h
Geschwindigkeit 4,80 km/T_1	2670,0	89,00	0,67
Wendezeit T_{21} (1 min/Wdg)	306,0	10,20	–
Halt v. Vorgew. T_{211} (0,2 min Schlagende)	61,0	2,03	–
Hängerwechsel Kolben T_{22} (4 t Kolben/Hänger) (2,5 min HW)	169,0	5,63	–
T_{02}	3206,0	106,86	0,56
Pflege, Wartung, Einstellung T_3 (0,5 min/ha)	15,0	0,50	–
funktionelle Störzeit T_{41}	600,0	20,0	–
technisch bedingte Störzeit T_{42}	474,0	15,80	–
T_{04}	4295,0	143,16	0,42
T_5 (5% d. T_{04})	215,0	7,15	–
T_{05}	4510,0	150,31	0,40

Schichtzeit 525 min	T_{61} Traktor	10 min
abzügl. T_6 90 min	T_{62} Ch-7	15 min
	T_{63} Wegezeit	60 min
	T_{65} Organisatorisches	5 min
Stückzeit (T_{05}) 435 min	Schichtleistung 2,90 ha	
Leistung in der Normzeit (T_{06})	0,33 ha/h	

2.2. Entlieschgrad der Kolben

Der Entlieschgrad wurde durch Auszählen auf Meßstrecken in Stück % bestimmt. Die Ergebnisse sind in den Tabellen 3 und 4 zusammengefaßt.

Tabelle 3

Entlieschgrad bei beginnender Körnerreife

	unreife Kolben St. %	reife Kolben St. %	insgesamt Kolben St. %
entliescht	11,6	43,2	41,6
teilentliescht (noch 1–3 Lieschblätter)	31,6	21,2	21,8
unentliescht	56,8	35,6	36,6
Summe	100	100	100

Tabelle 4

Entlieschgrad bei voller Körnerreife

	Arbeitsgeschwindigkeit Varianten 4,0 km/h (St. %)	(Var.-Breite)	5,4 km/h (St. %)	(Var.-Breite)	6,7 km/h (St. %)	(Var.-Breite)
entliescht	85,1	81,9–88,9	82,4	78,8–86,4	86,4	81,4–88,6
teilentliescht (noch 1–3 Lieschblätter)	5,7	1,8– 9,4	10,7	7,0–13,6	6,2	3,7– 8,7
unentliescht	9,2	7,5–14,2	6,9	4,3– 8,4	7,4	5,0– 9,9
Summe	100	–	100	–	100	–

In Körnermaisbeständen, in denen bei beginnender Körnerreife geerntet wird, werden von den unreifen Kolben nur 11,6% entliescht, während die reifen bei 43,2% liegen. Insgesamt kann der Anteil entlieschter Kolben mit 41,6% nicht befriedigen. Wiederholt traten hierbei Verstopfungen der Entliescheinrichtung mit unreifen Kolben auf. Häufig wurden die Lieschblätter der Kolben von den Entlieschwalzen erfaßt und durchgezogen, ohne daß es dabei zum Abreißen derselben kam.

Diese Verstopfungen mußten jeweils von Hand beseitigt werden und führten zu verminderter Leistung.

In der vollen Körnerreife, die in der Körnermaisproduktion allgemein der richtige Erntezeitpunkt ist, wurde ein wesentlich höherer Entlieschgrad erreicht (Tab. 4).

Die Werte bei entlieschten Kolben verdeutlichen darüber hinaus, daß der Entlieschgrad kaum oder nur in geringem Maße von der Arbeitsgeschwindigkeit beeinflußt wird. Die unentlieschten Kolben lagen im Reifegrad gegenüber dem Durchschnitt etwas zurück.

2.3. Ernteverluste

Bei beginnender Körnerreife betrugen die Kornverluste 1,7–2,1% des Ertrages. Mit Zunahme des Ertrages und mit höherer Arbeitsgeschwindigkeit war ein geringes Ansteigen der Verluste nachweisbar. Die ermittelten Verluste an Restmais waren niedrig (unter 3,7% des Ertrages). Größere Schwankungen der Kornverluste wurden in der vollen Körnerreife ermittelt.
Im Maisbestand mit einem Anteil von weniger als 4% geknickten und umgebrochenen Pflanzen betrugen die Kornverluste 1,2–5,1%. Sie lagen im Bereich optimaler Arbeitsgeschwindigkeiten (4,2–5,4 km/h) unter 2,5% des Ertrages, während die Restmaisverluste hier 4–5% erreichten.
Auf einem Teilschlag mit einem Windbruchanteil von rd. 21% des Bestandes erreichten die Körnerverluste dagegen die sehr hohen Werte von 18–40%. Auch stiegen hier die Restmaisverluste auf über 20% an.
Die Höhe der Kolbenverluste ist also entscheidend vom Anteil umgebrochener Pflanzen im Bestand abhängig. Besondere Aufmerksamkeit ist daher auf die kurzfristige Aberntung der Körnermaisbestände nach erreichter Reife zu richten, da ab diesem Zeitpunkt, bedingt durch Fusariosen und starken Wind, der Anteil umgebrochener Pflanzen zunimmt. Deshalb kann die Erntezeitspanne nicht beliebig ausgedehnt werden. Unter den klimatischen Bedingungen unserer Republik sind somit 15 Einsatztage als optimal anzusehen, unabhängig welches Verfahren zur Körnermaisernte angewendet wird.

2.4. Weiterverarbeitung der Ernteprodukte

Unter dem Aspekt der Korngewinnung vom Mais für die Mischfutterindustrie über die Kolbenlinie ergeben sich die in Abbildung 2 gezeigten Varianten des Transportes und des Umschlages der Kolben – sowie der Drusch.
Die Zwischenlagerung großer Kolbenpartien hat Bedeutung, sie ist jedoch noch zu untersuchen. Für den Drusch der Kolben ist der Mähdrescher E 512 gut geeignet. Er muß zu diesem Zweck mit einem inneren Umbausatz sowie Untersetzungsgetriebe ausgerüstet sein. Außerdem ist am Mähdrescher eine Annahmewanne für Kolben am Förderschacht notwendig. Zur Kolbenübernahme von Anhängern sowie die kontinuierliche Beschickung des E 512 im Standdrusch eignet sich der Annahmeförderer T 237. Die anfallenden Körner werden umgehend der Trocknung zugeführt. Den Aufwand hierfür zeigt die Tabelle 5.
Bei innerbetrieblicher Verwertung des Körnermaises kann man aus den Kolben Kolbenschrotsilage bereiten, die z. B. in der Rindermast gut einsetzbar ist.
Bei der Konservierung des bei der Chersonez-7 anfallenden Restmaishäcksels gelten sinngemäß die Grundsätze der Silagebereitung. Der gehäckselte Restmais liegt als vorwiegend gerissenes und teilweise zerfasertes Häckselgut vor.

Bei einem Trockensubstanzgehalt des Restmaises von über 35% empfiehlt sich eine gemeinsame Einsilierung des Restmaises mit saftreichem Grünfutter, Stoppelfrüchten oder Rübenblatt.

Damit werden gleichzeitig günstige Bedingungen für die Silierung geschaffen und der Futterwert der Silage erhöht.

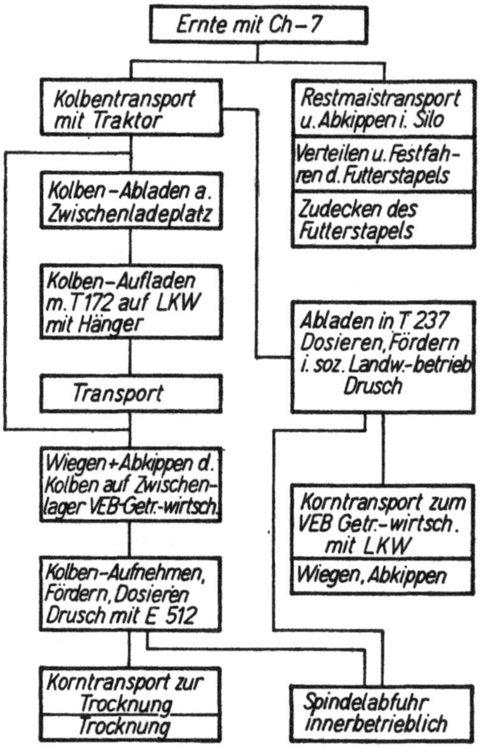

Abb. 2: Körnermaisernte und Konservierung der Gesamtpflanze am Beispiel der sowjetischen Maiserntemaschine Ch-7

Tabelle 5

Aufwand für die Kolbenlinie bei Korngewinnung für die Mischfutterindustrie ohne Kolbenzwischenlagerung und Trocknung der Körner (Basis T_{07})

	Aufwand AKh/ha	Verfahrenskosten M/ha
Kolben- und Restmaisernte mit Chersonez-7	6,0	318,–
Kolbentransport zum Drusch	1,2	26,–
Kolbendrusch und Korntransport zum VEB Getreidewirtschaft	4,8	173,–
Restmaistransport und Silierung (Erntemasse 140 dt/ha mit 40% Trocken-Substanz)	13,2	221,–
Summe	25,2	738,–

3. Fragen des Einsatzes

Auch die Körnermaisernte mit der Chersonez-7 ist ein transportverbundenes Arbeitsverfahren, bei dem die Forderung nach geringen Leerlaufzeiten steht. Für die Minimierung des Fahrzeugbedarfs ist der komplexe Einsatz von mehreren Erntemaschinen, mindestens jedoch 3, zweckmäßig. Als Fahrzeuge für den Kolbentransport vom Feld eignen sich am besten Traktorenanhänger mit körnerdichten Schwergutaufbauten von etwa 10 m^3 Fassungsvermögen. Die Übernahme des Restmaishäcksels erfolgt bei synchroner Fahrweise des Transportfahrzeuges von der Erntemaschine auf hydraulische Kippanhänger (28–30 m^3 Fassungsvermögen), die von Traktoren der 1,4 Mp-Klasse gezogen werden. Vor dem Einsatz der sowjetischen Maiserntemaschine Chersonez-7 ist bereits bei der Aussaat zu beachten, daß für den störungsfreien Wendevorgang Vorgewende von 22,4 m (4 Legemaschinenspuren je 5,60 m AB) erforderlich sind. Diese Breite ergibt sich aus der Länge der Erntemaschine mit Hänger. Vor Erntebeginn mit der Chersonez-7 müssen Vorgewende und Durchbrüche (alle 60 m, mindestens 6 Reihen) mit dem Mähdrescher im Pflückdruschverfahren geräumt werden, andernfalls ist mit erheblichen Ernteverlusten zu rechnen. Die Kampagneleistung beträgt bei einschichtigem Einsatz je möglichen Erntetag 44,– ha und erhöht sich bei 1,5 Schichten täglich auf insgesamt 65 ha.

Schlußfolgerungen

Mit der Maiserntemaschine Chersonez-7 wird eine saubere und verlustarme Ernte der Gesamtpflanze bei Körnermais in einem Arbeitsgang erreicht.

1. Die Forschungsarbeiten zur Kolbenlinie sind zur Erhöhung der Effektivität derselben fortzuführen.
2. Zur gleichmäßigen Hängerbefüllung mit Kolben ist die Wurfweite des Kolbenförderbandes zu erhöhen.
3. Bei Einführung der Chersonez-7 in die DDR ist diese entsprechend den Arbeitsschutzvorschriften auszurüsten. Die Installation von Beleuchtungseinrichtungen als Voraussetzung für den Einsatz bei Dunkelheit ist ebenfalls notwendig.
4. Der Entlieschgrad befriedigt nicht.
   Alle agrotechnischen Maßnahmen müssen auf die Erzielung einer gleichmäßigen Reife des Bestandes gerichtet sein. Zur Erhöhung der Funktionssicherheit sind außerdem technische Verbesserungen an der Entliescheinrichtung erforderlich.
5. Nach erreichter Körnerreife (15 Einsatztage gelten als optimaler Erntezeitraum) ist der Mais zügig zu ernten, da von diesem Zeitpunkt an, bedingt durch starken Wind sowie Fusarienbefall, der Anteil umgebrochener Pflanzen zunimmt. Dadurch können die Kornverluste bedeutend ansteigen.

Zusammenfassung

Im Jahre 1971 wurde die sowjetische Maiserntemaschine Chersonez-7 erstmals in unserer Republik bei beginnender und voller Körnerreife untersucht. Bei hohem Ertragsniveau der Körnermaisbestände wurde eine mittlere Leistung von 0,33 ha/h in der Normzeit erreicht. Der Anteil entlieschter Kolben schwankt reifeabhängig von rd. 42% bei beginnender Körnerreife bis etwa 85% bei voller Körnerreife. Im Bereich optimaler Arbeitsgeschwindigkeiten (4,2–5,4 km/h) mit dem ZT 300 lagen die Kornverluste unter 2,8% und die Restmaisverluste unter 5%. Mit zunehmender Arbeitsgeschwindigkeit und bei höheren Erträgen wurde ein Ansteigen der Kornverluste gemessen. Die Verlusthöhe an Korn und Restmais ist außerdem vom Anteil geknickter und umgebrochener Pflanzen im Bestand abhängig.

Резюме

Название работы: Первый опыт применения советской машины для уборки початков и остатков кукурузы Херсонец-7

В 1971 г. в нашей республике впервые был испытан советский кукурузоуборочный комбайн Херсонец-7 на уборке созревающих и созревших початков. При высоком уровне урожайности зерновой кукурузы была получена средняя производительность в 0,33 га/час за нормативное время. Количество початков, очищенных от обёртки колеблется в зависимости от степени зрелости кукурузы от 42% в начале созревания до 85% при полной спелости. В пределах оптимальной рабочей скорости /4,2–5,4 км/час/на тяге от трактора ZT 300 потери зерна составляли менее 2,8%, а потери за счет невымолоченных початков ниже 5%. С увеличением рабочей скорости и при более высоких урожаях отмечалось увеличение потерь зерна. Объем потерь зерна и невымолоченных початков зависят кроме того от количества поникших и обломанных растений в посеве.

Summary

Title of the paper: First experience with the Soviet maize picker and residual maize harvester Khersonets-7

In 1971, the Soviet maize picker Khersonets-7 was tested in the GDR under conditions of starting and full grain ripeness. With heavy grain-maize crops an average performance of 0.33 ha per hour was reached. Depending on the stage of ripeness, the proportion of husked ears varied from 42 per cent at starting grain ripeness and 85 per cent at full grain maturity. At optimum working speeds (4.2 to 5.4 km/h) using the ZT 300 wheel-tractor, the grain losses amounted to less than 2.8 per cent the residual maize losses being below 5 per cent. At increasing working speed and with higher crop yields, grain losses were found to rise, too. In addition, the level of losses of grain and residual crop depends upon the proportion of plants having been snapped and turned down in the stand.

Anschrift des Verfassers:
Dipl.-Landwirt Ewald Miegel
Institut für Getreideforschung Bernburg-Hadmersleben
der Akademie der Landwirtschaftswissenschaften der DDR
435 Bernburg, Mitschurinstraße 22

Themenkreis Rapsproduktion

Tag.-Ber. Akad. Landwirtsch.-Wiss. DDR. Nr. 122. 1973. S. 201–207

Pflanzenschutzamt RLN (B) Schwerin

GÜNTHER LEMBCKE

Phytopathologische Probleme bei der weiteren Intensivierung der Rapsproduktion

Den natürlichen Bedingungen entsprechend hat sich der Anbau von Winterraps in den letzten Jahren immer stärker in den Nordbezirken der DDR konzentriert. Zur Zeit werden rund 60% des Winterrapses in den drei mecklenburgischen Bezirken angebaut (Tab. 1).

Tabelle 1
Entwicklung des Anbaues von Winterraps im Bezirk Schwerin

Jahr	Anbaufläche	% zur AF	Ertrag dt/ha
1960	10003	2,6	14,8
1965	10387	2,9	18,0
1970	13200	3,7	19,2
1975	15500	4,2	23,0

In der Produktion von Ölsaaten ist bis 1975 im Bezirk Schwerin ein Zuwachs auf 153% geplant. Um dieses Ziel zu erreichen, ist ein jährlicher Ertragszuwachs von 0,5 dt/ha erforderlich. Bei dieser intensiven Rapsproduktion kann eine hohe Ertragsstabilität nur durch einen Komplex integrierter Pflanzenschutzmaßnahmen gesichert werden.

Zur Abwendung größerer Ertragsausfälle wird das Auftreten der wichtigsten Schädlinge und Krankheiten vom Pflanzenschutzwarndienst durch ein exaktes System überwacht. Die sich aus dieser Überwachung ergebenden Termine sind die Grundlage für eine gezielte Bekämpfung (1962).

Der durch Rapsschädlinge im Frühjahr verursachte Schaden konnte durch den operativen Einsatz von Flugzeugen des Typs Z 37 im Durchschnitt der letzten Jahre unter 5% gehalten werden. Daher waren die phytopathologisch bedingten Ertragsschwankungen in den letzten zehn Jahren im Bezirk Schwerin relativ gering.

Die Nichtdurchführung der notwendigen Bekämpfungsmaßnahmen kann andererseits aber zu Ertragsverlusten von durchschnittlich 30% bis 50% führen. Auszählungen auf fünf unbehandelten Rapsschlägen im Jahre 1971 zeigten einen Befall durch Kohlschotenrüßler von 17,3%, Kohlschotenmücke von

16,9%, insgesamt 34,2%. Bei extremen Umweltverhältnissen kann der Schaden bis zu 80% betragen.

Die Rapsproduktion kann daher nur volks- und betriebswirtschaftlich ökonomisch gestaltet werden, wenn eine zielgerichtete Schädlingsbekämpfung erfolgt.

Bei der weiteren Intensivierung der Rapsproduktion zeichnen sich aber schon jetzt einige phytopathologische Probleme ab, die bei Nichtbeachtung zum begrenzenden Faktor im Rapsanbau werden.

Durch die Konzentration und Spezialisierung des Rapsanbaues im Norden der DDR nimmt der Anbauumfang in einigen Kreisen und Kooperationen bis zu 12% der Ackerfläche ein. Gleichzeitig werden in diesen Betrieben durch die Ausdehnung von Zwischenfrüchten noch andere Kreuzblütler (Raps, Liroraps, Markstammkohl, Senf, Kohlrüben und Kohl) angebaut. Teilweise wird Raps direkt nach Raps in der Fruchtfolge gestellt. Diese Fruchtfolgeeinengung in Verbindung mit einem ständig steigenden Düngeraufwand und technologischen Veränderungen begünstigt die Entwicklung von Schaderregern.

Die phytopathologische Belastung des Winterrapses nimmt bei weiterer Intensivierung laufend zu, was sich schon jetzt durch ein verstärktes Auftreten von Krankheiten, Schädlingen und Unkräutern äußert.

1. Unkräuter und Ungräser

In der Praxis zeigt sich immer mehr, daß mit der weiteren Konzentration im Rapsanbau die Aufwendung für die erforderlichen Hackarbeiten abnimmt. Gleichzeitig steigen aber die Düngeraufwendungen. Teilweise kommt es dadurch zu einer erheblichen Verunkrautung, die einen großen Teil der zusätzlichen Aufwendungen verpuffen läßt. Es ist daher dringend notwendig, eine chemische Unkrautbekämpfung im Winterraps zu fordern. Ein erster Schritt ist mit der Anwendung von Bi 3411 gegeben. Zukünftig müssen aber auf diesem Gebiete neue Herbizide bereitgestellt werden, die eine wirksame Bekämpfung der Hauptunkräuter Vogelmiere, Ehrenpreis, Kamille und Windhalm garantieren.

2. Pilzkrankheiten

Das Vorkommen der Kohlhernie (*Plasmodiophora brassicae* Wor.) zeichnet sich von Jahr zu Jahr in stärkerem Umfang ab. In einigen Fällen mußte sogar schon der Umbruch angeordnet werden. Die Einhaltung einer geregelten Fruchtfolge und die Nutzung ackerbaulicher Maßnahmen sind bei der weiteren Spezialisierung des Rapsanbaues wesentliche Faktoren, damit der Schaden durch diese Krankheit unbedeutend bleibt. Auch die anderen Pilzkrankheiten, Grauschimmelfäule (*Botrytis cinerea* Pers.), Rapskrebs (*Sclerotinia sclerotiorum* Sacc. et Trott) und Rapsschwärze (*Alternaria brassicae* Sacc.), werden durch die Intensivierungsmaßnahmen, besonders durch die verstärkte N-Düngung, verbesserte Entwicklungsbedingungen bekommen.

Bei extremen Witterungsbedingungen und bei örtlich ungünstigen Umweltverhältnissen konnten schon in den letzten beiden Jahren vermehrt Schadsymptome dieser Krankheitserreger beobachtet werden. Auch ist damit zu rechnen, daß die in Frankreich gefürchtete Halsnekrose beim Raps, hervorgerufen durch den Pilz *Phoma lingam* Desm., eines Tages auch in unserem Anbaugebiet zur Ertragsbeeinträchtigung führt.
Da es gegen diese pilzlichen Krankheitserreger zur Zeit keine direkten chemischen Bekämpfungsmaßnahmen gibt, sind für die Rapspflanzen durch gute ackerpflanzenbauliche Bedingungen optimale Wuchsbedingungen zu schaffen. Zukünftig sollten diese Pilzkrankheiten aber mit Hilfe systemischer Fungizide als ertragsbeeinflussender Faktor eingeschränkt werden.

3. Tierische Schädlinge

Auch bei tierischen Schädlingen ist mit der weiteren Intensivierung der Rapsproduktion ein verstärktes Auftreten zu erkennen. Die Fruchtfolgeeinengung und technologische Veränderungen (Mähdrusch) begünstigen die Entwicklung der Rapsschädlinge. Durch gezielte Bekämpfungsmaßnahmen konnte das Schadauftreten der meisten Rapsschädlinge in ökonomischen Grenzen gehalten werden. Die Schädlinge Rapserdfloh (*Psylliodes chrysocephala* L.), Kohlgallenrüßler (*Ceutorrhynchus pleurostigma* Marsh) und Rapsglanzkäfer (*Meligethes aeneus* Fabr.) werden kontinuierlich von dem Pflanzenschutzwarndienst beobachtet. Beim Erreichen des kritischen Schwellenwertes wird die Bekämpfung angeordnet. In den letzten Jahren brauchten gegen diese Schädlinge keine Bekämpfungsmaßnahmen durchgeführt zu werden.
Zu einem unerwarteten Schadauftreten des Großen Rapsstengelrüßlers (*Ceutorrhynchus napi* Gyll.) kam es im Frühjahr 1971 in einigen Kreisen des Bezirkes Schwerin und Neubrandenburg. Eine seit Jahren zunehmende Anbaukonzentration und günstige klimatische Bedingungen im zeitigen Frühjahr 1971 waren die Ursache für dieses Massenauftreten. Auf Rapsflächen, die nach Vorfrucht Raps angebaut waren, konnte teilweise ein 100%iger Befall ermittelt werden. Trotz ausgeprägter Schadsymptome wurden noch Erträge von 22 dt/ha bis 30 dt/ha erzielt. Bei einer sachgemäßen Bekämpfung hätten die Erträge aber mit Sicherheit um 2 dt/ha bis 3 dt/ha höher gelegen.
Dieses Schadauftreten zeigt, daß bei einer weiteren Konzentration des Rapsanbaues im Norden der DDR auch solche Schädlinge bedeutungsvoll werden, die bisher keine Rolle gespielt haben.
Bei der zunehmenden Konzentration des Rapsanbaues hat sich im Bezirk Schwerin der Kohlschotenrüßler (*Ceutorrhynchus assimilis* Payk) immer mehr zu einem Hauptschädling entwickelt. Seine gezielte Bekämpfung ist entscheidend für eine stabile Ertragsbildung. Gleichzeitig kann durch eine erfolgreiche Bekämpfung des Kohlschotenrüßlers das Schadauftreten der Kohlschotenmücke erheblich reduziert werden. Im Auftreten des Kohlschotenrüßlers zeigen sich aber seit einigen Jahren bemerkenswerte Veränderungen in der Populations-

dynamik. Nach einem ersten Hauptflug, Ende April bis Anfang Mai, konnte in den letzten Jahren ein zweiter Flughöhepunkt Ende Juni beobachtet werden. Innerhalb von zwei Tagen wurden 138 Kohlschotenrüßler in zwei Gelbschalen ermittelt.
Diese Tatsache machte sich auch bei den späteren Schotenauszählungen in höheren Befallswerten bemerkbar (Tab. 2).

Tabelle 2

Ergebnisse der Befallsbonituren 1971
– Kohlschotenrüßler – Kohlschotenmücke –

	1. Bonitur 10. 06. Befall in %	2. Bonitur 28. 06. Befall in %
Kohlschotenrüßler	3,2	7,6
Kohlschotenmücke	1,3	1,8
insgesamt	4,5	9,4

Eine genauere Analyse der Bonituren zeigt deutlich, daß bei allen Untersuchungen, wo Raps nach Raps angebaut wurde, oder der vorjährige Raps in direkter Nachbarschaft gestanden hat, wesentlich höhere Befallswerte bei der zweiten Bonitur ermittelt wurden.

Tabelle 3

Befall durch den Kohlschotenrüßler
– Extremwerte –

Kreis	1. Bonitur %	2. Bonitur %
Hagenow	5,3	16,7
Perleberg	7,3	19,3
Schwerin	2,3	16,1

Weitere Untersuchungen werden darüber Aufschluß geben, inwieweit diese Veränderungen in der Populationsdynamik schon die Regel darstellen und eine nochmalige Bekämpfung des Kohlschotenrüßlers Ende Juni/Anfang Juli notwendig machen.
Untersuchungen über das Schadauftreten der Kohlschotenmücke (*Perrisia* (*Dasyneura*) *brassicae* Winn.) zeigen, daß auch dieser Schädling bei der weiteren Intensivierung der Rapsproduktion uns vor neue Aufgaben stellt. Durch eine Verzettelung des Schlupfes, verbunden mit einer Überschneidung in der Generationsfolge, wird die Ermittlung eines optimalen Bekämpfungstermins immer schwieriger. Im Jahr 1971 begann der Schlupf der Mücken in Käfigen bereits am 3. Mai und erreichte in der Zeit vom 7. bis 12. Mai einen Höhepunkt. Der Schlupf der ersten Generation hielt bis zum 10. 07. 1971 an. Mücken der zweiten Generation begannen ihrerseits aber schon am 27. Mai 1971 zu schlüpfen. Auf

Grund dieses verzettelten Fluges ist es daher äußerst schwierig, eine gezielte Bekämpfung durchzuführen. Nur durch den Einsatz von Insektiziden mit langer Wirkungsdauer kann ein nachhaltiger Erfolg gegen die Mücke erzielt werden. Dies widerspricht aber den toxikologischen Erfordernissen. Unter Berücksichtigung der bisherigen Erfahrungen hat es sich bewährt, die Bekämpfung dieser beiden Hauptschädlinge wie folgt vorzunehmen:
1. Behandlung = Beginn des Hauptfluges des Kohlschotenrüßlers
2. Behandlung = Beginn des Hauptfluges der Kohlschotenmücke (Hauptblüte)
Ob zukünftig noch eine dritte Behandlung Ende Juli erforderlich wird, ist zur Zeit noch nicht endgültig zu beantworten.

4. Nebenwirkungen

Bei der zielgerichteten Schädlingsbekämpfung im Raps treten eine Reihe von Problemen auf, die in zunehmendem Maße Fragen des Umweltschutzes betreffen (Beitz u. a. 1972).
Bei der Applikation von Insektiziden durch Flugzeuge können durch eine mögliche Abdrift unerwünschte Nebenwirkungen entstehen.
Die Abdrift von DDT/Lindan und toxaphenhaltigen Insektiziden verursacht in anderen Produktions- und Lebensbereichen toxische Belastungen (Heinisch u. a., 1971). Diese können bei Bienen, Fischen und beim Vieh zu Schäden führen. Über das Futter und die weitere Nahrungskette kann das Vieh und der Mensch ebenfalls einer gewissen toxikologischen Belastung ausgesetzt werden. Von besonderer Bedeutung ist hierbei die mögliche Kontamination von Trinkwasser, welches aus Oberflächenwasser gewonnen wird. Diese unerwünschten Nebenwirkungen gewinnen unter Berücksichtigung des Landeskulturgesetzes zukünftig eine immer größere Bedeutung. Durch die zahlreichen Gewässer, Grünländereien und Ackerfutterflächen in den typischen Rapsanbaugebieten ist die Abdriftgefahr ein ernstzunehmender Faktor, der schon jetzt die weitere Anbaukonzentration beeinflußt.
Nur durch eine exakte Abstimmung zwischen allen Partnern ist heute eine zielgerichtete Rapsschädlingsbekämpfung unter Berücksichtigung des Umweltschutzes möglich.
Zukünftig kommt es aber darauf an, durch den Einsatz von mindertoxischen Insektiziden die unerwünschten Nebenwirkungen in anderen Produktions- und Lebensbereichen weiter einzuschränken.
Mit den insektiziden Wirkstoffen „Butonat“ und „Methoxychlor“ sollen hierzu schon 1972 weitere Erfahrungen gesammelt werden.

Zusammenfassung

Durch den konzentrierten Rapsanbau und den verstärkten Anbau anderer Kreuzblütler als Zwischenfrüchte nehmen die Pilzkrankheiten Kohlhernie

(*Plasmodiophora brassicae* Wor.), Rapskrebs (*Sclerotinia sclerotiorum* Sacc. et Trott) und Rapsschwärze (*Alternaria brassicae* Sacc.) zu. Von den vorkommenden Schädlingen haben der Rapsstengelrüßler (*Ceutorrhynchus napi* Gyll) und der Kohlschotenrüßler (*Ceutorrhynchus assimilis* Payk) die größte Bedeutung. Neben dem Hauptauftreten des Kohlschotenrüßlers zu Beginn der Blüte wird seit einigen Jahren ein zweiter Flughöhepunkt Ende Juni/Anfang Juli registriert. Eine weitere gezielte Bekämpfung wird zukünftig zu diesem Termin nötig sein. Des weiteren tritt die Kohlschotenmücke (*Perrisia* (*Dasyneura*) *brassicae* Win.) auf, die einen sehr verzettelten Flug hat und in ihrem Schadauftreten stark vom Befall durch den Kohlschotenrüßler abhängig ist. Um eine gezielte Bekämpfung durchführen zu können, ist die exakte Überwachung des Schädlingsauftretens durch den Pflanzenschutzwarndienst erforderlich. Durch einen straff organisierten Flugzeugeinsatz ist gewährleistet, die optimalen Bekämpfungstermine einzuhalten. Bei der Bekämpfung sind durch die Wahl richtiger Insektizide die Fragen des Umweltschutzes zu berücksichtigen. Als DDT-Ablösung werden die Wirkstoffe „Butonat“ und „Methoxychlor“ verwendet.

Резюме

Название работы: Фитопатологические проблемы при дальнейшей интенсификации производства рапса

В связи с концентрированным возделыванием рапса и с усиленным выращиванием в качестве промежуточных культур других крестоцветных все чаще встречаются такие грибные болезни как кила капусты (*Plasmodiophora brassicae* Wor.), рак рапса (*Sclerotinia sclerotiorum Sacc.* et Trott) и черная пятнистость стручков и листьев крестоцветных (*Alternaria brassicae* Sact.). Из вредителей в повышенной мере рапсовый стеблевой скрытнохоботник (*Ceutorrhynchus napi* Gyll.) и рапсовый скрытнохоботник (*Ceutorrhynchus assimilis* Payk) имеют наибольшее значение. Наряду с основным появлением рапсового скрытнохоботника в начале цветения отмечается другой кульминационный пункт его лёта в конце июня – начале июля. В будущем вторую целенаправленную борьбу с вредителем следует проводить и в этот срок. Кроме того встречается еще капустная стручковая галлица (*Perrisia* (*Dasyneura*) *brassicae* Win.), интенсивность полёта и вредоносность которой в высокой мере зависят от пораженности данной культуры рапсовым скрытнохоботником. Для обеспечения целенаправленной борьбы требуется от службы сигнализации растений точный контроль появления вредителя. Хорошо организованное использование самолетов обеспечивает соблюдение оптимальных скоров борьбы. В борьбе с вредителями защиту окружающей среды следует обеспечить применением правильных инсектицидов. Вместо ДДТ используются действующие вещества бутонат и метоксихлор.

Summary

Title of the paper: Phytophathological problems related with the further intensification of rapeseed production

Due to the concentrated rape growing and the intensified cultivation of other Cruciferae as catch crops, the fungus diseases *Plasmodiophora brassicae* Wor., *Sclerotinia sclerotiorum* Sacc. et Trott and *Alternaria brassicae* Sacc. are on the increase. Out of the occurring pests, *Ceutorrhynchus napi* Gyll and *Ceutorrhynchus assimilis* Payk are the most important ones at present. Apart from the main occurrence of Ceutorrhynchus assimilis at the beginning of flowering, a second flying climax late in June—early in July has been recorded over the last years. Further systematic control measures will have to be taken at that date. In addition, *Perrisia (Dasyneura) brassicae* Win. has turned up. It has a very dispersed flying activity, the damage caused depending greatly on the degree of infestation by *Ceutorrhynchus assimilis* Payk. For carrying through a systematic control, the pest occurrence must be very attentively followed by the crop protection warning service. Through a properly organized use of aircraft, optimum control dates could be observed. Aspects of environmental conservation must be looked after when control measures are taken. Therefore, adequate pesticides should be chosen. As a substitute for DDT, the active substances "Butonat" and "Methoxychlor" are applied.

Literatur

Beitz, H.; Rogoll, H.; Lembcke, G.: Toxikologische Probleme beim Einsatz von Pflanzenschutzmitteln unter besonderer Berücksichtigung des Flugzeugeinsatzes. Feldwirtsch. 13 (1972) (im Druck)

Heinisch, E.; Beitz, H.; Seefeld, F.; Lembcke, G.; Hausdörfer, M.; Haselein, B.; Kirchner, K.: DDT-, Lindan- und Toxaphen-Rückstände an Gras- und Futterkulturen durch Abdriften nach Flugzeugeinsatz. Nachrichtenbl. Pflanzenschutzdienst DDR 25 (1971) 3, S. 53—59

Kirchner, H.-A.: Krankheiten und Schädlinge von Raps, Rübsen und Senf. In: Phytopathologie und Pflanzenschutz. Bd. 2

Lembcke, G.: Aufgaben des Pflanzenschutzes bei der Schädlingsbekämpfung im Rapsbau. Feldwirtsch. 13 (1972) (im Druck)

Lembcke, G.; Haselein, B.: Pflanzenschutzmaßnahmen im Winterraps unter besonderer Berücksichtigung des Umweltschutzes. Nachrichtenbl. Pflanzenschutzdienst DDR (im Druck)

Autorenkollektiv: Anleitung für Mitarbeiter des Warndienstes im Pflanzenschutz. Dt. Akad. Landwirtsch.-Wiss. Berlin, 1962

···· Untersuchungsergebnisse des Pflanzenschutzamtes Schwerin 1970 und 1971.

Anschrift des Verfassers:
Dr. Günter Lembcke
Pflanzenschutzamt beim RLN des Bezirkes Schwerin
2711 Schwerin-Groß Medewege

Tag.-Ber. Akad. Landwirtsch.-Wiss. DDR. Nr. 122. 1973. S. 209–214

Institut für Pflanzenzüchtung Gülzow-Güstrow
der Akademie der Landwirtschaftswissenschaften
der Deutschen Demokratischen Republik

NORBERT MAKOWSKI

Zur Pflege und Stickstoffdüngung des Winterrapses im Frühjahr

Die volkswirtschaftliche Notwendigkeit der Steigerung der Ölfruchtproduktion resultiert aus dem wachsenden Bedarf an
- Pflanzenfetten für die menschliche Ernährung,
- eiweißreichen Futtermitteln für die Versorgung der Tierbestände,
- spezifischen Rohstoffen für die Industrie.

Durch zielgerichtete agrotechnische Maßnahmen ist das Ertragspotential unserer derzeitigen Rapssorten auszuschöpfen. Neben der Ertragssteigerung ist im Interesse der kontinuierlichen Versorgung die weitere Stabilisierung der Erträge von großer Wichtigkeit.

Mit der zunehmenden Konzentration des Rapsanbaues in den Nordbezirken müssen in steigendem Maße Getreidevorfrüchte genutzt werden. Der Anteil der Getreidevorfrüchte nimmt im Norden der DDR z. Z. etwa 50% ein. Deshalb sind alle Intensivierungsmaßnahmen so auszurichten, daß auch nach Getreidevorfrüchten hohe und stabile Erträge erzielt werden. Die Intensivierungsmaßnahmen im Frühjahr tragen wesentlich bei, dieses gestellte Ziel zu erreichen.

Nach dem Stand, den unsere gesellschaftliche Entwicklung aufweist, können die gegenwärtigen Kenntnisse zum Produktionsverfahren Raps nicht voll befriedigen. Es ist daher notwendig, durch eine enge Kooperation zwischen Praxis und Wissenschaft die bestehenden Lücken in kürzester Frist zu schließen. Zur Lösung dieser Aufgabe sind in den Bezirken Rostock und Schwerin eine größere Anzahl LPG, VEG und ihre kooperativen Einrichtungen auf vertraglicher Basis direkt in die Forschungsaufgaben des Instituts für Pflanzenzüchtung Gülzow-Güstrow einbezogen worden.

Die ersten Ergebnisse dieser gemeinsamen Arbeit, ergänzt durch Feldversuche, sollen dazu dienen, produktionswirksame Empfehlungen zur Pflege und Stickstoffdüngung des Rapses im Frühjahr zu geben.

1. Pflegemaßnahmen

Die Erfahrungen des Jahres 1971 haben gezeigt, daß eine starke Verunkrautung zu beträchtlichen Ertrags- und Qualitätseinbußen führt. Trotz vorangegangener

Herbsthacke ist die mechanische Pflege im Frühjahr in jedem Betrieb unbedingt durchzuführen. Die mechanische Pflege dient nicht nur der Unkrautvernichtung, sondern ist gleichzeitig eine Maßnahme zur Verbesserung des Vorfruchteffektes von Getreidevorfrüchten. Die Forderung der Hackpflege muß unterstrichen werden, da in zunehmendem Maße Getreidevorfrüchte für den Raps genutzt werden.

Tabelle 1

Einfluß der Pflegemaßnahmen auf den Rapsertrag (dt/ha) in Abhängigkeit der Vorfrucht, 1971 (Ergebnisse von 43 Schlägen = 2232 ha)

Pflegemaßnahme	Vorfrucht Getreide	Vorfrucht Klee, Kleegras, Luzerne
ohne mechan. Pflege	21,2	25,2
Frühjahrshacke	23,3	26,8
Herbst- u. Frühjahrshacke	25,5	27,9

Der Effekt der Hackpflege ist nach Getreidevorfrüchten deutlich höher als nach den Vorfrüchten Klee, Kleegras und Luzerne. Nach Getreidevorfrüchten ist die Ertragssteigerung durch eine Herbst- und Frühjahrshacke etwa doppelt so hoch wie nach Blattfrüchten. Außerdem gelingt es, die nach Getreide- und Blattfrüchten bestehende Ertragsdifferenz bei Durchführung der Herbst- und Frühjahrshacke zu reduzieren. Unabhängig von der Vorfrucht tragen die mechanischen Pflegemaßnahmen entscheidend zur Ertragssteigerung bei.
Bei der Erarbeitung der Wettbewerbsprogramme ist unbedingt zu berücksichtigen, daß für die Pflegearbeiten im Frühjahr nur eine kurze Zeitspanne zur Verfügung steht. Die termingerechte Durchführung der Pflegearbeiten kann am sichersten bewältigt werden, wenn alle Möglichkeiten des kooperativen Einsatzes der Technik voll genutzt werden.

2. Stickstoffdüngung

Winterraps besitzt ein hohes Stickstoffdüngungsbedürfnis. Auf steigende Stickstoffgaben reagiert er sehr deutlich.

Tabelle 2

Einfluß der N-Steigerung auf den Rapsertrag (dt/ha) 1971 (Ergebnisse von 170 Schlägen = 6928 ha)

kg N/ha	dt/ha
bis 100	20,4
101—150	23,8
151—200	24,4

Gaben bis 100 kg N/ha müssen als nicht ausreichend eingeschätzt werden. Bei N-Gaben von mehr als 150 kg/ha sind keine wesentlichen Ertragssteigerungen zu erwarten. Deutlich wird, daß sich der Ertragszuwachs bei hohen Stickstoffgaben stark verringert.

Der Effekt der N-Düngung ist in entscheidendem Maße von der verwendeten Vorfrucht und von der zweckmäßigen Unterteilung der Gesamtstickstoffgabe abhängig.

Tabelle 3

Einfluß der N-Düngung auf den Rapsertrag (dt/ha) in Abhängigkeit von der Vorfrucht, 1971 (Ergebnisse von 170 Schlägen = 6928 ha)

N-Düngung	Vorfrucht Getreide		Vorfrucht Klee, Kleegras, Luzerne	
kg/ha	$\bar{x}$ N-Gabe	Ertrag dt/ha	$\bar{x}$ N-Gabe	Ertrag dt/ha
100—150	134	22,8	136	25,2
151—200	178	23,5	181	25,5
100—150 + Knospen- bzw. Blütendüngung	175	24,2	170	25,7

Die vorliegenden Ergebnisse zeigen, daß nach Klee, Kleegras und Luzerne mit Gaben von 120 bis 130 kg N/ha bereits gute Erträge erzielt werden. Jede höhere N-Gabe ist ökonomisch nicht mehr vertretbar, da der Ertragszuwachs je kg N zu gering wird. Außerdem ist es erforderlich, daß die empfohlene N-Gabe so früh wie möglich und ungeteilt verabreicht wird. Dabei ist zu beachten, daß Schwefelsaures Ammoniak, auf schneenasse Pflanzen gegeben, zu starken Ätzschäden führt. Obwohl der Raps über ein hohes Regenerationsvermögen verfügt, sind dann Ertragsdepressionen nicht zu vermeiden.

Durch die Blüten- bzw. Knospendüngung wird nach diesen Vorfrüchten eine geringe Ertragssteigerung erzielt. Weitere Ertragssteigerungen sind nur möglich, wenn alle agrotechnischen Maßnahmen auf die Hebung der Ackerkultur ausgerichtet sind.

Bei Getreidevorfrucht sind zur Aufwertung des Vorfruchteffektes höhere N-Gaben notwendig. Dabei ist zu berücksichtigen, daß nach Getreidevorfrüchten je kg N ein größerer Ertragszuwachs erzielt wird als nach Blattfruchtvorfrüchten. Auch nach Getreidevorfrüchten sollten aber bei einer ungeteilten Stickstoffgabe bei Vegetationsbeginn nicht mehr als 120–130 kg N/ha angewendet werden. Eine wesentliche Ertragsreserve stellt nach Getreidevorfrüchten die Knospendüngung dar.

Tabelle 4

Einfluß der Blütendüngung auf den Rapsertrag (Feldversuche auf 3 Standorten im Bezirk Rostock, 1970 und 1971)

kg N/ha	Ertrag dt/ha
150 als Grundgabe	35,2
+ 25 zur Zeit der Vollblüte (17. 5.)	36,1
+ 50 zur Zeit der Vollblüte	36,5
+ 75 zur Zeit der Vollblüte	37,1
+ 100 zur Zeit der Vollblüte	38,4

Aus den 2jährigen Feldversuchsergebnissen ist abzuleiten, daß durch 50 kg N/ha, z. Z. der Vollblüte verabreicht, Mehrerträge von durchschnittlich 1,3 dt/ha erzielt werden. Höhere zusätzliche N-Gaben können z. Z. noch nicht empfohlen werden.

Tabelle 5

Einfluß des Zeitpunktes zusätzlicher später Stickstoffgaben (50 kg N/ha) (Feldversuche auf 3 Standorten im Bez. Rostock 1971)

Termin der Anwendung	Ertrag dt/ha
5. 5. (Knospenstadium)	31,4
10. 5.	30,7
17. 5. (Vollblüte)	29,9
24. 5.	28,8
1. 6.	28,3

Die Effektivität dieser zusätzlichen Stickstoffgaben ist vom Anwendungszeitpunkt abhängig. Es zeigt sich deutlich, daß durch die zusätzliche Düngung im Knospenstadium höhere Erträge als bei einer Düngung während der Vollblüte erzielt werden.

Aus den vorangegangenen Darstellungen ist abzuleiten, daß durch 50 kg N/ha, als Knospendüngung verabreicht, Mehrerträge von 2–3 dt/ha erreicht werden können.

Durch die zusätzliche N-Düngung kommt es zu einer Änderung in der Zusammensetzung der Inhaltsstoffe. So wird der Rohfettgehalt um etwa 1% erniedrigt, der Rohproteingehalt dagegen um 1% erhöht. Aus der Sicht des rationellen Einsatzes der zur Verfügung stehenden N-Dünger kann die Knospendüngung als eine echte Ertragsreserve bei verwendeter Getreidevorfrucht angesehen werden. Jede andere Unterteilung der Stickstoffdünger beeinträchtigt die effektive Nutzung. Die durchgeführten Großversuche im Bezirk Schwerin bestätigen, daß die Knospendüngung Möglichkeiten der weiteren Ertragssteigerung bietet.

Tabelle 6

Einfluß der Knospendüngung auf den Rapsertrag (Großversuche, 1971)

Betriebe	kg N/ha z. Z. d. Knospe	Ertrag dt/ha ohne Knospendüngung	mit Knospendüngung
LPG Melkof	55	23,0	24,5
KO Köchelstorf	46	27,3	30,6
LPG Retgendorf	40	28,4	30,3

Die Zusatz-N-Gabe im Knospenstadium erlaubt neben der Verwendung von Flugzeugen den Einsatz von Bodengeräten. Dadurch ist diese Intensivierungsmaßnahme auf breiter Basis in der Praxis durchführbar.

Zusammenfassung

Von den agrotechnischen Maßnahmen, die Rapserträge zu steigern und zu stabilisieren, werden jene erörtert, die im Frühjahr zu beachten sind. Zu ihnen gehört die mechanische Pflege im Frühjahr, die zur Ertragssteigerung beiträgt. Besondere Bedeutung kommt ihr zu, wenn Getreide als Vorfrucht stand. Die Wirkung der Stickstoffdüngung im Frühjahr ist in starkem Maße von der Vorfrucht abhängig und davon, wie die Unterteilung der Gesamtstickstoffgabe erfolgt. Des weiteren sind die optimalen Termine bei der Durchführung der Pflege- und Düngungsmaßnahmen einzuhalten und hierfür alle Möglichkeiten der Kooperation voll zu nutzen.

Резюме

Название работы: О весеннем уходе за посевами озимого рапса и внесении азотных удобрений

Среди агротехнических мер, направленных на получение высоких, устойчивых урожаев озимого рапса рассматриваются те, которые следует учитывать весной. К ним относится механический уход весной, который способствует повышению урожайности. Особое значение получает весенний уход, если предшественником были зерновые культуры. Действие весенней азотной подкормки в значительной мере зависит от предшественника и от того, как делится общее количество вносимого азотного удобрения. Кроме того важно соблюдать оптимальные сроки проведения всех работ по уходу и внесению удобрений, для чего следует использовать все возможности кооперирования.

Summary

Title of the paper: After-cultivation and nitrogen fertilization of winter rape in spring

The paper deals with those agrotechnical measures for stabilizing and raising rape yields that must be paid attention in spring. These measures include mechanical after-cultivation in spring which would add to the increase of yields. Mechanical after-cultivation in spring is particularly important when cereals had been grown as the preceding crop. The effect of nitrogen fertilization in spring strongly depends on the preceding crop as well as on the way in which the total nitrogen amount is subdivided into several applications. Furthermore, after-cultivation and fertilization must be carried out at the optimal dates. For that purpose all the possibilities of cooperation must be fully utilized.

Literatur

Makowski, N.; Köster, D.: Hinweise für die Frühjahrsarbeiten bei Ölfrüchten zur Sicherung hoher Erträge. Feldwirtsch. 13 (1972) 1, S. 26–27

Makowski, N.; Köster, D.: Maßnahmen zur Steigerung der Rapserträge. Agroforum 1971, 4, S. 106–108

Jürges, U.: Erfahrungen bei der Erzielung hoher Ölfruchterträge in der kooperativen Abteilung Pflanzenproduktion Bandelstorf. Feldwirtsch. 13 (1972) 1, S. 24–25

Anschrift des Verfassers:
Dr. Norbert Makowski
Institut für Pflanzenzüchtung Gülzow-Güstrow
– Außenstelle Rostock-Biestow –
der Akademie der Landwirtschaftswissenschaften der DDR
2551 Rostock-Biestow

Themenkreis Allgemeine Probleme der Getreidezüchtung

Tag.-Ber. Akad. Landwirtsch.-Wiss. DDR. Nr. 122. 1973. S. 217–225

Institut für Pflanzenzüchtung Gülzow-Güstrow
der Akademie der Landwirtschaftswissenschaften
der Deutschen Demokratischen Republik

ARNO WINKEL, FRITZ ZACHOW und WOLFGANG STEIN

Maßnahmen zur schnellen Erprobung und Einführung neuer Sorten, dargestellt am Beispiel des sowjetischen Tetraroggens 'Belta'

Der Bedarf unserer Bevölkerung an hochwertigen Nahrungsmitteln und der Industrie an wertvollen Rohstoffen sowie der gesellschaftliche Entwicklungsprozeß unserer sozialistischen Landwirtschaft, der durch den Übergang zur industriemäßigen Produktion gekennzeichnet ist, stellen ständig an die Pflanzenzüchter neue Anforderungen. Auf der Grundlage des RGW-Komplexprogrammes wird sich die wirtschaftliche und wissenschaftlich-technische Zusammenarbeit vertiefen und vervollkommnen und wird sich die sozialistische ökonomische Integration der Mitgliedsländer weiter entwickeln. Dieser Prozeß wird sich schnell fördernd auf die Fortschritte in der Pflanzenzüchtung auswirken. Sortenaustausch und internationale Gemeinschaftssorten werden wesentlich das Tempo und die Erfolge der Züchter bestimmen und den Sortenwechsel beschleunigen.
Daraus leiten sich wichtige Schlußfolgerungen für die Züchtung einschließlich der Erhaltungszüchtung, aber auch für die Prüfung, Vermehrung und nicht zuletzt für den Handel ab.
Alle RGW-Länder verstärken die Anstrengungen, den Zuchtweg zu verkürzen. Die Zusammenarbeit der sozialistischen Bruderländer wird das Angebot leistungsfähiger Sorten rasch weiter erhöhen. Sollen auf den Feldern unserer sozialistischen Landwirtschaftsbetriebe immer die besten Sorten stehen, müssen wir die Erprobungs- und Einführungszeiten wesentlich verkürzen. Der gesellschaftliche Nutzen der züchterischen Arbeit wird doch erst dann voll wirksam, wenn die Neuzüchtung ihre optimale Anbauausdehnung erreicht und die Praxis das höhere Ertragspotential realisiert hat. Bisher vollzog sich dieser Prozeß zu langsam. So begann z. B. im Bezirk Schwerin der Anbau der Wintergerstensorten 'Merkator' und 'Xenia' erst 3 Jahre nach ihrer Zulassung, und bei der Winterroggensorte 'Danae' dauerte es sogar 4 Jahre, bis der Praxis das erste Saatgut zur Verfügung stand (Tab. 1).
Die Übernahme ausländischer Sorten mit spezifischen Anbauansprüchen und der Übergang zur industriemäßigen Produktion in unserer Landwirtschaft setzen voraus, daß in der Sortenprüfung neue Wege beschritten werden. Es muß eine bessere Kombination zwischen Parzellen- und Großversuchen hergestellt werden.

Tabelle 1

Einführung von Getreidesorten im Bezirk Schwerin

	Beginn HP Jahr	Zulassung Jahr	Einführung Jahre n. Zulassung	Fläche/ha 1. Anbaujahr
Wintergerste				
'Merkator'	1960	1966	3	7200
'Xenia'	1962	1967	3	6000
Winterroggen				
'Danae'	1958	1962	4	10000

Es hat in der letzten Zeit nicht an Bemühungen gefehlt, um eine schnellere Praxiswirksamkeit der Ergebnisse der Pflanzenzüchtung zu erreichen. Ein Beispiel stellt die Erprobung der sowjetischen Tetraroggensorte 'Belta' dar, über das kurz berichtet werden soll.

Abb. 1: Bestandsbild der Sorte 'Belta'

'Belta' (Abb. 1) wurde durch Prof. MUCHIN im Institut für Ackerbau der BSSR gezüchtet und dort 1970 in das Sortenregister aufgenommen. Auf Großflächen wurden in der UdSSR bereits Erträge bis zu 50 dt/ha erzielt. Die Ertragsüberlegenheit betrug im mehrjährigen Mittel 27% bezogen auf die Standardsorte 'Benjakonskaja'. Besonders hervorzuheben ist die hohe Fertilität dieses Tetraroggens und seine verbesserte Standfestigkeit.
Bereits 1969, noch ein Jahr vor der Rayonierung in der BSSR, wurden der DDR uneigennützig 20 t Saatgut zur Verfügung gestellt.
Gemeinsam mit der VVB Saat- und Pflanzgut und mit Unterstützung der Zentralstelle für Sortenwesen stellten wir uns das Ziel, innerhalb von 3 Jahren diese Sorte in der DDR zu erproben, dabei die spezifischen Anbauansprüche zu ermitteln und gleichzeitig ausreichend Saatgut für eine schnelle Überführung in die Praxis zu produzieren.
Neben Parzellenversuchen leiteten wir Großversuche ein und führten Produktionsprüfungen durch.
Während die Parzellenversuche vorwiegend der Lösung komplexer Fragestellungen dienten und so mit verschiedenen Varianten angelegt wurden, sollten in den Großversuchen lediglich die optimale Saatzeit und Saatstärke unter verschiedenen Standortbedingungen ermittelt werden. In den Produktionsprüfungen erfolgte der Anbau auf Großflächen unter kontrollierten Bedingungen mit exakter Ertragsermittlung. Bei der Auswahl der Betriebe wurden die für den Roggenanbau typischen Standorte berücksichtigt.
Tabelle 2 vermittelt einen Überblick über die in den 3 Versuchskomplexen gewählten Varianten und durchgeführten Beobachtungen bzw. Ermittlungen.

Tabelle 2

Versuche zur Erprobung der sowjetischen Tetraroggensorte 'Belta' in der DDR (Aussaatjahre 1969 bis 1971)

	Parzellen-versuch	Groß-versuch	Produktions-prüfung
Varianten:			
Saatzeit	+	+	–
Saatstärke	+	+	–
N-Düngung	+	[1])	–
Zusatzberegnung	+	[1])	–
CCC-Behandlung	+	[1])	–
Beobachtungen und Bestimmungen			
Wachstums- und Entwicklungsverlauf	+	+	–
Kornertrag	+	+	+
Rohproteingehalt	+	+	*)
Mahlqualität	–	–	*)
Backqualität	–	–	*)

[1] Auf Grund der in den Parzellenversuchen erzielten Ergebnisse eingeleitet
* Von einigen ausgewählten Betrieben

Die Aussagekraft der Ergebnisse wird wesentlich durch die sinnvolle Verbindung dieser drei Versuchskomplexe bestimmt. Dabei gilt es, die befruchtungsbiologischen Besonderheiten des Tetraroggens vor allem in den Parzellenversuchen zu berücksichtigen, die auch den unmittelbaren Vergleich zu diploiden Sorten erschweren.

Neben den durch die ZfS organisierten IVP an 9 bzw. 12 Orten wurden in Gülzow, Biestow und Hohenthurm weitere Neuzuchtstämme von Tetraroggen geprüft. In diesen Versuchen war die sowjetische Sorte 'Belta' der Standard.

Nach der Ernte 1972 liegen dreijährige Ergebnisse auch aus den Großversuchen vor, die im Bezirk Schwerin auf ausgesprochen leichtem Boden in Ganzlin, auf mittlerem in Gülzow und auf besserem Boden in Köchelstorf durchgeführt wurden.

Die Produktionsprüfungen nahmen eine zunächst nicht erwartete rasche Entwicklung. Mit großer Aufgeschlossenheit beteiligte sich die Praxis aktiv an der Erprobung, Vermehrung und Einführung dieser neuen Sorte. Innerhalb von 3 Jahren stieg die Gesamtfläche in den Produktionsprüfungen von 80 ha auf fast 7300 ha an. Die durchschnittliche Anbaufläche je Betrieb betrug 1969 20 ha und erreichte 1971 nahezu 100 ha im Mittel aller Betriebe der DDR! Im Bezirk Neubrandenburg bauten 15 Betriebe sogar schon durchschnittlich 128 ha an. Allein diese Zahlen unterstreichen sehr eindrucksvoll das Vertrauen der Praxis zu dieser sowjetischen Neuzüchtung.

In Tabelle 3 sind die durchschnittlichen Anbauflächen in den 3 Nordbezirken und im Mittel der DDR zusammengestellt.

Tabelle 3

Durchschnittliche Anbaufläche (in ha) der Produktionsprüfungen mit der sowjetischen Tetraroggensorte 'Belta' in den Aussaatjahren 1969–1971

Bezirk	1969	1970	1971
Rostock	—	5	76
Schwerin	20*	66	94
Neubrandenburg	20	48	128
Durchschnitt aller Betriebe in der DDR	20	43	99

* Großversuche

Nicht das Auffinden geeigneter Praxisbetriebe bereitete Schwierigkeiten, sondern die Einflußnahme auf die kontrollierte Verteilung des Saatgutes. Es mußte von vornherein auf die Bildung geschlossener Anbauzentren orientiert werden. Unsere sozialistische Gesellschaftsordnung förderte entscheidend diesen Prozeß.

Als besonders günstig hat sich herausgestellt, daß die Praxis von Anfang an in die Urteilsfindung einbezogen wurde und sich aktiv an der Erprobung beteiligte. Die Genossenschaftsbauern und Landarbeiter wurden so frühzeitig mit den

Ergebnissen der Züchtung vertraut gemacht. Sie studierten selbst die besonderen Anbauansprüche und bildeten sich so ein Urteil über die vorgestellte Neuzüchtung. In einer mit allen Versuchsanbauern durchgeführten Konferenz entschieden sie verantwortungsbewußt mit über die Fortführung der Versuche.
Es entwickelte sich eine enge Zusammenarbeit auch mit den VEB-Kombinaten für Getreidewirtschaft, den DSG-Betrieben und der Zentralstelle für Sortenwesen, die im Interesse der Praxis weiter ausgebaut werden muß. Das ist vor allem für die Erprobung ausländischer Sorten und für Neuzuchtmaterial mit speziellen Anbauansprüchen erforderlich.
Weitere Vorteile bietet der von uns eingeschlagene Weg. Die mehrjährigen Ergebnisse der Produktionsprüfungen ermöglichen gleichzeitig in Verbindung mit den Groß- und Parzellenversuchen eine gute Einschätzung der Ertragsstabilität. Außerdem muß sich auf den Großflächen die neue Sorte beim Einsatz der modernen Technik bewähren. Von diesen Flächen steht dann auch ausreichend Material für großtechnologische Mahl- und Backversuche zur Verfügung.
Eine endgültige Auswertung ist erst nach Vorliegen der 3jährigen Versuchsergebnisse vorgesehen. Sie stehen nach der Ernte 1972 zur Verfügung. Erste Schlußfolgerungen lassen sich aber bereits ableiten und sollen kurz mitgeteilt werden.
Die Parzellenversuche mit komplexer Fragestellung zeigen, daß Saatstärken von 150 bis 250 kg/ha innerhalb der einzelnen Versuchsglieder im Mittel von 4 Versuchen in 2 Jahren ohne wesentlichen Einfluß auf den Ertrag bleiben (siehe Tab. 4). Beachtlich ist der Ertragszuwachs durch Erhöhung des Angebots an N-Dünger von 70 auf 100 kg/ha. Die weitere Steigerung auf 130 kg bleibt jedoch ohne nennenswerten Einfluß. Bei der frühen Saatzeitvariante tritt bei hohen Saatstärken mit diesem Düngeraufwand schon ein Ertragsabfall ein, der sich aus dem Lagern der Bestände im frühen Entwicklungsstadium ergibt. Die höchsten Erträge wurden mit der Saatzeit am 22. 9. erzielt. Er-

Tabelle 4

Erträge der Sorte 'Belta' im zweijährigen Mittel der Komplexversuche (3 Saatzeiten, 3 N-Düngungsstufen, 4 Saatstärken)

Saatzeit	N-Stufe kg/ha Reinnährstoffe	Saatstärken – kg/ha 100	150	200	250
22. 9.	70	50,5	52,6	50,6	50,9
	100	52,4	52,2	52,5	52,1
	130	52,5	52,1	50,2	50,8
6. 10.	70	45,1	46,9	47,3	47,0
	100	49,1	49,8	51,0	49,7
	130	48,7	49,3	49,9	50,6
20. 10.	70	37,6	41,2	41,6	43,9
	100	40,6	45,4	44,3	44,1
	130	41,8	43,0	44,4	44,9

folgt die Aussaat nach dem 6. 10., ist mit erheblichen Ertragsminderungen zu rechnen.
Die Großversuche (Tab. 5) bestätigen die für die Saatzeit und Saatstärke getroffene Aussage. Auf dem leichten Standort in Ganzlin der Kooperation Wendisch-Priborn läßt die Aussaatverzögerung vom 22. 9. auf den 6. 10. sogar

Tabelle 5

Erträge (in dt/ha) der Sorte 'Belta' im zweijährigen Mittel in den Großversuchen (2 Saatzeiten, 2 Saatstärken)

Saatzeit	Saatstärke 150 kg/ha			Saatstärke 200 kg/ha		
	Gülzow	Ganzlin	Köchelstorf	Gülzow	Ganzlin	Köchelstorf
22. 09.	43,4	27,0	22,2	41,4	25,9	28,1
06. 10.	39,9	28,6	18,7	38,2	27,4	22,2

einen etwas höheren Ertrag erkennen. Diese Tendenz wird durch die Ergebnisse der LPG Sülstorf bestätigt, die wegen ihres extrem leichten Standortes 1970 in das Versuchsprogramm einbezogen wurde. Auf einem Boden mit der Ackerwertzahl 17 erhöhte sich der Ertrag bei einer Saatmenge von 150 kg/ha von 21,6 dt/ha (Saatzeit 22. 9.) auf 25,2 dt/ha (Saatzeit 6. 10.). Die Variante 200 kg/ha Saatstärke ergab einen Ertragsanstieg von 24,9 auf 26,5 dt/ha.
Während in Gülzow und Ganzlin höhere Aussaatmengen die Erträge negativ beeinflußten, tritt in Köchelstorf zu beiden Aussaatterminen eine beachtliche Ertragssteigerung bei den größeren Saatstärken ein.

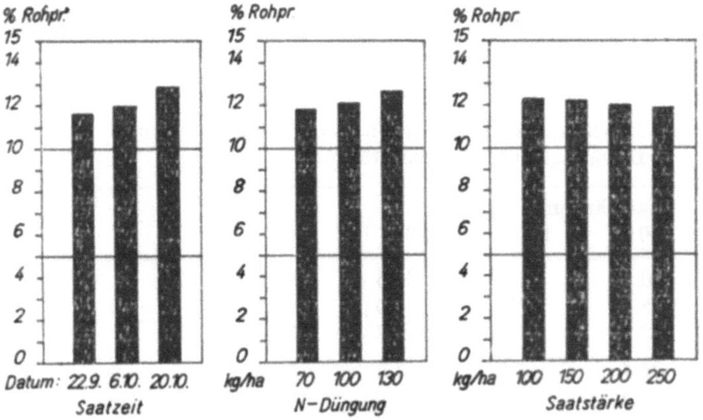

Abb. 2: Veränderungen des Rohproteingehaltes der Sorte 'Belta' bei unterschiedlichen Saatzeiten, N-Düngungsstufen und Saatstärken (3 Saatzeiten, 3 N-Düngungsstufen, 4 Saatstärken, 2 Versuchsjahre, 2 Standorte – Komplexversuch 1970 und 1971)

Abschließend sei noch auf den relativ hohen Rohproteingehalt dieser Tetraroggensorte gegenüber diploidem Roggen hingewiesen, der in Abhängigkeit von der Saatzeit, N-Düngung und Saatstärke Werte zwischen 11,6 und 12,8% erreichte (Abb. 2).
Diese ersten Ergebnisse fanden auch in den Anbauempfehlungen für die Praxis Berücksichtigung. Zusammen mit dem Saatgut erhielten die Betriebe ein Flugblatt, das auf die Einhaltung der agrotechnisch günstigen Termine orientierte. Die Angaben müssen nach Verrechnung der 3jährigen Versuchsergebnisse weiter präzisiert werden. Die durch das Institut zusammengefaßten Ergebnisse bilden gleichzeitig die Grundlage für die Tätigkeit der Saatbauberater und des zweigspezifischen Beratungsdienstes der VEB-Kombinate Getreidewirtschaft, die unter Anleitung des Instituts die unmittelbare Betreuung der Produktionsprüfungen in allen Bezirken übernahmen.

Zusammenfassung

Ausgehend davon, daß neue Sorten den ständig wachsenden Forderungen schneller gerecht werden müssen, wird die Bedeutung der internationalen Wirtschafts- und Wissenschaftskooperation hervorgehoben. Sie trägt dazu bei, das in den einzelnen Ländern vorhandene Züchtungsmaterial zu erweitern, den Zuchtweg zu verkürzen und den Sortenaustausch und die Entwicklung von Gemeinschaftssorten zu fördern.
Um stets die besten Sorten zur Verfügung zu haben, wird künftig der Sortenwechsel in kürzeren Abständen als bisher erfolgen. In der Sortenprüfung müssen daher neue Wege beschritten werden. Dazu wurden in der DDR bereits konkrete Schritte eingeleitet. Am Beispiel der Erprobung der sowjetischen Tetraroggensorte 'Belta' wird dargestellt, wie durch das enge Zusammenwirken von Wissenschaft, Praxis und wirtschaftsleitenden Organen innerhalb von 3 Jahren die spezifischen Anbauansprüche, die Ertrags- und Qualitätsparameter einer Neuzüchtung ermittelt sowie gleichzeitig ausreichend Saatgut erzeugt werden kann. Gemeinsam mit der Praxis werden die jeweils vorliegenden Ergebnisse ausgewertet. Die Praktiker werden unmittelbar in die Urteilsfindung einbezogen und entscheiden mit über die Fortführung des Versuchsprogramms. Über erste Zwischenergebnisse wird berichtet. Sie fanden bei der Ausarbeitung von Anbauempfehlungen Berücksichtigung.

Резюме

Название работы: Мероприятия по быстрому испытанию и внедрению новых сортов, изложенные на примере советского сорта тетраплоидной ржи «Белта»

Исходя из необходимости более быстрого создания новых сортов, отвечающих постоянно возрастающим требованиям, отмечается значение международной экономической и научной кооперации. Последняя способствует расширению селекционных материалов в отдельных странах, укорочению цикла в селекции, обмену сортами и совместному выведению сортов. Для того, чтобы всегда можно было располагать наилучшими сортами, обмен ими будет осуществляться с более короткими, чем до сих пор, интервалами. Поэтому в области сортоиспытания требуется новый подход, в связи с чем в ГДР уже сделаны первые конкретные шаги. На примере испытания советского сорта тетраплоидной ржи «Белта» излагается, как в результате тесного сотрудничества науки, практики и хозяйственных директивных органов за три года можно выявить у нового сорта специфичные для его возделывания требования, параметры урожайности и качества, а также добиться необходимого количества посевного материала. Получаемые результаты используются сообща с практикой. В изыскание оптимального решения непостредственно включаются и производстенники, участвующие также в решении вопроса о продолжении работ по опытной программе. Приведены предварительные результаты, учтенные при разработке рекомендаций по возделыванию.

Summary

Titel of the paper: Measures for the rapid testing and introduction of new varieties as shown by the example of the Soviet tetraploid rye variety 'Belta'

New varieties must meet the constantly growing demands more rapidly. This implies a closer economic and scientific co-operation on international scale. This kind of co-operation helps to enlarge the breeding material available in the individual countries, to shorten the period of breeding and to promote the exchange of varieties and their development by joint efforts. In order to have always the best varieties at hand, varieties should be changed at shorter intervals. Therefore, new roads must be embarked upon in variety testing. Concrete measures have already been taken in the GDR. The testing of the Soviet tetraploid rye variety 'Belta' is an example to demonstrate the close co-operation between science, practical farming and economic management bodies. It allowed to find out, within 3 years, the specific cropping requirements and the yield and quality parameters of a newly bred variety and to produce sufficient seed. The available results are evaluated jointly with practical farming. The practical agronomists have a direct part in the judgement and in deciding on the continuation of the testing programme. First preliminary results are reported. They were taken into account when working out recommendations for cropping.

Anschrift der Verfasser:
Prof. Dr. ARNO WINKEL, Dr. FRITZ ZACHOW,
Dipl.-Landwirt WOLFGANG STEIN
Institut für Pflanzenzüchtung Gülzow-Güstrow
der Akademie der Landwirtschaftswissenschaften der DDR
2601 Gülzow, Kreis Güstrow

Tag.-Ber. Akad. Landwirtsch.-Wiss. DDR. Nr. 122. 1973. S. 227–231

Institut für Pflanzenzüchtung Gülzow-Güstrow
der Akademie der Landwirtschaftswissenschaften
der Deutschen Demokratischen Republik

GISELA SZIGAT und HERBERT W. MÜLLER

Ergebnisse der Prüfung eines internationalen Triticalesortimentes

Triticale ist eine künstlich hergestellte Art, entstanden aus *Triticum* und *Secale*. Die ersten Kombinationen wurden durch WILSON 1877 in Edinburgh durchgeführt. Bis heute hat sich der 1891 von RIMPAU beschriebene Bastard in den Sortimenten erhalten. Im Jahre 1929 wurde die Bezeichnung „Triticale" für diese Weizen-Roggen-Bastarde von TSCHERMAK eingeführt (ŠULYNDIN, 1971a).

Triticale können in großer Formenmannigfaltigkeit entstehen. Man kann als Ausgangsformen hexaploide Weizen der Dinkelreihe verwenden und erhält dann oktoploide Triticale-Bastarde mit $2n = 56$ Chromosomen. Benutzt man als mütterlichen Elter tetraploide Weizen der Emmerreihe, so erhält man hexaploide Triticale mit der bei uns üblichen Chromosomenzahl des Weizens $2n = 42$. Außerdem ergibt sich die Möglichkeit, aus der Kreuzung von oktoploiden und hexaploiden Triticale neue Formen zu erhalten, die nach KISS als sekundäre Triticale bezeichnet werden.

Obwohl zwischen 1925 und 1950 zahlreiche oktoploide Triticale hergestellt wurden, erlangte keine Varietät praktische Bedeutung. Gegenwärtig werden hexaploide Zuchtsorten in der UVR und in Kanada angebaut, und zwar auf Flächen von etwa 10000 bis 30000 ha (FISCHBECK, 1971). In der UdSSR wurden 1970 offizielle Wertprüfungen mit Triticale als Futterpflanze eingeleitet (ŠULYNDIN, 1971b).

In der DDR erhielt die Züchtergemeinschaft Roggen den Auftrag, durch aktive Beobachtungsforschung die Anbaumöglichkeiten dieser Weizen-Roggen-Bastarde zu prüfen. Die in Gülzow 1967 eingeleitete Sortimentsprüfung umfaßte bisher 125 Triticale aus 9 Ländern, davon konnten 112 mehrjährig ertragsanalytisch ausgewertet werden. Der Anbau erfolgte auf Mikroparzellen von 2 m² Größe im Einzelpflanzenbestand. Einige ertraglich ergiebige Formen wurden in Drillversuchen mit etwa 10 m² Parzellengröße in vierfacher Wiederholung seit 1969 mehrortig getestet.

Einige Ergebnisse, die in Zusammenarbeit mit dem Institut für Getreideforschung Bernburg in Cobbelsdorf und Bernburg (Bez. Halle), in Motterwitz (Bez. Leipzig) und in Gülzow (Bez. Schwerin) ermittelt wurden, sind der

Abbildung zu entnehmen. Aus der Zusammenfassung von 5 Versuchsergebnissen ist keine ertragliche Mehrleistung von anderen Zuchtstämmen im Vergleich zur ungarischen Standardsorte 'Kecskemet 64' nachzuweisen. Die Ertragsüber-

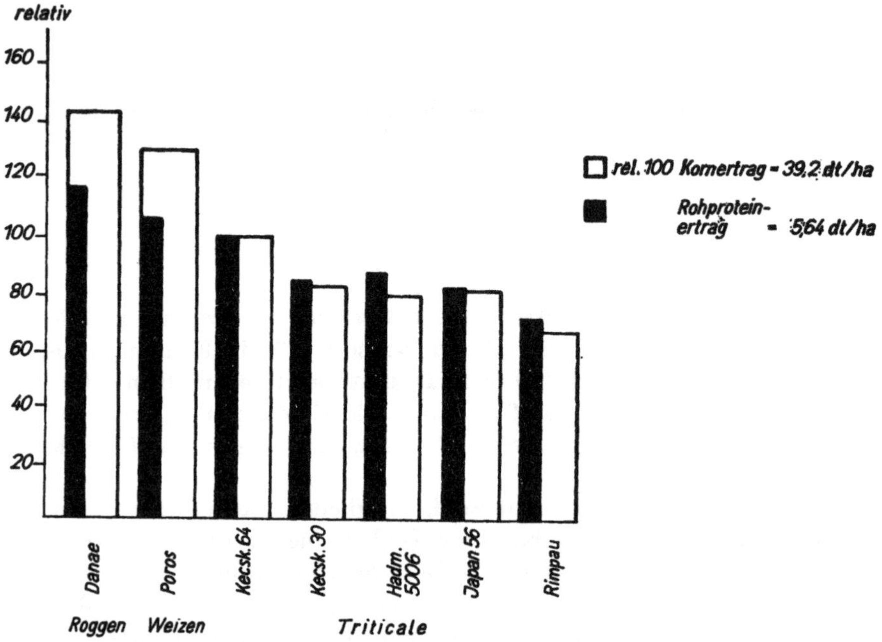

Korn- und Rohproteinertrag von Roggen, Weizen und Triticale (5 Versuche, 1970/71)

legenheit zum Triticale 'Rimpau' beträgt 33%. Im Vergleich zu 'Kecskemet 64' bringen die Weizensorte 'Poros' 29% und die Roggensorte 'Danae' 43% Mehrertrag. Bezüglich des Rohproteinertrages ist der Roggen nur um 14%, der Weizen um 4% überlegen. Nach bisherigen Untersuchungen läßt sich feststellen, daß das Triticaleprotein die Qualitätseigenschaften von Backweizen weitgehend eingebüßt hat und der Lysingehalt nicht dem des Roggens entspricht. Diese Tendenz wird auch von DZANGAZIEVA (1971) bestätigt.

Die Auswertung der Ertragsanalyse von hexaploiden und oktoploiden Triticale verschiedener Herkunft aus den Mikroparzellen ist in Tabelle 1 dargestellt. Der

Tabelle 1

Ertragsanalyse von oktoploiden und hexaploiden Triticale (Relativwerte)

	n	Halmlänge	KZ/Ä	KZ/Äch	ÄchZ	ÄZ	TKM	KG/Pflz.
2 *n* = 56	50	127,0	71,8	62,8	117,1	112,0	99,0	83,3
2 *n* = 42	32	141,5	84,7	64,3	134,0	100,0	97,0	79,7
		+++	+++	–	+++	–	–	–

Vergleich: Winterweizen 'Hochland' = 100

Halm der Hexaploiden ist gegenüber dem der Oktoploiden signifikant verlängert. Aus der signifikant erhöhten Kornzahl/Ähre könnte man den Schluß ziehen, daß die Fertilität verbessert worden ist. Dies trifft aber nicht zu, wie man aus den Werten der Spalte Kornzahl/Ährchen entnehmen kann. Der verbesserte Kornansatz pro Ähre wurde also durch eine erhöhte Ährchenzahl, nicht aber durch eine verbesserte Fertilität erreicht. Das verminderte Korngewicht/Pflanze erklärt bereits teilweise den Ertragsabstand von Weizen zu Triticale.

Tabelle 2

Korrelationen von Ertragselementen bei hexaploiden und oktoploiden Triticale

Form	n	Kornzahl/Ähre: Kornzahl/Ährchen	Kornzahl/Ähre: Ährchenzahl	Kornzahl/ Ährchen: Ährchenzahl
$2n = 42$	32	$0{,}54^{-}$	$0{,}34^{-}$	$-0{,}50^{+}$
$2n = 56$	50	$0{,}89^{+++}$	$0{,}06^{-}$	$-0{,}15^{+}$

In Tabelle 2 werden einige korrelative Beziehungen von Ertragselementen bei hexaploiden und oktoploiden Triticale angegeben. Bemerkenswert erscheint das Verhältnis der Merkmale Kornzahl/Ähre zu Kornzahl/Ährchen, das bei den Oktoploiden einen Wert von 0,89 ergibt gegenüber einem solchen von 0,54 bei den Hexaploiden. Die Kornausbildung pro Ähre steht also bei den 8x-Formen in höherer Abhängigkeit von der Fertilität als bei den 6x-Formen. Da bei den hexaploiden Triticale die Kornzahl/Ährchen mit zunehmender Ährchenzahl abnimmt, erklärt sich diese Beziehung. Damit wird unterstrichen, daß der züchterische Schwerpunkt zur Verbesserung der Ertragsfähigkeit in der Fertilitätssteigerung zu sehen ist.

Trotz allem dürften die Erfolgsaussichten bei hexaploiden Triticale günstiger einzuschätzen sein. Als nachteilig für die Standfestigkeit erweist sich der verlängerte Halm dieser Formen. Möglichkeiten zur Verbesserung der technologischen Eigenschaften ergeben sich aber aus der guten Reaktion von Triticale auf CCC. In Tabelle 3 sind einige Werte aus Drill- und Einzelpflanzenversuchen zusammengestellt. Eine Halmverkürzung von mehr als 20% in beiden Versuchsjahren ist beachtlich. Diese Erkenntnisse sollten daher bei weiteren Erprobungen nicht unberücksichtigt bleiben.

Tabelle 3

CCC-Reaktion von Triticale

		n	Wuchshöhe an unbeh.	Verkürzung %
1970 Drill-versuch	Wi.-Weizen 'Hochland'		115	11
	Wi.-Roggen 'Danae'		152	2
	Triticale	14	139	21
1971 Einzelpflz.-parzelle	Triticale $2n = 56$	21	119	24
	Triticale $2n = 42$	14	127	22

Durch Kreuzung mit Kurzstrohweizen ist es dem ungarischen Triticalezüchter Dr. KISS gelungen, kurzstrohige hexaploide Formen zu schaffen. Zusammenfassend läßt sich aus den vorgelegten Resultaten entnehmen, daß Empfehlungen für den praktischen Anbau von Triticale auf Grund der Ergebnisse aus den Drillversuchen nicht gegeben werden können. Es wird aber nützlich sein, die internationale Entwicklung auf diesem Gebiet aufmerksam zu verfolgen.

Zusammenfassung

Eine in Gülzow 1967 eingeleitete Sortimentsprüfung umfaßte bisher 125 Triticale aus 9 Ländern. In Drillversuchen mit einigen ertraglich günstigeren Formen zeigte sich keine Mehrleistung von anderen Zuchtstämmen im Vergleich zur ungarischen Standardsorte 'Kecskemét 64'. In Einzelpflanzenversuchen auf Mikroparzellen wurden die Ertragselemente bei hexaploiden und oktoploiden Triticale analysiert. Der züchterische Schwerpunkt liegt nach wie vor in der Steigerung der Fertilität. Möglichkeiten zur Verbesserung der technologischen Eigenschaften ergeben sich aus der guten Reaktion von Triticale auf CCC.

Резюме

Название работы: Результаты испытания международного сортимента Triticale

Начатое в Гюльцове в 1967 году испытание сортимента охватывало до сих пор 125 форм Triticale из 9 стран. В опытах по рядовому посеву семян некоторых более урожайных форм не было отмечено превосходства над стандартным сортом «Кечкемет 64». В опытах с отдельными растениями на микроделянках проведен анализ элементов урожая гекса- и октоплоидных Triticale. Первоочередной задачей селекции как и прежде является повышение фертильности. Из хорошей отзывчивости Triticale на CCC вытекают возможности улучшения технологических свойств.

Summary

Title of the paper: Results of testing an international Triticale assortment

An assortment test started at Gülzow in 1967 has covered so far a total of 125 Triticale forms from 9 countries. In drilling experiments with some forms of more favourable yield potential, the Hungarian standard variety 'Kecskemét 64' was not outyielded by any of these other strains. In single-plant experiments laid out on micro-plots, the yield components of hexaploid and octoploid Triticales were analysed. Now as before, breeding must put the main emphasis on increasing fertility. The good response of Triticale to CCC-treatment opens up possibilities for improving its technological properties.

Literatur

DZANGAZIEVA, R. G.: Eiweißgehalt und Kleberqualität im Korn der Weizen-Roggen-Hybriden. Trudy Inst. bot. AN Kaz. SSR 29 (1971), S. 68–76

FISCHBECK, G.: Weizen-Roggen-Bastarde für die landwirtschaftliche Praxis? Mitt. dt. Landwirtsch.-Ges. 86 (1971), S. 1243–1244

ŠULYNDIN, A. F.: Triticale. – Über die Züchtung von Körner- und Futter-Weizen-Roggen-amphidiploiden verschiedener Genomstruktur. Vestnik sel'skochoz. Nauki 16 (1971a), S. 60–71

ŠULYNDIN, A. F.: Aussichtsreiche Weizen-Roggen-Hybride als Grünfutter. Presse Sowjetunion, B, 141 (1971b), S. 10–11

SZIGAT, Gis.: Prüfung eines internationalen Triticale-Sortiments auf Mikroparzellen. Forsch.-Teilabschlußber., 1971

Anschrift der Verfasser:

Dr. GISELA SZIGAT, Dr. HERBERT W. MÜLLER
Institut für Pflanzenzüchtung Gülzow-Güstrow
der Akademie der Landwirtschaftswissenschaften der DDR
2601 Gülzow, Kreis Güstrow

Tag.-Ber. Akad. Landwirtsch.-Wiss. DDR. Nr. 122. 1973. S. 233–242

Forschungszentrum für Bodenfruchtbarkeit Müncheberg
– Bereich Bad Lauchstädt –
der Akademie der Landwirtschaftswissenschaften
der Deutschen Demokratischen Republik

GERD BÄTZ, MARTIN KÖRSCHENS und ERWIN BAHN

Die Bedeutung sekundärer Auswertungen von Datenserien als Erkenntnismittel der Züchtungsforschung

1. Einleitung

Aufbauend auf den umfangreichen Arbeiten von BAHN, HOFFMANN und DÖRFEL in der DDR, von FERRARI (1965, 1967) und VAN DER PAAUW (1962) in den Niederlanden, wurde, besonders durch die Arbeit mit dem Archiv für Feldversuchsergebnisse, das Konzept der Bildung von Datenserien und deren sekundärer Auswertung zunehmend konkretisiert und verifiziert. Es geht hierbei im Prinzip darum, aufgeworfene Sachhypothesen anhand bereits vorhandener, in Archiven bzw. zukünftig in EDV-Datenspeichern aufbereiteter Daten zu beantworten, ohne neue Experimente bzw. Erhebungen durchführen zu müssen. Dabei wird unter Datenserie die Zusammenfassung von Daten aus mehreren Versuchen nach einem oder mehreren gemeinsamen Klassifikationsbegriffen verstanden.

Wir unterscheiden zwischen geplanten und nicht geplanten Datenserien.

Geplante Datenserien sind z. B. im Bereich der Pflanzenzüchtung vorrangig Serien von Einzelversuchen, die nach dem gleichen Versuchsplan an mehreren Orten und/oder Jahren durchgeführt werden. Ihre Auswertung erfolgt vorrangig mit dem Ziel, die Umweltabhängigkeit der Prüfgliedreaktion zu erkennen und Aussagen über die Anbaueignung von Sorten bzw. Zuchtstämmen für verschiedene Standorte abzuleiten.

Nicht geplante Datenserien, und nur mit diesen wollen wir uns näher befassen, können auf verschiedene Weise gebildet werden.

1. Aus Versuchen, die nach verschiedenen Versuchsplänen angelegt und durchgeführt wurden, werden bestimmte, für alle Versuche übereinstimmende Prüfglieder und Prüfmerkmale ausgewählt und zu einer neuen Versuchsserie (Datenserie) zusammengestellt. Durch die Zusammenstellung und Auswertung neuer nicht geplanter Versuchsserien aus bereits durchgeführten Versuchen lassen sich vor allem hinsichtlich des Aussagebereiches erweiterte Fragestellungen prüfen. Zum Beispiel

– Ermittlung einer durschnittlichen N-Produktionsfunktion für die wichtigsten Silomaissorten in Zweitfruchtstellung je Maisanbaugebiet durch Auswahl be-

stimmter Sorten und N-Stufen aus den zahlreichen, von verschiedenen Institutionen durchgeführten N-Steigerungsversuchen mit Silomais,
– Konkretisierung der Anbaueignung der verschiedenen Reifegruppen von Körnermais für die verschiedenen Standorte durch Auswahl der jeweils typischen Sorten für die einzelnen Reifegruppen, die zu neuen Prüfgliedern erhoben werden, z. B.
1 = sehr früh; 2 = früh; 3 = mittelfrüh.
Es kann nunmehr ein langjähriger Vergleich vorgenommen werden, wobei als Prüfmerkmal vorrangig der Termin der Körnerreife herangezogen werden sollte, dessen Abhängigkeit von der Jahreswitterung und den Standortbedingungen durch Häufigkeitsanalysen u. ä. untersucht wird.
2. Ausgewählte Einzeldaten je Versuch werden für die Durchführung von Großzahlanalysen herangezogen.
Daten aus Versuchen eignen sich, wie zahlreiche Auswertungen von Material des Archivs für Feldversuchsergebnisse in den letzten Jahren gezeigt haben, sehr gut für Großzahlanalysen. Das Prinzip besteht dabei darin, daß je Pflanzenart die Abhängigkeit eines oder mehrerer Prüfmerkmale von Standort-, Witterungs- und konstanten Faktoren untersucht wird. Es werden dazu aus den Versuchen die Prüfmerkmale für sogenannte Normalvarianten (d. h. Prüfglieder, die den optimalen Stand der Agrartechnik repräsentieren) ausgewählt und die Einflußgrößen durch Klassifikation zu Stufen von Prüffaktoren erhoben.
Beispiele für erfolgreich durchgeführte Großzahlanalysen der letzten Zeit sind u. a.
– Quantifizierung der Vorfruchtwirkung für verschiedene Pflanzenarten und Standorte,
– Ermittlung typischer Erträge landwirtschaftlich genutzter Kulturpflanzen für wichtige Standorte,
– Prüfung der Abhängigkeit der Befallsstärke von Blattkrankheiten bei Getreide vom Witterungsverlauf.

2. Beispiele für die Bildung und Auswertung von Datenserien

Anknüpfend an unsere Ausführungen vom vergangenen Jahr (Bätz, Bahn u. Meinel, 1971) soll an 3 Beispielen aufgezeigt werden, wie mit Hilfe von Datenserien und sekundären Auswertungen das für die Pflanzenzüchtung so wichtige Problem der Klassifikation der Umweltbedingungen bearbeitet werden kann.
Eine Klassifizierung der Witterungsverläufe ist dabei im Vergleich zur Bildung von Boden- und Standortklassen schwieriger, weil die einzelnen Witterungsfaktoren in weiten Bereichen schwanken, zeitlich und örtlich sehr verschieden kombiniert auftreten und auf die Pflanzen wirken. Trotz dieser Schwierigkeiten muß versucht werden, Klassifikationsschemata zu finden, die bessere Aussagen ermöglichen als die bisher übliche Einteilung der Jahre nach ermittelten Sum-

menwerten für Niederschlag und Temperatur kalendermäßiger Abschnitte (Monate oder Halbjahressummen). Diese Verfahrensweise führte schließlich zu groben Einteilungen wie trocken, normal, feucht u. ä.
Auf Grund unterschiedlicher Ansprüche der Fruchtarten sowie unterschiedlicher Dauer und Lage der Vegetationszeit ist eine Klassifikation der jährlichen Witterungsverläufe zweckmäßigerweise für Fruchtarten oder Fruchtartengruppen spezifisch vorzunehmen.
Die Klassifikation soll so erfolgen, daß bei einer nicht zu großen Anzahl von Klassen sich möglichst große signifikante Unterschiede zwischen den Gruppenmitteln der zugeordneten Prüfmerkmale (dem Ertrag) ergeben. Sie kann erfolgen unter Verwendung von
– phänologischen Daten,
– meteorologischen Daten in Verbindung mit phänologischen Daten und
– in Kombination von meteorologischen, phänologischen und Ertragsdaten.

Beispiel 1

Zur Charakterisierung des Witterungsverlaufes mittels phänologischer Daten für die Getreidearten wurde im 1. Beispiel die Länge der beiden Vegetationsphasen der Sommergerste verwendet.
Dabei soll die Zeitdauer vom Anfang bis Ährenschieben als vegetative und die vom Ährenschieben bis Gelbreife als generative Phase gelten bzw. bezeichnet werden.
Hoffmann und Bahn (1968) konnten am gleichen Material nachweisen, daß z. B. die Dauer der generativen Phase bei Sommergerste gewertet werden kann als eine kritische Zeitdauer für die Gunst bzw. Ungunst der Witterungswirkung bei anderen Getreidearten.
In Tabelle 1 sind die Abweichungen der Ertragsgruppenmittel von den entsprechenden langjährigen Mitteln der jeweiligen Getreideart nach den

Tabelle 1
Abweichungen der Gruppenmittel von Getreide-Erträgen in dt/ha vom langjährigen Mittel der jeweiligen Getreideart – Gruppenbildung nach Kombinationen über- und unterdurchschnittlicher Länge der vegetativen und generativen Phase der Sommer-Gerste
Lauchstädt (1924–1969)

Phasen veget.	generat.	So.-Gerste	Hafer	So.-Weizen	Wi.-Weizen	Wi.-Gerste
lang	lang	3,2 (16)	1,7 (16)	4,6 (15)	4,7 (16)	6,3 (14)
lang	kurz	– 0,3 (7)	– 0,5 (7)	– 2,5 (7)	– 2,4 (7)	– 1,0 (7)
kurz	lang	– 0,9 (8)	0,4 (8)	– 0,5 (8)	0,2 (8)	– 1,9 (8)
kurz	kurz	– 2,6 (15)	– 1,9 (14)	– 3,1 (15)	– 4,1 (15)	– 3,3 (14)
langjähriges Mittel je dt/ha (1924 bis 1969)		33,7 (46)	38,2 (45)	34,8 (45)	44,4 (46)	41,8 (43)

(Die Zahlen in Klammern geben jeweils die Anzahl der Jahre an)

4 möglichen Kombinationen unter- und überdurchschnittlicher Phasenlänge zusammengestellt.

Der Auswertung liegen die jahrestypischen Erträge der Lauchstädter „Langjährigen Reihen“ (siehe Bahn u. Hoffmann, 1964, 1. u. 2. Mitt.) aus den Jahren 1924 bis 1969 zugrunde.

Die für die Getreidearten witterungsbegünstigten Jahre mit langer vegetativer und generativer Phase haben stärkere positive Abweichungen der Erträge bewirkt, als die ungünstige Witterung beim anderen Extrem der Kombinationen kurz-kurz negative Abweichungen der Gruppenmittel verursacht haben. Beim Hafer sind die entsprechenden Abweichungen nur gering, eine Klassifikation der Jahre nach den am Hafer selbst beobachteten Phasenlängen ergab keine Vergrößerung der Abweichungen. Das hängt offensichtlich damit zusammen, daß die Entwicklung des Getreides vorherrschend durch die Temperatur bestimmt wird, von dessen Verlauf auch die Erträge in stärkerem Maße abhängen, nur bei Hafer ist die Niederschlagsversorgung in den Wachstumsabschnitten dieser Fruchtart von größerem Einfluß. Der paarweise Vergleich der Ertragsgruppenmittel nach Getreidearten mittels t-Test ergab signifikante Unterschiede (außer bei Hafer) zwischen den Kombinationen mit längster und kürzester Vegetationsdauer. Die entsprechenden Unterschiede sind noch zwischen den Kombinationen lang-lang und lang-kurz nur bei Sommer- und Winterweizen signifikant. Aber auch bei den übrigen Vergleichen, lang-lang und kurz-lang, liegt der errechnete t-Wert oft nur wenig unter dem zugehörigen Tabellenwert bei α 5%.

Es sei noch darauf hingewiesen, daß die Dauer der Vegetationsphase Schlußfolgerungen über die zu erwartende Ertragshöhe bei Getreide gestattet.

Von den vier Kombinationen sind diejenigen, in denen beide Phasen entweder kurz oder lang sind, etwa zu je einem Drittel vertreten, das restliche Drittel wird je zur Hälfte durch die Kombinationen lang-kurz bzw. kurz-lang gebildet. Daher ist jeweils mit rd. 66%iger Wahrscheinlichkeit damit zu rechnen, daß die generative Phase lang oder kurz sein wird, wenn entsprechend die vorhergegangene vegetative Phase lang bzw. kurz war.

Ob die 1. Phase kurz oder lang ausfällt, ist stark abhängig vom Aufgangstermin. In dem betrachteten Zeitraum (1924–1969) lag bei langer Dauer der vegetativen Phase der Aufgangstermin in 18 von 22 Jahren vor, in 16 von 18 Jahren bei kurzer vegetativer Phase nach dem mittleren Aufgangstermin (am 15. 4.). In den restlichen 5 Jahren fielen die Phasenlängen oder die Aufgangstermine auf das jeweilige langjährige Mittel.

Die ertraglichen Unterschiede zwischen den Jahreserträgen werden besonders noch durch die Unterschiede im Temperaturverlauf innerhalb der Phasen verstärkt. Verhältnismäßig niedrige Temperaturen in frühen Entwicklungsstadien und danach zunehmend ansteigende Temperaturen gegenüber dem langjährigen Temperaturverlauf sind als günstig, der umgekehrte Temperaturverlauf als ungünstig für die Ertragsentwicklung des Getreides zu beurteilen und damit ein weiteres Kriterium für die Repräsentativität der in Prüfung stehenden Jahre.

Beispiel 2

Für Wintergerste hat der Temperaturverlauf im Frühjahr große Bedeutung. Wir haben im 2. Beispiel diese Getreideart für 53 Jahre, in denen Wintergerste am Versuchsort Lauchstädt geprüft wurde, klassifiziert nach der Dauer des Frühjahrs in kurz, mittel und lang und für jede dieser Klassen eine Gruppierung nach der Ertragshöhe vorgenommen.
Der Frühjahrsbeginn ist in den einzelnen Jahren nach dem Überschreiten der 5 °C-Grenze im Pentadenmittel festgesetzt, wobei danach in normalen Jahren noch auftretende Kälterückfälle berücksichtigt wurden (vgl. HOFFMANN u. BAHN, 1963). Die Festsetzung des Frühjahrsendes erfolgte nach einem etwas abgewandeltem Verfahren, nach dem Überschreiten der 10 °C-Grenze unter Mitverwendung von phänologischen Daten (BAHN, unveröff.).
Aus der Dauer des Frühjahres kann auf den Temperaturverlauf während dieser Wachstumszeit geschlossen werden. Lange Frühjahre haben meist jahreszeitlich einen frühen Beginn, verbunden mit einem allmählichen Temperaturanstieg, wogegen bei kurzer Dauer des Frühjahrs die Temperatur verhältnismäßig kurzfristig ansteigt, was sich vor allem auf die Bestockung dieser Getreideart ungünstig auswirkt.
Das Ergebnis der Klassifikation ist in Tabelle 2 dargestellt. Bei kurzer Frühjahrsdauer überwiegen stark die Erträge unter dem langjährigen Mittel (=40,2 dt/ha), während das Verhältnis bei langer Frühjahrsphase annähernd umgekehrt ist. Die Jahre mit mittlerer Phasenlänge verteilen sich in der Ertragshöhe mehr über die Ertragsklassen.

Tabelle 2
Relative Häufigkeiten der Kornerträge von Wintergerste, gruppiert nach Länge der Frühjahrsphasen und Ertragsklassen (Versuchsort Bad Lauchstädt

Dauer des Frühjahrs	Ertragsklassen dt/ha < 30	30—39,9	40—49,9	> 50	Anzahl der Jahreserträge
kurz	4,8	71,4	23,8	—	21
mittel	23,5	23,5	41,2	11,8	17
lang	—	26,7	33,3	40,0	15

Dabei fällt auf, daß Erträge unter 30 dt/ha relativ häufiger vorkommen als in den Jahren mit kurzer Frühjahrsdauer. Dies ist sicherlich auf die noch nicht ausreichende Klassenbesetzung zurückzuführen. Offensichtlich hat die Winterwitterung diese Streuung verursacht, die als ein weiterer wichtiger Klassifikationsfaktor für Wi.-Gerste anzusehen ist.

Beispiel 3

Das 3. Beispiel soll zeigen, wie mit Hilfe von phänologischen, meteorologischen und Ertrags-Daten eine Klassifikation der Versuchsjahre für Zuckerrüben vorgenommen werden kann.

Grundlage bilden auch hier die Lauchstädter langjährigen Reihen. In diesem Beispiel (Abb.) ist für je 4 Jahre mit höchsten und niedrigsten Zuckerrübenerträgen der Niederschlags-Temperaturverlauf in Form von sogenannten

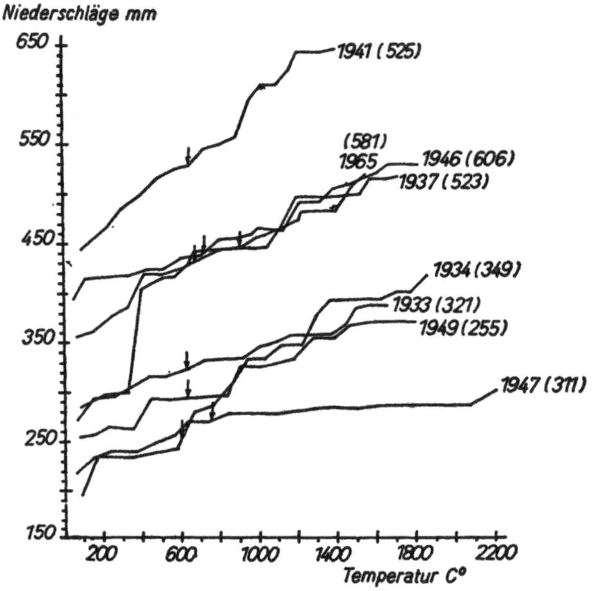

Thermopluviogramme für Jahre mit höchsten und niedrigsten Zuckerrübenerträgen im Zeitraum von 1924 bis 1966 in Bad Lauchstädt ( ) = Ertrag in dt/ha

Thermopluviogrammen dargestellt. Die Kurven beginnen nach dem gemittelten Termin aus Haferrispenschieben und Wi.-Gerste-Gelbreife in den einzelnen Jahren (langjähriges Mittel: 27. 6.), womit die Phase des überwiegenden Blattwachstums als abgeschlossen gelten kann. Die Pfeile bedeuten den Beginn des überwiegenden Wurzelwachstums. Dieser Termin wurde gebildet aus dem Mittel der Gelbreifetermine von Winterweizen, Hafer und Sommerweien (langjähriges Mittel: 31. 7.). Die Kurven enden einheitlich mit der 55. Pentade (am. 2. 10.). Der Kurvenbeginn im senkrechten Abstand von der Abszisse gibt die erreichte Niederschlagsmenge ab Oktober an, die besonders vom Winter her für Zuckerrüben Nachwirkungen haben können.

Die ertragsmindernde Wirkung niedriger Winterniederschläge, denen warme regenarme Sommer mit langen Trockenperioden folgen, kann deutlich von der ertragssteigernden Wirkung gleichmäßiger Niederschlagsverteilung unterschieden werden, die die während des Winters im Boden angereicherten Wasservorräte ergänzen.

Der in den beiden Kurven der extremen Jahre 1947 und 1941 eingeschlossene Raum ist gewissermaßen identisch mit der Variabilität des Niederschlags- und Temperaturverlaufs für Zuckerrüben in den betrachteten Zeitabschnitten.

Starke Abweichungen vom Mittel vieler Jahre wie 1947 und 1941 verzerren die mehrjährigen Mittelwerte von Versuchsbeobachtungen so sehr, daß die ermittelten Werte für geprüfte Maßnahmen zu falschen Aussagen führen müssen (z. B. betrug die N-Düngerwirkung in den ertragsarmen Jahren nur 16–37 kg Rüben, in den ertragsreichen Jahren dagegen über 100 kg Rüben je kg N).
Die Bodenverhältnisse in Lauchstädt mit ihrem hohen Wasserspeicherungsvermögen haben aber bewirkt, daß auch bei ähnlichem Witterungsverlauf im Erntejahr noch große Ertragsunterschiede auftreten. Jedoch können mit diesem Verfahren Entscheidungen darüber getroffen werden, ob die zu einer Versuchsserie vereinigten Versuchsjahre als repräsentative Stichprobe gelten können.
Die aufgeführten Beispiele basieren auf Datenmaterial aus dem Archiv für Feldversuchsergebnisse. Der Umfang des Materials wie auch die Möglichkeiten der Auswertung, die nur unter Verwendung der gebräuchlichen Hilfsmittel erfolgte, waren begrenzt, so daß die Aussage auf Grund der zum Teil geringen Klassenbesetzung eingeschränkt werden muß. Dieser Nachteil kann praktisch nur durch die Nutzung eines EDV-Datenspeichers und der entsprechenden Programme für die Auswertung behoben werden. Unter derartigen Voraussetzungen würde bei den aufgeführten Beispielen eine wesentlich höhere Klassenbesetzung möglich sein. Damit könnte dann eine weitere Differenzierung der Klassen durch Einbeziehung der Ergebnisse weiterer Versuchsstandorte vorgenommen und der Aussagewert wesentlich erhöht werden.

3. Schlußfolgerungen für die Nutzanwendung

Die wesentlichsten Vorteile der Bildung und Auswertung nicht geplanter Datenserien lassen sich wie folgt kennzeichnen:
– Der Informationsgehalt von Experimenten, der nach erfolgter primärer Auswertung meist nicht zusätzlich genutzt wurde, wird weitergehend ausgeschöpft.
– Eine Reihe von Sachhypothesen kann durch die Bildung nicht geplanter Datenserien geprüft werden. Damit erübrigt sich die Durchführung neuer Experimente.
– Verschiedene Probleme lassen sich nur mit Hilfe von nicht geplanten Datenserien lösen, da die Beschaffung der erforderlichen Daten über geplante Versuche bzw. Versuchsserien auf Grund des dafür notwendigen Aufwandes und der Jahre praktisch unmöglich ist. Dies trifft speziell für die Untersuchung von Witterungsabhängigkeiten zu.
– Bei der Nutzung von Datenspeichern lassen sich auf Grund der großen Anzahl von Versuchen Datenserien bilden, die eine hohe Zuverlässigkeit und Aussagekraft der Ergebnisse garantieren.
– Über die Bildung von Datenserien sind komplexe Auswertungen unter Einbeziehung von Informationen aus anderen Datenspeichern (z. B. Witterung) möglich. Damit wird eine höhere Stufe der Datenqualifizierung erreicht.

Die Bildung und Auswertung von Datenserien als die hauptsächlichste Form der sekundären Auswertung von Versuchsergebnissen stellt damit eine neue und qualitativ höhere Stufe der Datenqualifizierung dar. Sie erreicht ihre effektivste Form jedoch erst mit der Ausnutzung aller Möglichkeiten, die die EDV hinsichtlich Datenspeicherung und -verarbeitung bietet.
Für die Pflanzenzüchtung und Züchtungsforschung würden durch sekundäre Auswertungen von Datenserien mit Hilfe von EDV-Datenspeichern vorwiegend folgende Probleme zu bearbeiten sein:
– Schätzung von Parametern für die Wirkung von Genotypen in Abhängigkeit von acker- und pflanzenbaulichen Maßnahmen
– Schätzung von Paramtern für den Einfluß von Umweltbedingungen auf die phänotypische Manifestation verschiedener Genotypen und auf die Ertragsbildung der landwirtschaftlichen Fruchtarten
– Ausgrenzung und Kennzeichnung von Umweltbedingungen, die zu phytopathogen bedingten Ertragsdepressionen führen können
– Ausgrenzung von Witterungstypen für die einzelnen Kulturpflanzenarten in Abhängigkeit vom Standort zur ständig zu verbessernden Klassifikation der Umweltbedingungen.

Zusammenfassung

Werden durch Auswahl von Erträgen und anderen Prüfmerkmalen aus verschiedenen Feldversuchen Datenserien gebildet, dann lassen sich zahlreiche Informationen gewinnen, die über die eigentliche Fragestellung der Versuche hinausgehen.
Auf Grund von Auswertung solcher Datenserien – langjährige Ertragsreihen in Kombination mit meteorologischen und phänologischen Daten – wird versucht, Klassifikationsschemata für Witterungsverläufe als den wichtigsten Teil der Umweltbedingungen aufzustellen. Diese Schemata ermöglichen es, besser als die sonst übliche Einteilung in trockene, feuchte Jahre usw., eine Reihe von aufeinanderfolgenden Jahren daraufhin zu beurteilen, ob die betreffenden Jahre der Versuchsdurchführung fruchtartenspezifisch eine genügend zuverlässige Stichprobe für die möglichen Witterungsverläufe am Standort darstellen.

Резюме

Название работы: Значение вторичных анализов серий данных как средства получения сведений для селекционных исследований
Если путем выбора данных об урожае и других проверяемых признаков из различных полевых опытов составляются серии данных, то по этим данным можно получить многочисленные информации, которые значительно больше самой постановки вопроса опыта. На основе анализа таких серий данных –

многолетние ряды урожайности в сочетании с метеорологическими и фенологическими данными — предпринимается попытка составить классификационные схемы хода погодных ycсловий как важнейшей части внешних условий. Эти схемы позволяют провести оценку последовательного ряда лет с той точки зрения, являются ли эти опытные годы достаточно надежной выборочной пробой для возможного хода погодных условий в данном местопроизрастании.

Summary

Titel of the paper: The importance of secondary analysis of data series as means of cognition in breeding research

If data series are compiled by selecting yields and other test characters from different field trials it will be possible to obtain much information that goes beyond the proper objective of the trials. Starting from the analysis of such data series–long-term yield series in combination with meteorological and phenological data–the authors try to set up classification schemes for certain courses of weather conditions as the most important part of environmental conditions. These schemes permit, better than the usual classification according to dry and moist years etc., to assess a number of subsequent years for the fact whether the respective years of the trial would provide a sufficiently reliable random sample for the possible courses of weather conditions on the given site and for the given crop.

Literatur

Bahn, E.: Ertragsleistungen, Ertragssicherheit und Vorfruchtwert des Hafers. Z. landwirtsch. Versuchs- und Untersuchungswes. 8 (1962), S. 242–248

Bätz, G.; Bahn, E.; Meinel, A.: Gedanken zur Verkürzung der Prüfungsdauer in der Getreidezüchtung durch Klassifikation der Umweltbedingungen. Tag.-Ber., Akad. Landwirtsch.-Wiss. DDR, Berlin (1971) 119, S. 95–103

Ferrari, Th. J.: Modelle in der Bodenfruchtbarkeitsforschung und ihre Prüfung. Z. Pflanzenernähr., Düng. Bodenkd. 109 (1965), S. 155–168

Ferrari, Th. J.: Versuchsauswertung nach dem Prinzip mehrdimensionaler Systeme, insbesondere bei der Bodenfruchtbarkeitsforschung. Tag.-Ber. Akad. Landwirtsch.-Wiss. Berlin Nr. 86, 1967, S. 85–96

Hoffmann, E.; Bahn, E.: Die Auswertung langjähriger Reihen von Feldversuchserträgen in Verbindung mit agrarmeteorologischen Daten. 1. und 2. Mitt.: Z. landw. Versuchs- und Untersuchungswes. 10 (1964), S. 207–232 (1. Mitt.), S. 283–309 (2. Mitt.); 3. und 4. Mitt.: Thaer-Arch. 9 (1965), S. 465–494, S. 677–701; 6. Mitt.: Thaer-Arch. 12 (1968), S. 941–950

Hoffmann, E.; Bahn, E.; Dörfel, H.: Die Auswertung langjähriger Reihen von Feldversuchserträgen in Verbindung mit agrarmeteorologischen Daten. 5. Mitt. Thaer-Arch. 10 (1966), S. 681–696

PAAUW, F. v. D.: Periodic fluctations of soil fertility, crops yields and of reponses to fertilization effected by alternating periods of low or high rainfall. Plant and Soil 17 (1962) S. 155–182

PAAUW, F. v. D.: Effekt of winter rainfall on the amount of nitrogen available to crops. Plant and Soil 16 (1962), S. 361–380

PAAUW, F. v. D.: Wetterabhängigkeit und Bodenfruchtbarkeit. Z. Pflanzenernähr., Düng., Bodenkd. 108 (1965), S. 129–137

PAAUW, F. v. D.: Beziehungen zwischen dem Kalibedürfnis landwirtschaftlicher Pflanzen und den Wetterverhältnissen. S.-Abd. aus Kalibriefe, Fachgebiet 6, 23. Folge – nach v. D. PAAUW „Plant and Soil“ 9 (1958), 3

Anschrift der Verfasser:
Dr. habil. GERD BÄTZ, Dr. MARTIN KÖRSCHENS
Dipl.-Landwirt ERWIN BAHN
Forschungszentrum für Bodenfruchtbarkeit Müncheberg
– Bereich Bad Lauchstädt –
der Akademie der Landwirtschaftswissenschaften der DDR
4204 Bad Lauchstädt, Hallesche Straße 44/46

Themenkreis Spezielle Fragen der Roggenzüchtung

Tag.-Ber. Akad. Landwirtsch.-Wiss. DDR. Nr. 122. 1973. S. 245–251

Sektion Biologie – Außenstelle Alt Ruppin
der Humboldt-Universität zu Berlin

URSULA NÜRNBERG-KRÜGER und GABRIELE REINKE

Compatibilität und Incompatibilität beim Roggen

Der Roggen als Getreide hat innerhalb der DDR, in den benachbarten Ländern und der Sowjetunion immer noch eine erhebliche Bedeutung und wird sie voraussichtlich vor allen Dingen auf den weniger guten Böden noch längere Zeit behalten. Die allgemeinen Untersuchungen zum Stand der Getreidezüchtung haben in den letzten Jahrzehnten ergeben, daß, wie auch bei der Züchtung anderer Kulturpflanzen, zwei wesentliche Gesichtspunkte berücksichtigt werden müssen, wenn eine gezielte Bereitstellung einer an bestimmte Anbau- und Nutzungsbedingungen angepaßten Sorte erfolgen soll:

1. daß das Material, mit dem man arbeitet, in seiner genetischen Konstitution weitgehend bekannt und eine möglichst große genetische Breite verfügbar ist. (Es zeigt sich immer mehr, daß, um Höchstleistungen erzielen zu können, auf eine größere ökologische Breite verzichtet werden muß. Es rückt damit die Zuchtwegverkürzung als notwendige Forderung immer mehr in den Vordergrund, damit aus einem vorhandenen Ausgangsmaterial bei einem Wechsel der Anforderungen möglichst schnell neue Höchstleistungstypen erstellt werden können.)
2. daß auf Grund der physiologischen Beziehungen im Zusammenwirken der Gene und dem Aufbau der Regulationssysteme die maximale Höchstleistung einer Art nicht durch homozygote reine Linien zu erreichen ist, sondern durch Hybridsorten.

Aus diesen 2 Feststellungen ergeben sich noch bestimmte Forderungen an die Kenntnis des Fortpflanzungsmodus und die technische Handhabung der Fortpflanzungssysteme bei den einzelnen Kulturformen. Überall hat sich in der Technik der Hybridzüchtung einerseits die Notwendigkeit der Anwendung von Inzucht durchgesetzt, andererseits die Erfordernis, mit einer technisch wenig aufwendigen Methode Massenhybridisierung erzielen zu können. Bei vielen Pflanzen, entwickelt auf den Ergebnissen am Mais, wird die zytoplasmatisch bedingte Pollensterilität im Verein mit der Verwendung von restorer-Genen verwendet.

Der Roggen bietet auf Grund des Blütenbaues und der Anordnung der Geschlechtsorgane in zwittrigen Blüten in dieser Hinsicht ähnliche Probleme wie der Weizen, ist jedoch in fast allen Sorten noch hoch selbstincompatibel.

Es wurden am Roggen bereits im 2. Jahrzehnt dieses Jahrhunderts von HERIBERT NILSSON (1953) Untersuchungen zum Problem des Heterosiseffektes und der Empfindlichkeit gegen Inzucht durchgeführt, wobei zunächst noch recht summarische Analysen über die damals als Selbststerilität bezeichnete Selbstincompatibilität erhalten wurden. Man hatte derartige Mechanismen wie den der Selbstincompatibilität bei außerordentlich vielen Pflanzenarten festgestellt, mit deren Hilfe in der Natur Inzucht weitgehend vermieden wird und die dadurch forcierte gesteigerte Rekombination innerhalb einer Population eine Erhöhung des Evolutionstempos bewirkt. Untersuchungen von EAST und MANGELSDORF an Nicotiana brachten die erste Aufklärung über die genetische Grundlage eines Ein-Locus-Systems, das als System multipler Allele S_1–S_n bei diploiden Arten eine Verhinderung der Befruchtung bei Zusammentreffen gleicher Allele in Pollen und Griffel bewirkt. Sehr zahlreiche Arbeiten, u. a. von LEWIS (1961), STRAUB (1958), GÜNTHER (1969), BREWBAKER (1967) und vielen anderen, zeigten, daß bei sogenannter homogenischer Incompatibilität 2 Möglichkeiten existieren. Die eine arbeitet mit einer sporophytischen Determination des Reaktionstyps im Pollen. Die Hemmreaktion des incompatiblen Pollens tritt bereits auf der Narbenoberfläche auf. Dieser Typ wurde bei Cruciferen, Papilionaten und Kompositen gefunden, wobei die diploiden Pflanzen Dominanz eines Alleles über das 2. bei Heterozygotie zeigen, so daß die Incompatibilitätsreaktion des Pollens durch das dominante Allel der Mutterpflanze bestimmt wird. Bei diesen Arten ist durchweg der Pollen bei der Bestäubung bereits 3kernig.
Das 2. System mit gametophytischer Determination ist ausgezeichnet ebenfalls durch das Vorhandensein eines Genlocus S mit multipler Allelie, jedoch ohne Dominanzbeziehungen. Hier bildet der Pollen seinem eigenen Genotyp entsprechend die Spezifität der Reaktion aus. Die Hemmung erfolgt nach Eindringen der Pollenschläuche im Griffelgewebe und bei den unterschiedlichen Arten evtl. auch bei unterschiedlichen Allelen oder Umweltbedingungen in verschiedener Entfernung von der Narbenoberfläche. Dieser Typus ist z. B. bei Solanaceen, Oenothera, Petunia usw. nachgewiesen. Die Pollen der Arten, die nach diesem System reagieren, sind 2kernig. Dadurch ergeben sich auch hinsichtlich der Stoffwechselreaktionen durch die noch notwendige weitere Mitose andere Verhältnisse als beim ersten Typ.
Eine spezielle Form der Incompatibilität findet sich bei den Gramineen, speziell den Festucoidea. Sie wurde vor allen Dingen durch die Arbeiten von LUNDQVIST (1956ff.) genetisch analysiert. Hier liegt einerseits eine gametophytische Determination der Incompatibilitätsreaktion vor, die Hemmung tritt aber meist an der Narbenoberfläche auf. Damit geht konform die Tatsache, daß der Gramineenpollen bereits bei der Bestäubung 3kernig ist. LUNDQVIST konnte zwei unabhängig voneinander vererbte Genloci S und Z nachweisen, die beide mit vielen multiplen Allelen vorkommen, wobei jeweils ein S- und ein Z-Allel eine gemeinsame spezifische Struktur ausbilden. Diese Struktur hat Proteinnatur und greift über die Bildung von Di- bzw. Tetrameren in die Regulation des Pollenschlauchwachstums ein.

Daß Mutationen zu Selbstcompatibilität auftreten, ist sowohl für den Ein-Locus-Typus bei Solanaceen nachgewiesen als auch für Gramineen. Die Versuche zur Erzeugung von Inzuchtlinien bei Roggen hatten eindeutig gezeigt, daß innerhalb der Sorten, wie z. B. auch bei 'Danae', selbstcompatible Typen auftreten. Die amerikanische Sorte 'Dakold' ist als voll selbstcompatibel zu bezeichnen.

Berücksichtigt man diese Situation beim Roggen, so ergibt sich, daß bei Prüfungen sowohl auf allgemeine als auch auf spezifische Kombinationseignung im Topcross, Polycross oder bei Diallelen-Kreuzungen Störungen auftreten können, die durch den Ausfall bestimmter Genotypen zustande kommen, die in irgendeiner Weise mit den Incompatibilitätsgenen korreliert sind. Es sind vielfach Versuche gemacht worden, die Entstehung der Selbstfertilität oder Selbstkompatibilität beim Roggen zu analysieren, und umfangreiches Material zu dieser Problematik stellt der Nachlaß von Heribert Nilsson (1960) dar. Er hat aus der Tatsache, daß aus selbstincompatiblen Typen von 'Petkuser' hochfertile Pflanzen hervorgehen, die in ihren Nachkommenschaften sofort konstant für die Compatibilität sind, auf die rezessive Natur von selbstcompatiblen gegenüber incompatiblen geschlossen. Aus Kreuzungen Selbstincompatibler mit Compatiblen wurde eine hochcompatible F_1 gewonnen, die in F_2 aufspaltet, etwa 20 : 1 selbstincompatibel zu compatibel. Daraus hatte bereits Heribert Nilsson (1960) auf mindestens 2 Loci geschlossen. 1969 berichtet Wricke über Kreuzungsversuche mit der selbstcompatiblen amerikanischen Sorte 'Dakold'. Er stellt fest, daß die Incompatibilitätsreaktion offenbar unmittelbar nach dem Eindringen der Pollenschläuche in die Narbe erfolgt. Er erhielt nach Kreuzung in F_1 bei 5 Pflanzen volle Compatibilität (etwa 80% Ansatz) und in F_2 nach Selbstung der F_1 unter fast 100 Pflanzen keine einzige selbstincompatible Pflanze. Die Prüfung der F_3 ergab eine Korrelation zwischen Eltern- und der Nachkommenschaftsfertilität mit einem r-Wert von 0,63. Er vermutet, daß bei der Sorte 'Dakold' als Folge der Selbstcompatibilität Homozygotie an den beiden Loci S und Z zu erwarten wäre. Danach müßten bei Kreuzung mit einer doppelt heterozygoten Pflanze in F_1 immer noch insgesamt 6 verschiedene Allele (3 je Locus) erwartet werden. 'Dakold' hatte in allen geprüften Kombinationen 100% ausgewachsenen Pollen ergeben. Die Gesamtspaltung, die sich zeigte, ließ zunächst vermuten, daß ein Z-Allel zu Z_g mutiert wäre. Pollen, die Z_g enthielten, könnten dann nach Selbstung wachsen. Durch einige Kombinationen, die mit dieser Hypothese nicht erklärbar sind, kommt Wricke (1963) dazu, einen 3. Locus für die Selbstfertilität anzunehmen, dessen Normalallel + bei 'Petkuser' und dessen Fertilitätsallel f bei 'Dakold' vorhanden wäre. Wricke vermutet, daß die S- und Z-Loci bei 'Dakold' nicht mehr die ursprüngliche Wirkung haben. Er berichtet in der Arbeit nicht über die reziproke Kreuzung, die nur selten gelingen dürfte, wenn seine Auffassung, daß nur f-Pollen befruchtet, richtig ist.

Da die Selbstcompatibilität innerhalb der Gattung Secale bei einigen Arten vorhanden ist (*africanum, silvestre* und *vavilovii*), interessierten derartige Artbastarde bereits mehrfach. Aus Bastardmaterial mit *Secale africanum* wurde von Plarre (1960) seinerzeit auf Fertilität selektiert. Bastarde mit *Secale silvestre* gelingen sehr schlecht. Die Kombination Kulturroggen × *Secale vavilovii* wurde von Kuckuck und Peters (1967) untersucht, und zwar mit 'Heines Hellkorn' als Mutter. Dabei sind die Nachkommen einer Paarung von F_1-Pflanzen in F_2 alle selbstincompatibel. Insgesamt erhielten sie in F_2 eine Spaltung von 35 Selbstcompatiblen zu 36 Incompatiblen. Unter Selektion ließ sich in wenigen Generationen eine erhebliche Steigerung der Selbstcompatibilität erreichen. Dabei wurde festgestellt, daß keine Beziehung besteht zwischen der Neigung zu Kleistogamie und dem Selbstungsansatz. Kuckuck (1967) schließt aus der starken Differenzierung in F_5 darauf, daß kein einfacher Erbgang vorliegt. Nach Rückkreuzung mit 'Heines Hellkorn' lag der Selbstungsansatz höher, statt wie erwartet niedriger. Nach älteren Berichten von Kranz (1961) über Kreuzungen zwischen *cereale* × *vavilovii* war in F_2 die Selbstcompatibilität gegenüber *cereale* erhöht, jedoch lag sie im Mittel niedriger als bei *vavilovii*. Für reine *vavilovii* gibt er eine zweigipflige Verteilungskurve mit Maxima bei 35% und bei 65% an, verzichtet jedoch auf eine Deutung. Aus unserem Material scheint hervorzugehen, daß *vavilovii* ähnlich wie von Kranz (1961) festgestellt, selbstcompatibel ist, daß diese Compatibilität sich jedoch in Kreuzungen sehr unterschiedlich durchsetzt. In der Kombination mit der selbstincompatiblen Art *kuprijanovii* prävaliert die Incompatibilität. Bei Kreuzungen *cereale* × *vavilovii* tritt häufiger in F_2 Compatibilität auf, auch in der Kombination *ancestrale* × *vavilovii*. In F_2 *cereale* × *vavilovii* zeigt sich eine Verteilungskurve mit fließenden Übergängen mit einem relativ hohen Anteil selbstcompatibler Typen. In der F_3 sind kaum Nachkommenschaften gefunden worden, die keine Aufspaltung in selbstcompatible und selbstincompatible Formen zeigen. Das spricht gegen eine einfach mendelnde Grundlage × / f im Bastard. Die Versuche hatten generell nur sehr selten ein Gelingen der Kreuzungen mit *vavilovii* als Mutter ergeben. Daher sind in diesem Zusammenhang besonders interessant Ergebnisse der F_1 *segetale* × *vavilovii*, die durchweg Selbstincompatibilität ergaben gegenüber der reziproken Kombination *vavilovii* × *segetale*, die eine hohe Selbstcompatibilität zeigt. Demnach ist die Deutung der Ergebnisse nicht in gleicher Weise möglich, wie durch die Annahme eines weiteren Genlocus + f. Die Untersuchung wäre evtl. weiter zu treiben durch einen herabregulierten *Vavilovii*-Stamm (von 4× auf 2×), der sich als selbstincompatibel erweist. Diese Ergebnisse zeigen, daß die von Lundqvist (1961, 1962, 1964) bei Festuca bereits näher untersuchte Pseudocompatibilität eine erhebliche Rolle spielt und daher eine genauere Untersuchung der Compatibilitätsgene bei den verschiedenen Arten erforderlich scheint.

Es dürfte im Interesse der weiteren Roggenzüchtung nicht richtig sein, das Incompatibilitätssystem zu eliminieren. Es sollte vielmehr weitgehend analysiert werden, so daß es möglich ist, es für die technische Durchführung von Massenhybridisierungen zu verwenden. Dazu wäre die Lokalisierung der Loci und die Markierung bestimmter Linien für ihren gezielten Einsatz erforderlich.

Zusammenfassung

Bei vielen Pflanzenarten wird die zytoplasmatische Pollensterilität im Verein mit der Verwendung von restorer-Genen für die Hybridzüchtung benutzt. In der vorliegenden Arbeit werden die verschiedenen Selbstincompatibilitätssysteme vorgestellt und das des Roggens eingehender behandelt. Umfangreiche Untersuchungen dazu sind insbesondere von Heribert NILSSON und LUNDQVIST durchgeführt worden. Demnach ist die Incompatibilitätsreaktion bei Roggen gametophytisch determiniert, wobei die Hemmung des Pollenschlauchwachstums meistens an der Narbenoberfläche erfolgt. Es wurden zwei unabhängige multiple Genloci S und Z festgestellt. Auf Mutationen zu Selbstcompatibilität wird näher eingegangen.

Резюме

Название работы: Совместимость и несовместимость у ржи

По многим видам растений цитоплазматическая мужская стерильность используется в гибридной селекции в сочетании с генами-восстановителями. В предлагаемой работе приведены различные системы самонесовместимости, а более подробно изложена упомянутая система ржи. Охватывающие исследования по данному вопросу проведены Гериберт НИЛЬССОНом и ЛУНКВИСТом. Согласно этим исследованиям реакция несовместимости у ржи детерминирована гаметофитически, причем торможение роста пыльцевой трубки в большинстве случаев происходит на поверхности рыльца пестика. Установлены два независимых множественных ген-локуса S и Z. Ближе рассматривается вопрос обусловленной мутацией самосовместимости.

Summary

Title of the paper: Compatibility and incompatibility in rye

In many plant species, the cytoplasmic pollen sterility is utilized in combination with the use of restorer genes for hybrid breeding. The present paper describes the various self-incompatibility systems with special reference to that of rye. Extensive studies on this have been conducted, in particular by Heribert NILSSON and LUNDQUIST. According to their findings, the incompatibility response of rye is gametophytically determined, the inhibition of the pollen tube growth taking place mostly on the surface of the stigma. Two independent multiple gene loci S and Z were found. Reference is made to mutations for self-incompatibility.

Literatur

Brewbaker, J.: Grundlagen der modernen Genetik. Jena, VEB Gustav Fischer Verl., 1967

Günther, E.: Inkompatibilität bedingende Gene und ihre Wirkung. Biol. Rundschau 7 (1969), 1

Kranz, A. R.: Cytologische Untersuchungen und genetische Beobachtungen an den Bastarden zwischen *Secale cereale* L. und *Secale vavilovii* Grossh. Züchter 31 (1961) S. 219–225

Kuckuck, H.; Peters, R.: Genetische Untersuchungen über die Selbstfertilität bei *Secale vavilovii* Grossh. und *Secale cereale* L. var. 'Dakold' im Hinblick auf Probleme der Züchtung und Phylogenie. Z. Pflanzenzücht. 57 (1967), S. 167–188

Lewis, D.; Crowe; Leslie, K.: Unilateral interspecific incompatibility in flowering plants. Heredity (London) 12 (1958), S. 233–256

Lewis, D.; Crowe; Leslie, K.: Genetic control of specificy and activity of the S antigen in plants. Proc. roy. Soc. (London) B, 151 (1960), S. 468–477

Lewis, D.; Crowe; Leslie, K.: Chromosome fragments and mutation of the incompatibility gene. Nature (London) 190 (1961), S. 990–991

Lewis, D.; Crowe; Leslie, K.: The generation of self-incompatibility alleles. J. theoret. Biol. 2 (1962), S. 69–71

Lundqvist, A.: Self-incompatibility in rye. I. Genetic control in the diploid. Hereditas (Lund) 42 (1956), S. 293–348

Lundqvist, A.: Self-incompatibility in rye. II. Genetic control in the tetraploid. Hereditas (Lund) 43 (1957), S. 467–511

Lundqvist, A.: Self- incompatibility in rye. III. Homozygosity for incompatibility factors in relation to viability and vegetative development. Hereditas (Lund) 44 (1958), S. 174–188

Lundqvist, A.: Self-incompatibility in rye. IV. Factors related to self-seeding. Hereditas (Lund) 44 (1958), S. 193–256

Lundqvist, A.: The origin of self-compatibility in rye. Hereditas (Lund) 46 (1960), S. 1–19

Lundqvist, A.: A rapid method for the analysis of incompatibilities in grasses. Hereditas (Lund) 47 (1961)

Lundqvist, A.: Self-incompatibility in *Festuca pratensis* Huds. Hereditas (Lund) 47 (1961), S. 542–562

Lundqvist, A.: Self-incompatibility in diploid *Hordeum bulbosum* L. Hereditas (Lund) 48 (1962), S. 138–152

Lundqvist, A.: The nature of the two-loci incompatibility system in grasses. I. The hypothesis of a duplicative origin. Hereditas (Lund) 48 (1962), S. 153–168

Lundqvist, A.: The nature of the two-loci incompatibility system in grasses. II. Number of alleles at the incompatibility loci in *Festuca pratensis* Huds. Herditas (Lund) 48 (1962), S. 169–181

Lundqvist, A.: The genetics of incompatibility. Proceedings of the XI. International Congress of Genetics, 1963

Lundqvist, A.: The nature of the two-loci incompatibility system in grasses. III. Frequency of specific incompatibility alleles in a population of *Festuca pratensis* Huds. Hereditas (Lund) 52 (1964)

Lundqvist, A.: The nature of the two-loci incompatibility system in grasses. IV. Interaction between the loci in relation to pseudo-compatibility in *Festuca pratensis* Huds. Hereditas (Lund) 52 (1964), S. 221–234

LUNDQVIST, A.: Self-incompatibility and the breeding of herbage grasses. 13–621216 Recent plant breeding research

NILSSON, H.: Über die Entstehung der Selbstfertilität beim Roggen. Hereditas 34 (1953), S. 65–74

NILSSON, H.: The origin of relf-compatibility in rye. Hereditas (Lund) 46 (1960), S. 1–9

PLARRE, W.: Die Verbesserung der Qualität des Roggens durch Züchtung. Züchter 30, (1960), S. 343–349

STRAUB, J.: Über die Auslösung der Meiosis. Biol. Zbl. 70 (1951), 1/2, S. 24–30

STRAUB, J.: Das Überwinden der Selbststerilität. Z. Bot. 46 (1958), S. 98–111

WRICKE, G.: Untersuchungen zur Vererbung der Selbstfertilität beim Roggen. Theoret. and Appl. Gen. 39 (1963), S. 371–378

Anschrift der Verfasser:

Prof. Dr. URSULA NÜRNBERG-KRÜGER
Dipl.-Biologin GABRIELE REINKE
Sektion Biologie – Außenstelle Alt Ruppin –
der Humboldt-Universität zu Berlin
1952 Alt Ruppin, Krangener Straße 7

Tag.-Ber. Akad. Landwirtsch.-Wiss. DDR. Nr. 122. 1973. S. 253–262

Sektion Biologie – Außenstelle Alt Ruppin –
der Humboldt-Universität zu Berlin

Sibylle Bismark

Zur Kenntnis des Genpools beim Roggen

Für eine gezielte Züchtung ist die Kenntnis des Genpools notwendig, das bedeutet vor allem, daß das genetische Verhalten züchterisch wichtiger Merkmale und Eigenschaften bekannt sein muß. Die Genanalyse des Roggens ist hinter der anderer Getreidearten zurückgeblieben. Der gegenwärtige Stand unseres Wissens über die genetischen Zusammenhänge, wie Merkmalsspaltung und Kopplungsgruppen, ist sehr unbefriedigend, obwohl Roggen in zytologischer Hinsicht ein gutes Versuchsobjekt ist. Mit seinen 2 n = 14 Chromosomen, die relativ groß sind, verfügt er über eine geringe Anzahl an Kopplungsgruppen.
Die genetischen Analysen beim Roggen werden durch den allogamen Bestäubungsmodus und die daraus resultierende Heterozygotie, wie auch durch die karyologischen Strukturunterschiede erschwert. Besonders störend wirken sich auch die stark ausgeprägte Selbstincompatibilität und die durch Selbstbestäubung hervorgerufenen Inzuchtdepressionen aus.
Eine Zusammenfassung von Merkmalsuntersuchungen war 1939 von Roemer im Handbuch für Pflanzenzüchtung gegeben worden. Aus neuerer Literatur geht hervor, daß etwa für 30 Merkmale weitgehend eindeutig analysierte Erbgänge nachgewiesen worden sind. Auf Grund des komplexeren Verhaltens quantitativer Merkmale überwiegen hier bei weitem qualitative Merkmalsuntersuchungen, wie der folgenden Übersicht zur Merkmalsspaltung bei Roggen zu entnehmen ist.
Meist handelt es sich hierbei um qualitative monogen vererbte Merkmalsunterschiede, wie Anthocyan-Gehalt, Ausbildung der Ligula, Ährenbrüchigkeit, Chlorophyllbildung, Zwergwuchs, Entwicklungstyp, Wachsbelag und andere. Bei quantitativen, meist polygen bedingten Merkmalsunterschieden ist es im Gegensatz zu den Eigenschaften, für die nur wenige Majorgene verantwortlich sind, nur schwer möglich, die Wirkung jedes einzelnen Gens experimentell zu erfassen. Sie sind in der Regel stark umweltabhängig. Es sind statistische Verfahren notwendig, um wenigstens eine Information über die durchschnittliche Wirkungsweise der genetischen Faktoren zu erhalten. Untersuchungen zu quantitativen Merkmalen sind durchgeführt worden von Rehse (1960) zu Strohlänge und Ertrag, von Kranz (1957) zu Halmlänge, von Jüttersonke (1971) zu Spelzenlänge, Kornlänge, Korngewicht, Blattbreite u. a.

Übersichtstabelle

Merkmalsspaltung beim Roggen

Merkmal	Versuchsmaterial	Vererbung	Autor
		dominant : rezessiv	
Anthocyan, Kornfarbe	*S. cerale* var. Court des Flandres	A + B komplem. Wirkung	Dumon, 1938
Anthocyan, Kornfarbe	I-Linien v. *S. cereale*	3 grün : 1 gelb	Rümker, 1911
Anthocyan, Kornfarbe	—	3 schwarz : 1 gelb	Steglich-Pieper, 1922
Anthocyan, Koleoptile	—	3 grün : 1 weiß	Nilsson-Ehle, 1913
Anthocyan, Koleoptile	—	3 rot : 1 grün	Treboux, 1925
Anthocyan, Koleoptile	—	3 grün : 1 grün-weiß	Dumon, 1947
			Brewbaker, 1926
Anthocyan, Koleoptile	I-Linien v. *S. cereale*	3 anthocyanhaltig : 1 anthocyanlos	Sybenga, 1962
Anthocyan, Koleoptile und Kornfarbe	I-Linie v. *S. cereale* var. Prolific	komplem. Wirkung	White u. Watkins, 1964
Blattöhrchenfärbung	*S. mont.* × *S. african.*	3 rot : 1 weiß	Nürnberg, 1952
	S. african. × *S. mont.*		
	S. ancestr. × *S. mont.*		Jüttersonke, 1971
Blattöhrchenfärbung	iranischer Primitivroggen	1 dunkelrot : 2 blaßrot : 1 weiß	Kranz, 1957
Blattgrün	I-Linien v. *S. cereale*	3 grün : 1 gelbgrün	Sybenga, 1962
Blattgrün	*S. cereale* „virescens“ × „subtypica“	multiple Allalie	Dumon, 1963
Ligula	—	3 Ligula : 1 ligulalos	Krasnjuk, 1936
Ligula	Kreuzung russ. Sorten v. *S. cereale*	3 Ligula : 1 ligulalos	Fedorov, 1970
Verhalten gegen Blattrost	—	restistent : anfällig	Mains u. Leighty, 1923
Stengelrost	—	restistent : anfällig	Mains, 1926
Stockählchen	Ottersummer × Petkuser	restistent : anfällig	Wellensiek, 1945, 1947
Mehltau	—	resistent : anfällig	Mains, 1926
Mehltau	Heines Hellkorn × Danaé	3 resistent : 1 anfällig	Balkandschieva, 1971
Spelzenfarbe	—	3 grün : 1 weiß	Sirks, 1929
Spelzenfarbe	—	3 braun : 1 gelb	Berkner, 1927
Wachsbelag auf Blätter	—	3 wachs : 1 wachslos	Heribert Nilsson, 1917
Wachsbelag auf Blätter	—	wachs : wachslos	Dumon, 1947

Wachsbelag	I-Linien v. *S. cereale*	3 wachs : 1 wachslos	SYBENGA, 1962
Wachsbelag	Heines Hellkorn × Danaé	3 wachs : 1 wachslos	BALKANDSCHIEVA, 1971
Ähre	—	nickend : aufrecht F_1 intermedinär	TSCHERMAK, 1906
Ähre	—	dicht : locker	TSCHERMAK, 1906
Ähre	—	lang : kurz	TSCHERMAK, 1906
Ährenspindel	*S. cereale* × *S. mont.* *S. cereale* × *S. vavilov.* *S. cereale* × *S. silvestre*	3 brüchig : 1 zäh	TSCHERMAK, 1906 KRANZ, 1961 NÜRNBERG, 1961
Halmbrüchigkeit	I-Linien v. *S. cereale*	3 fest : 1 brüchig	DAVIDSON, 1924 SYBENGA, 1962 BREWBAKER, 1926
Zwergwuchs	I-Linien v. *S. cereale*	3 normal : 1 Zwergwuchs	SYBENGA, 1962 FEDOROV, 1970
Entwicklungstyp	Heinrich × Sächs. Stauden	dominant: rezessiv 3 Sommertyp: 1 Wintertyp	TSCHERMAK, 1906 PURVIS, 1939 FEDEROV, 1970
Perennierfähigkeit	*S. mont.* × *S. cereale* *S. kuprij.* × *S. cereale* Weizen × Roggen	perennier. : nichtperenn.	TSCHERMAK, 1906 DERSHAVIN, 1935
Perennierfähigkeit	*S. mont.* × *S. afrikan.*		DUKA, 1935
Perennierfähigkeit	*S. cereale* × *S. mont.*	perennierend nicht völlig dominant	NÜRNBERG, 1952 OSSENT, 1930
Perennierfähigkeit	*S. afrikan.* × *S. mont.* *S. cereale* × *S. mont.*	3 perennierend : 1 nichtperennierend	NÜRNBERG, 1952 DIERKS u. REIMANN, 1966
Halmlänge	—	lang : kurz	TSCHERMAK, 1906
Halmlänge	Kreuzung russ. Sorten v. *S. cereale*	3 normal : 1 kurz	FEDOROV, 1957
Hairy neck	*S. cereale* × *S. mont.* Weizen × Roggen	3 behaart : 1 unbehaart	TSCHERMAK, 1906 JONES u. JENSEN, 1954
Hairy neck	Roggen × Weizen	behaart : unbehaart	KATTERMANN, 1937
Hairy neck	Weizen × Roggen	F_2 irreguläre Aufspaltung	LEIGHTY u. TAYLER, 1924

Merkmal	Versuchsmaterial	Vererbung	Autor
		dominant : rezessiv	
Korn	—	lang : kurz	Tschermak, 1906
Kornbesatz	—	3 normal : 1 lückig	Pammer, 1905
Reifezeit	—	3 früh : 1 spät	Tschermak, 1906
Ähre	I-Linien v. *S. cereale*	3 normal : 1 canary	Sybenga, 1962
Pollensterilität	*S. cereale*	fertil : steril	Putt, 1954
Selbststerilität	—	2 selbststeril : 1 selbstfertil	Heribert Nilsson, 1916
Selbststerilität	—	3 selbstfertil : 1 selbststeril	Perterson, 1934
Selbststerilität	—	2 unabhängige multiallele Loci	Heribert Nilsson, 1953
Meiose/Paarung	*S. cereale* var. Stalrag	3 Synapsis : 1 Asynapsis	Praken, 1943

Anmerkung: Die Gedankenstriche (—) in der Spalte Versuchsmaterial bedeuten, daß vom Autor in der jeweiligen Arbeit keine Angaben über das verwendete Versuchsmaterial gemacht wurden.

Kopplungsuntersuchungen liegen bisher kaum vor. (Sybenga, 1962; Whithe und Watkins, 1964; Fedorov, 1969, 1970; Kamanoi u. Jenkins, 1962). Auch über die Zuordnung bestimmter Gene zu den Chromosomen ist wenig bekannt (Dierks u. Reimann, 1966; Kranz, 1957; Jüttersonke, 1971; Balkandschieva, 1971). Erschwerend kommt hier hinzu, daß der allogame Roggen chromosomenstrukturelle Verschiedenheiten aufweist und deshalb kein völlig einheitlicher konstanter Karyotyp existiert. Von Nürnberg (1967) wurde für *Secale kuprijanovii* eine stark chromosomale Variabilität gefunden.

Für die Klärung der Frage der Genlokalisation ist auch die Kenntnis des Paarungsverhaltens der Chromosomen in der Meiose von Wichtigkeit. Meioseablauf, Chiasmaort und -frequenz sind genetisch determiniert. Inzucht bei Fremdbestäubern führt zur Aufspaltung in Typen mit unterschiedlicher Chiasmafrequenz. Gaul (1954) vermutet, daß die Chiasmafrequenz durch eine Anzahl selbständiger und/oder unselbstständiger Gene gesteuert wird, die alle Übergänge von total asynaptischen Typen bis zu solchen mit maximaler Chiasmafrequenz bewirken können. Untersuchungen über Homologiebeziehungen und Substitionsversuche zwischen Roggen- und Weizenchromosomen sind von Sears (1968), Bieling u. a. durchgeführt worden.

Den verschiedenen Untersuchungen liegt sehr unterschiedliches Material zugrunde. In vielen älteren Arbeiten

(z. B. SIRKS, 1929; MAINS, 1923) werden auch keine oder nur sehr ungenaue Angaben über das Versuchsmaterial gemacht. Meist wurden Inzuchtlinien von Sorten und Varietäten des Kulturroggens verwendet. Interspezifische Kreuzungen wurden zu den Merkmalen Perennierfähigkeit, Brüchigkeit, Blattöhrchenfärbung und hairy neck vorgenommen. Die genetischen Verhältnisse ein und desselben Merkmals können innerhalb der Gattung *Secale* und auch unter den verschiedenen Sorten einer Art unterschiedlich sein. Auch innerhalb ein und desselben Materials brauchen die Genloci, auch wenn sie gleiche Merkmale betreffen, nicht identisch zu sein. Daraus ergibt sich die Schwierigkeit, die Untersuchungsergebnisse miteinander vergleichen zu können.

Auf einige Merkmale, die näher untersucht worden sind, soll weiter eingegangen werden:

Das wichtige Merkmal Perennierfähigkeit wurde von TSCHERMAK (1906), DERSHARVIN (1935), DIERKS und REIMANN (1966) u. a. untersucht. Sie stellten in verschiedenen inter- und intraspezifischen Kreuzungen fest, daß perennierend monogen dominant vererbt wird. OSSENT (1930) kreuzte *Secale cereale* × *Secale montanum* und schlußfolgerte aus seinen Untersuchungsergebnissen, daß sich das Merkmal Perennierfähigkeit offenbar unvollkommen manifestiert. Seine Expressivität hängt in starkem Maße vom jeweiligen genetischen Hintergrund ab, auch Umwelteinflüsse spielen eine Rolle.

Aus älteren Untersuchungsergebnissen unserer Arbeitsgruppe an der Kreuzung *Secale montanum* × *Secale africanum* geht hervor, daß hier das Merkmal Perennierfähigkeit mit Blattöhrchenfärbung (monogen dominant vererbt) gekoppelt ist. Bei der reziproken Kreuzung *Secale africanum* × *Secale montanum* konnte die Kopplung zwischen diesen 2 Loci nicht nachgewiesen werden. Der Umfang des Materials von 170 Pflanzen war allerdings nicht sehr groß. Es wäre auch möglich, daß plasmatische Einflüsse hier eine Rolle spielen. JÜTTERSONKE (1971) kreuzte *Secale ancestrale* (weiße Blattöhrchen) mit *Secale montanum* (rote Blattöhrchen). Auf Grund von Strukturunterschieden, die zwischen den beiden Arten bestehen, treten Translokationskonfigurationen auf, die zu neuen Kopplungsgruppen führen können. In der F_1 dieser Kreuzung traten nur Pflanzen mit roten Blattöhrchen auf. Die F_2 spaltete sowohl für translokationsbildende Pflanzen als auch für bivalentbildende Pflanzen im Verhältnis 3 : 1. JÜTTERSONKE nimmt daher an, daß das Hauptgen für Anthocyanfärbung, das den Unterschied zwischen den Arten hervorruft, auf einem nicht an der Ketten- bzw. Ringbildung beteiligten Chromosomen liegt. Die Merkmale perennierend und Ährenbrüchigkeit liegen in diesem Material auf einem der 3 Translokationschromosomen und sind somit miteinander gekoppelt, nicht aber mit dem Merkmal Blattöhrchenfärbung.

Das Merkmal Ährenbrüchigkeit kann monogen dominant über nichtbrüchig sein. Das ist mehrmals gefunden worden: TSCHERMAK (1906) bei *Secale cereale* × *Secale montanum*, KRANZ (1961) bei *Secale cereale* × *Secale vavilovii*, NÜRNBERG (1961) bei *Secale cereale* × *Secale silvestre*. SYBENGA (1962) stellte in mehreren I-Linien von *Secale cereale* fest, daß Halmbrüchigkeit (b_a)

rezessiv gegenüber normal fest (B_a) vererbt wird. Halmbrüchigkeit ist nicht gekoppelt mit anthocyanlos (a), wachslos (w) und canary (c, Ährenmutante). Dierks und Reimann (1966) fanden bei ihrer Kreuzung *Secale cereale* × *Secale montanum*, daß die beiden Merkmale Perennierfähigkeit und Ährenbrüchigkeit zufallsgemäß miteinander kombinieren. Entweder liegt keine Kopplung vor, oder sie kann auf Grund großer Austauschwerte nicht wirksam sein. Die unterschiedlichen Ergebnisse deuten darauf hin, daß die Kopplung des Merkmals Perennierfähigkeit mit Brüchigkeit und Blattöhrchenfärbung von der jeweiligen Kreuzung abhängig ist, d. h., ein Einfluß des genetischen Hintergrundes liegt vor. Bei den Untersuchungen von Dierks und von Jüttersonke kommt hinzu, daß unklar bleibt, ob die auftretenden Translokationsfiguren in beiden Fällen dieselben 3 Chromosomen betreffen.

Umfangreiche Untersuchungen wurden zum Merkmal Anthocyanfärbung durchgeführt. Brewbaker (1926), Treboux (1925), Nilson-Ehle (1913) sowie Steglich-Pieper (1922) wiesen für Korn- bzw. Keimlingsfarbe einen monogen dominanten Erbgang nach. White und Watkins (1964) versuchten eine Lokalisation der Gene für Anthocyanfärbung in *Secale cereale* var. Prolific vorzunehmen. Die blaue Anthocyanfärbung in der Aleuronschicht wird durch die komplementäre Wirkung der dominanten Allele Ax und Ey bewirkt, rote Anthocyanfärbung der Colleoptile durch komplementäre Wirkung der dominanten Allele Ax und R. Alle 3 Gene sind miteinander gekoppelt, müssen also auf demselben Chromosom liegen: in der Reihenfolge E–A–R. Dumon (1938) stellte für *Secale cereale* var. Court des Flandres fest, daß zwar eine komplementäre Wirkung der dominanten Allele von A und E Anthocyanfärbung in der Aleuronschicht bewirken, aber, die Anthocyanfärbung in der Colleoptile nur durch das dominante Allel von A, nicht aber durch E hervorgerufen wird, d. h., A und E sind nicht miteinander gekoppelt. Sybenga (1962) wies für mehrere I-Linien von *Secale cereale* eine Kopplung des Merkmals anthocyanlos (a) und einem Zwergwuchstyp (d_1) nach. Anthocyanlos wird unabhängig vererbt von wachslos (w), Brüchigkeit (b), canary (d, Ährenmutante), yellow-green (yg, Chlorophyllmutante) und dem Zwergwuchstyp (d_2). Fedorov und Smirnov (1970) stellten für mehrere russische Sorten des Kulturroggens unabhängige Vererbung des Merkmals anthocyanlos (a_2) mit Zwergwuchs (d_3) und ligulalos (el) fest. Das Merkmal rote Blattöhrchenfärbung (R) ist aber gekoppelt mit dem Merkmal Zwergwuchs (d_3). Die Autoren vermuten, daß keine Kopplung zwischen a_2, wachslos (w_3) und den S-Genen des Selbstincompatibilitätssystems besteht.

Züchterisch von großer Bedeutung ist das Merkmal Halmlänge. Fedorov (1967) kreuzte verschiedene russische Kurzstrohsorten mit der Sorte Hadmersleben und stellte hier einen monogen rezessiven Erbgang für Kurzhalmigkeit fest.

Rehse (1960) führte Kopplungsuntersuchungen zwischen Strohlänge und Ertrag durch. Er untersuchte die F_2 aus der Kreuzung Carstens Kurzstroh × Petkuser Normalstroh. In den meisten Kreuzungspopulationen wurden signifikante positive Regressionen zwischen Strohlänge und Kornertrag festgestellt.

Bisher wurde eine physiologische Korrelation zwischen diesen beiden Merkmalen angenommen. Für die Züchtung ist aber wichtig zu wissen, ob diese Korrelation auch genetisch bedingt ist. Rehse fand eine Anzahl von Korrelationsbrechern und schloß daraus, daß auch eine genetische Kopplung zwischen diesen beiden Merkmalen besteht. Eine endgültige Schlußfolgerung, ob es sich bei diesen Korrelationsbrechern um erbliche oder zufällige Abweichungen handelt, konnte noch nicht erbracht werden.
Um in Zukunft züchterische Erfolge beim Roggen zu erzielen, wird es unumgänglich sein, genetisch genau definierte Linien zu entwickeln, d. h., daß mit genetisch analysiertem Material gezielte Kreuzungen durchgeführt werden müssen. Eine Reihe der analysierten Gene, z. B. Anthocyanfärbung, könnte als Markierungsgene in diesem Zusammenhang noch an Bedeutung gewinnen. Die umfangreichen Kopplungsanalysen der Arbeitsgruppen Sybenga, Fedorov und Smirnov zeigen, daß schon in dieser Richtung gearbeitet wird. Zuchtmethodisch von besonderer Wichtigkeit ist die Lokalisierung der Incompatibilitätsgene mit ihren Kopplungsgruppen. Auch die Schaffung von Trisomentypen durch Balkandschieva (1971), die eine der möglichen Methoden der Erstellung zytologisch markierten Materials darstellt, ist ein Schritt auf diesem neuen Weg der Roggenzüchtung.

Zusammenfassung

In der Arbeit wird eine Zusammenfassung der aus der Literatur bekannten Merkmalsuntersuchungen an Roggen gegeben. Bisher sind etwa für 30 Merkmale weitgehend eindeutig analysierte Erbgänge nachgewiesen worden. Umfangreiche Untersuchungen werden von den Arbeitsgruppen Sybenga, Fedorov und Smirnov vorgenommen. Auf Grund des komplexeren Verhaltens quantitativer Merkmale überwiegen bei weitem qualitative Merkmalsuntersuchungen. Meist handelt es sich hierbei um qualitative, monogen vererbte Merkmalsunterschiede. Bei quantitativen, meist polygen bedingten Merkmalsunterschieden, ist es nur schwer möglich, die Wirkung jedes einzelnen Gens zu ermitteln. Kopplungsuntersuchungen liegen bisher kaum vor. Auch über die Zuordnung bestimmter Gene zu den Chromosomen ist wenig bekannt.

Резюме

Название работы: О генофонде ржи

В работе дана сводка известных из литературы результатов исследования признаков ржи. Примерно по 30 признакам установлены и основательно анализированы типы наследования. Обширные исследования проводят своими рабочими группами СЫБЕНГА, ФЕДОРОВ и СМИРНОВ. В связи с более комплескными отношениями количественных признаков значительно преобладает исследование качественных признаков. В большинстве случаев идет здесь речь о качественных, моногенно передающихся по наследству признаках. При количественных, большею частью полигенно обусловленных признаках, трудно определить действие каждого отдельного гена. О сцеплении генов едва ли имеются работы. Мало известно также о принадлежности определенных генов к хромосомам.

Summary

Title of the paper: On the knowledge of the rye gene pool

A survey is given of the investigations into rye characters as known from literature. So far, the hereditary course of some 30 characters have been clarified to a large degree. Extensive studies were conducted by the workgroups of SYBENGA, FEDOROV and SMIRNOV. On account of the more complex behaviour of quantitative characters, studies on quantitative characters have dominated. Qualitative, monogenically inherited character variations have been mostly dealt with. In case of quantitative, mostly polygenically transmitted character variations, it proved difficult to determine the effect of every individual gene. Linkage investigations have hardly been conducted. Little is known either on the attribution of certain genes to the chromosomes.

Literatur

AHLOOWALIA, B. S.: Study of a translocation in diploid rye. Genetica 33 (1963), S. 128–144

BALKANDSCHIEVA, J.: Morphologische und cytologische Untersuchungen an triploidem Roggen und seinen Nachkommen zum Aufbau einer Trisomenserie. Halle, Martin-Luther-Univ., Diss. 1971

BHATTACHARYYA, N. K.: Karyotype analysis and chromosome designations for *Secale cereale* L. 'Dakold'. Can. J. Genet. Cytol. 2 (1960), S. 268–277

CHAPMAN, V.; RILEY, R.: The disomic addition of rye chromosome II to wheat. Nature 175 (1955), S. 1091

COCKERHAM, C. C.: Analysis of quantitative gene action. Genetics in Plant Breeding Brookhaven Symposia in Biology Nr. 9, 1966, S. 53–67

DAVIDSON, F. R.; BREWBAKER, H. E.; THOMPSON, N. A.: Brittstraw and other abnormale ties in rye. J. Agric. Res. 28 (1924), S. 169–172

DIERKS, W.; REIMANN-PHILIPP, R.: Die Züchtung eines perennierenden Roggens als Möglichkeit zur Verbesserung der Roggenzuchtmethodik und zur Schaffung eines mehrfach nutzbaren Grünfutters und Körnerroggens. Z. Pflanzenzücht. 56 (1966), S. 343–368

DUMON; LAERMANS: The inheritance of chlorophyll in *S. cereale* L. Agric., Louvain 11 (1963), S. 91–105

FEDOROV, V. S.; SMIRNOV, V. G.: Genetics of rye (*Secale cereale* L.). Genetica, Moskva 2 (1967a), S. 96–102 (russ.)

FEDOROV, V. S.; SMIRNOV, V. G.; SOSNICHINA: Genetics of rye (*S. cereale* L.). V. On the inheritance of self fertility in diploid rye. Genetica, Moskva 3 (1967b), S. 25–28

FEDOROV, V. S.; SMIRNOV, V. G.; SOSNICHINA: Genetik des Roggens (*S. cereale* L.). X. Art der Vererbung der Zwergigkeit. Genetica, Moskva 6 (1970a) 3, S. 5–15 (russ.)

FEDOROV, V. S.; SMIRNOV, V. G.; SOSNICHINA: Genetik des Roggens (*S. cereale* L.). XI. Vererbung der Ligula. Genetica, Moskva 6 (1970b) 5, S. 5–14 (russ.)

GAUL, H.: Asynapsis und ihre Bedeutung für die Genomanalyse. Z. Indukt. Abstamm.- u. Vererbungslehre 86 (1954/55), S. 69–100

HENEEN, W. K.: Chromosome morphology in inbred rye. Hereditas 48 (1962), S. 182–200

HERMSEN: Basic information for the use of primary trisomics in genetic and breeding research. Euphytica 19 (1970), S. 125–140

HOLM, E.: Locating genes by double translocations. Hereditas 62 (1969), S. 266–270

JAIN, S. K.: Cytogenetics of rye (*Secale* spp.). Bibliographica Genetica 19 (1960), S. 1–86

JÜTTERSONKE, B.: Das Verhalten polygen bedingter Merkmale in Beziehung zur Chromosomenstruktur in den Nachkommenschaften translokationsheterozygoter Artbastarde bei *Secale*. Diss., 1971

KARPETZAN, V. K.: Genetic analyses of a rye-wheat and wheatrye hybrid. Agrobiol. 3 (1954), S. 67–80

KATTERMANN, O.: Chromosomenuntersuchungen bei halmbehaarten Stämmen aus Weizen-Roggen-Bastardierung. Z. Indukt. Abstamm.- u. Vererbungslehre 73 (1937), S. 1–48

KOBALJANSKI: Eine neue Quelle der Kurzstrohigkeit für die Züchtung auf Standfestigkeit beim Roggen. Vestnik sleskohozjastvenoi naki 9 (1971), S. 58–62

KRASNJUK, A. A.: Inbreeding in rye breeding. Sotsial. Rekonst. Sel'skojo Khozjaistva 12 (1936b), S. 104–112

KRESS, H.: The correlation beetween growth observations and yield. Bonn, Univ., Diss., 1938, 61 ps.

LAUBE; QUADT: Roggen, *Secale cereale*. Handbuch d. Pflanzenzüchtung. 2. Aufl., Hrsg. v. H. KAPPERT u. W. RUDORF Bd. 2, 1959, S. 35–102

LAWRENCE, C. W.: Genotypic control of chromosome behaviour in rye. VI. Selection for disjunction frequency. Heredity 12 (1958), S. 127–131

LUNDQVIST, A.: The origin of self-compatibility in rye. Hereditas 46 (1960), S. 1–19

MANIS, E. B.: Rye resistant to leaf rust, stem rust and powdery mildew. J. Agr. Res. 31 (1926), S. 201

MATHER, K.: The measurement of linkage in heredity. Methuen, London, 1951, 149 pp.

MENGERSEN, F. G.: Die Wirkung der Inzucht auf verschiedene Merkmale beim Roggen. Z. Pflanzenzücht. 30 (1951), S. 218–248

METTIN, D.: Untersuchungen an trisomen Formen des Roggens (*S. cereale* L.). Tag.-Ber. Akad. Landwirtsch.-Wiss. DDR, Nr. 119, 1971, hrsg. 1973

METTIN, D.; MÜLLER, F.: Untersuchungen an Valenzkreuzungen beim Roggen (*S. cereale* L.). I. Ein einfaches Bastardierungsverfahren sowie einige Bemerkungen über das Verhalten der Triploiden. Tag.-Ber. Dt. Akad. Landwirtsch.-Wiss. Berlin, Nr. 101, 1967, hrsg. 1970, S. 205–216

MÜNTZING, A.; AKDIK, S.: Cytological disturbances in the first inbred generations of rye. Hereditas (Lund) 34 (1948), S. 485–509

NILSSON-EHLE, H.: Einige Beobachtungen über erbliche Variationen der Chlorophylleigenschaften bei den Getreidearten. Z. Indukt. Abstamm.- u. Vererbungslehre 9 (1913), S. 289–300

Nürnberg-Krüger, U.: Über die Auswirkungen des Plasmas auf Leistungsmerkmale beim Roggen. Züchter 21 (1951), S. 232–240

Nürnberg-Krüger, U.: Untersuchungen an *Sec. africanum* Stapf. III. *Sec. africanum* Stapf und seine Bastarde mit Sec. montanum G. und Sec. cereale L. Ber. Dt. Bot. Ges. 66, Generalversamml., 1954

Ossent, H. P.: Perennierender Kulturroggen. Züchter 2 (1930), S. 221–227

Prakken, R.: Studies of asynapsis in rye. Hereditas 29 (1943), S. 475–495

Purvis, O. N.: Studies in vernalisation of cereals. V. The inheritance of the spring and winter habit in hybrids of Petkus rye. Ann. Bot., New Ser., London 3 (1939), S. 719 bis 730

Putt, E. D.: Cytogenetic studies in rye. Canad. J. Plant Sci. 34 (1954), S. 81–119

Rees, H.: Genotypic control of chromosome behaviour in rye. I. Inbred lines. Heredity 9 (1955), S. 93–116 u. Heredity 10 (1956), S. 409–424

Relese, E.: Über die Beziehungen zwischen Strohlänge und Ertrag in Kreuzungspopulationen zweier Roggensorten. Z. Pflanzenzücht. 43 (1960), S. 157–204

Riley, R.: The cytogenetics of the differences between some *Secale* species. J. Agric. Sci. 46 (1956), S. 377–383

Riley, R.; Macer, R. C. F.: The chromosomale distribution of rye to wheat pathogens. Can. J. Genet. Cytol. 8 (1966), S. 640–653

Roemer, Th.: Roggen (*Secale cereale*). Handbuch der Pflanzenzüchtung, 2. Bd., Berlin, Verl. Parey, 1939

Sears, E. R.: Induced transfer of Hairy Neck from rye to wheat. Z. Pflanzenzücht. 57 (1967), S. 4–25

Sears, E. R.: Relationships of chromosomes 2 A, 2 B and 2 D with theiler Rye Homoeologue. Third international wheat genetics symposium. Canberra 5–9 August, 1968

Sirks, M. J.: Über einen Fall vererbbarer Lichtempfindlichkeit des Chlorophylls beim Roggen (*S. cereale*). Genetica 2 (1920), S. 375–387

Sybenga, J.: Interchromosome effects on chiasma frequencies in rye. Genetica 38 (1967), S. 171–183

Sybenga, J.; Prakken, R.: Gene analysis in Rye. Genetica 33 (1962), S. 95–105

Thompson, W. P.: Lethal factors in cereals. West. Canad. Soc. Agr. Proc. 3 (1922), S. 53–59

Treboux, O.: Beobachtungen über Vererbung von Kornfarbe und Anthocyan beim Roggen. Z. Pflanzenzücht. 10 (1925), S. 288–291

Wagner: Die Übertragung nichtmendelnder Buntblättrigkeit durch den Pollen bei Roggen. Arch. Jul.-Klaus-Stift. 17 (1942), S. 449–453

Watkins; White: The inheritance of anthocynins in rye (*S. cereale* L.). Can. J. Genet. Cytol. 6 (1964), S. 403–410

Wexelsen, H.: Studies on the genetic basic of spring and winter forms in diploid and tetraploid rye (*S. cereale*). Medl. Norg. Landbr. 48 (1969), S. 1–15

Wricke: Untersuchungen zur Vererbung der Selbststerilität beim Roggen (*S. cereale*). Theoret. Appl. Genetics 8 (1969), S. 371–379

Anschrift der Verfasserin:

Dipl.-Biologin Sibylle Bismark
Sektion Biologie – Außenstelle Alt Ruppin –
der Humboldt-Universität zu Berlin
1952 Alt Ruppin, Krangener Straße 7

Themenkreis Spezielle Fragen der Gerstenzüchtung

Tag.-Ber. Akad. Landwirtsch.-Wiss. DDR. Nr. 122. 1973. S. 265–271

Zentralinstitut für Genetik und Kulturpflanzenforschung, Gatersleben, der Akademie der Wissenschaften der DDR

Friedrich Scholz und Gottfried Künzel

Zur Problematik der Hybridgerste

1. Voraussetzungen und Möglichkeiten

Bei zwitterblütigen Kulturpflanzen ist eine mechanisierte Kastration, entsprechend der Entfahnung beim Mais, praktisch ausgeschlossen, und eine Kastration durch Gametocide, d. h. eine modifikative Sterilisation nur der männlichen Blütenorgane, ist vorläufig ebenfalls nicht möglich. Unabdingbare Voraussetzung für die Entwicklung der Hybridzüchtung bei vielen Kulturpflanzen ist daher vorerst die Nutzung der genetisch bedingten männlichen Sterilität.

Bei Gerste wurde cytoplasmatisch bedingte männliche Sterilität bisher nur von Schooler (1967) gefunden, ohne daß jedoch bisher Restorer, die zweite Komponente eines Systems cytoplasmatisch-genischer Sterilität, bekannt sind. Diese Form ging aus komplizierten Artkreuzungen hervor und besteht offenbar aus dem diploiden Genom der Kulturgerste und dem Plasmon von *Hordeum jubatum*. Ihre mangelhafte Vitalität ließ sich bisher trotz vielfacher Rückkreuzungen mit Kulturgerste nicht verbessern. Damit scheint ein ähnlicher Fall vorzuliegen wie bei der männlich-sterilen Form des Weizens mit dem Plasmon von *Aegilops ovata*. – Einzelne andere Fälle angeblich cytoplasmatischer männlicher Sterilität bei Gerste haben sich nicht bestätigt.

Genische männliche Sterilität, bedingt durch die rezessiven Allele von sogenannten *Ms/ms*-Genen, ist dagegen weit verbreitet. Der erste Fall wurde von Suneson (1940) beschrieben, und inzwischen sind zahlreiche weitere Formen gefunden worden (Hockett u. Eslick, 1971). Ihre Nutzung für die Hybridsaatguterzeugung erfordert spezifische Verfahren (vgl. Beitrag Künzel u. Scholz). Mit dem sogenannten BTT-Verfahren (balancierte tertiäre Trisomie) konnte Ramage in Arizona/USA die Sommergersten-Hybridsorte ‘Hembar’ entwickeln (Ramage u. Wiebe, 1969). Diese Sorte hat zwar eine nur sehr begrenzte Bedeutung im extremen Wüstenklima Arizonas und Südkaliforniens bei Bewässerungskultur, aber dieses erste praktische Beispiel einer Hybridsorte zeigt, daß der Nutzbarkeit derartig spezifischer Funktionssysteme reale Chancen einzuräumen sind.

Die Entwicklung von Funktionssystemen zur Nutzung der männlichen Sterilität ist nicht die einzige wichtige Voraussetzung für die Entwicklung der Hybridzüchtung. Bei normaler, fertiler Gerste ist die Autogamie so streng, daß in der Regel weniger als 1% aller Blütchen fremdbestäubt werden. Bei männlich-sterilen Gersten, bei denen die Konkurrenz eigenen Pollens entfällt und durch offeneres Blühen die Aufnahme fremden Pollens begünstigt ist, beträgt der Ansatz bei freier Bestäubung im gemäßigten Klima Europas und der Hauptgetreideanbaugebiete Nordamerikas fast immer unter 20%, oft sogar unter 5% (Sage, 1968; Hockett u. Eslick, 1970). Lediglich bei Wintergerste liegt er höher.

Für eine ökonomische Hybridsaatguterzeugung wäre jedoch ein Ansatz zu fordern, der auch in ungünstigen Jahren 50% nicht unterschreitet. Diese Norm wird bei Sommergerste bisher nur unter den klimatisch extremen Bedingungen der Wüsten und Halbwüsten Arizonas und Südkaliforniens erreicht. Die Ursachen für die unter normalen klimatischen Verhältnissen zu geringe Fremdbefruchtungsneigung sind komplexer Art; sie beziehen sich sowohl auf die Aufnahmefähigkeit der Blüte für fremden, von außen kommenden Pollen, als auch auf die Höhe des Pollenangebots durch den männlichen Hybridpartner. Im Vergleich zum Fremdbefruchter Roggen sind bei Gerste die Narbe, die Lodiculae und die Antheren wesentlich kleiner. Die Antheren enthalten weniger Pollen und treten z. T. erst dann nach außen, wenn sie bereits geplatzt und leer sind. Die Ähre kann bereits abgeblüht sein, wenn sie die Fahnenblattscheide verläßt. Für Gerste fehlen aber noch weitgehend gründliche Untersuchungen über die Variabilität dieser Einzelmerkmale und ihre spezifischen Auswirkungen auf die Fremdbefruchtungsneigung. Der Formenreichtum des Weltsortiments der Gerste und erste Ergebnisse entsprechender Untersuchungen rechtfertigen hinsichtlich der Lösung dieses Problems jedoch einen gewissen Optimismus.

Eine weitere Frage ist die nach der Möglichkeit, bei Hybriden ausreichende Ertragsüberlegenheit gegenüber anderen Sorten zu erreichen. Bei Gerste wurden Korn-Mehrerträge gegenüber dem besseren Elter bis 30% und darüber mehrfach nachgewiesen (u. a. Hagberg, 1953; Nettevič u. Sergeev, 1969; Gebrekidan u. Rasmusson, 1970; Severson u. Rasmusson, 1968; Wienhues, 1968; Zeniščeva, 1971). Die Ergebnisse basieren vorwiegend auf jeweils relativ wenigen, in manueller Kreuzung hergestellten F_1-Individuen und umfaßten meist nur wenige Kreuzungskombinationen. In einigen Fällen konnten hohe Heterosiseffekte auf den im Vergleich zu normalen Feldbedingungen meist wesentlich größeren Standraum je Pflanze in den Prüfungen zurückgeführt werden. Hybriden haben oft ein erhöhtes Bestockungsvermögen, sofern ihnen ein unverhältnismäßig großer Standraum zur Verfügung steht. Unter normalen Feldbedingungen sind aber unter Umständen dann kaum noch Unterschiede in der Bestockung und damit im Ertrag je Pflanze vorhanden. Bei ausreichendem Umfang von Kombinationstests dürften sich jedoch, ähnlich wie bei anderen allo- oder autogamen Kulturpflanzen, Kombinationen mit hohen Mehrerträgen durchaus finden lassen.

2. Ökonomische Aspekte

Für die Entwicklung der Hybridzüchtung genügt jedoch die Lösung der genannten wissenschaftlichen Probleme allein noch nicht. Es kommen ökonomische Aspekte hinzu, die von Anfang an zu berücksichtigen sind. Entscheidend ist dabei die Frage, wie hoch die Mehrleistung von Hybridsorten sein muß, um die höheren Kosten der Saatguterzeugung zu decken und darüber hinaus einen echten Gewinn zu gewährleisten. Naturgemäß kann vorerst noch keine genaue Kalkulation angestellt werden, da noch nicht abgesehen werden kann, welcher spezielle Lösungsweg zu einem praktisch durchführbaren Verfahren der Hybridsaatgutproduktion führen wird. Als Anhaltspunkte können jedoch gewisse Faustzahlen dienen, die auch mit den Erfahrungen bei anderen Pflanzen in etwa übereinstimmen.
Geht man davon aus, daß der Preis für Hybridsaatgut das Drei- bis Vierfache des normalen Saatgutpreises beträgt, dann würden die Mehrkosten durch einen Mehrertrag der Hybridsorte von rund 10–12% gedeckt. Der Anbau einer Hybridsorte wäre lohnend, wenn Mehrerträge von etwa 15–20% gewährleistet sind. Als anzustrebendes Ziel sollten Mehrerträge von 20–30% gelten. Diese Relativwerte für die zu fordernden Mehrerträge errechnen sich, wenn ein nur mittleres Niveau der Durchschnittserträge konventioneller Sorten von 40 dt/ha zugrunde gelegt wird. Bei einer Erhöhung des Ertragsniveaus, z. B. von 40 auf 60 dt/ha, würden sich die zu fordernden relativen Mehrerträge von Hybridsorten entsprechend reduzieren: Die Saatgutmehrkosten würden durch einen Mehrertrag von 7–8% gedeckt, und der Anbau wäre bereits lohnend bei Mehrerträgen von etwa 10–15%. Das bedeutet jedoch nicht, daß bei einem hohen Ertragsniveau die Hybridzüchtung weniger Anstrengungen erfordern würde. Es ist eine vielfach und bei verschiedenen Kulturpflanzen bestätigte Erfahrung, daß es bei niedrigem Ertragsniveau leichter ist, hohe relative Heterosiseffekte zu erzielen, während bei steigendem Ertragsniveau die relativen Heterosiseffekte in der Regel abnehmen.

3. Alternative Möglichkeiten

Bei den bisherigen Überlegungen wurde von der Nutzung der genetisch bedingten männlichen Sterilität ausgegangen. Als mögliche Alternativen gibt es jedoch noch andere potentielle Wege, welche die Nutzung von Hybrideffekten ohne genetisch bedingte oder ganz ohne männliche Sterilität erlauben würden. Zwei dieser Alternativwege ergäben sich, wenn die männliche Fertilität bzw. Sterilität modifikativ reguliert werden könnte.
Das Problem der Herstellung einheitlich männlich-steriler Bestände für die Hybridsaatgutproduktion wäre gelöst, wenn es gelänge, mit Hilfe von sogenannten Gametociden annähernd hundertprozentige männliche Sterilität zu

induzieren, ohne daß die weiblichen Blütenorgane in ihrer Funktion beeinträchtigt werden. Bisherige Ergebnisse haben gezeigt, daß derartige modifikative Beeinflussungen im Prinzip möglich sind (James u. Lund, 1965; Rowell u. Miller, 1971). Die Entwicklung von zuverlässigen Verfahren, die unter den jährlich sehr verschiedenartigen Witterungsverhältnissen mit Sicherheit die notwendige vollständige männliche Sterilität liefern, ohne wesentliche anderweitige Schäden an den Pflanzen zu verursachen, dürfte jedoch außerordentlich schwierig sein. Trotzdem wäre ein solches Verfahren besonders erstrebenswert, denn man könnte aus Partnern mit hoher Kombinationseignung unmittelbar die Hybriden herstellen, ohne erst männlich-sterile und Restorer-Analoglinien entwickeln zu müssen.

Nicht ganz so schwierig erscheint die modifikative Fertilitätsrestaurierung bei genisch männlich-sterilen Formen. Hier wäre eine 30–50%ige Wirkung schon ausreichend. Damit könnten die homozygoten männlich-sterilen Hybridpartner erhalten und vermehrt werden, und die relativ komplizierten Systeme zur Erzeugung einheitlich männlich-steriler Bestände würden nicht benötigt. Über erste Versuche in dieser Richtung wurde bereits von Kasembe (1967) berichtet.

Die eleganteste Nutzung von Hybrideffekten wäre ihre Fixierung. Man käme dann ganz ohne männliche Sterilität aus, hätte keine Schwierigkeiten mit der bisher zu geringen Fremdbefruchtungsneigung der Gerste, und auch die ökonomischen Probleme wären wesentlich einfacher. Ein sich dafür im Prinzip anbietender Weg, die Induktion von Apomixis, liegt noch außerhalb unserer Reichweite, obwohl das relativ verbreitete Vorkommen der apomiktischen Fortpflanzungsweise gerade innerhalb der Familie der Gramineen zu Hoffnungen für die Zukunft berechtigt.

Ein anderer potentieller Weg würde die Fixierung von Hybrideffekten auf tetraploider Stufe ermöglichen. Autotetraploide Gersten haben bestimmte züchterisch wertvolle Eigenschaften, z. B. kurzes Stroh und hohe Standfestigkeit. Trotz relativ intensiver züchterischer Bearbeitung seit Mitte der dreißiger Jahre in mehreren Ländern gelang es jedoch nicht, die insbesondere durch meiotische Paarungsschwierigkeiten zwischen den vier homologen Chromosomen bedingte hohe partielle Sterilität dieser Formen zu beseitigen. Voraussetzung für die Überwindung dieser meiotischen Störungen und damit der stark geminderten Fertilität ist die Erzeugung funktioneller Diploidie („Diploidisierung", „Amphidiploidisierung"). Dieses Ziel dürfte grundsätzlich auf folgende Weise erreichbar sein: Gezielter, schrittweiser und möglichst weitgehender struktureller Umbau aller Chromosomen der diploiden Gerste mit Hilfe von induzierten reziproken Translokationen und anderen Chromosomenmutationen. Aus der Form mit dem umgebauten Karyotyp und einer Gerste mit normalen Chromosomen sind durch Kreuzung die vermutlich völlig sterilen F_1-Hybriden herzustellen und tetraploid zu machen. Unter der Voraussetzung stabiler funktioneller Diploidie solcher Formen, wäre damit die Fixierung von Hybrideffekten auf tetraploider Stufe möglich (Sybenga, 1969). Bisher gibt es über diesen Weg noch keine ausreichenden Erfahrungen, weder bei Gerste noch bei anderen Pflanzen. Eine solche, technisch schwierige, zeitlich sehr aufwendige und mit hohem Risiko behaftete Aufgabe würde aber bei erfolgreichem Verlauf auch in ökonomischer Hinsicht eine ideale Lösung darstellen, da die jährlich in großem Umfang nötige Neuerzeugung von Hybridsaatgut nicht erforderlich wäre und das für andere Verfahren möglicherweise entscheidende Problem des unzureichenden Ansatzes männlich-steriler Formen bei freier Bestäubung hier entfiele.

Im ganzen gesehen, befindet sich die Entwicklung der Hybridzüchtung bei Gerste und die Schaffung der genetischen, cytogenetischen, blütenbiologischen und anderen Voraussetzungen, trotz gewisser spektakulärer praktischer Anfangserfolge, noch in den Anfangsstadien. Es gibt viele offene, ungelöste Probleme. Da sich aber sehr verschiedenartige und variierbare Lösungswege als gangbar abzeichnen und möglicherweise neue hinzukommen werden, erscheint es gerechtfertigt, anzunehmen, daß mindestens einer dieser Wege in absehbarer Zeit zum Erfolg führen wird.

Zusammenfassung

Die bei Gerste gegenwärtig bestehenden Probleme und Möglichkeiten für die Entwicklung der Hybridzüchtung werden diskutiert. Der Aufbau geeigneter Funktionssysteme zur Nutzung von *Ms/ms*-Genen für die Hybridsaatguterzeugung sowie die Entwicklung von Hybridpartnern mit ausreichender Fremdbefruchtungsneigung sind notwendige Voraussetzungen. Hinsichtlich der erforderlichen Ertragsüberlegenheit von Hybriden gegenüber anderen Sorten wird auch auf einige ökonomische Aspekte hingewiesen. Darüber hinaus werden kurz potentielle alternative Lösungswege für die Nutzung von Hybrideffekten besprochen: Anwendung von Gametociden, modifikative Fertilitätsrestaurierung genisch männlich-steriler Formen, Fixierung von Hybrideffekten.

Резюме

Название работы: О проблемах гибридного ячменя

Обсуждаются проблемы и возможности использования гибридного ячменя в селекции. Необходимым для этого условием является создание пригодных систем использования генов *Ms/ms* для производства гибридных семян и создание партнеров для скрещиваний с достаточной склонностью к аллогамии. В связи с требуемой повышенной урожайностью гибридов по сравнению с другими сортами указывается также на некоторые экономические аспекты. Кроме того, коротко обсуждаются возможные пути к решению вопроса использования гибридных эффектов: использование гаметоцидов, модификативное восстановление фертильности у форм с генной мужской стерильностью, закрепление гибридных эффектов.

Summary

Title of the paper: On the problems of hybrid barley

The present problems and possibilities in developing hybrid barley are discussed. The development of both appropriate systems for using *Ms/ms* genes in hybrid seed production and hybrid male and female stocks with sufficient tendency to cross-pollination are necessary prerequisites. Some economic aspects mentioned relate to the necessary yielding superiority of hybrids to other varieties. In addition, potential alternatives for utilizing hybrid effects are briefly discussed, i. e. application of gametocides, chemically induced fertility restoration of genically male-sterile forms, fixation of hybrid effects.

Literatur

Gebrekidan, B.; Rasmusson, D. C.: Evaluating parental cultivars for use in hybrids and heterosis in barley. Crop Sci. 10 (1970), p. 500–502

Hagberg, A.: Heterosis in barley. Hereditas 39 (1953), p. 325–348

Hockett, E. A.; Eslick, R. F.: Natural outcrossing on genetic male sterile barley. Crop Sci. 10 (1970), p. 152–154

Hockett, E. A.; Eslick, R. F.: Genetic male-sterile genes in hybrid barley production. In: Nilan, R. A. (Edit.): Barley genetics II, Proc. Second Intern. Barley Genet. Symp. 1969. Washington State University Press, Pullman, Wash., 1971, p. 298–307

James, N. I.; Lund, S.: Induction of male sterility in barley (*Hordeum vulgare* L. emend. Lam.) with potassium gibberellate and other plant growth regulators. Agronomy J. 57 (1965), p. 269–272

Kasembe, J. N. R.: Phenotypic restoration of fertility in a male sterile mutant by treatment with gibberellic acid. Nature 215 (1967), p. 668

Nettevič, E. D.; Sergeev, A. V.: Heterosis bei Sommergerstenhybriden (Russ.). Vestn. selskoch. Nauki 1969, Nr. 10, S. 108–112

Ramage, R. T.; Wiebe, G. A.: Use of chromosome aberrations in producing female parents of hybrids. In: Induced mutations in plants, Proc. of a Symp. Pullman 1969, IAEA, Vienna, 1969, p. 655–659

Rowell, P. L.; Miller, D. G.: Induction of male sterility in wheat with 2-chloroethylphosphonic acid (Ethrel). Crop Sci. 11 (1971), p. 629–631

Sage, G. C. M.: Out-pollination of the male-sterile barley at Cambridge. Euphytica 17, Suppl. 1 (1968), p. 103–106

Schooler, A. B.: A form of male sterility in barley hybrids. J. Heredity 58 (1967), p. 206–211

Severson, D. A.; Rasmusson, D. C.: Performance of barley hybrids at four seeding rates. Crop. Sci. 8 (1968), p. 339–341

Suneson, C. A.: A male sterile character in barley. A new tool for the plant breeder. J. Heredity 31 (1940), S. 213–214

SYBENGA, J.: Allopolyploidization of autopolyploids. I. Possibilities and limitations. Euphytica 18 (1969), S. 355–371

WIENHUES, F.: Long-term yield analyses of heterosis in wheat and barley: variability of heterosis, fixation of heterosis. Euphytica 17, Suppl. 1, (1968), p. 49–62

ZENIŠČEVA, L. S.: The development of heterosis in the hybrids of malting barley (Russ. with Engl. summ.). Selskoch. Biol. 6 (1971), p. 283–287

Anschrift der Verfasser:
Dr. FRIEDRICH SCHOLZ, Dr. GOTTFRIED KÜNZEL
Zentralinstitut für Genetik und Kulturpflanzenforschung
der Akademie der Wissenschaften der DDR
4325 Gatersleben, Corrensstraße 3

Tag.-Ber. Akad. Landwirtsch.-Wiss. DDR. Nr. 122. 1973. S. 273–280

Institut für Getreideforschung Bernburg-Hadmersleben
der Akademie der Landwirtschaftswissenschaften
der Deutschen Demokratischen Republik

DIETER LAU

Bedeutung genisch semisteriler Gerstenformen in der Züchtung

Das vorliegende genisch sterile bzw. semisterile Gerstenmaterial wurde erstmalig als stark schartige Ähren aus einem zweifach bestrahlten Mutationsramsch der Sorte 'Union' im Jahre 1963 ausgelesen. Die Einzelährennachkommenschaften wurden jeweils räumlich isoliert einzelkornweise zur Aussaat gebracht. 1965 traten erstmalig Nachkommenschaften auf, die einheitlich stark offen abblühten. Als Ursache wurde männliche Sterilität festgestellt infolge frühzeitiger, je nach Herkunft verschieden starker Antherenschrumpfung und Verkümmerung (Abb. 1).Der Kornansatz war sehr unterschiedlich, die Vermutung einer Fremdbefruchtung lag nahe. Eine Isolation einzelner Ähren unter Zellophantüten erbrachte im Jahre 1966 jedoch gleichfalls Selbstungsansatz unterschiedlicher Höhe, der sich im folgenden Jahr bestätigte. Mikroskopische Pollenkornuntersuchungen bestätigten die Semisterilität einer Reihe von Mutantenlinien. Bei anderen konnte eindeutig vollständige männliche Sterilität festgestellt werden (Tab. 1, Abb. 2).

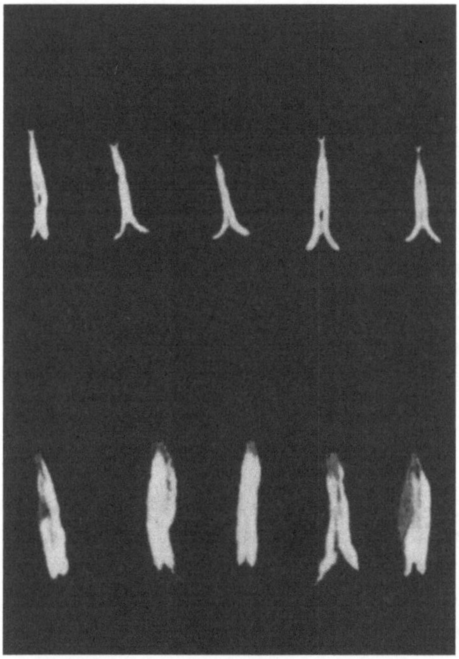

Abb. 1: Antheren einer semisterilen Linie im Vergleich zur Ausgangssorte 'Union' (unten)

Die semisterilen Stämme ergaben dagegen eine gänzlich abweichende Häufigkeitsverteilung in den einzelnen Fertilitätsklassen nach Einzelpflanzenverarbeitung, wobei gleichzeitig charakteristische Unterschiede zwischen den Linien beobachtet werden konnten, die auch über mehrere Jahre erhalten

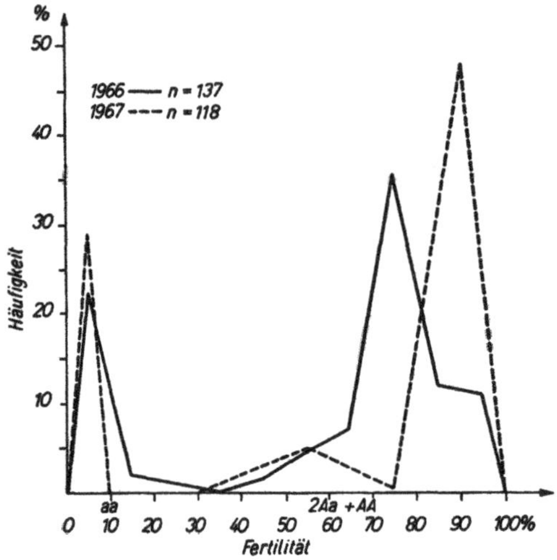

Abb. 2: Verteilung der pollensterilen Pflanzen aus der Stammgruppe 15011_{65} (pollensteril) in der F_2

Tabelle 1

Aufspaltung des genisch männlich sterilen Sommergerstenstammes 'Hadmerslebener St. 15011_{65}' aus 'Union' (y_4) im Jahre 1968

Abstammung	Fertilität % 1965	1966	1967	Aufspaltung F_2 1968 fertil	steril
F_2 208_{68}	47,8	41,6	49,8	142	51
F_2 214_{68}			54,3	168	82
F_2 219_{68}			54,7	88	32
F_2 221_{68}			46,9	118	38
				516	203 gefunden
				539	180 erwartet (3 : 1)
				(P > 5%)	

blieben (Abb. 3). Seit 1965 wird eine systematische Selektion auf möglichst niedrige Fertilität innerhalb der einzelnen Linien vorgenommen, wobei jedoch deutliche Selektionsfortschritte nur im ersten Jahr erzielt werden konnten. Die jahresbedingten Schwankungen sowie Fertilitätsunterschiede zwischen den Linien sind aus der folgenden Zusammenstellung langjähriger Ergebnisse zu ersehen (Tab. 2).

Die Vererbung der Semisterilität erwies sich in allen Fällen als monogen rezessiv. Ein Identitätsnachweis mit bisher bekannten Sterilitätsgenen wurde noch nicht vorgenommen. Angaben über genisch bedingte Semisterilität bei Gerste liegen bisher aus der Literatur von HOCKETT und ESLICK (1968) vor, die darauf hinweisen, daß bei den Sterilitätsgenen *ms 15* und *ms 17* unter besonderen Umweltbedingungen bei künstlicher Isolation Selbstungsansatz

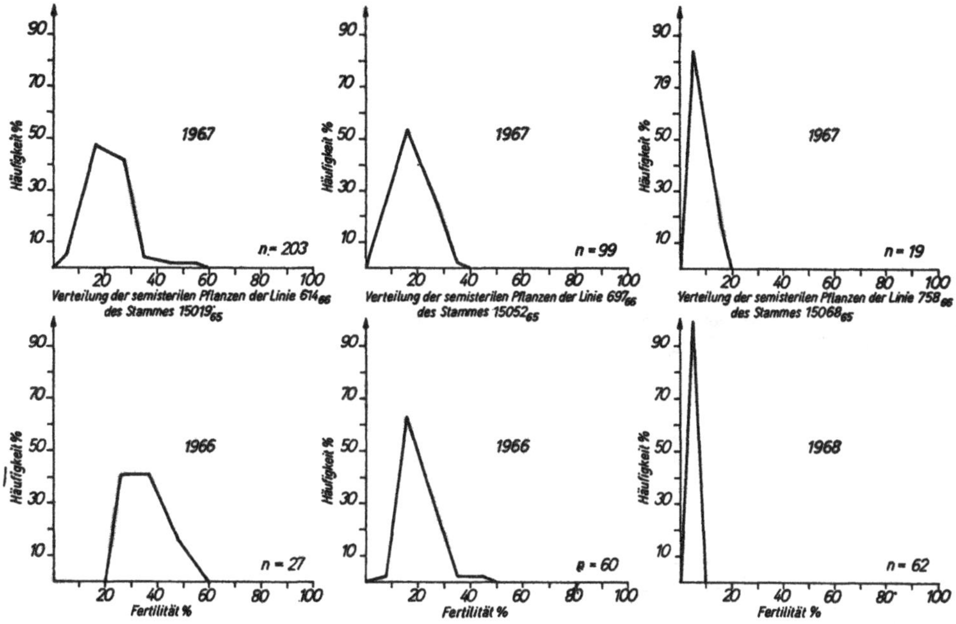

Abb. 3: Häufigkeitsverteilung der Fertilität bei drei verschiedenen semisterilen Linien in den Jahren 1966 und 1967 nach Isolierung

beobachtet worden ist. Aus einer Veröffentlichung von ROATH und HOCKETT (1971) geht hervor, daß auch das Gen *ms 9* keine vollständige Sterilität bewirkt.

Der geringfügige Selbstungsansatz der semisterilen Mutantenlinien gestattet es, diese in homozygotem Zustand zu erhalten und zu vermehren.

Diese Linien eignen sich daher wesentlich besser als Vollsterile für die verschiedensten Modellversuche, von denen in einer F_2 bekanntlich nicht mehr als 25% zu erwarten sind. Unter anderem wurden sie bei der Herstellung von „Composite Crosses" im Rahmen der Züchtergemeinschaft eingesetzt. Sie dienten auch als Mutterlinien bei Versuchen zur Ermittlung der natürlichen Fremdbefruchtungsneigung unter Einsatz verschiedener Pollenspender (Tab. 3).

Auch bei der Suche nach chemischen Substanzen, die fertilitätsfördernd, d. h. als Fertilitätsrestoratoren wirken, werden diese Linien eingesetzt.

Ausgangspunkt für die Durchführung derartiger Versuche waren die Überlegungen, daß bisher noch kein brauchbares Sterilitäts-Fertilitätssystem für die Verwendung in der Hybridgerstenzüchtung zur Verfügung steht und geeignete vollwirksame Gametocide gleichfalls noch nicht bekannt sind. Deshalb lag der Gedanke nahe, den umgekehrten Weg einzuschlagen und nach chemischen Substanzen zu suchen, die in der Lage sein könnten, die Fertilität genisch steriler Formen, wenn auch nur teilweise und vorübergehend, so doch hinreichend wiederherzustellen. Da bei den semisterilen Gerstenmutanten ein

Tabelle 2

Fertilität semisteriler Gerstenmutanten nach isolierter Blüte in verschiedenen Jahren

Abstammung					Fertilität (%) 1965	1966	1967	1968	1969	1970
230_{69}	726_{68}	9405_{67}	14909_{65}	aus 'Union'	15,2	3,9	7,1	3,3	12,0	6,6
233_{69}	726_{68}	9405_{67}	14909_{65}		15,2	3,9	7,1	3,3	11,6	9,2
386_{69}	P. 1102_{68}	9423_{67}	15019_{65}	aus 'Union'	7,7	22,6	75,9*	5,4	7,6	3,9
477_{69}	1682_{68}	9624_{67}	15052_{65}	aus 'Union'	15,3	15,9	8,3	12,5	22,6	—
479_{69}	1682_{68}	9624_{67}	15052_{65}		15,3	15,9	8,3	9,8	19,1	—
517_{69}	1719_{68}	9625_{67}	15052_{65}		15,3	13,7	7,6	12,0	25,8	—
561_{69}	1748_{68}	9634_{67}	15052_{65}		15,3	10,5	8,8	4,1	11,3	—
734	1829_{68}	9646_{67}	15068_{65}	aus 'Union'	15,5	2,1	2,0	2,6	4,5	3,5
777_{69}	1841_{68}	9682_{67}	aus 'Hadm. 11944_{59}'		—	23,5	9,0	8,2	11,3	11,2
805_{69}	1853_{68}	9702_{67}	aus 'Hadm. 11944_{59}'		—	9,7	4,7	6,9	8,7	7,0
1265_{69}	296_{68}	9657_{67}	765_{66}	aus F_2 ('Abyssinia'	22,0	7,4	10,8	6,5	7,2	—
1507_{69}	343_{68}	9664_{67}	765_{66}	× 'Union') × 11944_{59}	22,0	8,4	9,7	2,8	8,2	9,3
1508_{69}	343_{68}	9664_{67}	765_{66}		22,0	8,4	9,7	1,4	8,5	2,0

* F_1 (St. 616_{66} × Emir)

Tabelle 3

Ergebnisse natürlicher Fremdbefruchtungsversuche mit semisterilen Stämmen als Mutterlinien und verschiedenen mehltauresistenten Pollenspendern 1967 und 1968

♀	× ♂		Fremdbefruchtungsansatz* (%)
1967			
1. 'St. 15013_{65}'	× 'St. 22722_{63}'		7,7
2.	× 'St. 13561_{64}/40'		2,8
3.	× 'St. 22701_{63}'		10,3
4.	× 'St. 36377_{64}'		4,4
5.	× 'St. 9698_{62}'		9,6
6.	× 'St. 13559_{64}/3'		1,9
7.	× 'St. 13917_{64}/3'		4,7
8. 'St. 15052_{65}'	× 'St. 10159_{65}'		16,7
9.	× 'St. 13561_{64}/83'		12,5
1968			
1. 'St. 15052_{65}'	× 'Ciro'	(1. Saatzeit)	29,9
2.	× 'Ciro'	(2. Saatzeit)	11,4
3.	× 'Ciro'	(3. Saatzeit)	35,0
4.	× 'Elgina'	(1. Saatzeit)	23,7
5.	× 'Elgina'	(2. Saatzeit)	13,7
6.	× 'Elgina'	(3. Saatzeit)	21,2

* Der Fremdbefruchtungsansatz wurde an Hand der dominant vererbten Mehltauresistenz in der F_1 nach künstlicher Infektion im Gewächshaus ermittelt.

Tabelle 4

Ergebnisse des Vorversuches zur Fertilitätsrestoration 1968 mit semisterilen Stämmen

Stamm	Ähren-schieben	Fertilität (%) a*	b	c	d	e	$\bar{x}$	Paarweiser Vergleich GD 5%	1%	0,1%
14909_{65}	20.–22. 6.	14,68	9,80	8,99	11,49	8,90	10,77	4,71	6,19	7,90
15019_{65}	18.–22. 6.	24,17	25,19	21,25	26,13	20,31	23,41	4,33	—	—
15013_{65}	21.–23. 6.	21,16	30,65	27,94	20,35	15,47	23,11	7,06	9,29	11,85
15052_{65}	18.–20. 6.	20,45	22,97	23,58	25,08	24,56	23,33	3,71	4,89	6,23
15068_{65}	20.–24. 6.	2,35	2,19	2,74	2,59	1,38	2,25	1,91	—	—
9682_{67}	20.–23. 6.	15,54	17,11	15,66	13,58	16,01	15,58	—	—	—
9702_{67}	19.–22. 6.	5,57	6,70	6,37	7,37	5,71	6,34	—	—	—
9729_{67}	20.–23. 6.	10,96	7,06	11,51	12,55	12,57	10,93	4,26	5,61	—
9776_{67}	23.–24. 6.	11,91	18,98	6,28	16,68	15,52	13,87	8,74	11,51	14,68
9766_{67}	24.–25. 6.	4,35	8,09	7,75	7,92	6,82	6,99	—	—	—

* 0,2 g Gibberellinsäure/l H_2O
gesprüht am: a = 9. 6., b = 16. 6., c = 17. 6., d = 18. 6., e = 19. 6.

wesentlich schwächerer bzw. zu einem späteren Entwicklungsstadium durch das Sterilitätsgen verursachter Eingriff oder „Block“ angenommen werden muß, sollten diese Typen bevorzugt auch als Modellobjekte zur Suche geeig-

Tabelle 5

Fertilitätsrestorationsversuch 1970

	Behandlungsstufen	Konzentration
B 1	Kontrolle	—
B 2	Nikotinsäure	0,005%
B 3		0,01%
B 4	Beta-Naphtol	10 ppm
B 5		50 ppm
B 6	CCC	0,3%
B 7		0,6%
B 8	Gibberellinsäure	0,01%
B 9		0,02%
B 10	Gibberellinsäure + CCC (1 : 1)	0,01%
B 11		0,02%
B 12	Adinin + Alanin + Glutamin	0,006%
B 13	(1 : 1 : 1)	0,06%

Tabelle 6

Fertilitätsrestorationsversuch 1970 (I)

Varianztabelle

Streuungsursache	FG	SG	MG	F	F Tab. (1%)
Sorten	4	42902,63	10725,66	173,98	3,32
Behandlung	12	4238,89	353,24	5,73	2,18
Zeitpunkt	2	1131,48	565,74	9,18	4,60
WW S/B	48	19870,04	413,96	6,71	1,52
S/Z	8	4861,80	607,73	9,86	2,51
Z/B	24	10726,18	446,92	7,25	1,79
S/Z/B	96	266516,28	2776,21	45,03	1,36
Kombination	194	121835,6	628,02	10,19	1,25
Fehler	3705	228411,7	61,65		
Gesamt		350247,3			

neter chemischer Restoratoren in Frage kommen. Eine etwa 30–50%ige Restoration der Fertilität würde bereits eine ökonomische Saatgutvermehrung zulassen im Vergleich mit dem BTT-2^7_a-Material von Ramage, bei dem bisher selbst unter günstigen Bedingungen ein Vermehrungskoeffizient von nur 1 : 7 erreicht werden konnte. Damit ließe sich auch das Rückkreuzungsverfahren zur Einlagerung der Sterilitätsgene in geeignete Hybridpartner wesentlich vereinfachen.

Der 1969 erstmalig durchgeführte Vorversuch mit Gibberellinsäure ließ bei einigen Linien eine deutliche positive Beeinflussung der Fertilität erkennen (Tab. 4). Die 1970 im größeren Rahmen unter Einbeziehung weiterer Substanzen durchgeführten Versuche bestätigten die Ergebnisse des Vorjahres (Tab. 5–8). Eine signifikante Fertilitätsverbesserung erwies sich abhängig 1. von dem verwendeten Präparat, 2. von der Konzentration desselben, 3. von

Tabelle 7

Fertilitätsrestorationsversuch 1970 (I)
Vergleich der Behandlungsstufen mit der Kontrolle

Behandlung	$\bar{x}$	Differenz	stat. Sicherung
B 1	25,09	–	
B 2	26,58	1,49	+
B 3	28,18	3,09	+++
B 4	28,93	3,84	+++
B 5	26,11	1,02	
B 6	26,04	0,95	
B 7	27,64	2,55	+++
B 8	25,93	0,84	
B 9	26,75	1,66	++
B 10	25,51	0,42	
B 11	27,28	2,19	+++
B 12	26,58	1,49	+
B 13	27,35	2,26	+++

Tabelle 8

Fertilitätsrestorationsversuch 1970 (I)
WW Behandlungsstufen – Stämme
(Mittelwerte)

Behandlung	S_1	S_2	S_3	S_4	S_5
Kontrolle B 1	19,67	26,90	26,57	29,44	22,87
B 2	18,58	29,64 $^{+}$	27,15	29,41	28,13 $^{+++}$
B 3	20,73	27,10	33,80 $^{+++}$	28,72	30,56 $^{+++}$
B 4	24,77 $^{+++}$	26,55	31,14 $^{++}$	29,45	32,73 $^{+++}$
B 5	21,83	28,13	24,13	30,98	25,48
B 6	24,24 $^{++}$	23,17	26,51	27,48	28,83 $^{+++}$
B 7	20,04	24,89	28,52	29,38	35,37 $^{+++}$
B 8	17,75	26,61	25,86	28,15	31,30 $^{+++}$
B 9	19,00	24,96	35,50 $^{+++}$	29,13	25,18
B 10	19,96	23,94	28,38	28,23	27,06 $^{++}$
B 11	20,26	27,61	33,38 $^{+++}$	27,24	27,91 $^{+++}$
B 12	18,72	27,66	29,10	27,62	29,79 $^{+++}$
B 13	20,17	27,65	34,15 $^{+++}$	27,17	27,59 $^{+++}$

der benutzten semisterilen Linie und 4. vom Behandlungszeitpunkt. Wir glauben, daß auf diesem Wege durchaus noch weitere Fortschritte möglich sind, wenn sich auch diese günstigen Ergebnisse 1971 im Institut Bernburg nicht wiederholen ließen. Es erscheint uns trotzdem gerechtfertigt, und nützlich, die begonnenen Versuche in den kommenden Jahren fortzusetzen.

Zusammenfassung

Es wird über die Möglichkeit des Einsatzes genisch semisteriler Gerstenformen als Modellobjekte in der Züchtungsforschung und Züchtung berichtet, unter anderem bei der Herstellung von „Composite Crosses“, als Mutterlinien bei Versuchen zur Ermittlung der natürlichen Fremdbefruchtungsneigung und bei der Testung von chemischen Fertilitätsrestoratoren. Die erzielten Ergebnisse werden tabellarisch dargelegt.

Резюме

Название работы: Значение генно полустерильных форм ячменя в селекции

Сообщается о возможности использовать генно полустерильные формы ячменя в качестве модельных объектов в научном исследовании и в селекции, в том числе и при создании «Composite Crosses», а также в качестве материнских линий в опытах по выявлению естественной пригодности к чужеопылению и при испытании химических восстановителей фертильности. Полученные результаты изложены в таблицах.

Summary

Title of the paper: Importance of genetically semi-sterile barley forms for breeding

A report is given on the possibilities of using genetically semi-sterile barley forms as model objects in breeding research and breeding, for producing, among other things, composite crosses, as mother lines in experiments for estimating the natural condition for cross-pollination and when testing chemical fertility restorers. The results obtained are presented in tables.

Literatur

Hockett, E. A.; Eslick, R. F.: Genetic male sterility in barley. I. Nonallelic genes. Crop Sci. 8 (1968), p. 218–220

Roath, W. W.; Hockett, E. A.: Genetic male sterility in barley. III. Pollen and anther characteristics. Crop Sci. 11 (1971), p. 200–203

Anschrift des Verfassers:

Dr. Dieter Lau
Institut für Getreideforschung Bernburg-Hadmersleben
der Akademie der Landwirtschaftswissenschaften der DDR
4351 Bernburg-Hadmersleben, Mitschurinstraße 22

Tag.-Ber. Akad. Landwirtsch.-Wiss. DDR. Nr. 122. 1973. S. 281–287

Zentralinstitut für Genetik und Kulturpflanzenforschung, Gatersleben,
der Akademie der Wissenschaften der DDR

GOTTFRIED KÜNZEL und FRIEDRICH SCHOLZ

Mögliche Systeme zur Nutzung von *Ms/ms*-Genen für die Erzeugung von Hybridsaatgut bei Gerste

Eine der entscheidenden Voraussetzungen für die Nutzung von Hybrideffekten bei Gerste ist die Entwicklung geeigneter Funktionssysteme für die Erzeugung des Hybridsaatgutes (vgl. Beitrag SCHOLZ u. KÜNZEL). Da bei Gerste männliche Sterilität, die auf cytoplasmatische Unterschiede zurückgeht, in brauchbarer Form bisher nicht vorliegt, gehen die Überlegungen und Untersuchungen dahin, die durch rezessive Gene bedingte männliche Sterilität für die Lösung dieser Aufgabe zu nutzen. Bei Gerste können nunmehr 20 verschiedene rezessive Gene für männliche Sterilität (*ms*) unterschieden werden, von denen 10 bereits bestimmten Chromosomen zugeordnet oder genauer lokalisiert sind (HOCKETT u. ESLICK, 1971).

Nach Kreuzungen zwischen männlich-sterilen (*ms ms*) und fertilen (*Ms Ms*) Pflanzen ist die F_1-Generation fertil, die F_2 spaltet 3 : 1 für fertil und männlich-steril. Dieses Verhältnis läßt sich auf 1 : 1 verschieben, wenn als Väter heterozygote (*Ms ms*) Pflanzen verwendet werden. Die heterozygoten Pflanzen sind vollständig fertil, d. h., die männliche Sterilität ist eindeutig rezessiv.

Die Schwierigkeit der Nutzung der genischen männlichen Sterilität besteht darin, daß sich die für die Hybridsaatguterzeugung notwendigen einheitlich männlich-sterilen Bestände nicht ohne weiteres herstellen lassen. Alle bisher versuchten oder erwogenen Lösungswege sind daher darauf abgestellt, einen möglichst hohen Anteil homozygot-rezessiver männlich-steriler Pflanzen, die Abtrennung der fertilen Pflanzen aus den spaltenden Populationen und damit einheitlich männlich-sterile Bestände zu erreichen.

Die bisher erwogenen Verfahren sind verschiedene Varianten zweier Grundsysteme: von Systemen balancierter tertiärer Trisomie (BTT) oder von Systemen, die auf der Grundlage des diploiden Chromosomenbestandes Kopplungen zwischen Genen für männliche Sterilität und geeigneten Markierungsgenen erfordern. Für den relativ komplizierten Aufbau solcher Systeme sind immer verschiedene Einzelkomponenten erforderlich, die in geeigneter Weise zusammengeführt werden müssen. Neben genetisch lokalisierten Genen für männliche Sterilität, Markierungs- oder Letalgenen werden für alle Verfahren Translokationen benötigt, die bezüglich der beteiligten Chromosomen und der

Lage der Translokationsbruchpunkte definiert sein müssen. Da Gerste genetisch und cytogenetisch bereits relativ gut untersucht ist und damit ein Teil der für den Aufbau der Systeme erforderlichen Einzelkomponenten bereits vorliegt, bestehen gute Chancen, derartige Systeme zu entwickeln. Das unterstreichen die ersten in den USA entwickelten BTT-Systeme, von denen eines zur Erzeugung der Sommergersten-Hybridsorte 'Hembar' benutzt wird (RAMAGE u. WIEBE, 1969).

1. BTT-Systeme

Trisome Individuen haben bekanntlich in den somatischen Zellen neben dem normalen, diploiden Chromosomenbestand ein Chromosom zusätzlich. Bei der in unserem Zusammenhang ausschließlich interessierenden tertiären Trisomie besteht das zusätzliche Chromosom aus Teilen zweier verschiedener, nicht homologer Chromosomen, entstanden durch einen Translokationsvorgang. Balanciert nennt man diese tertiär Trisomen dann, wenn das dominante Allel eines rezessiven Letalgens – in unserem Falle des Gens für männliche Sterilität – mit dem Translokationsbruchpunkt eng gekoppelt vorliegt und die beiden normalen Chromosomen die rezessiven Allele tragen (RAMAGE, 1964, 1965). Da das Zusatzchromosom nicht über den Pollen übertragen wird, besteht die Nachkommenschaft einer solchen Form erfahrungsgemäß aus etwa 70% Diploiden, die doppelt rezessiv (*ms ms*) und damit männlich-steril sind (siehe Abb. 1). Die restlichen etwa 30% tertiär Trisomen entsprechen dem Ausgangstyp, d. h., sie tragen auf dem Zusatzchromosom das dominante und auf den beiden normalen Chromosomen die rezessiven Allele (*Ms ms ms*). Die wenigen primär trisomen Nachkommen stören kaum, da sie ebenfalls männlich-steril sind.

Da Körner mit trisomem Embryo auf Grund der veränderten Chromosomenzahl eine schlechtere Endospermausbildung als diploide Körner zeigen, besteht im Prinzip die Möglichkeit einer Trennung durch einfache Sieb- oder Windsortierung. Die abgetrennten Trisomen (etwa 30%) werden dann jeweils für die weitere Vermehrung verwendet, während die männlich-sterilen Diploiden (etwa 70%) als weiblicher Hybridpartner dienen können. Für die Hybridzüchtung bedeutet dies, daß jeweils in den weiblichen Hybridpartner ein BTT-System eingelagert werden muß, während der männliche Hybridpartner im Rahmen der züchterischen Anforderungen frei gewählt werden kann, sofern er eine genügend hohe Fremdbefruchtungsneigung aufweist. Wie die Erfahrungen mit den ersten BTT-Systemen in den USA gezeigt haben, treten Schwierigkeiten jedoch dadurch auf, daß die Trennung der männlich-sterilen Diploiden von den fertilen Trisomen nach der Korngröße nur annähernd möglich ist. Damit verbleiben in den männlich-sterilen Beständen des weiblichen Hybridpartners fertile, trisome Pflanzen, die vor der Blüte manuell entfernt werden müssen.

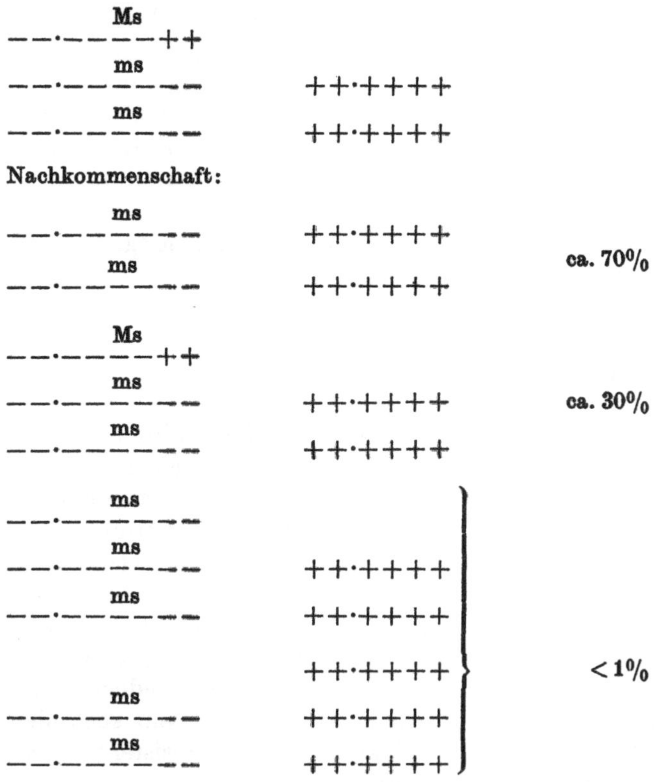

Abb. 1: BTT-System zur Erzeugung einheitlich männlich-steriler Bestände

Da Vitalität und Fertilität von Trisomen in Abhängigkeit vom jeweils vorliegenden Zusatzchromosom unterschiedlich stark reduziert sind, sind die Bemühungen darauf gerichtet, BTT-Systeme zu entwickeln, bei denen das Zusatzchromosom aus Teilen von solchen Chromosomen besteht, die im primär trisomen Zustand relativ geringe Schäden verursachen, wie etwa die Chromosomen 4, 5 und eventuell 6. (Das Zusatzchromosom des BTT-Systems für die Sorte 'Hembar' besteht aus Teilen der Chromosomen 2 und 7.) Eine weitere Möglichkeit besteht darin, das Zusatzchromosom experimentell – z. B. durch Röntgenbestrahlung – zu verkürzen (Ramage u. Wiebe, 1969). Wie die ersten in dieser Richtung erzielten Fortschritte in den USA gezeigt haben, können die Vitalitätsverbesserungen der Trisomen so weit gehen, daß die fertilen, trisomen Pflanzen weder am Saatgut noch anderweitig phänotypisch unterschieden werden können. Für die praktische Hybridzüchtung sind solche Systeme deshalb nur dann brauchbar, wenn es durch den Einbau eines Markierungsgens gelingt, trisome und diploide Pflanzen zuverlässig zu trennen. Als geeignete Markierungsfaktoren für die trisomen Pflanzen sind lediglich dominante Merkmale brauchbar, die eine möglichst maschinelle Trennung vor der Blüte erlauben. Leider sind derartige Merkmale bei Gerste bisher kaum verfügbar. Wie neuere Vorschläge und z. T. auch erste Ergebnisse zeigen (RAMAGE u. WIEBE, 1969; WIEBE u. RAMAGE, 1971), kann diese Schwierigkeit jedoch umgangen werden, wenn geeignete Letalgene in ganz bestimmter Weise in BTT-Systeme einbezogen werden. Als Letalfaktoren wären z. B. die relativ einfach induzierbaren Chlorophyllmutationen gut geeignet. Damit könnten die Verfahren so aufgebaut werden, daß die jeweils unerwünschten Genotypen durch Letalität von selbst ausscheiden. Dies wäre zugleich eine Lösung, die auch in praktischer Hinsicht die beste darstellen dürfte.

2. Verfahren ohne BTT

Verfahren, die auf der Grundlage des normalen diploiden Chromosomenbestandes aufgebaut sind, erfordern enge Kopplungen zwischen einem Gen für männliche Sterilität und einem geeigneten Markierungsgen. Besonders geeignete Markierungsfaktoren wären z. B. rezessiv bedingte Resistenzen gegenüber chemischen Toxika. Damit könnten die jeweils unerwünschten Genotypen aus den spaltenden Populationen – z. B. Besprühen der Bestände – mit relativ geringem Aufwand ausgeschieden werden. Die bei Gerste durch ein rezessives Gen bedingte Resistenz gegenüber dem Insektizid DDT (WIEBE, 1960), die in der folgenden Darstellung als Beispiel verwendet wird, dürfte jedoch kaum praktische Bedeutung erlangen, u. a. deshalb nicht, da in diesem speziellen Fall der relativ geringe Reaktionsunterschied zwischen DDT-resistenten und -anfälligen Formen nur sehr schwierig zu beherrschen ist.
Da die erforderlichen engen Kopplungen (unter 1%) normalerweise kaum aufzufinden sind, muß eine geeignete Translokation in das System einbezogen werden, mit deren Hilfe eine vorhandene noch ungenügende Kopplung wesentlich verstärkt werden kann. Die homozygote Translokationslinie, die auf dem interstitiellen Segment, d. h. eng mit dem Translokationsbruchpunkt gekoppelt, die dominanten Allele beider Gene (*Ms Ddt*) tragen muß, wird lediglich für die Vermehrung des männlich-sterilen Hybridpartners benötigt. Sie stellt also eine Analoglinie zu dem weiblichen Hybridpartner dar, bei dem die rezessiven Allele der beiden, hier ungenügend gekoppelten Gene (*ms ddt*) vorliegen müssen (Abb. 2). Die einheitlich männlich-sterilen Bestände werden dann im Prinzip dadurch hergestellt, daß aus den spaltenden Populationen die DDT-anfälligen fertilen Pflanzen, die gleichzeitig die translozierten Chromosomen tragen, durch Besprühen der Bestände mit DDT entfernt werden.
Erhebliche Schwierigkeiten für die praktische Nutzung eines solchen Systems könnten dadurch entstehen, daß für die Erzeugung und Vermehrung des einheitlich männlich-sterilen Materials mehrfach freie Bestäubungen durch die Translokations-Analoglinie erforderlich sind. Durch den Einbau eines zusätzlichen rezessiven Letalgens könnte die praktische Anwendbarkeit dieses Systems jedoch entscheidend verbessert werden (ESLICK, 1971), da freie Be-

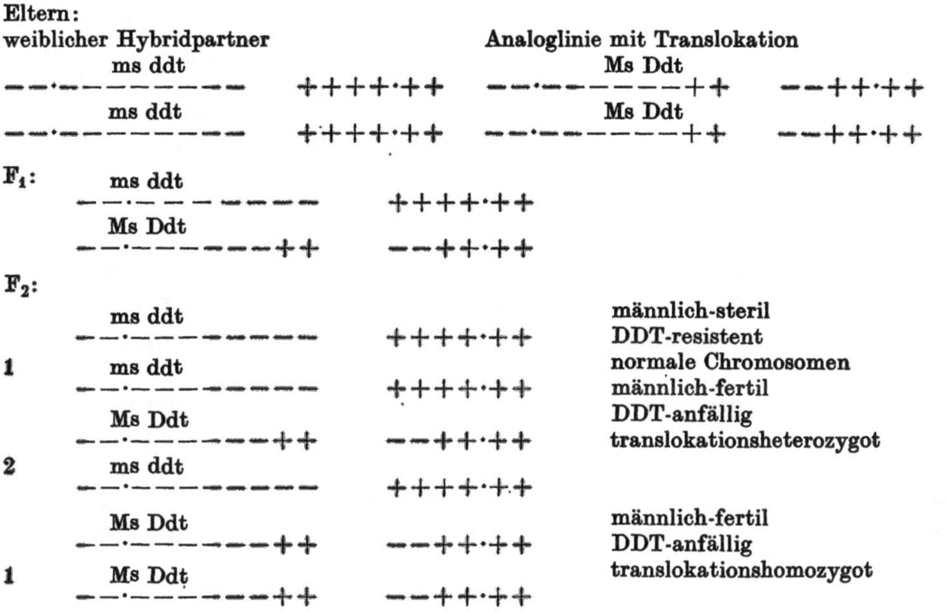

Abb. 2: System für die Erzeugung einheitlich männlich-steriler Bestände mittels Kopplung zwischen einem Gen für männliche Sterilität und einem Markierungsgen, dessen rezessives Allel Resistenz gegenüber dem Insektizid DDT bewirkt

stäubungen und Analoglinien für die Erzeugung der einheitlich männlich-sterilen Bestände mit dieser Variante (Abb. 3) nicht erforderlich wären.

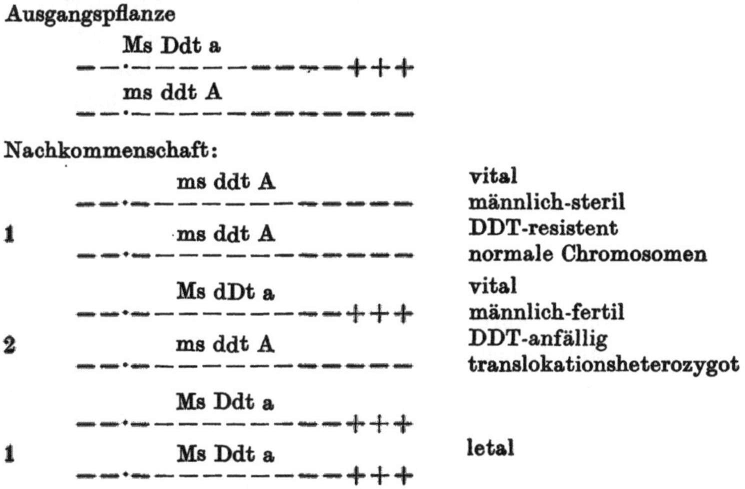

Abb. 3: System für die Erzeugung einheitlich männlich-steriler Bestände mittels Kopplung zwischen einem Gen für männliche Sterilität, einem Markierungsgen, dessen rezessives Allel Resistenz gegenüber dem Insektizid DDT bewirkt, und einem rezessiven Letalfaktor

In den weiblichen Hybridpartner muß ein transloziertes Chromosom eingelagert werden, das auf dem interstitiellen Segment neben den dominanten Allelen für DDT-Resistenz und männliche Sterilität zusätzlich das rezessive Allel für einen letalen Chlorophyllfaktor trägt. Das normale Chromosom trägt die im Dominanzverhalten jeweils entgegengesetzten Allele. Die Nachkommenschaft dieser translokationsheterozygoten Pflanze liefert nur zwei Genotypen, da die translokationshomozygoten Pflanzen durch Letalität ausscheiden. Dieses balancierte System könnte ohne Selektion – Fremdbefruchtung innerhalb der Population würde nicht stören – einfach vermehrt werden. Lediglich vor der Erzeugung des Hybridsaatgutes wären durch Besprühen des Bestandes die männlich-fertilen, anfälligen, translokationsheterozygoten Pflanzen zu entfernen.

Zwar kann zum gegenwärtigen Zeitpunkt noch nicht zuverlässig vorausgesagt werden, welches der vorgestellten Systeme zum praktischen Erfolg führen wird. Doch ist bereits deutlich erkennbar, daß die Entwicklung geeigneter Funktionssysteme für die Hybridsaatguterzeugung bei Gerste mit Hilfe der genisch bedingten männlichen Sterilität kein unüberwindbares Hindernis darstellen dürfte.

Zusammenfassung

Von der speziellen Situation bei Gerste ausgehend, werden verschiedene Funktionssysteme für die Erzeugung von Hybridsaatgut mit Hilfe rezessiver Gene für männliche Sterilität diskutiert. Sowohl für Systeme balancierter tertiärer Trisomie (BTT) als auch für Verfahren auf der Grundlage des normalen diploiden Chromosomenbestandes werden die genetischen und cytogenetischen Voraussetzungen dargestellt. Gegenwärtig ist noch nicht zuverlässig abzusehen, welches Verfahren zum praktischen Erfolg führen wird.

Резюме

Название работы: Возможные системы использования генов *Ms/ms* для производства гибридных семян ячменя

Исходя из специальной ситуации ячменя, обсуждаются разные системы производства гибридных семян при помощи рецессивных генов, обуславливающих мужскую стерильность. Как для систем сбалансированной третичной трисомии, так и для способов, опирающихся на нормальный диплоидный хромосомный набор, рассматриваются генетические и цитогенетические возможности. Установить, какой из способов даст практические результаты, пока еще невозможно.

Summary

Title of the paper: Possible systems for using *Ms/ms* genes in producing hybrid seed of barley

Considering the specific situation in barley, the authors discuss various systems for producing hybrid seed by means of recessive genes for male sterility. The genetic and cytogenetic essentials are briefly explained both for systems of balanced tertiary trisomy (BTT) and for methods based on the normal diploid chromosome number. For the present, it cannot be judged with certainty which method will result in full practical success.

Literatur

ESLICK, R. F.: Balanced male steriles and dominant pre-flowering selective genes for use in hybrid seed production. In: NILAN, R. A. (Edit.), Barley Genetics II, Proc. Second Intern. Barley Genet. Symp. 1969, Washington State University Press, Pullman, Wash., 1971, p. 292–297

HOCKETT, E. A.; ESLICK, R. F.: Genetic male-sterile genes in hybrid barley prodcution. In: NILAN, R. A. (Edit.), Barley Genetics II, Proc. Second Intern. Barley Genet. Symp. 1969, Washington State University Press, Pullman, Wash., 1971, p. 298–307

RAMAGE, R. T.: Chromosome aberrations and their use in genetics and breeding – translocations. In: Barley Genetics I, Proc. First Intern. Barley Genet. Symp. Wageningen 1963, Pudoc, Wageningen, 1964, p. 99–115

RAMAGE, R. T.: Balanced tertiary trisomics for use in hybrid seed production. Crop Sci. 5 (1965), p. 177–178

RAMAGE, R. T.; WIEBE, G. A.: Use of chromosome aberrations in producing female parents of hybrids. In: Induced Mutations in Plants, Proc. of a Symp. Pullman 1969, IAEA, Vienna, 1969, p. 655–659

WIEBE, G. A.: Proposal for hybrid barley. Agron. J. 52 (1960), p. 181–182

WIEBE, G. A.; RAMAGE, R. T.: Hybrid barley. In: NILAN, R. A. (Edit.), Barley Genetics II, Proc. Second Intern. Barley Genet. Symp. 1969, Washington State University Press, Pullman, Wash., 1971, p. 287–291

Anschrift der Verfasser:

Dr. GOTTFRIED KÜNZEL, Dr. FRIEDRICH SCHOLZ
Zentralinstitut für Genetik und Kulturpflanzenforschung
der Akademie der Wissenschaften der DDR
4325 Gatersleben, Corrensstraße 3

Tag.-Ber. Akad. Landwirtsch.-Wiss. DDR. Nr. 122. 1973. S. 289–296

Zentralinstitut für Genetik und Kulturpflanzenforschung Gatersleben
der Akademie der Wissenschaften der DDR

Joachim Kruse, Siegfried Danert und Armin Rudolph

Die Lysinverteilung in der Karyopse der Gerste

Bei der Gerste weist die Aleuronschicht sowohl in Anzahl als auch in der radialen Ausdehnung der Zell-Lagen beträchtliche Unterschiede auf. Die Dicke liegt etwa zwischen 42 und 130 µm, wobei sich 2–5 Zellschichten nachweisen lassen. Innerhalb gewisser Grenzen können die Stärke des Aleuron-Endosperms und die Zahl ihrer Zell-Lagen als sortenspezifisches Merkmal angesehen werden. Wie an anderer Stelle dargelegt wird (Kruse u. Mitarb., 1972), bestehen keine unmittelbaren korrelativen Zusammenhänge zwischen der Breite der Aleuronschicht und dem Rohproteingehalt sowie dem Anteil einzelner Aminosäuren. Hier soll die Frage erörtert werden, welche züchterischen Aspekte die auffallenden Differenzen zwischen den einzelnen Gerstesorten in der radialen Ausdehnung der Aleuronzone beinhalten. Entscheidend ist dabei eine Beurteilung, welchen Anteil die Aleuronschicht an der Stoffspeicherung hat. Einschlägige Untersuchungen liegen von Postel (1957) vor, der durch Schälung von Gerstekaryopsen eine weitgehende Trennung des Mehlkörpers vom Aleuronmantel erreichte und durch Analyse der Fraktionen zu dem Ergebnis kam, daß in der Aleuronschicht (einschließlich Embryo) der Eiweißgehalt fast ebenso groß ist wie im mehligen Endosperm, wobei der Anteil einzelner Aminosäuren etwas verschieden ist. Wie Postel betont, gelang die Separierung nur unvollkommen, die Aussagen der Aminosäureanalyse können daher nur als relativ grober Richtwert verstanden werden. Hinzu kommt, daß Postel bei der Herstellung der Fraktionen von mehreren Körnern das Ausgangsmaterial für die einzelnen Analysen entnommen hat.

Wir sind von Einzelkörnern ausgegangen und bemühten uns um eine möglichst exakte Trennung sowohl des Embryos als auch der Aleuronschicht vom Mehlkörper. Bei der Präparation wurde jeder direkte Kontakt vermieden, um den Aminosäuregehalt nicht durch Verunreinigungen zu verändern. An den drei Fraktionen der Einzelkörner wurde der Gehalt an Lysin, Arginin und Histidin analysiert. In unseren Aussagen wollen wir uns auf die Darstellung des Lysingehaltes im Mehlkörper, in der Aleuronschicht und im Embryo beschränken.

1. Material und Methode

Die Auswahl der Sippen für die Präparationen und Analysen erfolgte nach anatomisch-morphologischen Merkmalen; als Vergleichsobjekt haben wir die inzwischen international unter der Bezeichnung 'Hiproly' bekannt gewordene abessinische Sippe mit einem hohen Lysingehalt in das Untersuchungsprogramm aufgenommen.

Besondere Eigenschaften der geprüften Sippen:

2479 – Embryo relativ lang
946 – Aleuronschicht relativ dünn
148 – Aleuronschicht dick
254 – Aleuronschicht dünn
1305 – hohe Schichtanzahl, geringe Schichtdicke
AC 736 – hoher Lysingehalt ('Hiproly').

Die Isolierung der Fraktionen Mehlkörper, Embryo und Aleuronschicht wurde nach einer Quellzeit von 19 Std. in aqua dest. (bei Temperaturen unmittelbar über dem Gefrierpunkt) unter einem Präpariermikroskop (Citoplast) bei so starker Vergrößerung vorgenommen, daß eine zelluläre Trennung der Gewebeschichten möglich wurde. An den Stärkekörnern waren zu diesem Zeitpunkt mikroskopisch noch keine Korrosionserscheinungen feststellbar; auch die anderen Zelleinschlüsse zeigten keine Veränderungen. Verständlicherweise ist die Separierung von Gewebezonen, die miteinander verwachsen sind, nicht ohne Kompromisse möglich, da die ideale Schnittführung im Bereich der Mittellamelle der zu trennenden Gewebeanteile liegen müßte. Dies ist praktisch nicht durchführbar, so daß in unseren Körnern die Zellen der Grenzschichten zerschnitten wurden. Die Einbeziehung geringer Anteile des Mehlkörpers in die Aleuronfraktion ließ sich also nicht völlig verhindern. Die Kontaktzone zwischen Skutellum und Endosperm bietet bei der Trennung keine Schwierigkeiten. Auch die Fruchtwand und die Testa ließen sich leicht entfernen.

Da die Präparationen sehr zeitaufwendig sind, konnten von jeder Sippe vorerst nur 2 Körner aufbereitet werden.

Die Fraktionen wurden vor der Hydrolyse mehrere Stunden getrocknet und dann gewogen. Die Werte benutzten wir als Bezugsgrundlage bei der Beurteilung der Analysenergebnisse.

Die Analyse erfolgte nach der von MOORE, SPACKMAN und STEIN entwickelten Methode. Da während der Hydrolyse einige Bombenrohre platzten, blieben für einige Körner die erstrebten Aussagen unvollständig.

2. Ergebnisse

Die absoluten Gewichtsanteile der Kornfraktionen (wiedergegeben in Milligramm – mg) und der quantitative Lysingehalt im Mehlkörper, in der Aleuronschicht und im Embryo (wiedergegeben in Mikrogramm – μg) gehen aus dem

Säulenbild der Abbildung 1 hervor. Der relativ hohe Masseanteil des Mehlkörpers in den basalen Abschnitten der kurzen Säulen (jeweils links über den Sippennummern) ist nicht gleichwertig mit dem Lysingehalt korreliert (jeweils

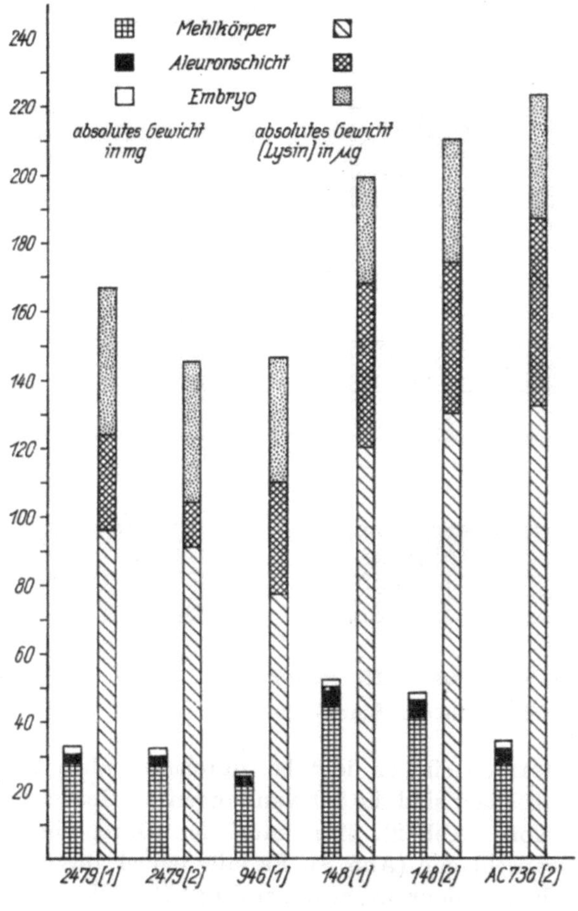

Abb. 1: Absolute Gewichts- und Lysinanteile der Kornfraktionen von Einzelkörnern ausgewählter Gerstensippen

echts über den Sippennummern). Dagegen fällt der hohe Lysinanteil in der Aleuronschicht und ganz besonders im Embryo auf. Das Einzelkorngewicht der Sippe 'Hiproly' (AC 736) entspricht etwa dem Mittelwert der von uns untersuchten Körner, dennoch ist der Lysinanteil hier am größten (leider können hier nur die Werte für 1 Korn angegeben werden, da die Analyse der Aleuronfraktion beim 2. präparierten Korn nicht gelang).

Eine andere Form der Darstellung unserer Untersuchungsergebnisse haben wir in der Abbildung 2 gewählt. Die Masse der Fraktionen eines Kornes und der Lysingewichte eines Kornes – unter Kennzeichnung des Anteiles der einzelnen Fraktionen – werden als gleichgroße Flächen charakterisiert und gleich 100% gesetzt. Jedes Quadrat repräsentiert also 10%. Der Embryo nimmt in allen

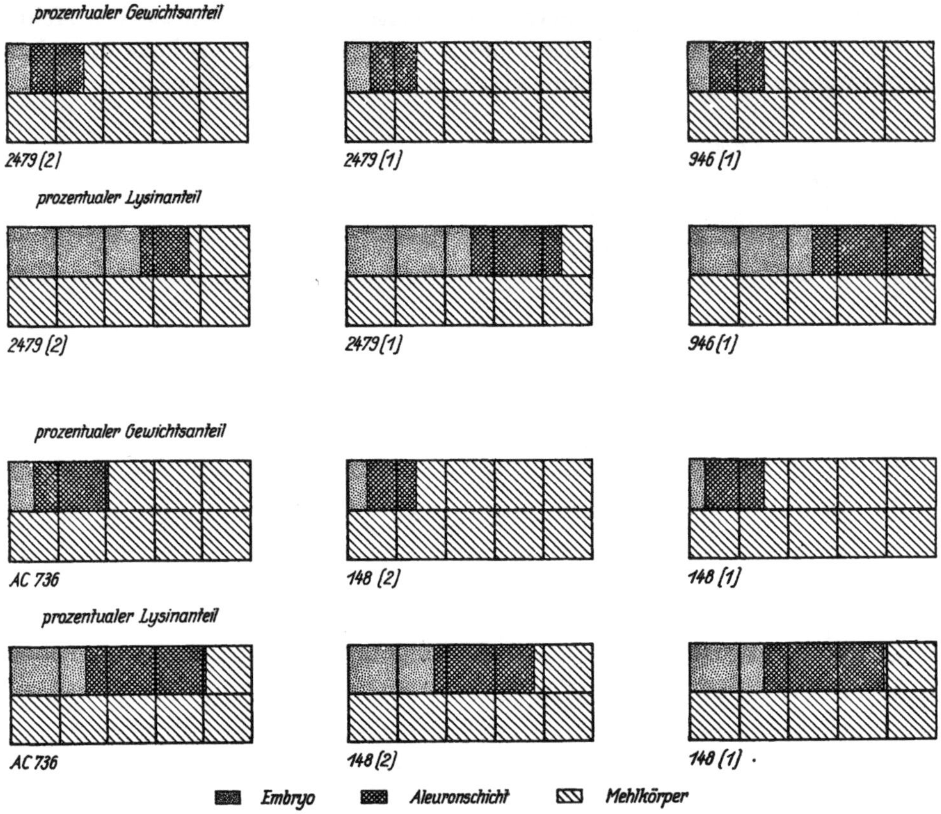

Abb. 2: Prozentuale Gewichts- und Lysinanteile von Einzelkörnern

Körnern den geringsten Gewichtsanteil ein, er liegt bei durchschnittlich 5% der Kornmasse (Abb. 3). Etwas auffälliger sind die Schwankungen der Gewichtsanteile der Aleuronschicht im Korn (Abb. 2). Man kann den Durchschnitt (aufgerundet) mit etwa 15% veranschlagen (Abb. 3). Es fällt jedoch das verhältnismäßig große Trockengewicht der Aleuronzone in der Sippe 736 ('Hiproly') auf, das mit 16% größer als in allen anderen untersuchten Körnern ist. Etwa 79–86% des Korngewichtes entfallen auf den Mehlkörper, dessen Durchschnittswert in der Abbildung 3 mit etwa 80% angegeben wird.

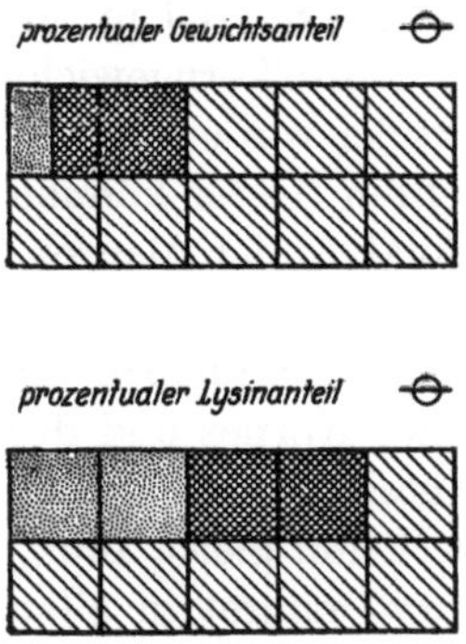

Abb. 3: Durchschnittliche prozentuale Gewichts- und Lysin-Anteile der untersuchten Sippen

Bei einer Prüfung der Lysinanteile ist der hohe Gehalt im Embryo augenfällig (Abb. 2). Durchschnittlich darf wohl mit einem Wert von 20% des Gesamtlysins im ruhenden Keim gerechnet werden. Wie Abbildung 2 dokumentiert, können es sogar 28% sein (Nr. 2479 (2)). Es ist nach unseren orientierenden Untersuchungen zu erwarten, daß innerhalb einer Sippe die Einzelkörner gewisse Schwankungen in der Verteilung der Lysinanteile besitzen. Jedenfalls deuten die Ergebnisse von solchen Sippen darauf hin, aus denen 2 Körner analysiert werden konnten.

Diese Aussage trifft auch für die Aleuronschicht zu, in der 10–25% des Lysins gelagert wird. Als angenäherter Durchschnittswert ergeben sich 20% (Abb. 3).

Berechnet man die Lysinkonzentration in den unterschiedenen Gewebefraktionen des Kornes, so ergeben sich die in der Abbildung 4 fixierten Werte. Die Ergebnisse für 'Hiproly' werden durch schraffierte Säulen hervorgehoben. Die Lücken in den Säulengruppen resultieren aus nicht gelungenen Lysinanalysen. Am geringsten ist die Lysinkonzentration im Mehlkörper, doch fallen hier die verhältnismäßig hohen Werte für 'Hiproly' auf.

Die höchste Konzentration erreicht das Lysin im Embryo, 'Hiproly' rangiert hier etwa in der Mitte der untersuchten Sippen. Im Aleurongewebe ist dagegen die Dichte des Lysins fast nur ein Drittel so hoch wie im Embryo. Auch hier ragt die Sippe 'Hiproly' nicht besonders hervor.

Hier sei vermerkt, daß die Werte für Histidin und Arginin in den 3 Kornfraktionen ähnliche Tendenzen erkennen lassen, wie sie hier für Lysin mitgeteilt werden.

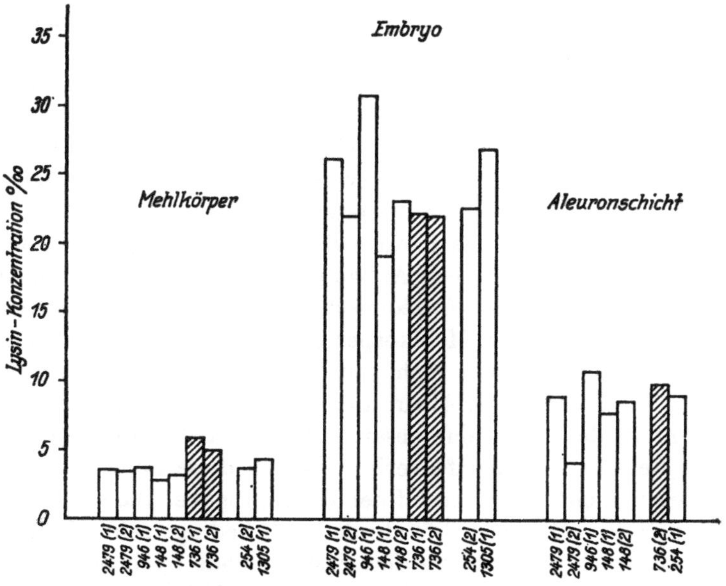

Abb. 4: Lysinkonzentration im Mehlkörper, im Embryo und in der Aleuronschicht von Einzelkörnern. Werte für Sippe 'Hiproly' durch Schraffur hervorgehoben

3. Diskussion der Ergebnisse

Wir dürfen annehmen, daß im Durchschnitt etwa 60% des Lysins im Mehlkörper der Gerstekaryopse gespeichert werden. Unerwartet hoch ist der Lysingehalt im Embryo des Kornes. Hier ist die Konzentration fast dreimal so groß wie in der Aleuronschicht und etwa fünfmal so hoch wie im Mehlkörper. Der hohe Anteil plasmareicher, teilungsfähiger Zellen im jungen Keimling dürfte wesentlich zu dem Lysinanteil beisteuern.

Ziehen wir für die Beurteilung der untersuchten Sippen die Kriterien heran, die zur Auswahl der analysierten Taxa führten, so ergeben sich einige überraschende Feststellungen. Bei der unter der Nr. 148 geführten Gerste ist die Aleuronschicht verhältnismäßig ausgedehnt. Das Trockengewicht dieser Fraktion ist jedoch prozentual nicht höher als in der Sippe 946, die sich durch eine verhältnismäßig dünne Aleuronschicht auszeichnet.

Mit der Sippe 2479 ist eine Gerste mit einem ziemlich langgestreckten Embryo ausgelesen worden. Auch hier ist das prozentuale Trockengewicht nicht höher als bei der Sippe 'Hiproly', deren Keimscheibe im Korn nicht auffällig vergrößert ist. In Anbetracht der hohen Lysinkonzentration im Embryo liegt es nahe, für züchterische Entwicklungsarbeiten Ausgangsmaterial mit einem in der Differenzierung möglichst weit fortgeschrittenen ruhenden Keimling zu selektieren. Wir haben im Gaterslebener Gerstensortiment ein Screening zur Erfassung von Sippen mit einer besonders ausgedehnten Keimscheibe durchgeführt. Offensichtlich muß auch in Erwägung gezogen werden, daß der seitlich ansitzende Embryo unterschiedlich „tief" sein kann und daß auch im Wassergehalt Differenzen nicht ausgeschlossen sind.

Die lysinreiche Sippe 'Hiproly' ist den übrigen untersuchten Gersten in der hohen Konzentration dieser Aminosäure im Mehlkörper überlegen. Zwar ist hier die Dichte des Lysins bei allen Sorten grundsätzlich gering, doch in Anbetracht des hohen Masseanteils des Mehlkörpers ist schon eine geringfügige Steigerung der Lysinkonzentration für eine Wertsteigerung entscheidend.

Wie Abbildung 1 erkennen läßt, ist das Korngewicht von 'Hiproly' (AC 736) verhältnismäßig gering. Hinzu kommt beim Anbau unter unseren Bedingungen eine etwas eingeschrumpfte Oberfläche. Anatomisch zeichnet sich oft unmittelbar unter der Aleuronschicht ein den Mehlkörper umgebender Gewebemantel ab, der entwicklungsgeschichtlich dem mehligen Endosperm angehört, dem Inhalt nach aber große Ähnlichkeit mit Aleuronzellen aufweist. Möglicherweise sind die Pflanzen nicht in der Lage, das gesamte Volumen des Mehlkörpers mit Stärke zu füllen. Bei der Fruchtreife verformen sich diese Zellen stärker als in den benachbarten Schichten im Verlauf der Wasserabgabe. Die schwache Schrumpfung des Kornes von 'Hiproly' könnte dadurch bedingt sein. Keineswegs soll damit zum Ausdruck gebracht werden, daß der hohe Lysingehalt auf den bekannten „Schrumpfkorneffekt" zurückzuführen sei. Abbildung 1 belegt eindeutig die Überlegenheit der Einzelkörner von 'Hiproly' im absoluten Lysingehalt gegenüber anderen Sippen.

Bei der Beurteilung unserer in der Abbildung 1 grafisch belegten Aussagen ist ein gewisser Vorbehalt einzuräumen, der für alle untersuchten Körner gelten muß. In der Abbildung 5 ist der Lysingehalt bezogen auf 1 g Mehl auf Grund unserer Untersuchungsergebnisse dargestellt, zusätzlich wurde der Wert einer früher vorgenommenen Einzelkorn-Analyse aufgenommen (unter AC 736 (x), rechte Säule). Hier liegt der Lysingehalt eindeutig höher. Als Ursache kann eine gewisse Variationsbreite der Konzentration in den einzelnen Körnern einer Sippe in Frage kommen. Möglicherweise diffundiert aber bei der Vorbehandlung zur Präparation ein Teil des Lysins in das Quellwasser, denn hier konnten in allen Fällen durch Anfärbung Spuren von Aminosäuren nachgewiesen werden.

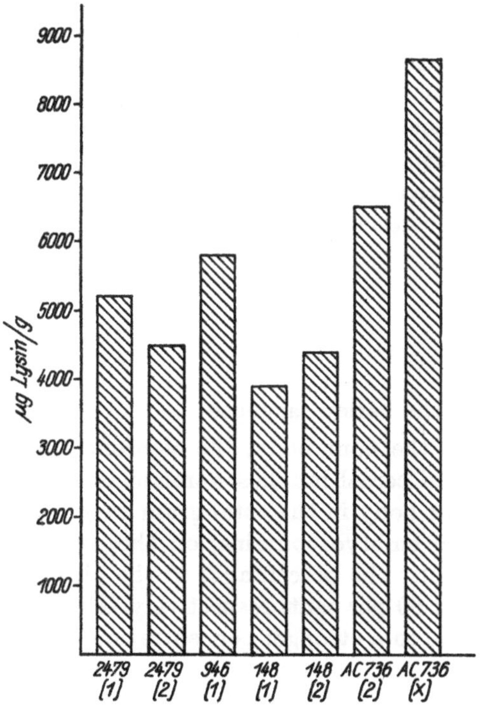

Abb. 5: Gesamtlysingehalt pro 1 g Mehl von Einzelkörnern ausgewählter Sippen. Die rechte Säule kennzeichnet einen Vergleichswert der Sippe 'Hiproly' aus einer früheren Analyse.

Als Hauptdepot für die Lysinspeicherung darf der Mehlkörper bei der Gerste gelten. Daneben verdient aber auch die Größe des Embryos in Anbetracht der hohen Lysinkonzentration besondere Beachtung bei züchterischen Entwicklungsarbeiten.

Zusammenfassung

Unter Benutzung eines Präpariermikroskops gelang eine weitgehende Isolierung des Mehlkörpers, der Aleuronschicht und des Embryos an Karyopsen ausgewählter Getreidesippen. Etwa 5% der Kornmasse entfallen auf den Embryo, 15% auf die Aleuronschicht und 80% auf den Mehlkörper. Am Lysingehalt einer Karyopse ist der Embryo mit durchschnittlich 20%, die Aleuronschicht mit 20% und der Mehlkörper mit 60% beteiligt. Der hohe Lysingehalt der Sippe 'Hiproly' ist auf die stärkere Konzentration dieser Aminosäure im Mehlkörper zurückzuführen.

Резюме

Название работы: Распределение лизина в зерновке ячменя

При помощи препаровального микроскопа авторам в значительной мере удалось выделить из зерновок некоторых форм зерновых культур мучнистое тело, алейроновый слой и зародыш. Приблизительно 5% веса зерна приходятся на зародыш, 15% – на алейроновый слой и 80% – на мучнистое тело. В содержании лизина в зерновке зародыш участвует в размере 20%, алейроновый слой – 20% и мучнистое тело – 60%. Высокое содержание лизина в сорте 'Hiproly' объясняется повышенной концентрацией аминокислот в мучнистом теле.

Summary

Title of the paper: Lysine distribution in the barley caryopse

With the help of a dissecting microscope the flour body, the aleurone layer, and the embryo from caryopses of selected cereal families were isolated. The shares of embryo, aleurone layer, and flour body in the total grain weight are 5, 15, and 80 per cent, respectively. The embryo contains, on the average, 20 per cent of the lysin of a caryopse whilst the percentages of the aleurone layer and the flour body are about 20 and 60 per cent, respectively. The high lysin content of the family 'Hiproly' is due to a stronger concentration of this amino acid in the flour body.

Literatur

Kruse, J.; Danert, S.; Hanelt, P.; Helm, J.; Lehmann, Chr. O.; Rudolph, A.; Scholz, F.; Schultze-Motel, J.; Siegel, M.: Aleuronschichten und Aminosäuregehalt bei der Gerste. Kulturpflanze 19 (1972), S. 472–438

Postel, W.: Studien über exogene Aminosäuren in differenzierten Zonen von Gerstenkaryopsen ökologisch verschiedener Standorte. Z. Pflanzenzücht. 37 (1957), S. 113–126

Anschrift der Verfasser:

Dr. Joachim Kruse, Prof. Dr. Siegfried Danert, Dipl. Chem. Armin Rudolph
Zentralinstitut für Genetik und Kulturpflanzenforschung Gatersleben
der Akademie der Wissenschaften der DDR
4325 Gatersleben, Corrensstraße 3

Themenkreis Spezielle Fragen der Weizenzüchtung und Ertragsbildung

Tag.-Ber. Akad. Landwirtsch.-Wiss. DDR. Nr. 122. 1973. S. 299–308

Sektion Pflanzenproduktion
– Lehrstuhl für Pflanzenzüchtung Hohenthurm –
der Martin-Luther-Universität Halle-Wittenberg

HELLMUT SCHMALZ

Die Züchtung auf erhöhten Proteingehalt beim Weizen unter besonderer Berücksichtigung von Kugelkornlinien und Sphaerococcoid-Mutanten

Die Züchtung auf erhöhten Proteingehalt ist beim Weizen in der Deutschen Demokratischen Republik in den letzten Jahren zu einer vorrangigen züchterischen Aufgabe geworden, nachdem in der Vergangenheit bei dieser Getreideart Qualitätszüchtung gewöhnlich mit Backqualitätszüchtung gleichgesetzt wurde und der Proteingehalt an sich nicht die notwendige Beachtung erfuhr, was auch für andere Länder gilt. Hinzu kommt, daß nicht nur der Proteingehalt erhöht werden muß, sondern möglichst zugleich auch die biologische Wertigkeit des Weizenproteins.
In dieser Beziehung besteht zwischen den Ländern mit einer hochentwickelten Landwirtschaft, wie der Deutschen Demokratischen Republik, und beispielsweise den Ländern Vorder- und Südostasiens, Afrikas und Südamerikas mit einer noch mehr oder weniger extensiven Pflanzenproduktion und einer nur wenig entwickelten Tierproduktion kein grundsätzlicher Unterschied. Wird hier in erster Linie mehr und ernährungsphysiologisch wertvolleres Getreideprotein zur Versorgung einer umfangreichen Tierproduktion benötigt, so ist es dort notwendig, die unzureichende Versorgung der Menschen mit biologisch wertvollem Protein tierischer Herkunft durch mehr und wertvolleres Pflanzenprotein auszugleichen.
Beim Reis, für über eine Milliarde Menschen stellt er das Grundnahrungsmittel dar und mehr als die Hälfte der Menschheit gehört zur Reis essenden Bevölkerung (PLARRE, 1971), kommt es vordringlich darauf an, den Proteingehalt zu steigern. Die biologische Wertigkeit des Reisproteins ist verhältnismäßig gut. Beim Mais ist es dagegen in erster Linie notwendig, den gewöhnlich geringen ernährungsphysiologischen Wert des Proteins zu verbessern.
Es ist ganz offensichtlich, daß derartige Zielstellungen bei verschiedenen Getreidearten heute in vielen Ländern mit Hilfe der Mutationszüchtung gelöst werden sollen, die lange Zeit nur sporadisch und nur in wenigen Ländern, der DDR (HOFFMANN, 1954; SCHOLZ, 1958, 1961; SCHMALZ, 1960, 1968, 1970), der BRD (OLTMANN, 1951; WAGNER, 1969) und Schweden (GUSTAFSSON, 1947), unter diesem Aspekt betrieben worden ist.
Heute sind die Ungarische VR (BÁLINT, et al. 1962, 1970), die Sowjetunion (ČERNYJ, 1966; KHVOSTOVA et al., 1969; LUKJANENKO, 1971), die ČSSR (JECH

et al., 1969), Indien (VARUGHESE u. SWAMINATHAN, 1966; SWAMINATHAN, 1968), Pakistan (HAQ et al., 1970) und Japan (TANAKA, 1969) hinzugetreten, wobei bevorzugt mit Weizen, Reis und Mais gearbeitet wird. Auf die Möglichkeiten der Mutationszüchtung zur Verbesserung von Qualitätsmerkmalen hat auch SIGURBJÖRNSSON (1969) eindringlich hingewiesen.

Stark stimulierend haben zweifellos die U.S.-amerikanischen Untersuchungen von MERTZ et al. (1964) gewirkt, die zur Auffindung der '*opaque-2*-' und der '*floury-2*'-Mutanten des Maises mit einem hohen Lysingehalt führten, die als morphologisch veränderte Mutanten aber schon seit den 20er Jahren bekannt waren.

Daneben sind in jüngster Zeit an verschiedenen Stellen in sehr ausgedehnter Weise auch die Weltsortimente der Getreidearten durchgemustert worden, um die genetische Variabilität für Proteingehalt und -wertigkeit kennenzulernen und Ausgangsmaterial für die Kreuzungs-Kombinations- und die Hybridzüchtung aufzufinden.

Am U.S.-Department of Agriculture und an der University of Nebraska wurden z. B. seit 1966 von den 17000 Mustern der Weltweizenkollektion in Beltsville/USA 7000 auf Protein- und Lysingehalt untersucht. Dabei ist für Proteingehalt eine Variationsbreite von 6 bis 22 Prozent und für Lysingehalt im Protein eine solche von 1,77 bis 4,15 Prozent festgestellt worden (PLARRE, 1971; JOHNSON et al., 1969).

Leider wurde auch bei diesen Untersuchungen die schon von anderen Autoren (LAWRENCE et al., 1958; HEPBURN u. BRADLEY, 1965; SALAH, 1971) festgestellte negative Korrelation zwischen Rohproteingehalt und Lysingehalt beobachtet. Ausgesprochene Korrelationsbrecher traten dabei nicht in Erscheinung. Es scheint nach diesen Ergebnissen jedoch möglich zu sein, günstige Kombinationstypen mit einem verhältnismäßig hohen Lysin- und zugleich einem relativ hohen Proteingehalt aufzufinden.

Ein so ausgesprochener und noch dazu einfach monogen rezessiv vererbender Korrelationsbrecher, wie ihn die Hiproly-Varietät der Gerste darstellt (HAGBERG u. KARLSSON, 1969; MOSSBERG, 1969; MUNCK et al., 1970), ist beim Weizen noch nicht ermittelt worden, wenn man nicht die in Indien in der Sorte 'Sonora 64' induzierte Weizenmutantensorte 'Sharbati Sonora' hierher rechnen will (SWAMINATHAN, 1968).

Nach dem „Gesetz der homologen Reihen" (N. I. VAVILOV) sollten aber auch beim Weizen derartige Merkmalskombinationen möglich sein, und es lohnt sich zweifellos, in Sortimenten danach zu suchen bzw. entsprechende Mutationsexperimente durchzuführen, die aber nach den bisherigen Erfahrungen wahrscheinlich einen sehr großen Umfang haben müssen, während Proteingehaltsmutanten beim Weizen offenbar relativ häufig auftreten (SCHMALZ, 1968; SHAFI, 1972). Ist die Proteingehaltsvariabilität in der Spezies *Triticum aestivum* – wie gezeigt wurde – von sehr niedrig bis sehr hoch sehr groß, so steht in den Vertretern der Subspezies *sphaerococcum* dieser Kulturpflanzenart ein Formenkreis zur Verfügung, der überwiegend hohe Proteingehalte aufweist, was im

übrigen auch für Sphaerococcoidmutanten aus Saatweizensorten mit einem geringen Proteingehalt zutrifft (SALAH, 1971).
Schließlich ist es auch bei den laufenden züchterischen Arbeiten der letzten Zeit gelungen, Stämme zu entwickeln, die bei guter Ertragsleistung einen beachtlich erhöhten Rohproteingehalt aufweisen und sich für eine bevorzugte Berücksichtigung bei der weiteren Zuchtarbeit als Kreuzungspartner anbieten.
Die Züchtung auf erhöhten Proteingehalt und auf verbesserte biologische Wertigkeit des Proteins kann deshalb beim Weizen unter den folgenden vier Grundvoraussetzungen durchgeführt werden:

1. Verwendung von proteinreichen und bereits ertraglich befriedigenden Stämmen in der Kombinations- und evtl. auch in der Hybridzüchtung. Dieser Weg wird am schnellsten zu den angestrebten Fortschritten führen, aber wahrscheinlich keine sehr großen Verbesserungen bringen können.
2. Suche nach proteinreichen und nach Möglichkeit zugleich in der biologischen Wertigkeit des Proteins verbesserten Formen in den Weltkollektionen und Mutantensortimenten und deren Verwendung in der Kombinationszüchtung. Da diese Formen aber mit großer Wahrscheinlichkeit in ertraglicher oder anderer Hinsicht nicht den heutigen Forderungen genügen werden, wird in diesem Falle ein längerer Zuchtweg erforderlich sein. Andererseits sind hier besonders große Fortschritte für Eiweißgehalt und vielleicht auch für Proteinwertigkeit zu erwarten. Ein Beispiel hierfür ist die ausgedehnte Verwendung der amerikanischen Winterweizensorte 'Atlas 66' (JOHNSON et al., 1971).
3. Verwendung von morphologischen Spezialformen mit hohem Proteingehalt, wie sie Kugelkornlinien bzw. Sphaerococcoidmutanten darstellen, in der Kombinationszüchtung und evtl. auch direkt in der Hybridzüchtung, wobei der Kugelkorncharakter möglicherweise besonders günstige Voraussetzungen für eine ökonomische Hybridweizensaatgutproduktion im Mischanbau der Kreuzungspartner bietet (WATSON u. MCWHRITER, 1968; SALAH, 1971).
4. Die direkte Induzierung von Mutanten mit erhöhtem Proteingehalt und/oder verbesserter Proteinwertigkeit, möglichst mit einem *unveränderten äußeren Phänotyp*, da auf diese Weise am ehesten Mutanten erwartet werden können, deren Ertragsfähigkeit nicht negativ pleiotrop beeinträchtigt ist (SCHMALZ, 1960, 1968).

Am Lehrstuhl für Pflanzenzüchtung Hohenthurm der Martin-Luther-Universität Halle-Wittenberg liegen zu genannten Wegen 1, 3 und 4 Versuchsergebnisse vor, von denen im folgenden einige mitgeteilt werden sollen.

Ergebnisse bei der Verbesserung des Eiweißgehaltes des Weizens

Die Tabelle 1 enthält die Ertrags-, Rohprotein- und Lysingehaltswerte von 14 Stämmen von Winterweizen im Vergleich zu den Sorten 'Poros' und 'Pilot'. Es sind in diese Zusammenstellung nur Stämme einbezogen worden, deren Rohproteingehalte in beiden Untersuchungsjahren eindeutig erhöht waren. Die Erhöhungen gegenüber den Vergleichssorten betragen absolut etwa 2 bis mehr als 3 Prozent.

Tabelle 1

Kornertrag, Rohproteingehalt und Lysingehalt von Winterweizenstämmen im Mittel der Jahre 1970 und 1971 in Hohenthurm

Versuchsglieder	Relativer Kornertrag zum Sortenmittel[1]	Rohproteingehalt (%)[2]	Lysingehalt g/16 g N[3]
21004	121,0	15,8	2,77
22001	106,1	16,4	2,56
22011	101,0	16,4	2,53
22012	103,1	16,2	3,04
22019	100,7	15,1	3,02
22021	111,0	14,7	2,95
22022	98,5	15,8	2,89
23003	114,9	15,5	2,91
23011	115,3	15,0	3,24
23017	111,5	14,9	2,96
23018	108,6	14,8	3,07
23031	107,5	14,7	2,55
23033	89,3	16,2	—
23034	104,7	15,0	2,88
Poros	98,2	13,0	3,09
Pilot	103,3	13,0	3,08

Anmerkungen:

1 Sortenmittel 1970: 'Poros', 'Pilot', 'Fanal', 'Eros', 'Qualitas'; 1971: 'Poros', 'Pilot' 'Fanal', 'Fakir', 'Delphin', 'Orlando', 'Kawkas'

2 1970: Untersuchung am Institut für Pflanzenernährung Jena der AdL
1971: Untersuchung am Lehrstuhl für Pflanzenzüchtung Hohenthurm

3 Untersuchung am Institut für Pflanzenernährung Jena der AdL (nur Erntegut 1970)

Damit bietet dieses Material sicher eine gute Voraussetzung für die weitere Verfolgung des Zuchtzieles „Hoher Rohproteingehalt bei hohem Kornertrag", da auch das Ertragspotential dieser Stämme offensichtlich als gut angesehen werden kann. Eine negative Korrelation zwischen Rohproteingehalt und Kornertrag ist kaum erkennbar, wenn zwei besonders proteinreiche Stämme (22022 und 23033) auch im Ertrag nicht ganz befriedigten.
Die erwähnte negative Korrelation zwischen Rohproteingehalt und Lysingehalt ist leider auch an unserem Material erkennbar. Außerhalb des hier gezeigten Zuchtmaterials wurden aber vier Stämme gefunden, die als günstige Kombinationen mit einem verhältnismäßig hohen Rohproteingehalt und einem relativ hohen Lysingehalt angesehen werden können. Sie lagen deutlich abgesetzt oberhalb der im übrigen eindeutigen negativ korrelierten Punktewolke.

Seit 1960 werden in Hohenthurm Züchtungsversuche zur leistungsmäßigen Verbesserung von natürlichen Kugelkornformen aus Kreuzungen mit *Triticum aestivum* ssp. *sphaerococcum* durchgeführt (Schmalz, 1970). Von Salah (1971) sind die dabei bis 1970 erhaltenen Ergebnisse zusammengestellt worden.

Tabelle 2

Kornertrag, Rohproteingehalt, Rohproteinertrag und Lysingehalt von Winterweizen-Kugelkornlinien aus Kreuzungen mit *Triticum aestivum* ssp. *sphaerococcum* 1969/70 in Hohenthurm (auszugsweise nach SALAH, 1971)

Versuch	Sorten bzw. Linien	Kornertrag dt/ha	rel.	Tausendkornmasse (g)	Rohproteingehalt (%)[4]	Differenz im Rohproteingehalt zu 'Poros'	Lysingehalt g/16 g N[5]	Rohproteinertrag dt/ha	rel.
I[1]	'Poros'	62,0	100,0	41,9	14,6	—	3,52	9,05	100,0
	'Pilot'	49,5	79,8	38,8	14,6	± 0,0	3,48	7,23	79,9
	'Fanal'	50,9	82,1	41,2	14,5	— 0,1	3,60	7,38	81,5
	'Orlando'	58,2	93,9	49,6	14,2	— 0,4	3,70	8,26	91,3
	204	42,7	68,9	38,7	17,1	+ 2,5	3,46	7,30	80,7
	205	40,7	65,6	45,5	17,6	+ 3,0	3,10	7,16	79,1
II[2]	'Poros'	43,2	100,0	39,8	15,7	—	3,82	6,78	100,0
	'Pilot'	38,7	89,6	35,6	15,2	— 0,5	3,64	5,88	86,7
	303	36,8	85,2	34,2	17,8	+ 2,1	3,06	6,55	96,6
	306	32,6	75,5	29,9	17,7	+ 2,0	3,26	5,77	85,1
	308	34,2	79,2	42,0	17,7	+ 2,0	3,26	6,05	89,2
Triticum aestivum ssp. *sphaerococcum*		7,1	16,9[3]	27,9	20,4	—	2,70	1,45	—

Anmerkungen:

[1] Lateinisches Rechteck, $r = 6$, Parz. Größe: 1,2 m^2

[2] Langparzellenprüfung, 5,5 m^2 Versuchsfläche

[3] Relativer Ertrag zur Sommerweizensorte 'Carola' unter ähnlichen Bedingungen gewonnen

[4] Mittlerer Wert aus zwei Untersuchungen am Lehrstuhl und am Institut für Pflanzenernährung Jena der AdL

[5] Untersuchung am Institut für Pflanzenernährung Jena der AdL

Die Tabelle 2 zeigt für einige Linien mit Kugelkorncharakter die Ertragswerte, Rohproteingehalte, Lysingehalte und Rohproteinerträge im Vergleich zu Sorten bzw. dem Kugelkorn-Merkmalsspender *Triticum aestivum* ssp. *sphaerococcum*. Der bisher erreichte Ertragsfortschritt gegenüber dem natürlichen Kugelweizen ist unverkennbar. Die Rohproteingehalte sind im Vergleich zu den Sorten um zwei bis drei Prozent erhöht. Daraus folgt, daß die Kugelkornlinien im Rohproteinertrag bereits relativ nahe an die Vergleichssorten heranreichen.

Wir hoffen, auf diesem Wege weitere Fortschritte machen zu können, womit dieses Zuchtmaterial sehr wahrscheinlich gerade für die Eiweißzüchtung von Bedeutung sein kann. Leider sind auch bei diesem Kugelkornmaterial die Lysingehalte niedriger als bei den Sorten. Bemerkenswert ist der sehr niedrige Lysingehalt von *Triticum aestivum* ssp. *sphaerococcum*, der einen sehr hohen Rohproteingehalt besitzt.

Gleichzeitig wurden in den letzten Jahren in Hohenthurm auch Sphaerococcoid-Mutanten untersucht, die in der Winterweizensorte 'Poros' induziert werden konnten (SCHMALZ, 1968; SALAH, 1971).
Wie die Tabelle 3 zeigt, sind diese Mutanten durch besonders hohe absolute Rohproteingehaltserhöhungen ausgezeichnet (etwa 3 bis fast 5 Prozent). Auch hier liegen die Rohproteinerträge der Mutanten naturgemäß dichter als die Kornerträge, die stark vermindert sind, bei denen der Ausgangssorte 'Poros'. Auch dieses Material wird weiter bearbeitet, da Hinweise dafür vorhanden sind (SALAH 1971), daß bei diesen Mutanten die agrotechnischen Verhältnisse für die Ertragsbildung sehr wichtig sind. Unter Weitstandsbedingungen war der Ertrag dieser Mutanten wesentlich günstiger als in der Tabelle 3 für Drillversuche mit normalen Saatstärken ausgewiesen.

Tabelle 3

Kornertrag, Rohproteingehalt, Rohproteinertrag und Lysingehalt von *Sphaerococcoid*-Mutanten aus der Winterweizensorte 'Poros' 1969/70 in Hohenthurm (auszugsweise nach SALAH, 1971)

Versuch	'Poros' bzw. Mutanten	Kornertrag		Tausendkornmasse	Rohproteingehalt[3]	Differenz im Rohproteingehalt zu 'Poros'	Lysingehalt[4]	Rohproteinertrag	
		dt/ha	rel.	(g)	(%)		g/16 g N	dt/ha	rel.
I[1]	'Poros'	62,0	100,0	41,9	14,6	—	3,52	9,05	100,0
	2192	41,3	66,6	42,6	18,2	+ 3,6	3,29	7,52	83,1
	2254	37,0	59,7	43,9	18,1	+ 3,5	2,77	6,70	74,0
II[2]	'Poros'	51,6	100,0	45,5	15,4	—	3,48	7,95	100,0
	2192	45,5	88,2	42,7	20,2	+ 4,8	3,25	9,19	115,6
	2235	43,0	83,3	46,4	18,0	+ 2,6	3,17	7,74	97,4
	2254	41,6	80,6	45,9	18,4	+ 3,0	3,27	7,65	96,2

Anmerkungen:

1 Lateinisches Rechteck, $r = 6$, Parz. Größe: 1,2 m²

2 Blockanlage, $r = 6$, Parz. Größe: 4,4 m²

3 Mittlerer Wert aus zwei Untersuchungen am Institut für Pflanzenernährung Jena der AdL und am Lehrstuhl für Pflanzenzüchtung Hohenthurm

4 Untersuchung am Institut für Pflanzenernährung Jena der AdL

Schließlich sollen abschließend einige Ergebnisse aus Mutationsversuchen dargeboten werden, die das Ziel hatten, die Backqualität bzw. den Rohproteingehalt der Sorte 'Poros' durch Mutationsauslösung zu verbessern. Über die ersten dabei erzielten Ergebnisse wurde von SCHMALZ (1968) berichtet. Jetzt liegen die ersten Ergebnisse aus Ertragsversuchen mit diesen Mutanten vor (Tab. 4).
Die in dieser Tabelle ausgewiesenen Rohproteingehaltserhöhungen können auf Grund mehrjähriger vorangegangener Untersuchungen als sicher angesehen werden. Die Kornertragsfähigkeit der Mutanten muß noch weiter überprüft

Tabelle 4

Kornertrag, Rohproteingehalt, Rohproteinertrag und Lysingehalt von Rohproteingehalts-Mutanten aus der Winterweizensorte 'Poros' 1970/71 in Hohenthurm (auszugsweise nach SHAFI, 1972)

Versuch	'Poros' bzw. Mutanten	Kornertrag		Tausendkornmasse	Rohproteingehalt	Differenz im Rohproteingehalt zu 'Poros'	Lysingehalt[3]	Rohproteinertrag	
		dt/ha	rel.	(g)	(%)		g/16 g N	dt/ha	rel.
I[1]	'Poros'	46,4	100,0	39,4	12,7	—	3,02	5,89	100,0
	QM 101	41,0	88,4	38,7	14,4	+ 1,7	2,91	5,90	100,2
	QM 104	44,6	96,1	38,7	13,4	+ 0,7	3,01	5,98	101,5
II[2]	'Poros'	42,0	100,0	42,2	12,8	—	3,02	5,38	100,0
	QM 201	45,6	108,6	39,5	13,4	+ 0,6	2,88	6,11	113,6
	QM 209	44,4	105,7	41,6	13,6	+ 0,8	2,96	6,04	112,3
	QM 212	35,3	84,0	43,0	15,1	+ 2,3	—	5,33	99,1

Anmerkungen:

1 Lateinisches Rechteck, $r = 5$, Parz. Größe: 6,0 m^2

2 Lateinisches Rechteck, $r = 4$, Parz. Größe: 3,6 m^2

3 Untersuchungen des Jahres 1969/70 am Institut für Pflanzenernährung Jena der AdL

werden. Für einige der Mutanten zeichneten sich 1971/72 gegenüber der Ausgangssorte Verminderungen ab. Die Rohproteinerträge der Mutanten waren aber durchgängig nicht vermindert oder sogar erhöht. Die Mutanten der Tabelle 4 sind, das war unser Arbeitsziel (SCHMALZ, 1968), morphologisch nicht bzw. nur geringfügig verändert. Auch in dieser Beziehung werden noch weitere Untersuchungen durchgeführt. Wir nehmen dabei an, daß im Falle äußerer phänotypischer Identität am ehesten pleiotrop negativen Nebenwirkungen aus dem Wege gegangen werden kann. Durch die Ertrags- und Morphologieuntersuchungen soll die Richtigkeit dieser Annahme überprüft werden.

Die morphologische Übereinstimmung derartiger Mutanten mit der Ausgangssorte muß nicht zwangsläufig bedeuten, daß, abgesehen von einem verbesserten Proteinstoffwechsel, keine Benachteiligung sonstiger Ertragsbildungsprozesse eingetreten ist. Beispielsweise ist es denkbar, daß es sich bei unseren Mutanten nicht um Mutanten für Eiweißgehaltserhöhung, sondern um Mutanten für Stärkegehaltsverminderung handelt. In diesem Falle wäre die Eiweißgehaltserhöhung nur indirekt eingetreten, und solche Mutanten hätten natürlich züchterisch keine Bedeutung.

Die bisherigen Ergebnisse lassen aber durchaus auch die Erwartung zu, daß es sich tatsächlich um Mutanten für Eiweißgehaltsverbesserung ohne eine Beeinträchtigung anderer Ertragsbildungsprozesse handelt.

Mit diesen Befunden ist gezeigt, daß es zur Verbesserung des Proteingehaltes des Weizens verschiedene Möglichkeiten gibt, die es in Zukunft zu nutzen gilt.

Zusammenfassung

Die Weizenzüchtung am Lehrstuhl für Pflanzenzüchtung Hohenthurm hat zu im Proteingehalt wesentlich verbesserten Stämmen mit einer guten Ertragsfähigkeit geführt. Kugelkornlinien und Sphaerococcoid-Mutanten zeichnen sich gegenüber Saatweizensorten durch einen erheblich verbesserten Proteingehalt aus. Es gelang, in der Weizensorte 'Poros' Mutanten mit einem erhöhten Proteingehalt zu induzieren, die entsprechend unserer Zielstellung morphologisch nicht bzw. nur unwesentlich verändert sind. Die aus der Literatur bekannte negative Korrelation zwischen Rohprotein- und Lysingehalt wurde auch bei den vorliegenden Untersuchungen nahezu durchgängig beobachtet. Es konnten bisher nur vier schwach ausgeprägte Durchbrecher dieser Korrelation ermittelt werden. Die Suche bzw. die Induktion derartig drastischer Korrelationsbrecher wird jedoch auch bei Weizen für erforderlich gehalten.

Резюме

Название работы: Селекция пшеницы на повышенное содержание протеина, при особом учете линий с шарообразной формой зерна и сферококкоидных мутантов

В результате селекционной работы по пшенице на кафедре селекции растений в Хоэнтурм были получены штаммы со значительно лучшими показателями по содержанию протеина и с хорошей урожайностью. Линии с шарообразными зернами и сферококкоидные мутанты отличаются от сортов мягкой пшеницы значительно улучшенным содержанием сырого протеина. В сорте пшеницы Порос удалось индуцировать мутанты с увеличенным содержанием сырого протеина, которые морфологически не изменены или изменены незначительно, что отвечает нашей целевой установке. Известная по литературным данным отрицательная корреляция между содержанием сырого протеина и лизина почти во всех случаях отмечалась и в настоящих исследованиях. До сих пор удалось выявить лишь четыре слабых отклонения от этой корреляции. Однако поиск или индукция таких значительно отклоняющихся от этой корреляции форм считается необходимым и для пшеницы.

Summary

Title of the paper: Breeding for increased protein content of wheat with special reference to ball-shaped kernel lines and sphaerococcoid mutants

Wheat breeding at the plant breeding department of Hohenthurm has resulted in strains with considerably improved protein levels and a good yield potential.

Ball-shaped kernel lines and sphaerococcoid mutants distinguish themselves by a highly improved crude-protein content as compared with common wheat varieties. It was possible to induce mutants of an increased crude-protein content proceeding from the wheat variety 'Poros'. In accordance with the breeding aim, these mutants proved unchanged or only slightly changed in their morphology. The negative correlation between crude-protein level and lysine content, known from literature, was almost consistently observed in the present investigations, too. So far, only four slightly marked breakers of this correlation have been detected. The search for or the induction of such drastic correlation breakers is, however, a necessity for wheat breeding as well.

Literatur

BÁLINT, A.; KOVÁCS, A.: Use of X-rays in producing biological mutants in maize. Biol. Közl. 10, 13, 1962

BÁLINT, A.; MENYHÉRT, Z.; SUTKA, J.; KOVÁCS, M.; KURNIK, E.: Increasing the protein content of maize by means of induced mutants. Improving plant protein by nuclear techniques. Proc. of a Symposium, Vienna, 8–12 June 1970, IAEA, Vienna, p. 77–85

ČERNYJ, I. V.: Radiation induced variability in the content and quality of gluten in spring wheat. Trans. Moscov Soc. Nat.: Biol. Sect. 23 (1966), p. 47–51 (Russ.)

HAGBERG, A.; KARLSSON, K.-E.: Breeding for high protein content and quality in barley. New approaches to breeding for improved plant protein. Proc. of a Panel, Röstånga, Schweden, IAEA, Vienna, 1969, p. 17–21

HAQ, M. S.; CHOUDHURY, N.; RAHMAN, M. M.: Breeding for high protein content and quality of rice through induced mutation. Improving plant protein by nuclear techniques. Proc. of a Symposium, Vienna, 8–12 June 1970, IAEA, Vienna, p. 63–69

GUSTAFSSON, Å.: Mutations in agricultural plants. Hereditas 33 (1947), p. 1–100

HEPBURN, F. N.; BRADLEY, W. B.: The amino acid composition of hard wheat varieties as a function of nitrogen content. Cereal Chemistry 42 (1965), p. 140–149

HOFFMANN, W.: Aussichten der Mutationszüchtung zur Verbesserung der Qualität des Weizens. Ber. ü. d. Tag. d. Arb.-Gemeinsch. Getreideforsch. e. V. in Detmold am 9. und 10. 2. 1954, S. 46–54

JECH, Z.; HANIŠ, M.; REJMAN, B.; LANGROVÁ, M.; HODOVÁ, H.: Změna kvality zrna odrůdy ozimé pšenice 'Salzmünder Bartweizen' působenim mutagen. Genetika a Šlechtěni 5 (1969), S. 29–35

JOHNSON, V. A.; MATTERN, P. J.; SCHMIDT, J. W.: Breeding of wheat and maize with improved nutritional value. Protein Advisory Group, FAO-Meeting, Geneva, Doc. 2. 32/1 Sept. (1969)

JOHNSON, V. A.; SCHMIDT, J. W.; MATTERN, P. J.: Registration of high protein wheat germplasm. Crop Sci. 11 (1971), p. 141–142

KHVOSTOVA, V. V.; MOZHAEVA, V. S.; CHERNY, I. V.: Experimental mutagenesis in wheat. Genetika (Moscov) 5 (1969), Nr. 11, 178–189

LAWRENCE, J. M.; DAY, K. M.; HUEY, E.; LEE, B.: Lysine content of wheat varieties, species and related genera. Cereal Chemistry 35 (1958), p. 169–178

LUKJANENKO, P.: Probleme der Weizenzüchtung. Schnellinformation f. Landwirtsch. u. Nahrungsgüterwirtsch., Berlin, 31. 3. 1971, Nr. 13, 1971

MERTZ, E. T.; BATES, L. S.; NELSON, O. E.: Mutant gene that changes protein composition and increases lysine content of maize endosperm. Sci. 145 (1964), p. 279–280

MOSSBERG, R.: Evaluation of protein quality and quantity by dye-binding capacity: a tool in plant breeding. New approaches to breeding for improved plant protein. Proc. of a Panel, Röstånga, Schweden, IAEA, Vienna, 1969, p. 151–160

MUNCK, L.; KARLSSON, K. E.; HAGBERG, A.: Gene for improved nutritional value in barley seed. Sci. 168 (1970), p. 985–987

OLTMANN, W.: Züchterische Auswertung röntgeninduzierter Mutationen an physiologischen Merkmalen bei Winterweizen. Z. Pflanzenzücht. 29 (1951), S. 76–89

PLARRE, W.: Die Züchtung leistungsfähigerer Getreidesorten als Beitrag zur Sicherung der Welternährung. Fortschritte der Pflanzenzüchtung. Z. Pflanzenzücht., Beil. Nr. 2, Berlin-Hamburg, 1971, 68 S.

SALAH, O. A.: Genetische, populationsanalytische und züchtungsmethodische Untersuchungen als Grundlage für die Züchtung von leistungsfähigen kugelförmigen Weizensorten. Halle, Univ. Diss. 1971, 108 S. u. Anl.-Bd.

SCHMALZ, H.: Die Ertrags-Qualitäts-Relationen deutscher Winter- und Sommerweizen (Sorten und Stämme). Ber. ü. Arbeitstag. 1960 d. Arb. Gemeinsch. d. Saatzuchtleiter v. 23.–25. 11. 1960 in Gumpenstein/Österreich, S. 3–34

SCHMALZ, H.: Erste Ergebnisse bei der Verbesserung der Backqualität der Winterweizensorten 'Poros' und 'Eros' mit Hilfe der Mutationszüchtung. Ber. f. Pflanzenzüchter. Vorträge auf Züchtertagungen 1968. Herausg.: VVB Saat- und Pflanzgut Quedlinburg, 1968, S. 64–67

SCHMALZ, H.: Steigerung der Weltgetreideproduktion durch züchterische Maßnahmen. 5. Welt-Getreide-und-Brotkongreß, 24.–29. 5. 1970 in Dresden. Kongreßber. 1 (1970), S. 59–85

SCHOLZ, F.: Mutationsversuche an Kulturpflanzen. IX. Über den Rohproteingehalt röntgeninduzierter Gerstenmutanten. Züchter 28 (1958), S. 289–296

SCHOLZ, F.: Qualitätsprobleme in der Futtergerstenzüchtung, dargestellt an Ergebnissen von Mutationsversuchen. Z. Pflanzenzücht. 44 (1961), S. 105–128

SHAFI, A. M. A. A.: Qualitätsmutanten bei Getreide. Halle, Univ., Dipl. Arb. 1972, 47 S.

SIGURBJÖRNSSON, B.: Plant protein improvement. Hereditas 63 (1969), S. 468–469

SWAMINATHAN, M. S.: Five years of research on dwarf wheats. Indian Agric. Res. Inst., New Delhi, 1968

TANAKA, S.: Radiation induced rice mutants with high protein content. Institute of Radiation Breeding Japan. Techn. News No. 1, Aug. 1969

VARUGHESE, G.; SWAMINATHAN, M. S.: Changes in protein quantity and quality associated with a mutation for amber grain colour in wheat. Current Sci. 35 (1966), S. 469–470

WAGNER, M.: Beobachtungen an Winterweizenmutanten unter Einbeziehung von Qualitätsmerkmalen. Z. Pflanzenzüchtung 61 (1969), S. 288–296

WATSON, I. A.; McWHIRTER, K. S.: A bulk method of producing hybrid wheat. Crop Sci. 8 (1968), S. 124–125

Anschrift des Verfassers:

Prof. Dr. H. SCHMALZ
Lehrstuhl für Pflanzenzüchtung – Sektion Pflanzenproduktion – der Martin-Luther-Universität Halle-Wittenberg
4104 Hohenthurm, Berliner Straße 2

Tag.-Ber. Akad. Landwirtsch.-Wiss. DDR. Nr. 122. 1973. S. 309–315

Institut für Getreideforschung Bernburg-Hadmersleben
der Akademie der Landwirtschaftswissenschaften
der Deutschen Demokratischen Republik

SUSANNE SCHUCHART und RICHARD FOCKE

Vergleichende Betrachtungen bei Weizen- und Gerstensorten hinsichtlich ihrer genetisch bedingten Stickstoffeinlagerung in das Korn

Zur Erhöhung des Proteingehaltes im Getreidekorn auf züchterischem Wege liegt eine umfangreiche Literatur vor (vgl. BÁLINT, 1970; SOZINOV, 1970). Von züchterischer Seite wird die Frage akut, ob dem unterschiedlich hohen Proteingehalt von Getreidesorten ein bestimmter, nur quantitativ abgestufter physiologischer Vorgang hinsichtlich der Proteineinlagerung zugrunde liegt, oder ob verschiedene physiologische Vorgänge Differenzen hervorrufen. Da in der überwiegenden Zahl der Untersuchungen populationsgenetisch gezeigt werden konnte, daß für die Höhe des Proteingehaltes eine große Anzahl von Genen zu berücksichtigen sind, könnte man geneigt sein, anzunehmen, es handelt sich bei der Proteinbildung im Korn um einen einheitlicheren physiologischen Vorgang mit quantitativer Abstufung.

Beim Weizen konnte aber mit der Sorte 'Atlas 66' demonstriert werden, daß der hohe Eiweißgehalt dieser Sorte nur auf sehr wenigen Genen beruht, deshalb suchte man zwangsläufig nach physiologischen Kriterien, die diesen hohen Eiweißgehalt bedingen. JOHNSON u. a. (1968) konnten dann auch zeigen, daß sich 'Atlas 66' bei relativ geringen Proteinmengen im Blatt und Halm durch eine hohe Proteinkonzentration im Korn auszeichnet. Der Abtransport des Eiweißes aus den Blättern war besonders begünstigt. Bei unseren Untersuchungen sollte zunächst einmal die Sorte 'Atlas 66' der Sorte 'Kavkas' gegenübergestellt werden. 'Kavkas' wurde deshalb gewählt, weil diese Sorte neben ihrem hohen Ertrag in der Praxis auch einen hohen Proteingehalt von etwa 15% realisiert und damit den meisten einheimischen Sorten um etwa 2% überlegen ist. Weiterhin sollte untersucht werden, ob bei Gerstensorten ähnliche Proteinbildungsvorgänge bestehen wie beim Weizen. Hier wurde als Durchschnittssorte 'Elgina' gewählt, ihr wurde 'Hiproly' gegenübergestellt. Diese Sorte wurde wegen ihres überdurchschnittlich hohen Proteingehaltes benutzt. Es soll an dieser Stelle gleich betont werden, daß an diese extreme Sorte (sehr hoher Proteingehalt und niedriger Ertrag) sehr schwer übliche Maßstäbe angelegt werden können. Bei den vorliegenden Untersuchungen handelte es sich generell um Gefäßversuche. Methodisch sind wir so vorgegangen, daß die verschiedenen Sorten in Mitscherlichgefäßen mit verschiedenen Düngungsstufen herangezogen wurden. Neben den Vergleichsvarianten wurden bei der Hälfte der Gefäße zum Ährenschieben alle Blätter entfernt, um den unterschiedlichen Einfluß der Blätter bei der Proteinbildung der Körner ermitteln zu können. Außerdem wurde mit ^{15}N gearbeitet.

Tabelle 1

Einfluß des Blattschnittes auf die Proteinbildung bei 'Atlas 66' und 'Kavkas' im Gefäßversuch der Jahre 1970 und 1971 (je 4 Wiederholungen)

Sorte	N-Düngung g/Gefäß	Kornertrag in g/Gefäß		% Minderung	% R.P. im Korn i. d. T. M.		% Minderung	R.P.-Ertrag im Korn g/Gefäß		% Minderung
		K	*B*		*K*	*B*		*K*	*B*	
'Atlas 66'	1,5	51,36	28,82	43,9	17,24	13,69	20,6	8,85	3,94	55,5
'Kavkas'	1,5	55,32	33,76	39,0	13,47	13,30	1,3	7,45	4,49	39,6
'Atlas 66'	3,0	62,74	33,16	47,1	19,84	17,76	10,5	12,44	5,88	52,7
'Kavkas'	3,0	60,39	38,86	35,7	18,62	17,46	6,2	11,24	6,78	39,7
'Atlas 66'	4,5	56,10	33,28	40,7	22,38	18,60	16,9	12,54	6,18	50,6
'Kavkas'	4,5	60,49	42,82	29,2	19,70	17,46	11,4	11,81	7,48	36,7

K = Kontrolle, B = Blattschnitt

Der Tabelle 1 ist zu entnehmen, daß 'Atlas 66' in allen drei Düngerstufen durch das Blattschneiden größere Verluste im Ertrag und in den Rohproteinprozenten zu verzeichnen hat als 'Kavkas'. Nach dem Blattschnitt ist der Proteinertrag im Korn bei 'Kavkas' höher als bei 'Atlas 66', die Kontrolle dagegen ist bei 'Atlas 66' höher. In der niedrigen Düngerstufe hat der Blattschnitt bei 'Atlas 66' zu den größten Verlusten bei den Rohproteinprozenten geführt, bei 'Kavkas' liegen die Verhältnisse umgekehrt. Mit Zunahme der Stickstoffdüngung steigt die Bedeutung des Blattes bei 'Kavkas'. Die Sorte 'Kavkas' ist in der Lage, steigende Stickstoffangebote gut auszunutzen und spricht in der Praxis gut auf Spätstickstoffgaben an, sie besitzt also ein gutes Stickstoffaneignungsvermögen aus dem Boden und realisiert so ihre guten Rohproteinerträge im Korn.

Der Tabelle 2 ist zu entnehmen, daß der Gesamtrohproteinertrag pro Gefäß bei 'Atlas 66' durch den Blattschnitt um etwa 1,8 g verringert wird, bei 'Kavkas' dagegen nur um 0,7 g. Bei 'Atlas 66' verringert sich der Rohproteinertrag im Korn durch den Blattschnitt stärker als bei anderen Sorten. JOHNSON u. a. (1969) erklärten den höheren Stickstoffgehalt im Korn bei 'Atlas 66' durch eine gute Umlagerung von Stickstoff aus dem Blatt ins Korn.

Will man die verschiedenen Proteinbildungsvorgänge der Sorten benennen, so könnte man 'Atlas 66' als einen Umlagerungstyp bezeichnen. Dafür spricht auch der relativ hohe Anteil an ^{15}N an der löslichen N-Fraktion insbesondere im Halm nach der Blüte. 'Kavkas' dagegen spricht für einen Aufnahmetyp,

Tabelle 2
1971
Vergleich von 4 Winterweizengenotypen hinsichtlich ihres Eiweißbildungsvermögens im Durchschnitt von 4 Wiederholungen und 3 Düngerstufen

Sorte	R.P.-Ertrag im Korn g/Gefäß		% R.P. im Stroh i. d. T. M.		% R.P. im Blatt i. d. T. M.		Gesamt-R.P.-Ertrag g/Gefäß	
	K	*B*	*K*	*B*	*K*	*B*	*K*	*B*
'Atlas 66'	8,9	5,0	3,8	3,6	—	23,3	12,3	10,5
'Kavkas'	9,0	6,0	4,5	3,2	—	26,3	12,7	12,0
'Poros'	7,1	5,1	5,8	3,7	—	21,5	10,1	11,6
'Stamm Hdm. 9738/65'	8,5	5,1	5,3	3,7	—	24,9	11,5	12,2

K = Kontrolle, B = Blattschnitt

spezifiziert durch das Charakteristikum der Fähigkeit, auch noch in relativ späten Entwicklungsstadien den Stickstoff aufzunehmen und im Korn in Form von Protein einzulagern. Hierin kann man auch die Ursache dafür erblicken, daß 'Kavkas' besonders in der niedrigen Düngerstufe der Sorte 'Atlas 66' unterlegen ist. Er liegt in den Rohproteinprozenten bei 1,5 g N Düngung pro Gefäß im Durchschnitt von zwei Jahren um 3,8% niedriger ('Atlas 66' 17,24%, 'Kavkas' 13,47%). Aus Tabelle 2 ist ersichtlich, daß 'Poros' auch eine gute Stickstoffaufnahme aus dem Boden hat, er unterscheidet sich aber von 'Kavkas' in der Art, daß er die aufgenommenen Stickstoffmengen im Korn nicht als Protein realisieren kann, er hat von den vier verglichenen Sorten den höchsten Rohproteinertrag im Stroh.

Die Sorte 'Poros' stellt also einen weiteren Typ dar, sie kann zwar viel Stickstoff aus dem Boden aufnehmen, vermag aber nicht viel Korneiweiß zu bilden.

Johnson u. a. (1968) vertreten die Auffassung, daß bei 'Atlas 66' niedriger Stickstoffgehalt in der Gesamtpflanze mit höherem Stickstoffgehalt im Korn verbunden ist. Wie schon erwähnt, wird dies durch die Umlagerung von Eiweiß aus dem Blatt ins Korn erklärt. Aus dem Vergleich der Tabellen 1 und 3 ist ersichtlich, daß zwischen Gerste und Weizen ein Unterschied in der Hinsicht auftrat, daß die Gerste durch den Blattschnitt nicht so große Verluste im Kornertrag und in den Rohproteinprozenten des Kornes erleidet wie der Weizen. Nach Wardlaw (1965) übernehmen andere Teile der Pflanze die Funktion der Blätter, wenn diese entfernt werden. In welchem Ausmaß aber andere Teile diese Funktion übernehmen, ist art- und sortenspezifisch. Bei 'Hiproly' kann man nicht analog zu 'Atlas 66' sagen, daß hohe Rohproteinprozente im Korn mit niedrigen in der Gesamtpflanze verbunden sind (siehe Tab. 4). Da beim Weizen zunächst einmal ein Umlagerungstyp und ein Aufnahmetyp in bezug auf die Proteinbildung im Korn gefunden wurden, suchten wir bei der Gerste

Tabelle 3

Einfluß des Blattschnittes auf die Proteinbildung bei 'Hiproly' und 'Elgina' im Gefäßversuch der Jahre 1970 und 1971 (je 4 Wiederholungen)

Sorte	N-Düngung g/Gefäß	Kornertrag in g/Gefäß		% Minderung	% R.P. im Korn i. d. T. M.		% Minderung	R.P.-Ertrag im Korn g/Gefäß		% Minderung
		K	*B*		*K*	*B*		*K*	*B*	
'Hiproly'	1,5	17,98	17,84	0,8	20,39	17,68	13,3	3,66	3,15	13,2
'Elgina'	1,5	52,66	44,01	16,4	14,62	12,88	11,9	7,69	5,66	26,6
'Hiproly'	4,5	21,91	20,18	7,9	21,85	19,13	12,4	4,78	3,86	18,8
'Elgina'	4,5	57,92	47,34	18,3	16,39	14,27	12,9	9,49	6,76	28,5

K = Kontrolle, B = Blattschnitt

Tabelle 4

1971

Vergleich von 2 Sommergerstengenotypen hinsichtlich ihres Eiweißbildungsvermögens im Durchschnitt von 8 Wiederholungen und 2 Düngerstufen

Sorte	R.P.-Ertrag im Korn g/Gefäß		% R.P. im Stroh i. d. T. M.		% R.P. im Blatt i. d. T. M.		Gesamt-R.P.-Ertrag g/Gefäß	
	K	*B*	*K*	*B*	*K*	*B*	*K*	*B*
'Hiproly'	4,2	3,8	7,7	6,6	–	25,8	7,6	9,3
'Elgina'	7,6	6,1	5,8	5,6	–	23,8	10,5	11,6

K = Kontrolle, B = Blattschnitt

auch nach solchen charakteristischen Formen. Folgende Versuchsergebnisse sprechen dafür, daß es sich bei der Sorte 'Hiproly' ebenfalls um einen Umlagerungstyp handeln könnte. Die Rohproteinprozente der Ährenblätter liegen um 8,6% niedriger als die der Restblätter. Nach WARDLAW (1965) und VOLLEJDT (1970) ist das Fahnenblatt für die Versorgung der Ähre mit Assimilaten besonders wichtig. Haben die Ährenblätter also einen wesentlich geringeren Rohproteingehalt als die Restblätter, so kann man annehmen, daß sie ihr Protein an die Körner abgegeben haben.

Durch den Blattschnitt geht die Erzeugung von Rohprotein pro 10 g Trockensubstanz bei 'Hiproly' um 0,47 g zurück, bei 'Elgina' dagegen nur um 0,17 g. Dies läßt darauf schließen, daß 'Hiproly' für die Realisierung ihres hohen Rohproteingehaltes die Blätter notwendig braucht.

Neben dem Blattschnittversuch legten wir einen weiteren Versuch an, der mit 10%ig angereichertem $^{15}NH_4\,^{15}NO_3$ gedüngt wurde.

Bei 'Elgina' verändert sich das Verhältnis von Rohproteinstickstoff im Korn im Vergleich zum Rest nach einer Düngung mit markiertem Stickstoff nicht,

bei 'Hiproly' dagegen wird der Anteil des Reinproteinstickstoffs im Rest geringer, was ebenfalls für einen Umlagerungstyp spricht (Tab. 5).
Betrachtet man die absoluten Mengen des aufgenommenen Stickstoffs, so übertrifft 'Elgina' allerdings 'Hiproly'. Die Anreicherung mit ^{15}N ist bei 'Hiproly'

Tabelle 5
Betrachtung der N-Aufnahme bei 'Hiproly' und 'Elgina' im Vergleich der Körner zu den restlichen oberirdischen Pflanzenteilen mit Hilfe von ^{15}N*

	Massenverh. ges. Reinprot. N			Massenverh. ^{15}N		
	Korn	:	Rest	Korn	:	Rest
'Hiproly'	1	:	1,2	1		0,9
'Elgina'	1	:	0,4	1	:	0,4

	Anreicherung von ^{15}N in Atom % im Reinprotein	
	Korn	Rest
'Hiproly'	1,34	1,03
'Elgina'	1,16	0,98

* Düngung mit 10%ig markiertem NH_4NO_3 zur Blüte

im Korn größer als bei 'Elgina', ebenso im Rest, der Unterschied zwischen Korn und Rest ist aber bei 'Hiproly' größer.
Als praktische Schlußfolgerung unserer Ergebnisse wäre eine Kreuzung des Aufnahmetyps mit dem Umlagerungstyp anzustreben, in der Erwartung, durch Kombination dieser beiden physiologischen Vorgänge den Proteingehalt im Korn zu erhöhen.
Da noch nicht viele Sorten in bezug auf ihre Proteinbildungsmechanismen untersucht wurden, sind weitere Formen durchaus denkbar. Es kann z. B. die Kornstruktur selbst von Bedeutung für die Proteineinlagerung sein.

Zusammenfassung

Es wird untersucht, inwieweit physiologische bzw. genetische Unterschiede für das Proteinbildungsvermögen der Pflanzen verantwortlich sind. Basierend auf den Ergebnissen von Johnson (1968) wurden entsprechende Gefäßversuche mit Wi.-Weizen und So.-Gerste durchgeführt. Es handelte sich um N-Staffelung und Blattschnittversuche. Zur Verbesserung der Aussagekraft wurde mit ^{15}N gearbeitet. Die Sorte 'Atlas 66' wurde als sogenannter Umlagerungstyp definiert, der seine hohen Proteingehalte im Korn durch Umlagerung von N aus dem Blatt ins Korn realisiert. Die Sorte 'Kavkas' erwies sich wie die Sorte 'Poros' als Aufnahmetyp, 'Poros' vermag aber nicht so viel N ins Korn zu transportieren. Bei der Sorte 'Hiproly' verändert sich nach einer Düngung mit markiertem N der Anteil des Reinproteinstickstoffs zugunsten des Kornes stärker, was ebenfalls auf einen Umlagerungstyp schließen läßt.

Резюме

Название работы: Сравнительные исследования сортов пшеницы и ячменя относительно генетически обусловленного отложения азота в их зерне

Изучался вопрос о том, в какой мере физиологические или генетические различия растений влияют на способность образовывать протеин. Основываясь на результатах, полученных Johnson (1968) были проведены соответсвующие вегетационные опыты с озимой пшеницей и яровым ячменем. В опытах изучались возрастающие дозы азотных удобрений и отрезанные листья. Для большей достоверности получаемых данных в опытах был использован меченный ^{15}N. Сорт Атлас 66 рассматривался как т. н. «перемещающий» тип, в котором высокое содержание протеина в зерне возникает за счет перемещения азота из листьев в зерно. Сорт Кавказ также как и сорт Порос не способен транспортировать такие большие количества азота. У сорта Хипроли после удобрения меченным азотом доля азота сырого протеина сильнее сдвигается в пользу зерна, что также позволяет относить его к «перемещающему» типу.

Summary

Title of the paper: Comparative considerations on wheat and barley varieties regarding their genetically conditioned incorporation of nitrogen into the kernel

It was studied to what an extent physiological and genetic variations are responsible for the protein-forming capacity of the plant. On the basis of the results obtained by Johnson (1968), corresponding pot trials were conducted on winter wheat and spring barley. The experiments were based on increasing N-applications and leaf-cutting techniques. In order to improve the conclusiveness of the experiments, ^{15}N was used. The variety ‘Atlas 66’ was defined as a so-called “translocation type” which obtains its high protein levels by translocating nitrogen from the leaves into the kernel. The variety ‘Kavkas’ and likewise the variety ‘Poros’ proved to belong to the “absorption type”. In the variety ‘Hiproly’, after fertilization with labelled nitrogen, the proportion of the crude-protein N changed more strongly in favour of the kernel. This allows to conclude that the mentioned variety is of the translocation type, too.

Literatur

Bálint, A.: Protein growth by plant breeding. Budapest, Akademiai Kiado 1970

Johnson, V.; Schmidt, J.; Mattern, P.: Cerel Breeding for Better Protein Impat. Economic Botany 22 (1968), S. 16–25

JOHNSON, V.; MATTERN, P.; WHITTED, D.; SCHMIDT, J.: Breeding for high protein content and quality in wheat. New approaches to breeding for improved plant protein. Vienna, 1969, S. 29–41

SOZINOV, A.; KOZLOV, V.: Verbesserung der Qualität bei Winterweizen. Moskva, Verl. Kolos (1970)

VOLLEJDT, L.: Stickstoffstoffwechsel in den Organen von Winterweizen in Beziehung zu Ertrag und Qualität des Kornes. Agrochimija, Moskva (1970), Nr. 5, S. 7–14

WARDLAW, I.: The relative supply of carbonhydrate and nitrogen to wheat grains and an assessement of the shadung and defoliation techniques used for these determinations. Austral. J. Agric. Res. 16 (1965), S. 893–901

Anschrift der Verfasser:

Dipl. agr. Ing. SUSANNE SCHUCHART, Dr. agr. habil. RICHARD FOCKE
Institut für Getreideforschung Bernburg-Hadmersleben
der Akademie der Landwirtschaftswissenschaften der DDR
4351 Bernburg-Strenzfeld, Mitschurinstraße 22

Tag.-Ber. Akad. Landwirtsch.-Wiss. DDR. Nr. 122. 1973. S. 317–326

Sektion Pflanzenproduktion – Lehrstuhl Pflanzenzüchtung –
der Martin-Luther-Universität Halle-Wittenberg

ROLF FRIEDRICH MELZER, MARLEN RABE, HANS-JOACHIM ECKARD,
BERND PFEFFER

Untersuchungen über die Wirkung von CCC auf die Keimlingslänge, den Ertrag und seine Komponenten in einem Winterweizensortiment im Jahre 1971

Nach der Entdeckung der halmstabilisierenden Wirkung von CCC (Chlorcholinchlorid) auf Weizen durch TOLBERT (1960) fand das CCC schnell seinen Eingang in die landwirtschaftliche Praxis. In einer Vielzahl von Versuchen (LINSER u. KÜHN, 1964; PRIMOST, 1967; GORA, 1968; VARENICA, 1968; SCHMALZ, 1969) konnte nachgewiesen werden, daß Unterschiede zwischen Sorten und Stämmen in der Reaktion auf CCC-Applikation bestehen. Auf die Bedeutung von Reaktionsunterschieden für züchterische Fragestellungen wurde von einigen Autoren hingewiesen (SAULESCU, 1967; SCHMALZ, 1969, 1971). In mehrjährigen Versuchsserien verwendeten wir den Wachstumsregulator CCC als Modellsubstanz zur Überprüfung genotypischer Unterschiede zwischen verschiedenen Sorten und Getreidearten (Kollektiv, 1971).
Wir stellten uns in der vorliegenden Arbeit die Aufgabe, an dem Hohenthurmer Winterweizenertragstestsortiment die Wirkung der CCC-Applikation auf die Keimlingslänge nach Karyopsenbehandlung und auf den Ertrag und seine Komponenten nach Behandlung der Pflanzen in der V. Entwicklungsetappe der Organogenese (KUPERMAN, 1968) festzustellen. Daraus sollen Schlußfolgerungen über methodische Fragen der Prüfung unterschiedlicher Genotypen gezogen werden.

1. Material und Methoden

In unsere Untersuchungen wurden folgende Sorten bzw. Stämme einbezogen: 'Poros' (DDR), 'Avrora' (UdSSR), 'Gaines' (USA), 'St. 9313/65', 'St. 2153/63', 'St. 4551/65', 'St. 12227/61', 'St. 13786/60' (alle DDR), 'NS 435' (Jugoslawien), 'Wartiner Trotzkopf' (aus Gatersleben) (als Formen des Testsortimentes), 'Kavkaz' (UdSSR), 'Chambrod' (Frankreich), 'K 1246/53' (ČSSR), 'Pitic 62' (Mexiko), 'St. 9738/65' (DDR) (Ertragsprüfung). Diese Formen standen im Feldversuch in vierfacher Wiederholung, wogegen ohne Wiederholungen 'Mironovskaja 808', 'Mironovskaja Jubiljennaja' (UdSSR), *Triticum durum* und *Triticum aestivum* ssp. spelta angebaut wurden. Die angeführten Sorten und

Stämme unterscheiden sich u. a. im Entwicklungsrhythmus, in der Morphologie und im Ertragsaufbau.
Die Überprüfung der Wirkung einer CCC-Behandlung des Saatgutes (24 Stunden in einer Lösung mit 5000 ppm Wirkstoff) auf die Keimlingslänge erfolgte in Anlehnung an die von Schmalz et al. (1971) erarbeitete Methode in 3 vom Material nicht einheitlichen Versuchsserien. In den ersten beiden Versuchsserien wuchsen die Keimlinge in Sandkultur bei völliger Dunkelheit in vierfacher (zweifacher) Wiederholung unter konstanten Temperaturbedingungen auf, wogegen die 3. Serie im Gewächshaus im Langtag stand. Als Kontrolle dienten die in Wasser eingequollenen Karyopsen.
Die CCC-Applikation aller Versuchsparzellen der Behandlungsvariante erfolgte mit 0,5%iger CCC-Lösung (1% Bercema-CCC, umgerechnet 400 l Wasser und 2 kg/ha Wirkstoff). Als Spritztermine (29. 4., 6. 5., 10. 5.) wählten wir die V. Entwicklungsetappe der Organogenese der Pflanzen (Kuperman, 1968) nach laufender biologischer Kontrolle der Pflanzen jeder Parzelle. Vor der Ernte wurden Standfestigkeit und Pflanzenlängen bestimmt. Die Ermittlung der Ertragskomponenten führten wir an drei laufenden Metern je Parzelle in den Versuchsvarianten des Ertragstestversuches (10 Sorten bzw. Stämme), die mit 100, 400 und 600 Korn/m^2 ausgesät waren, sowie an zwei weiteren Versuchen durch. In der 600-Korn-Variante erhielten darüber hinaus 4 von 8 Wiederholungen eine zusätzliche Stickstoffgabe von 70 kg/ha während des Schossens zu der allgemeinen Gabe von 70 kg/ha N im Frühjahr. Die Versuchsdaten wurden statistisch verrechnet.

2. Versuchsergebnisse

Die Behandlung der Karyopsen mit CCC führte zu einer eindeutigen Verkürzung der chlorophyllfreien (Abb. 1) und der chlorophyllhaltigen Keimpflanzen.
Dabei betrug die durchschnittliche Verkürzung in der ersten Dunkelserie 34,1%, wobei die Sorten 'Avrora' mit 39,5% und 'Wartiner Trotzkopf' mit 41% über dem Durchschnitt und 'NS 435' mit 23,5% sowie 'Poros' mit 27% unter dem Durchschnitt lagen. Zwischen der Länge der Keimlinge und der TKM der Sorten wurde in der Kontrollvariante der 1. Dunkelserie eine positive Korrelation von $r = 0{,}632^{++}$ gefunden, die in der CCC-Variante auf $r = 0{,}463^{+}$ zurückging. In der 2. Dunkelserie verkürzte das CCC die Keimpflanzen um 23,8% (von 62,1 mm auf 47,3 mm), wobei sich die Formen 'K 1246/53' (ČSSR) mit 42,6% und 'St. 9738/65' mit 43,1% deutlich von *T. durum* mit 8,7% und 'Chambrod' mit 7,3% unterschieden. Unter Lichteinfluß beobachteten wir an den chlorophyllhaltigen Pflanzen eine durchschnittliche Verkürzung durch CCC um 11,8% (von 68,8 auf 60,7 mm), wobei eine gute Übereinstimmung in der Rangfolge zur Dunkelserie bei 'Wartiner Trotzkopf' mit 16,5% und 'St. 4551/65' mit 16,1% Verkürzung bestand, wogegen 'K 1246/63' mit 9,9% Verkürzung deutlich abfiel.

Die CCC-Applikation im Freiland in der V. Entwicklungsetappe der Organogenese der Pflanzen führte zu einer sortenspezifischen Verringerung der Pflanzenlänge (Abb. 2) und Verbesserung der Standfestigkeit (Abb. 3) in der Variante mit der höchsten Belastung. Die durchschnittliche Verkürzung der Pflanzen-

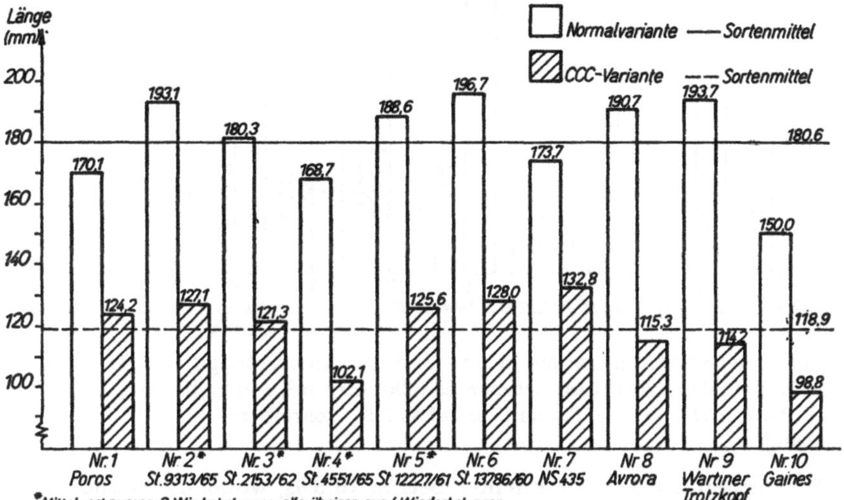

*Mittelwert nur von 2 Wiederholungen, alle übrigen aus 4 Wiederholungen

Abb. 1: Einfluß einer CCC-Behandlung von Karyopsen auf die Keimlingslänge von chlorophyllfreien Pflanzen
Hohenthurm 1970 (weiße Säulen: unbehandelt, schraffierte Säulen: mit CCC behandelt)
Anmerkung zu Abb. 1 bis 6: Stammindex für St. 2153 ist 63, nicht 62.

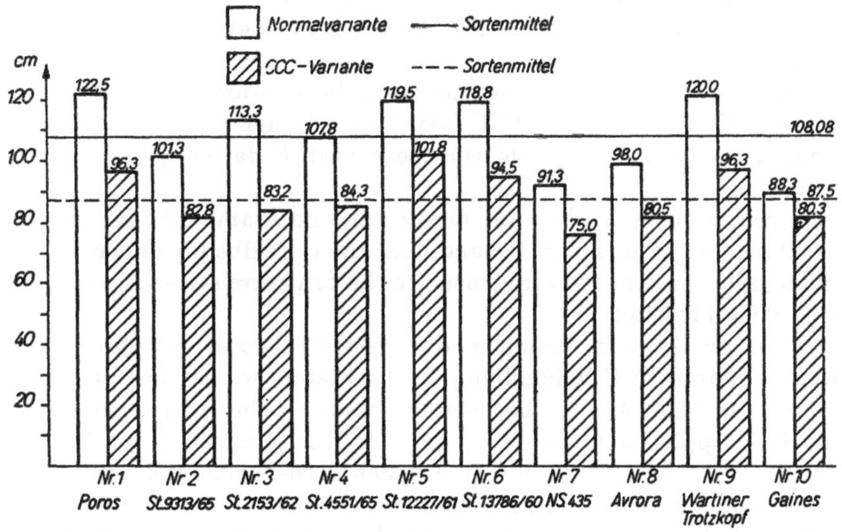

Abb. 2: Pflanzenlängen des Ertragstestsortimentes
Hohenthurm 1971 (weiße Säulen: unbehandelt, schraffierte Säulen: behandelt mit CCC in der V. Entwicklungsetappe)

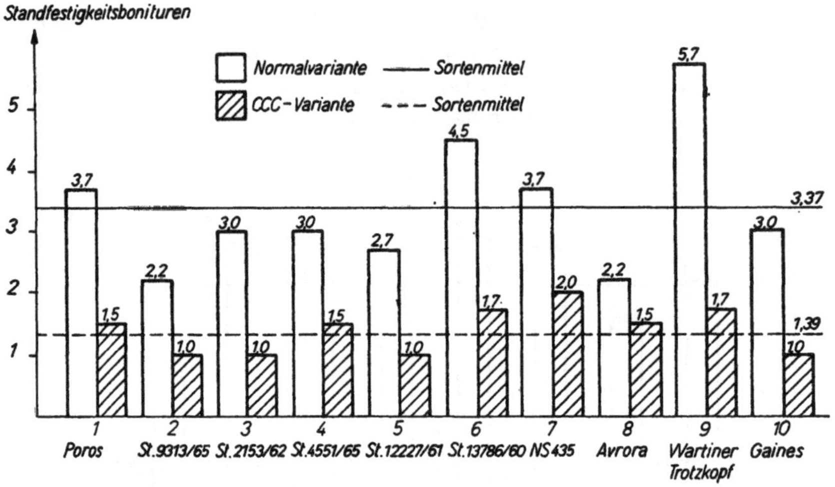

Abb. 3: Einfluß einer CCC-Applikation in der V. Entwicklungsetappe auf die Standfestigkeit (1–9) des Ertragstestsortimentes (600 Korn/m², 140 kg/ha N) Hohenthurm 28. 7. 1971 (weiße Säulen: unbehandelt, schraffierte Säulen: mit CCC behandelt)

länge der 10 Formen des Testsortimentes betrug 19,3%, wobei die Standfestigkeit in der 100-Korn-Variante um 0,4 Einheiten, in der 400-Korn-Variante um 2,0 und in der 600-Korn-Variante um 1,6 bzw. mit Zusatz-N um 2 Einheiten verbessert wurde.

Zwischen den Noten der Standfestigkeitsbonitur und der Pflanzenlänge bestand in der Kontrollvariante (höchste Belastung) eine positive Korrelation von $r = 0{,}503^{+}$, die sich in der CCC-Variante nicht mehr nachweisen ließ ($r = -0{,}06$).

Im Ertragsprüfungsversuch mit 12 Sorten betrug die Verkürzung der Pflanzenlänge gleichfalls 19,0%. Deutliche CCC-Reaktionen in der Halmlänge und im Ertrag konnten auch bei *T. aestivum* ssp. spelta und *T. durum* gefunden werden.

Zwischen der prozentualen Verkürzung der Sorten und Stämme im Keimlingsversuch (1. Dunkelserie) und der Behandlung unter Feldbedingungen in der V. Entwicklungsetappe konnten wir keinen gesicherten korrelativen Zusammenhang ($r = +0{,}035$) feststellen.

Einen bei allen Sorten und Stämmen des Testsortimentes gut gesicherten Ertragszuwachs durch CCC-Behandlung beobachteten wir in der stärksten Belastungsvariante (Abb. 4). Der höchste durchschnittliche Kornertrag (373,0 g/m²) ohne CCC-Applikation wurde in der 100-Korn-Variante, der höchste Wert mit CCC-Spritzung (432,0 g/m²) in der 400-Korn-Variante ermittelt. Die stärksten Reaktionen im Kornertrag zeigten mit die Sorten 'Mironovskaja 808' (31,8 g zu 95,6 g je laufenden Meter nach CCC-Behandlung) und 'Mironovskaja Jubiljennaja' (entsprechend 30,6 zu 90,6 g), wogegen der sehr standfeste 'Stamm 9738/65' im Ertrag nach CCC-Behandlung um 8,1% zurückging.

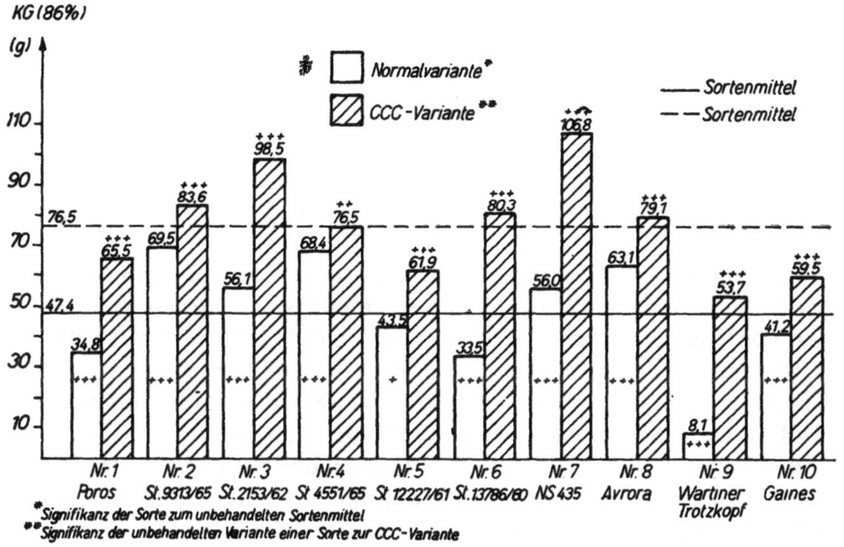

Abb. 4: Einfluß einer CCC-Applikation in der V. Entwicklungsetappe auf die Kornmasse (KG) pro lfd. Meter (600 Korn/m², 140 kg/ha N) Hohenthurm 1971 (weiße Säulen: unbehandelt, schraffierte Säulen: mit CCC behandelt)

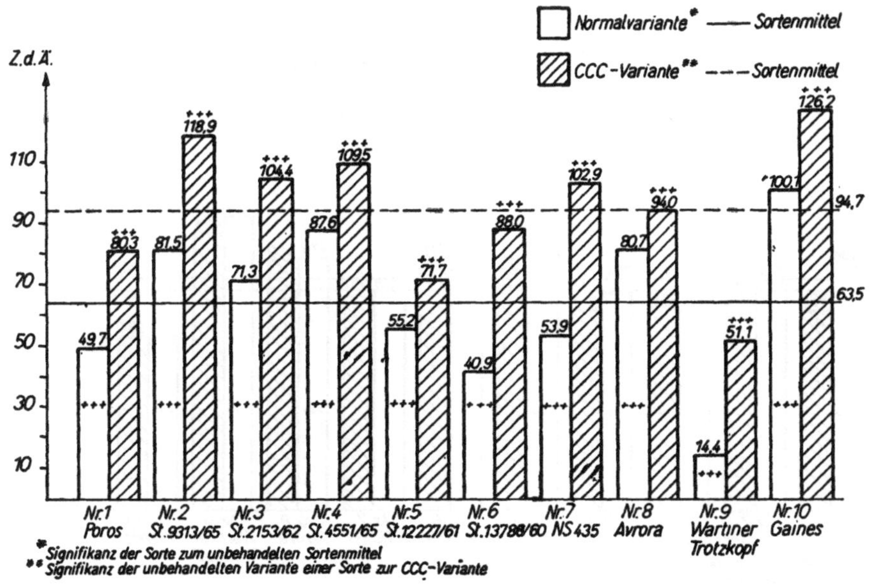

Abb. 5: Einfluß einer CCC-Applikation in der V. Entwicklungsetappe auf die Zahl produktiver Ähren pro lfd. Meter (600 Korn/m²; 140 kg/ha N) Hohenthurm 1971 (weiße Säulen: unbehandelt, schraffierte Säulen: mit CCC behandelt)

Bei der Analyse der Ursachen des Ertragszuwachses fällt auf, daß bei allen Versuchsnummern mit Ausnahme der Sorte 'Gaines' (Variante mit 100 Korn, Verringerung der Zahl produktiver Halme pro m^2 von 435,5 auf 413,5$^+$) die CCC-Behandlung zu einer Erhöhung der Zahl produktiver Ähren pro Flächeneinheit führte (Abb. 5). Die höchsten Ährenzahlen pro m^2 wurden im Durchschnitt der 10 Testsorten mit 373,5 in der 400-Korn-Variante und mit 473,0/m^2 nach CCC-Behandlung in der 600-Korn-Variante gefunden. Sehr hohe Bestokkungswerte erreichten die Formen 'Gaines' (631 Ähren/m^2), 'Neuhof' und 'St. 9313/65', am geringsten waren sie bei 'Wartiner Trotzkopf'. Eine negative Reaktion bezüglich der Ährenzahl pro Flächeneinheit beobachteten wir an 2 Triticaleformen aus Ungarn, an der Sorte 'Kavkaz' und dem Stamm '9738/65'. Im Durchschnitt stieg die Ährenzahl/m^2 durch CCC-Behandlung in der 100-Korn-Variante (Testsortiment) um 12,8% und in der 400-Korn-Variante um 21,6%.
In der TKM fanden wir durch CCC-Behandlung eine leichte Abnahme der Werte bei allen Formen, außer bei der Sorte 'Gaines' und dem Stamm '13786/60' (Abb. 6). Eine Steigerung der TKM-Werte durch CCC-Behandlung trat bei der Sorte 'Mironovskaja Jubiljennaja' mit 18,6% und bei der mexikanischen Kurzstrohsorte 'Pitic 62' mit 17% auf.
In der Kornzahl pro Ähre wurde im Mittel der 10 Testsorten bei stärkster Belastung (600 Korn/m^2, 140 kg/ha N) eine Steigerung durch CCC-Behandlung von 16,1% erreicht, wobei nur bei den Stämmen '9313/65' und '4551/65' keine Erhöhung der Kornzahl pro Ähre auftrat.

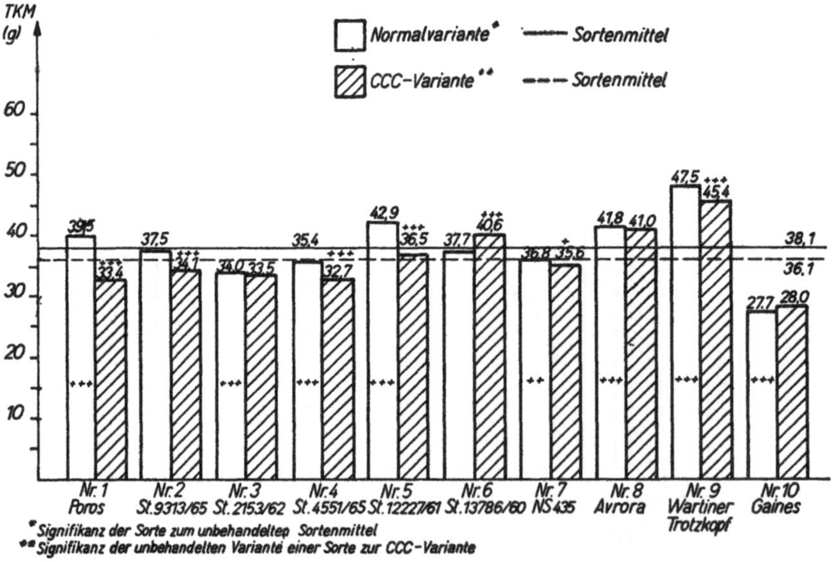

Abb. 6: Einfluß einer CCC-Applikation in der V. Entwicklungsetappe auf die TKM (600 Korn/m^2; 140 kg/ha N) Hohenthurm 1971 (weiße Säulen: unbehandelt, schraffierte Säulen: mit CCC behandelt)

3. Diskussion der Ergebnisse

Die vorgelegten Ergebnisse lassen den Schluß zu, daß die von SCHMALZ et al. (1971) angeregte Methode der Keimlingstestung mit chlorophyllhaltigen Pflanzen auf chlorophyllfreie Pflanzen aus zwei Gründen nicht uneingeschränkt übertragen werden kann. Die erste Einschränkung muß durch den Einfluß der TKM der untersuchten Sorten auf die absolute Keimlingslänge und auf die Verkürzung gemacht werden. Weiterhin konnte keine Übereinstimmung mit der Reaktion der Sorten unter Feldbedingungen auf die prozentuale Verkürzung der Pflanzen gefunden werden. Diesen Hinweis finden wir auch bei ZADONCEV, PIKUŠ und GRINČENKO (1971). Diese Einschränkungen gelten nur für chlorophyllfreie Pflanzen, da wir den Versuch mit chlorophyllhaltigen Keimlingen in dieser Richtung nicht ausgewertet haben.

Die von UDATSCHIN (1971) beschriebenen Ergebnisse einer fehlenden sortenspezifischen Reaktion auf CCC-Applikation können wir anhand unserer Ergebnisse nicht bestätigen. Wie auch schon GORA (1968), SCHMALZ (1969) u. a. feststellten, bestehen eindeutige Sortenunterschiede im CCC-Effekt. Die sich widersprechenden Ergebnisse sind unserer Meinung nach und nach Literaturhinweisen (PETR, 1968) durch die sehr ungenauen Maßzahlen (Pflanzenhöhe, Blattzahl, Schoßperiode) bei der Bestimmung des Applikationszeitpunktes der Sorten zu erklären. Leider werden solche ungenauen Angaben auch heute noch in der Praxis verwandt. Für die Prüfung eines Sortimentes von Genotypen mit unterschiedlichen Entwicklungsrhythmen muß der Zeitpunkt der Spritzung jeder Parzelle individuell nach biologischer Kontrolle festgelegt werden. Wir bestimmten für jeden Genotyp bzw. jede Parzelle den Behandlungszeitpunkt nach den Entwicklungsetappen der Organogenese als genauester Methode, schließen uns aber auch den Empfehlungen von PETR (1967, 1968) an, der eine Spritzung auch in der 5. Phase der Feekes Skala (entspricht etwa dem Beginn der V. Entwicklungsetappe der Organogenese) angibt. Der im Jahre 1971 in Hohenthurm erreichte sortenspezifische ertragssichernde Effekt der CCC-Behandlung soll unseren Vorschlag unterstreichen.

Die gefundene Erhöhung der Zahl produktiver Triebe pro Flächeneinheit und der Kornzahl pro Ähre wurde besonders bei solchen Sorten und Stämmen beobachtet, deren Standfestigkeit unzureichend war, auch wenn sie schon zum Kurzstrohtyp gehören ('NS 435', 'Gaines', 'Pitic 62'), wogegen die Spitzensorten in der Standfestigkeit – 'Avrora', 'Kavkaz' und die Stämme '9313/65', '9738/65' und z. T. '4551/65' – am geringsten auf die CCC-Spritzung ansprachen. Damit werden Hinweise aus der Literatur (GORA, 1968) an unserem Material bestätigt.

Als wertvolles Hilfsmittel zur Prüfung spezifischer genotypischer Reaktionen auf Wachstumsregulatoren betrachten wir auch die Staffelung der Aussaatnormen und der N-Gaben. In unseren Versuchen konnten wir damit die Belastung der Standfestigkeit auch der sehr standfesten Sorten und Stämme in

der Variante 600 Korn/m² Aussaatmenge und 140 kg/ha N (Testsortiment) überdurchschnittlich erhöhen, was unserer Meinung nach für die Züchtung auf Standfestigkeit von Bedeutung ist.
Der erreichte bedeutende Ertragszuwachs durch CCC-Behandlung unter den Bedingungen eines trockenen Jahres kann mit seine Ursache in der Verbesserung des Wasserhaushaltes der Pflanzen nach CCC-Behandlung haben, worauf USKOV und PJATYGIN (1969) hinwiesen. Die ausgesprochen positive Reaktion der sowjetischen Sorten 'Mironovskaja 808' und 'Mironovskaja Jubiljennaja' im Ertragszuwachs nach CCC-Behandlung konnte auch in unserem Versuch bestätigt werden.

Zusammenfassung

Im Jahre 1971 wurden an einem Weizensortiment gesicherte CCC-Wirkungen auf die Keimlingslänge chlorophyllfreier Pflanzen nach Caryopsenbehandlung und auf Halmlänge, Standfestigkeit und den Ertrag sowie seine Komponenten nach Behandlung der Pflanzen in der V. Entwicklungsetappe der Organogenese gefunden. Durch Variation der Aussaatmengen und N-Gaben konnte der CCC-Effekt auf die Standfestigkeit und die Ertragskomponenten in Abhängigkeit von der Morphologie und genotypisch bedingten Reaktionsnorm der Sorten und Stämme erfaßt werden: Die positive Wirkung der CCC-Applikation drückte sich besonders in einer Erhöhung der Zahl produktiver Ähren pro Flächeneinheit, verbunden mit einer höheren Kornzahl bzw. höherem Korngewicht pro Ähre aus. Besonders stark im Ertragszuwachs reagierte die sowjetische Sorte 'Mironowskaja 808'.

Резюме

Название работы: Изучение влияния ССС на длину проростка, на урожай и его компоненты с использованием ассортимента озимой пшеницы в 1971 году

В исследованиях, проведенных в 1971 году на ассортименте озимой пшеницы, было установлено, что обработка зерновок хлорхолинхлоридом оказывает достоверное влияние на длину проростка растений, не содержащих хлорофилл, а обработка растений на V. этапе органогенеза – на длину стебля, устойчивость к полеганию, на урожай и его компоненты. Варьированием норм высева и доз азотного удобрения определяли влияние ССС на устойчивость к полеганию и на компоненты урожая в зависимости от морфологии и генотипически обусловленной нормы реакции сортов и номеров: Положительное действие применения ССС сказывалось особенно в повышении числа продуктивных колосьев на единицу площади при одновременном увеличении числа и веса зерен каждого колоса. С особенно сильным приростом урожая реагировал советский сорт Мироновская 808.

Summary

Title of the paper: Studies regarding the effect of CCC on seedling length, yield, and yield components in a winter wheat assortment

In 1971, significant effects of CCC caryopse treatment on the seedling length of chlorophyll-free plantlets were observed. After treating the plants with CCC in the 5th stage of organogenesis, secured effects on stem length, lodging resistance, yield, and yield components were established. By varying the seed rates and N-applications, CCC treatment was found to influence lodging resistance and yield components in dependence on the morphology and genotypically conditioned response of varieties and strains. The positive effect of CCC application was particularly evident by a higher number of productive ears per unit area, accompanied by an increased number of grains and higher grain weight per ear. The Soviet variety 'Mironovskaja 808' showed a particularly high yield response to CCC treatment.

Literatur

GORA, B.: Forschungsergebnisse zum Einfluß von CCC auf die Weizenerträge. Intern. Z. Landwirtsch. 1968, 4, S. 423–427

KUPERMAN, F. M.: Morphophysiologie der Pflanzen. (russ.), Moskau, 1968, S. 32–53

LINSER, H.; KÜHN, H.: Die Wirkung von Chlorcholinchlorid (CCC) auf Halmverkürzung, Ertrag und Stickstoffaufnahme bei verschiedenen Weizensorten im Gefäßversuch. Z. Acker- u. Pflanzenbau 120 (1964), S. 1–16

PETR, J.; RYTINA, J.: Beitrag zur Bestimmung der geeignetsten Zeit für die Applikation von CCC (Chlorcholinchlorid) bei Weizen und Gerste. Rostlinna vyroba 13 (1967) 4, S. 361–375

PETR, J.: Einige Erfahrungen bei der Anwendung von CCC in der CSSE. Ratenievoestvo 14 (1968). 2. Übersetzung in: Agroform 1970, 4, S. 113–115

PRIMOST, E.: Der Einfluß von Chlorcholinchlorid (CCC) auf den Ertragsaufbau von Winter- und Sommerweizen. Z. Acker- u. Pflanzenbau 126 (1967), 2, S. 164–178

SAULESCU, N.: Ein neues Zuchtziel bei Weizen. Z. Pflanzenzücht. 57 (1967), S. 83–88

SCHMALZ, H.: Die Reaktion von Winterweizensorten bzw. -stämmen auf eine Chlorcholinchlorid (CCC)-Behandlung hinsichtlich Halmlängenreaktion, Standfestigkeitsverbesserung, Ertrag und Ertragsaufbau. Ber. f. Pflanzenzüchter, Quedlinburg, 1969, S. 48–52

SCHMALZ, H.; GRUMMT, CH.; JERUZEL, G.; STOLLBERG, S.: Die Reaktion von chlorophyllhaltigen bzw. chlorophyllfreien Weizenkeimpflanzen auf eine Chlorcholinchlorid (CCC)-Applikation. Arch. Züchtungsforsch. 1 (1971) 2, S. 163–166

TOLBERT, N. E.: Chlorcholinchlorid and related compounds as plant growth substances. Plant Physiol. 35 (1960), S. 380–385

UDATSCHIN, R. A.: CCC-Wirkung bei einigen Winterweizensorten verschiedener Herkunft. Z. Pflanzenzücht. 65 (1971) 2, S. 95–99

USKOV, A. I.; PATYGIN, A. V.: Der Einfluß von Chlorcholinchlorid (CCC) auf das Wachstum und den Wasserhaushalt verschiedener Winterweizensorten. (russ.) Fiziologija rastenij M. 16 (1969), S. 721–725

VARENICA, E. T.; SMIRNITSKAJA, P. P.; PONOMARJEV, V. J.: Ergebnisse der Anwendung von Chlorcholinchlorid (CCC) auf Winterweizensaaten. (russ.) Vestnik selskochozjajstvennoj nauki 1968, 9. S. 1–8

ZADONCEV, A. J.; PIKUS, G. R.; GRINCENKO, A. L.: Das Wachstum und die Produktivität von Winterweizen bei einer Vorsaatbehandlung mit Chlorcholinchlorid. (russ.) Vetsnik selchozj. nauki 1971, 2, S. 50–59

—: Untersuchungen über genotypisch bedingte Reaktionsunterschiede gegenüber Wachstumsregulatoren, insbesondere Chlorcholinchlorid (CCC), bei Getreide. Beitr. d. Jugendobjektes zum Studentenwettstreit, Halle, Martin-Luther-Univ., 1971

Anschrift der Verfasser:

Dr. ROLF FRIEDRICH MELZER, MARLEN RABE, HANS-JOACHIM ECKARD, BERND PFEFFER
Sektion Pflanzenproduktion – Lehrstuhl Pflanzenzüchtung –
der Martin-Luther-Universität Halle-Wittenberg
4104 Hohenthurm, Berliner Straße 2

Tag.-Ber. Akad. Landwirtsch.-Wiss. DDR. Nr. 122. 1973. S. 327–333

Institut für Getreideforschung Bernburg-Hadmersleben
der Akademie der Landwirtschaftswissenschaften
der Deutschen Demokratischen Republik

RICHARD FOCKE

Einfluß der Architektur der Weizenpflanze auf den Ährenertrag unter besonderer Berücksichtigung der Blattfläche

Nachdem einige Autoren (vergl. WALTON, 1969; KHOSROWSHAHI, 1970) nachwiesen, daß zwischen der gesamten Menge der assimilierenden Biomasse und dem Kornertrag ein Zusammenhang besteht, die Beziehungen jedoch enger werden, wenn zu bestimmten Organteilen dieser Biomasse Verbindungen hergestellt werden, ergibt sich zwangsläufig die Frage nach der idealen Architektur der Weizenpflanze. In neueren Arbeiten wurden Getreidepflanzentypen für höchste Kornerträge konzipiert (DONALD, 1968; TEARE u. a., 1971; HSU u. a., 1971). Folgende architektonische Merkmale wären zu nennen, die gegenüber unseren älteren, hochertragreichen Sorten (z. B. 'Poros') eine Abänderung erfahren sollten: Halmlänge, Größe und Anzahl der Blätter, Blatthaltung, Ährenmerkmale (Begrannung) und Bestockung. Vor einem Jahr wurde über die Anzahl und Größe der einzelnen Blätter sowie über die Bestockung gesprochen und eine den Kenntnissen entsprechende Architektur der Weizenpflanze entwickelt (FOCKE; 1972). In vorliegender Arbeit wird die Größe des Ährenblattes und des darunter liegenden, also des 2. Blattes von oben, in ihrem Einfluß auf den Ertrag anhand experimenteller Ergebnisse unter Berücksichtigung der Bodenfläche dargelegt.

Auf Grund der Literatur steht außer Zweifel, daß eine hohe Korrelation zwischen der Größe des Fahnenblattes und dem Kornertrag, besonders innerhalb einer Sorte, besteht. Aus der Tabelle 1 ist zu ersehen, wie bei 3 Sorten, 'Fanal', 'Poros' und 'Mironovskaja 808', durch veränderte Standräume die Blattflächen je m^2 Bodenfläche und damit auch der Ertrag variiert. Aus den Zahlen geht aber auch hervor, daß die Ährenblattfläche zum darunter liegenden Blatt nicht bei jeder Sorte im gleichen Verhältnis steht. Während bei der Sorte 'Fanal' zwischen dem Ährenblatt und dem 2. Blatt von oben nur geringe Größenunterschiede zugunsten des letzteren bestehen, ist dieses Verhältnis bei der Sorte 'Poros' weiter. Bei der Sorte 'Mironovskaja 808' kehren sich jedoch die Verhältnisse um; die Größe des Ährenblattes dominiert. Die Summierung der Flächenindices beider Blätter bei der Sorte 'Poros' ergibt mit 2,7 schon eine über dem theoretischen Wert liegende Zahl; sie läßt nach vorliegenden Berechnungen beim Mais keine linearen Beziehungen mehr zwischen Blattflächen und

Tabelle 1

Beziehungen zwischen dem Kornertrag und den Blattflächen einzelner Blätter der Winterweizensorten 'Fanal', 'Poros' und 'Mironovskaja 808' (1969)

Sorte	Standweite in cm+	Ertrag in dt/ha×	Ährenblattfläche in m^2 je 1 m^2 Bodenfläche××	2. Blatt von oben in m^2 je 1 m^2 Bodenfläche××
	10 × 2,5	74,8	1,01	1,11
'Fanal'	20 × 2,5	67,6	0,94	1,09
	20 × 5,0	62,6	0,81	0,90
	10 × 2,5	81,2	1,41	1,66
'Poros'	20 × 2,5	71,4	1,14	1,32
	20 × 5,0	72,6	0,89	1,08
'Mironov-	10 × 2,5	77,6	1,29	1,19
skaja 808'	20 × 2,5	72,1	1,17	1,12
	20 × 5,0	68,4	1,15	1,08

\+ Handgelegt
× Erntefläche je Parzelle 2 m^2 in 6facher Wiederholung
×× Blattfläche je Blatt = Länge × Breite × 0,75

Kornertragszunahme erwarten. Fernerhin darf nicht unberücksichtigt bleiben, daß je nach Begrannung die Oberfläche der Ähre von 25 bis 150% der Ährenblattfläche betragen kann. Die hier genannten grannenlosen Sorten dürften Ährenoberflächen haben, die etwa 30% der Ährenblattflächen betragen. Zu der Ährenblattfläche müßte demnach ein Drittel Ährenfläche hinzugerechnet werden. Zwischen dem Ertrag und der Ährenfläche sind die Korrelationen höher als zwischen Ertrag und Ährenblattfläche (TEARE u. PETERSON, 1971). Wir gingen von der Frage aus, wie die Architektur von Getreidepflanzen aussehen muß, die etwa 100 dt/ha unter den natürlich gegebenen Lichtverhältnissen bringen. Es zeigt sich, daß die Sorte 'Poros' je m^2 Bodenfläche zu große Blattflächen benötigt, um diesen Ertrag realisieren zu können (unberücksichtigt sollen hier unsere Untersuchungen bleiben, nach denen die Länge und Breite von Blättern durch gezielte photoperiodische Behandlung beeinflußbar ist).
In dem Sortentyp 'Mironovskaja 808' wären vielleicht eher Formen zu finden, die im kornnahen Raum der Pflanze große, leistungsfähige Blattflächen entwickeln.
Für weitere Untersuchungen kamen daher Sorten mit einem relativ günstigeren Ährenblattanteil zum Vergleich. In der Tabelle 2 sind die Sorten 'Poros' und 'Kavkas' miteinander verglichen. Auch hier zeigt sich wieder das relativ kleine Ährenblatt der Sorte 'Poros'. Bei der Sorte 'Kavkas' hingegen ist das Ährenblatt das weitaus größte. Innerhalb der beiden Sorten ergeben sich gute Beziehungen zwischen den Parzellenerträgen und den entsprechenden Blattflächen. Die umfangreiche Zahl von Wiederholungen ergab sich in günstiger Weise aus Standfestigkeitsuntersuchungen mit Wachstumsregulatoren. Die Blattflächen und Erträge insgesamt gesehen liegen jedoch gegenüber dem Jahre 1969 tiefer, so

Tabelle 2

Beziehungen zwischen dem Kornertrag und den Blattflächen einzelner Blätter der Winterweizensorten 'Poros' und 'Kavkas' (1970)

Sorte	Standraum+	N kg/ha	Ertrag in dt/ha×	Ährenblattfläche in m² je 1 m² Bodenfläche××	2. Blatt von oben in m² je 1 m² Bodenfläche××	r Ertrag/ Ährenblattfläche
'Poros'	10 × 2,5 cm	80	57,4	0,73	0,85	0,51
		160	70,0	1,08	1,21	0,49
	20 × 5 cm	80	47,7	0,56	0,62	0,43
		160	55,9	0,72	0,75	0,46
'Kavkas'	10 × 2,5 cm	80	65,7	1,02	0,88	0,58
		160	69,1	1,01	0,82	0,49
	20 × 5 cm	80	43,4	0,54	0,42	0,75
		160	52,1	0,62	0,55	0,95

\+ Handgelegt
× Erntefläche je Parzelle 2 m² in 10facher Wiederholung
×× Blattfläche je Blatt = Länge × Breite × 0,75

daß Ableitungen hinsichtlich der möglichen Blattflächenindices noch gewagt erscheinen, obgleich die Sorte 'Kavkas' mit kleinerem zweitoberstem Blatt etwa annähernde Erträge wie 'Poros' bringt.
Die Tabelle 3 zeigt insgesamt hohe Werte der Blattflächen und Erträge im Versuchsjahr 1971. Die Sorte 'Poros' vermag jedoch auf 4 m² Blattfläche je 1 m² Bodenfläche nicht mit entsprechend hohen Kornerträgen zu reagieren. Der

Tabelle 3

Beziehungen zwischen dem Kornertrag und den Blattflächen einzelner Blätter der Winterweizensorten 'Poros', 'Kavkas' und 'Stamm 676' (1971)

Sorte	Standraum + cm	Ertrag dt/ha × 86% Tr. M.	Ährenblattfläche in m² je 1 m² Bodenfläche	2. Blatt von oben in m² je 1 m² Bodenfläche ××	Ährenblattfläche in m² je 1 kg Korn	Ährenblattfläche und 2. Blatt von oben je 1 kg Korn
'Poros'	10 × 2,5	75,5	2,03	1,95	2,69	5,27
	20 × 2,5	76,4	1,21	1,09	1,58	3,01
	20 × 5,0	77,6	1,41	1,27	1,82	3,45
'Kavkas'	10 × 2,5	91,9	1,47	1,35	1,60	3,07
	20 × 2,5	76,3	1,06	0,95	1,39	2,63
	20 × 5,0	66,4	0,99	0,85	1,49	2,77
'Stamm 676'	10 × 2,5	93,7	1,75	2,16	1,87	4,17
	20 × 2,5	82,1	1,09	1,28	1,33	2,89
	20 × 5,0	79,5	1,04	1,13	1,31	2,73

\+ Handgelegt
× Erntefläche je Parzelle 2 m² in 12facher Wiederholung
×× Blattfläche je Blatt = Länge × Breite × 0,75

Blattflächenindex für das Kornertragsoptimum wurde bereits überschritten. Als Ursachen können neben der genotypischen Veranlagung die ungünstigen Lichtverhältnisse je Blattflächeneinheit und die damit einhergehend veränderten physiologischen Verhältnisse betrachtet werden. Jedoch auch vorzeitige Erschöpfungen des Wasser- und Nährstoffvorrats durch eine zu früh und zu üppig angelegte Blattmasse können die in späterer Phase verlaufende Kornausbildung negativ beeinflussen. Ein Vergleich der für die Erzeugung von 1 kg Korn notwendigen Blattflächen an den geprüften Sorten läßt erkennen, daß bei einer Ertragshöhe von etwa 70 dt/ha das Ährenblatt allein keine größeren Differenzen aufweist. Die Unterschiede werden jedoch differenzierter, wenn Erträge von etwa 90 dt/ha und die beiden obersten Blätter in die Berechnungen einbezogen werden. Demnach treten erst bei sehr hohen Erträgen deutliche architektonische Unterschiede auf. Die Sorte 'Poros' und der 'Stamm 676' vermögen zwar eine große Blattfläche zu bringen, die Kornerträge steigen aber – zumindest bei 'Poros' – nicht weiter an. Anders sieht es dagegen bei der Sorte 'Kavkas' aus. Mit zunehmender Blattfläche geht auch hier der relative Ertragszuwachs zurück, jedoch genügen auf der Ertragshöhe von 92 dt/ha für die Erzeugung von 1 kg Korn etwa 3 m^2 Ährenblatt und zweitoberstes Blatt, während die beiden anderen Sorten 4 bzw. 5 m^2 benötigen. Der 'Stamm 676' wäre demnach als blattflächenproduktiv besonders hinsichtlich der beiden obersten Blätter zu betrachten; diese Blattfläche trägt in relativ geringem Maße zur Kornbildung bei. 'Kavkas' hingegen vermag 92 dt/ha mit weniger Blattfläche zu erzeugen; seine Blattfläche ist demnach kornproduktiver als die von 'Poros' und dem 'Stamm 676'. Auf 2 Faktoren kommt es also zur Erreichung eines Höchstertrages an. Erstens müssen die Pflanzen in der Lage sein, eine große Ährenblattfläche zu entwickeln und zweitens muß diese Blattfläche besonders kornproduktiv sein. Daß eine starke Bestockungshalmblattfläche im Kornproduktionswert nicht befriedigt, geht aus der großen Standweite der Sorten 'Poros' und 'Kavkas' indirekt hervor (Tab. 3).

In einer umfangreicheren Untersuchung an einem Sortiment sollen die Verhältnisse zwischen Ährenblattfläche und Ährenertrag dargestellt werden. In der Abbildung sind die Erträge der Haupthalmähren den entsprechenden Ährenblattflächen bei 2 verschiedenen Standweiten zugeordnet. Mit zunehmendem Korngewicht der Ähre ist zwangsläufig eine Zunahme der Ährenblattfläche innerhalb einer Sorte verbunden. Zwischen den Sorten bestehen jedoch diesbezüglich beträchtliche Unterschiede. Die züchterisch erwünschte Kombination sind Typen, die bei relativ kleiner Blattfläche einschließlich der Ährenfläche ein großes Ährengewicht mit geringem Rückgang dieses Gewichtes durch enge Standräume aufweisen. Voraussetzung sind allerdings gewisse Mindestlängen der Halme, weil sonst selbst bei engstem Standraum Verluste durch zu geringen Lichtgenuß hingenommen werden müssen (Williams u. a., 1967). Aus der Abbildung ist weiter zu ersehen, daß bei einem engen Standraum das Ährenblatt durch das vorgehende Blatt kleiner determiniert wird als bei einem weiten. Daraus ist abzuleiten, daß in der Assimilation begünstigte Ährenblätter auch die Ährenoberfläche vergrößern werden. Außer der Ährenblattfläche muß der assimilierenden Fläche der Ähre, einschließlich der Granne und Ährenblattscheide, eine besondere Bedeutung zukommen. Bei der Selektion von Einzel-

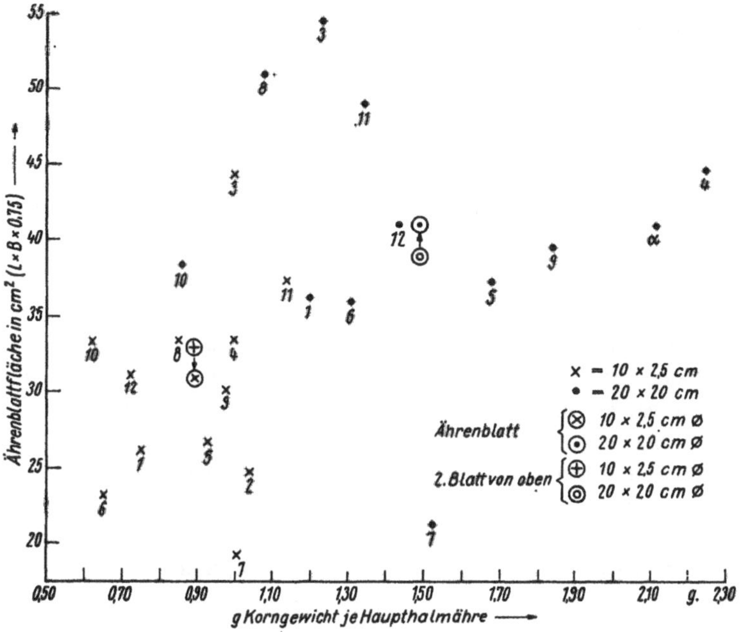

Beziehungen zwischen dem Korngewicht der Haupthalmähre und der Blattfläche des Ährenblattes bei 2 verschiedenen Standweiten und 12 verschiedenen Sorten

pflanzen wird es auf einen relativ hohen Anteil an assimilierender Oberfläche mit großer Assimilationsintensität je Flächeneinheit von Ährenblatt, Ährenblattscheide und Ähre ankommen. Unter Berücksichtigung und Beibehaltung der konzipierten architektonisch idealen Weizenpflanze (FOCKE; 1972), die ein relativ großes 1. und 2. Blatt, wenig aufrecht stehende Blätter, das Ährenblatt als größtes Blatt der Pflanze haben sollte, müßte die Oberfläche der Ähre selbst groß sein. Große Spelzen mit flachen, blattartigen Grannen würden das Ziel einer großen assimilierenden Oberfläche unterstützen. Die Selektion auf große Ährenmasse im Verhältnis zum Ährenblatt in dichter Standweite, wobei das Ährenblatt das größte Blatt der Pflanze sein sollte, wird als Auslesemethode für hochertragreiche Weizengenotypen empfohlen.

Zusammenfassung

Unter Berücksichtigung variierter Umweltbedingungen zeigen Winterweizen sortenspezifische Relationen in den Größen der Blattflächen einzelner Blätter zueinander. Mit zunehmender Ährenblattfläche je m² Bodenfläche steigen bei allen Sorten die Erträge. Werden etwa 90 dt/ha Kornertrag erreicht, sind sortenspezifische Ährenblattflächen vorhanden. Die züchterisch erwünschte Kombination in der Blattarchitektur stellen Typen dar, die bei relativ kleiner Blattfläche ein großes Ährengewicht mit geringem Rückgang dieses Gewichtes durch enge Standräume aufweisen. Für die Züchtung auf hochertragreiche Genotypen werden architektonisch wichtige Merkmale empfohlen.

Резюме

Название работы: Влияние «архитектуры» растения на урожай колосьев при особом учете листовой поверхности

Ввиду различающихся условий окружающей среды озимые пшеницы имеют специфичные для сорта соотношения величин листовых поверхностей отдельных листьев. С увеличением площади колосковых листьев на кв. метр почвы увеличиваются у всех сортов урожаи. Если урожай составляет около 90 ц зерна на га, то имеются характерные для сорта поверхности колосковых листьев. Желательной, с точки зрения селекции, комбинацией «архитектуры» листа являются типы, которые при сравнительно маленькой листовой поверхности отличаются большим весом колосьев с незначительным уменьшением этого веса при густом стеблестое. Для селекции на высокоурожайные генотипы рекомендуются важные признаки «архитектуры».

Summary

Title of the paper: The influence of the architecture of the wheat plant on the ear yield with special consideration of the leaf area

With due consideration of varied environmental conditions, winter wheats reveal variety-specific relations between the sizes of the leaf areas of single leaves. The yields of all the varieties go up as the ear leaf area per sq. m. of ground increases. A grain yield of about 90 dt/ha is always connected with the presence of certain variety-specific ear leaf areas. The combination in leaf architecture which is desirable from the breeding point of view consists in those types that, at a relatively small leaf area, show a great ear weight, with this weight declining only slightly at narrow spacing. Architectonically important traits are recommended for breeding for high-yielding genotypes.

Literatur

Donald, C.: The breeding of crop ideotypes. Euphytica 17 (1968), p. 385–403

Focke, R.: Der Kornbildungswert der Blattfläche von Getreide (mit Empfehlungen für die Züchtung). Tag.-Ber. Akad. Landwirtsch.-Wiss. DDR, Nr. 119, 1972, S. 33–40

Hsu, P.; Walton, P.: Relationships between yield and its components and structures above the flag leaf node in spring wheat. Crop Sci. 11 (1971), p. 190–193

Khosrowshahi, M.: The Breeding of ideal types of cereal species. Farm Crops Inst., Agric. College of Norway Report Nr. 179; Meldinger, 49 (1970) Nr. 6, p. 1–8

Teare, J.; Peterson, C.: Surface area of chlorophyllcontaining tissue on the inflorescence of *triticum aestivum* L. Crop Sci. 11 (1971), p. 627–628

Walton, P.: Inheritance of morphological characters associated with yield in spring wheat. Can. J. Plant Sci. 49 (1969), p. 587–596

Williams, C.; Soong Ngin Kwi: A simple foliage model for studying light penetration. Ann. Botany, N. S. 31 (1967), p. 783–790

Anschrift des Verfassers:

Dr. agr. habil. Richard Focke
Institut für Getreideforschung Bernburg-Hadmersleben
der Akademie der Landwirtschaftswissenschaften der DDR
4351 Bernburg, Mitschurinstraße 22

Themenkreis Spezielle Fragen der Maiszüchtung

Tag.-Ber. Akad. Landwirtsch.-Wiss. DDR. Nr. 122. 1973. S. 337–346

Institut für Getreideforschung Bernburg-Hadmersleben
der Akademie der Landwirtschaftswissenschaften
der Deutschen Demokratischen Republik

Willy Kappel und Gerhard Huschenbett

Züchterische Möglichkeiten zur Verbesserung der Eiweißqualität bei Mais mit Hilfe des Gens „opaque-2"

Der Eiweißgehalt des Maiskornes liegt im Vergleich zu anderen Getreidearten verhältnismäßig niedrig. Im Mittel kann mit einem Wert von 10% gerechnet werden, wobei Schwankungen zwischen 8–13% möglich sind. (Chadschinov, 1970).

Hinsichtlich des Anteils limitierender Aminosäuren, wie Lysin und Tryptophan, ist das Maiseiweiß ebenfalls geringer zu bewerten als das der übrigen Getreidearten.

An Bemühungen, das Maisprotein in Qualität und Quantität zu verbessern, hat es in den letzten Jahrzehnten nicht gefehlt. Besonders zu erwähnen sind hier die Arbeiten an der Universität Illinois, wo seit einem Dreivierteljahrhundert eine Population mit Hilfe verschiedener Auslesemethoden mit dem Ziel bearbeitet wird, den Eiweißgehalt einerseits zu erhöhen und andererseits zu senken. Nach 75 Generationen sind Werte von 25% in der einen und 4% in der anderen Richtung erzielt worden. Diese Formen sind in der ganzen Welt als „Illinois High Protein" (IHP) und „Illinois Low Protein" (ILP) bekannt.

Trotz dieser aufwendigen Mühen blieb es den Amerikanern Bates, Mertz und Nelson vorbehalten, die vielleicht wesentlichste pflanzenzüchterische Entdeckung der ersten zwei Drittel des 20. Jahrhunderts zu machen, die Entdeckung, daß Speicherproteine des Endosperms nicht von geringerer biologischer Qualität zu sein brauchen (zitiert nach Alexander, 5. EUCARPIA-Kongreß der Sektion Mais in Budapest, 1969).

Mit der Entdeckung von proteinverändertem Endosperm an den Mutanten „opaque-2" und „floury-2" sind der Maiszüchtung in ihrer Auswirkung noch nicht abzuschätzende Möglichkeiten eröffnet worden, die nicht nur reges Interesse bei Getreidezüchtern, sondern auch bei Politikern ausgelöst haben. Ihrer Bedeutung nach wird diese Erkenntnis der Einführung von Hybridsaatgut in die Praxis gleichgesetzt.

Über die Möglichkeiten, das Gen O_2 in der praktischen Züchtung zu nutzen, sowie über erste Ergebnisse soll hier kurz informiert werden.

1. Beschreibung des Gens O_2

Das Gen O_2 wurde 1939 von SINGLETON an einer spontan aufgetretenen Mutation entdeckt; es ist auf Chromosom 7 lokalisiert.
Das Endosperm enthält wenig oder keine verhornte Stärke. Phänotypisch ist es deutlich von normalem Endosperm zu unterscheiden. O_2 ist monofaktoriell rezessiv und spaltet in der F_2 im Verhältnis 3 : 1.
Die Identifizierung von opaque-Endosperm ist besonders in flint-Linien mit Hilfe der Durchleuchtung gut möglich:
Körner mit dem homozygot rezessiven O_2-Gen besitzen ein undurchsichtiges Endosperm (Abb. 1).

Abb. 1: Vergleich zwischen Opaque-2 und normalem Endosperm.
a) Normales Endosperm, b) Opaque-2-Endosperm, c) Xenien

O_2-Homozygote besitzen einen sehr hohen Lysingehalt im Korneiweiß. Dies ist darauf zurückzuführen, daß sich das Verhältnis von Zein – im übertragenen Sinne Prolamin – zu Glutelin von normal 2 : 1 auf 1 : 1 verändert. Zein besitzt kein Lysin, während Glutelin über den höchsten Anteil von allen Eiweißfraktionen verfügt. Aus den bereits vorliegenden züchterischen Ergebnissen kann abgeleitet werden, daß der Lysingehalt des Maiseiweißes mit Hilfe des Gens O_2 bis zu 100% erhöht werden kann. Erst 1963, als man technisch dazu in der Lage war, stellten BATES, MERTZ und NELSON den hohen Lysingehalt im

Endosperm der erwähnten Mutante fest. Danach konnte wiederholt nachgewiesen werden, daß neben einem verdoppelten Lysin- und Tryptophangehalt auch Arginin, Asparagin und Glycin angereichert sind.

2. Züchterische Probleme

Unmittelbar nach Bekanntwerden der amerikanischen Untersuchungsergebnisse von „opaque-2" bemühten sich die Maiszüchter der ganzen Welt, in den Besitz der Original-O_2-Quelle zu gelangen. Nach verhältnismäßig kurzer Zeit entwickelte sich das Zuchtziel „Erhöhung des Lysingehaltes im Maisprotein" auf der Grundlage des O_2-Gens zum Schwerpunkt Nr. 1 in den Zuchtprogrammen vieler Länder. Außer in den USA wird an diesem Problem ganz intensiv in der Sowjetunion und natürlich in Ungarn, Rumänien, Bulgarien, Jugoslawien, Frankreich, BRD und auch in der DDR gearbeitet. Nach Bernburg gelangte die Originalquelle in den Jahren 1967/68. Dieser Zeitpunkt kann gleichzeitig als Beginn der züchterischen Bearbeitung dieses Problems in der DDR angesehen werden. 1967 stellte Focke erste Kreuzungen zwischen Früh x O_2 her, die 1968 in unser Zuchtgartenprogramm mit aufgenommen wurden. Die praktisch züchterische Nutzung der O_2-Mutante erfolgt in der Weise, daß durch Rückkreuzung das rezessive O_2 in adaptiertes Zuchtmaterial eingelagert wird, d. h., es werden Analoglinien zu den Linien mit normalem Endosperm geschaffen. Mindestens fünf BC-Generationen und ein bis zwei Selbstungsgenerationen sind notwendig, um wirklich homozygote Analoge auf O_2-Basis zu erhalten.

Als Rückkreuzungselter wird allerdings jeweils das Kreuzungsprodukt verwendet. An der pollenspendenden Pflanze wird gleichzeitig eine Selbstung durchgeführt, um kontrollieren zu können, daß wirklich Pollenstaub mit O_2-Genen auf die Mutterpflanze gelangt ist. Diese Methode hat sich allgemein bewährt.

Für die Züchtung in der DDR und klimatisch ähnlich gelagerten Ländern kommt erschwerend dazu, daß das Original-Material sehr spät ist; es hat die FAO-Reifegruppe 500–600, während der KM (Körnermais) bei uns in der Reifegruppe 200–300 liegen muß. Die Kreuzungsarbeiten werden dadurch merklich erschwert.

Einen weiteren möglichen Weg, frühreifes O_2-Material zu gewinnen, sehen wir in der Selektion von I-Linien aus Kreuzungen Früh x O_2 verschiedener Herkünfte. Die so erzielten I-Linien mit dem Gen O_2 können dann über diallele Kreuzungen direkt in die Herstellung von Gebrauchshybriden einfließen. Bisher erzielte Ergebnisse lassen auf Erfolg hoffen.

Schließlich wenden wir auch die Mutationszüchtung an. Als Ausgangsmaterial benutzten wir I_1-Material aus Kreuzungen Früh x O_2. Anlaß dazu war uns ein Hinweis von Zacharias, der mit Hilfe künstlich ausgelöster Mutationen bei Soja zahlreiche frühreife Mutanten finden konnte.

3. Bemerkungen zur Ertragssituation

In der Regel zeigen O_2-Hybriden geringere Ertragsleistungen als Hybriden mit normalem Endosperm. Darüber berichtete Alexander (1969), der von sieben in der ersten Rückkreuzung geselbsteten Linien Einfachhybriden herstellte und diese im Vergleich mit den Normalversionen auf Ertrag prüfte. Im Mittel erreichten die O_2-Hybriden 85% des Ertrages ihrer normalen Analoge. Von insgesamt 17 Hybriden wiesen allerdings nur 5 signifikante Mindererträge auf. Hybriden der gleichen Linien, aus der 4. Rückkreuzungsgeneration gewonnen, brachten im Mittel nur um 8% geringere Erträge als Normalformen. Lambert u. a. (1969) verglichen three-way crosses auf O_2-Basis mit deren normalen Analogen. Die Erträge der O_2-Hybriden lagen um 8% unter den Normal-Hybriden. Während bei 8 O_2-Hybriden signifikant Mindererträge festgestellt wurden, lag bei 2 O_2-Hybriden der Ertrag signifikant über dem Vergleichspartner (s. Tab. 1).

Tabelle 1

Ertrag von Bc-1, O_2- und Normal-Versionen von three-way crosses an 2 Orten in Illinois 1967 (Lambert u. a., 1969)

Hybride	Tester	Inzuchtlinie							
		B 63	C 121 E	C 144	H 49	MO 17	Oh 7 N	R 109 B	Va 36
		dt/ha							
R 801 × R 802 (Normal)	60,7	73,2	66,0	72,3	73,3	75,5	71,4	61,4	65,8
R 801 × R 802 (Opaque-2)	59,1	65,4	64,6	62,1	67,6	51,5	67,4	60,4	55,7
R 802 × R 803 (Normal)	68,9	54,4	54,6	61,0	69,5	56,0	63,7	60,0	51,1
R 802 × R 803 (Opaque-2)	59,1	61,0	60,3	56,4	53,1	47,8	59,3	61,9	54,3

L. S. D. = 5,5 bei P = 5%

Alexander (1969) zieht daraus den Schluß, daß die Aussichten hinsichtlich der Erreichbarkeit befriedigender Erträge optimistisch zu beurteilen sind.
Aus unseren Untersuchungen liegen inzwischen auch erste Ergebnisse über die Ertragssituation von O_2-Hybriden vor. Im Jahre 1971 konnten einige Hybriden geprüft werden, die aus I_3-Linien hergestellt wurden.
Von der Prüfung dieser Hybriden erwarten wir erste Informationen über Ertrag und andere Merkmale unter den Bedingungen der DDR. In der folgenden Tabelle ist ein Auszug aus der Ertragsprüfung dargestellt (s. Tab. 2).
Die von Alexander und Lambert mitgeteilten Ertragsleistungen von O_2-Hybriden können im Prinzip bestätigt werden, wenn auch ein Vergleich mit normalen Analogen bei uns nicht vorliegt. Immerhin ist die Vergleichshybride 'INRA 200' unter unseren Bedingungen als frühe ertragsreiche Hybride bekannt

und gilt in ihrer Reifegruppe auch international als Standard. Im Mittel der geprüften O_2-Hybriden lagen diese nur um 2% unter dem Standard. In 4 Fällen konnte sogar eine geringe Ertragsüberlegenheit nachgewiesen werden.

Tabelle 2
Erste Ergebnisse mit O_2-Hybriden-
Bernburg 1971

Lfd. Nr.	Jugend-wachstum (1–9)	Vollblüte ± Tage zu INRA 200	Wuchs-höhe cm	Kolben-sitzhöhe cm	Stand-festigkeit vor der Ernte (1–9)	Tr. S. % z. Zt. der Ernte	Ertrag relativ zu INRA 200
INRA 200	3	25. 7.	157	65	2	69,7	76,0 dt/ha = 100
1	3	+ 6	160	62	1	61,8	100
2	2	+ 3	154	55	2	64,6	93
3	2	+ 4	144	55	2	62,8	93
4	3	+ 6	150	55	1	61,4	98
5	4	+ 7	166	68	1	62,0	95
6	3	+ 7	155	58	1	60,2	105
7	3	+ 7	166	70	1	63,5	107
8	3	+ 6	169	70	2	62,5	103
9	2	+ 6	166	70	1	64,2	92
10	4	+ 7	175	72	1	60,2	88
11	3	+ 9	174	80	2	60,0	103

In diesem Zusammenhang soll auf das Problem des Reifeprozesses eingegangen werden. Wie aus der Tabelle (s. oben) zu entnehmen ist, kann der erreichte Reifegrad natürlich noch nicht befriedigen. Bei dem geprüften Material ist dieser Tatbestand nicht weiter tragisch, da es sich ja noch im Selektionsprozeß befindet, in dem die Frühreife ein wichtiges Kriterium darstellt. Inzwischen liegen hinsichtlich Frühreife bereits wesentlich günstigere Ergebnisse vor.

Interessant sind jedoch die Beobachtungen der Amerikaner, die zahlreiche Beweise vorliegen haben, wonach O_2-Hybriden anfangs langsamer reifen als ihre normalen Analoge. Es gibt aber auch Hinweise dafür, daß der Wasserverlust in O_2-Hybriden am Ende der Reifeperiode schneller vonstatten geht als bei Normal-Hybriden. Diese Beobachtungen treffen auch noch während der Ernteperiode zu und sind daher für eine vollmechanisierte Ernte von Nachteil (s. Tab. 3).

Eine weitere Besonderheit, die wir an O_2-Formen feststellen können, ist die Kornhärte. O_2-Körner weisen ein typisch weiches, lockeres Endosperm auf, eine Eigenschaft, die beim Pflückdrusch verhältnismäßig hohe Kornbeschädigungen hervorruft. Nach Untersuchungen von Lambert liegt der Anteil beschädigter Körner doppelt so hoch als bei normalem Endosperm (Tab. 3).

Nelson (1969) konnte nachweisen, daß sogenannte Doppelmutanten O_2O_2/fl_2fl_2 eine Textur aufweisen, die sich von der normaler O_2- oder Fl_2-Phänotypen deut-

Tabelle 3

Vergleich von Bc-1, „opaque-2" und Normalanalogen von Drei-Wege-Kreuzungen und ihrer single-cross-Tester bei sieben Merkmalen von durchschnittlich 2 Standorten
(LAMBERT u. a.: Leistung von neuen Maishybriden)

Hybride	Beschreibung	dt/ha	Feuchtigkeit im Korn %	aufrechtstehende Pflanzen %	100-Korngewicht in g	gebrochene Körner %	Öl %	Protein %
R 801 × R 802	(Normal Tester)	60,7	20,0	63,6	29,4	3,4	5,5	11,0
R 801 × R 802 × Linie	(Normal)	69,9	21,0	71,7	30,3	3,8	5,3	10,1
		+	+		+			
R 801 × R 802 × Linie	(Opaque-2)	61,8	25,4	71,2	29,1	7,9	6,2	10,5
R 801 × R 802	(Opaque-2-Tester)	59,1	23,4	72,1	27,0	4,8	6,0	11,0
R 802 × R 803	(Normal Tester)	68,9	19,6	65,8	29,8	4,7	5,4	10,6
R 802 × R 803 — Linie	(Normal)	58,8	20,7	70,2	30,5	3,8	5,3	10,5
		+	+		+			
R 802 × R 803 × Linie	(Opaque-2)	56,7	25,2	72,0	28,8	7,9	6,0	10,5
R 802 × R 803	(Opaque-2-Tester)	59,1	22,3	78,2	27,1	7,3	5,9	10,1
Durchschnitt Normal		64,3	21,0	71,0	30,4	3,8	5,4	10,4
		+	+		+			
Durchschnitt Opaque-2		59,3	25,2	71,7	29,0	7,2	6,1	10,6
Durchschnittsdifferenz		− 5,0	+ 4,2	+ 0,7	− 1,4	+3,4	+0,7	+ 0,2

lich unterschieden. Auch in O_2-Synthetiks konnte eine hohe Variabilität der Korndichte festgestellt werden, wobei Aufspaltungen mit Korndichten auftraten, die denen von Zahnmais gleich waren.
Erwähnenswert sind die von POLLMER und Mitarbeitern (1971) mitgeteilten Ergebnisse, wonach bei sogenannten semitranslucenten Körnern, die in O_2-Zuchtmaterial gefunden wurden, ebenfalls ein hoher Lysingehalt wie bei reinen O_2-Körnern auftrat. Für diese Erscheinung hat POLLACSEK (1970) die Beteiligung eines Suppressorgens nachgewiesen. Solche Korntypen sind wegen der verbesserten technologischen Eigenschaften für die Züchtung besonders interessant. ALEXANDER hält es für erfolgversprechend, in O_2- bzw. Fl_2-Synthetiks oder Doppelmutanten auf breiter Basis hinsichtlich verbesserter Korndichte zu selektieren.

4. Bedeutung des Lysin : Protein-Verhältnisses

Der Lysingehalt wird allgemein in Prozent des Gesamtproteins oder in Prozent der Trockenmasse angegeben. Es kann zu Mißverständnissen führen, wenn die Bezugsbasis für die Lysinwertbestimmung übersehen wird. Ist z. B. das Lysin/Proteinverhältnis in zwei Zuchtstämmen gleich, der Proteingehalt des zweiten Stammes liegt aber um 50% über dem des ersten, dann wird das Lysin : Trockenmasse-Verhältnis im zweiten Stamm wesentlich günstiger sein.

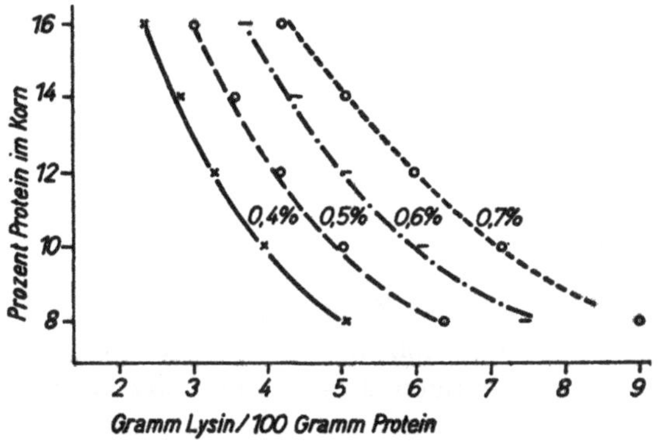

Abb. 2: Prozent Lysin im Korn als Funktion von Prozent Protein und Lysin: Protein-Verhältnis (ALEXANDER u. a., 1969)

In der Abbildung 2 ist diese Beziehung dargestellt. Soll z. B. die Gesamteiweißaufnahme eines Tieres zu 0,5% aus Lysin bestehen, dann wird dieser Forderung bei 10% Protein im Korn und einem Lysin : Protein-Verhältnis von 5% entsprochen. Gleichermaßen könnte sie mit einem Proteingehalt von 12,5% und einem Lysin : Protein-Verhältnis von 4% erfüllt werden.
So könnte den spezifischen Lysinbedürfnissen eines monogastrischen Tieres durch nachstehende Möglichkeiten Rechnung getragen werden:

a) Steigerung der Lysinmenge im Protein

b) Vergrößerung des Proteingehaltes bei Aufrechterhaltung des gleichen Lysin : Protein-Verhältnisses

c) Kombination von a) und b), d. h. Verengung des Lysin : Protein-Verhältnisses und Erhöhung des Proteingehaltes

Von Nelson (1969) konnte nachgewiesen werden, daß die Wirkung des O_2-Gens auch bei höherem Proteingehalt bestehen bleibt. Es erscheint ratsam, zunächst genügend Ausgangsmaterial mit O_2-Faktor zu schaffen und dieses auf hohen Proteingehalt zu selektieren. Erste Ansätze in dieser Richtung sind an dem von uns bearbeiteten Material erkennbar (s. Tab. 4). Diese Linien weisen ein recht günstiges Lysin : Protein-Verhältnis auf, wobei allerdings der Ertragsfaktor sowie die Frühreife noch unberücksichtigt blieben.

Tabelle 4
Rohprotein- und Lysingehalte im Körnermais-Zuchtmaterial
(Bernburg 1969)

	Rohprotein % i. TS	Lysin g/16 gN
INRA 200	13,86	2,85
Schindelmeiser	14,65	2,93
Opaque-2	12,00	5,14
L 1/3	17,11	4,97
L 3/2	17,47	4,06
L 3/4	17,56	3,89
L 5/1	14,26	4,75
L 6/1	17,89	3,59
L 2/3	15,30	4,02
L 7/1	14,72	4,18
L 5/2	15,56	3,93

5. Ökonomische Betrachtungen

Vermutlich ist in allen Ländern, die sich mit der Züchtung auf hohen Lysingehalt auf der Grundlage des Gens O_2 beschäftigen, noch nicht der nötige Abstand vorhanden, um ökonomische Auswirkungen dieser neuen Erkenntnisse in vollem Maße zu beurteilen.

Chadshinov (1970) teilte Ergebnisse aus Fütterungsversuchen mit, wonach bei Läufern mit einem Aufstallungsgewicht von 18 kg in der Fütterungsvariante Mais die Zunahme bei Verwendung von O_2-Mais um das 3- bis 3,5–fache höher war als bei normalem Mais.

Bei 25-kg-Schweinen betrugen die Zunahmen 444 g pro Tag. Zur Erzielung solcher Gewichtszunahmen müssen bei gewöhnlichem Mais ungefähr 18% Sonnenblumenschrot oder 30% Erbsen zugesetzt werden.

Aus den USA sind ähnliche Resultate von Fütterungsversuchen bekannt geworden. Mertz (1968) schätzt allein für den Corn Belt eine Futterkostensenkung bei Vorfütterung von O_2-Mais um 140 Mill. Dollar pro Jahr ein.

Bis dahin sind noch eine Reihe von Problemen züchterisch zu lösen. Jedoch scheint dies eine lohnende Aufgabe zu sein, deren Verwirklichung im gesamtwirtschaftlichen Interesse liegt.
Gegenwärtig sind auch noch zuchttechnische Barrieren zu überwinden, wie z. B. Schnellbestimmungsmethoden für Lysin und die Beschleunigung des zeitaufwendigen Zuchtprozesses durch die Nutzung von 2–3 Generationen pro Jahr.

Zusammenfassung

Schon kurze Zeit nach dem Bekanntwerden der amerikanischen Untersuchungsergebnisse von der "opaque-2"-Mutante im Jahre 1964 entwickelte sich das Zuchtziel „Erhöhung des Lysingehaltes im Maisprotein" auf der Grundlage des "opaque-2"-Gens zu einem bedeutenden Schwerpunkt in den Zuchtprogrammen vieler Länder.
1967/68 begann die züchterische Bearbeitung dieses Problems in der DDR. Besonders erschwerend wirkt sich hier die späte Reifegruppe des Original-"opaque-2"-Materials aus. Um bei uns mit diesem Material in der praktischen Züchtung arbeiten zu können, muß das Gen O_2 in frühreifes Material eingekreuzt werden. Hier werden drei Wege beschritten:
1. Einlagerung des rezessiven "opaque-2"-Gens in adaptiertes Zuchtmaterial durch Rückkreuzung.
2. Selektion von Inzucht-Linien aus Kreuzungen zwischen Früh x "opaque-2" verschiedener Herkünfte.
3. Anwendung der Mutationszüchtung bei I_1-Material aus Kreuzungen zwischen Früh x "opaque-2".

Резюме

Название работы: Возможности селекционного улучшения качества белка кукурузы с помощью гена «opaque 2»

Вскоре после опубликования результатов американских исследований по мутанте «opaque-2» в 1964 г. в программах селекционных работ многих стран одной из основных задач стала селекционная цель «Увеличение содержания лизина в протеине кукурузы» на основе гена «opaque-2». В 1967–1968 гг. селекционные работы по этой проблеме были начаты в ГДР. Особым затруднением для работы является позднеспелость оригинального материала «opaque-2». Для того чтобы у нас можно было с этим материалом проводить практические селекционные работы, ген O_2 необходимо скрещивать с раннеспелым материалом. Это ведется тремя путями: 1. Включение рецессивного гена «opaque-2» в адаптированный селекционный материал путем обратного скрещивания. 2. Отбор инцухт линий из гибридов между ранним х «opaque-2» различных происхождений. 3. Применение мутационной селекции на материале I_1, полученном от скрещивания между ранним и «opaque-2».

Summary

Titel of the paper: Possibilities of improving the protein quality of maize by means of the gene 'opaque-2'
Already shortly after the American results with the 'opaque-2' mutant had become known in 1964, the breeding target "increase of the lysine content in the maize protein" on the basis of the 'opaque-2' gene has become a priority task in the breeding programmes of many countries. In the German Democratic Republic work on this problem was started in 1967/68. In this country the late maturation of the original 'opaque-2' material proved to be a serious handicap. In order to use this material for practical breeding work, the gene O_2 had, therefore, to be crossed into early maturing material. This is being done in three different ways: 1. incorporation of the recessive 'opaque-2' gene into adapted breeding material by means of back-crossing; 2. selection of inbred lines from crosses between early x 'opaque-2' of different origins; and 3. application of mutation breeding with I_1 material from crosses between early x 'opaque-2'.

Literatur

ALEXANDER, D. E. u. a.: The modification of protein quality of maize by breeding. In: KOVÁCS, I.: Proceedings of the Fifth Meeting of the Maize and Sorghum Section of EUCARPIA, 1969, p. 33–43 AKADÉMIAI KIADÓ, Budapest 1971

LAMBERT, R. J. u. a.: Relative performance of normal and modified protein (opaque-2) maize hybrids. Crop. Sci., 9 (1969), 2, p. 242–243

NELSON, O. E.: The modification by mutation of protein quality in maize. From: New approaches to breeding for improved plant protein. Int. 1. Atomic Energy Agency Pub., 1969, p. 41–54

POLLMER, W. G. u. a.: Zur Differenzierung von Maisformen mit unterschiedlichem Lysingehalt im Korn. Z. Pflanzenzücht. 65 (1971), Nr. 1, p. 47–52

CHADSHINOV, M. I. u. a.: Richtungen und Methoden der Züchtung zur Erhöhung des Lysingehaltes im Maiskorn. Kukuruza, Moskva, 15 (1970), Nr. 4, p. 28–31; ref. in: Landwirtsch. Zbl. 2, 1970, 12–0931

Anschrift der Verfasser:

Dr. WILLY KAPPEL, Dipl.-Landwirt GERHARD HUSCHENBETT
Institut für Getreideforschung Bernburg-Hadmersleben
der Akademie der Landwirtschaftswissenschaften der DDR
4351 Bernburg-Strenzfeld, Mitschurinstraße 22

Tag.-Ber. Akad. Landwirtsch.-Wiss. DDR. Nr. 122. 1973. S. 347–353

Institut für Getreideforschung Bernburg-Hadmersleben
der Akademie der Landwirtschaftswissenschaften
der Deutschen Demokratischen Republik

HEINRICH ENDERLEIN

Anwendung von N-Nitroso-N-Methylharnstoff (NMH) in der praktischen Mutationszüchtung bei *Zea mays*

Die Bedeutung der angewandten Mutationsforschung liegt in erster Linie in der Vergrößerung der Variabilität züchterisch wertvoller Eigenschaften in ausgewähltem Ausgangsmaterial. Vor allem durch die Verwendung von Chemikalien, die sich im Vergleich zu ionisierenden Strahlen durch geringere Chromosomen-Aberrationsfrequenzen und höhere mutagene Effenzien auszeichnen, ist die Mutationsauslösung für den praktischen Züchter von großem Interesse.

Wenn auch vorerst noch keine mutagenen Agenzien bekannt sind, die ausschließlich züchterisch wertvolle Mutanten induzieren, so zeichnen sich doch bereits aus der großen Anzahl von mutagenen Chemikalien einige ab, die für die praktische Züchtung wertvoll sein können.

Vielfach wurde für züchterische Zwecke bisher Äthylmethansulfonat (ÄMS), Diäthylsulfat (DÄS) und Äthylenimin verwendet. So konnten z. B. in der Sowjetunion LYSIKOV und BLJANDUR (1966) und LYSIKOV (1966) durch Samenbehandlung von Mais mit DÄS und Äthylenimin in der M_4-Generation viele frühreife Formen, aber auch hochwüchsige, breitblättrige und zweikolbige Mutanten auslesen.

Weitere Anregungen für die praktische Mutationszüchtung erhielten wir vom Zentralinstitut für Genetik und Kulturpflanzenforschnug in Gatersleben.

KÜNZEL hatte 1968 auf die besondere Eignung von Nitroso-Methylharnstoff (NMH) für Mutationsexperimente mit praktisch züchterischer Zielstellung hingewiesen.

Für eine bevorzugte Anwendung von NMH gegenüber dem bisher vielfach verwendeten ÄMS sprechen u. a. folgende Befunde:

- Bei vergleichbaren Mutationsfrequenzen verursacht NMH nur etwa halb soviel Chromosomen-Aberrationen wie ÄMS.
- Die Hydrolyseprodukte von NMH wirken im Gegensatz zu denen von ÄMS nicht toxisch.
- NMH behandeltes Saatgut läßt sich ohne Schwierigkeiten zurücktrocknen und lagern.

– Da eine im Vergleich zu ÄMS rund 80mal höhere molare Effektivität bei NMH vorhanden ist, bleiben die Kosten des leichsynthetisierbaren mutagenen Agens auch bei großen Versuchen gering.
Wir entschlossen uns daraufhin, im Frühjahr 1969 bei wichtigem Ausgangsmaterial von Mais durch Saatgutbehandlung mit NMH eine Vergrößerung der Variabilität wertvoller Eigenschaften zu induzieren. Da für Mais keine Erfahrungswerte vorlagen, mußte zunächst in einem Vorversuch die geeignete Konzentration für die NMH-Behandlung ermittelt werden. Es wurde hierfür die Sorte 'Schindelmeiser' und eine Inzuchtlinie aus dieser Sorte ausgewählt.
Zur Vorbehandlung wurde das Saatgut 24 Stunden in destilliertem Wasser vorgequollen, danach 5 Stunden lang mit der entsprechend konzentrierten Lösung behandelt und im Anschluß daran 10 Stunden in destilliertem Wasser

Abb. 1: Keimpflanzen im 2.–3. Blattstadium der Sorte 'Schindelmeiser'; 1 = unbehandelt, 2–5 = Zunahme der Konzentration von NMH von links nach rechts

nachbehandelt. Vorquellen, Behandlung und Nachbehandlung erfolgten bei 25 °C.
Die Anzucht der Pflanzen erfolgte im Gewächshaus in Untersätzen von Mitscherlichgefäßen. Je Gefäß wurden 50 Korn ausgelegt. Die Behandlungsstufen waren wie folgt:

1 = unbehandelt
2 = mit 0,5 mmol/l NMH
3 = mit 1,0 mmol/l NMH
4 = mit 1,5 mmol/l NMH
5 = mit 2,0 mmol/l NMH

In Abbildung 1 sind die 5 Behandlungsstufen bei der Sorte 'Schindelmeiser' zu sehen. Deutlich ist hier ein Abfall in der Wuchshöhe von unbehandelt (= 1) bis zur stärksten Konzentration (= 5) zu erkennen.

Abb. 2: Keimpflanzen im 2.–3. Blattstadium der Inzuchtlinie D-Be 11 – Behandlungsstufen wie bei Abb. 1

Bei der Inzuchtlinie ergab sich das gleiche Bild (Abb. 2). Vor allem die Behandlungsstufen 4 und 5 mit 1,5 bzw. 2,0 mmol/l NMH zeigten sich stark vitalitätsgeschwächt.
Die Behandlungsstufe 3 erschien uns am geeignetsten für unsere Zwecke. Um ganz sicher zu gehen, wurde die Konzentration zwischen 0,8, 1,0 und 1,2 mmol/l NMH abgestuft.
Nach der Behandlung wurden die Pflanzen im Gewächshaus in Erdtöpfen angezogen und Anfang Mai 1969 im Zuchtgarten ausgepflanzt. Dadurch wurden stark vitalitätsgeschwächte Keimpflanzen von vornherein eliminiert (dies waren etwa 40% der angezogenen Pflanzen), und im Zuchtgarten stand ein geschlossener Bestand.

Tabelle 1
Mutationsauslösung durch N-Nitroso-N-Methylharnstoff (NMH) bei opaque-Zuchtmaterial von *Zea mays*

Behandlungsstufen mmol/l NMH	M_1 1969 Pflanzenzahl	EKN	M_2 1970 Pflanzenzahl	EKN	M_3 1971 Pflanzenzahl
0,8	360	44	6240	172	3440
1,0	630	121	16080	197	3940
1,2	360	83	11840	72	1440
Summe	1350	248	34160	441	8820

Tabelle 1 gibt einen Überblick über die Pflanzenzahlen, die im Zuchtgarten in den Jahren 1969, 1970 und 1971 von der M_1-, M_2- und M_3-Generation angebaut wurden. Die drei Behandlungskonzentrationen sind ebenfalls mit angegeben. Von den 1969 geernteten 248 Selbstungskolben wurden 1970 nahezu alle Körner angebaut, so daß über 34000 M_2-Pflanzen im Zuchtgarten standen.

1971 wurde die Zahl der angebauten Einzelkolbennachkommenschaften (EKN) auf 441 erhöht, es wurden nur 20 Pflanzenstellen pro Kolben angebaut.
Ziel der Mutationsauslösung war die Erhöhung der Variabilität von Eiweißgehalt und Frühreife bei einem Ausgangsmaterial, das 1967 aus der Kreuzung von einer spätreifen opaque-2-Quelle (FAO-Reifezahl etwa 600) und einem frühreifen Bernburger Zuchtstamm, Stamm 6 (FAO-Reifezahl etwa 200), hervorgegangen war. Diese Kreuzungskolben waren 1968 ausgelegt und die Pflanzen geselbstet worden. Zur Samenbehandlung mit NMH wurden nur Körner mit opaque-Charakter, d. h. undurchsichtige Körner, genommen.
In der M_1, M_2 und M_3 wurden jeweils nur die Pflanzen mit der frühesten Blüte geselbstet, und es wurden auch immer nur Körner mit opaque-Charakter ausgesät. In der M_3 konnten 1971 vorwiegend nur noch Kolben mit reinen opaque-Körnern, d. h. ohne Aufspaltungen, geerntet werden.

Tabelle 2
Erhöhung des Rohproteingehaltes und des Lysinanteils im Rohprotein bis zur M_3

	Erntejahr	untersuchte Varianten	Rohprotein in % der Tr. S.	g Lysin/16 g N
opaque-2	1968	3	11,34	4,77
Stamm 6	1968	1	11,78	3,20
M_1	1969	9	14,02	3,99
M_2	1970	17	15,00	3,98
M_3	1971	16	14,88	4,11
I_3	1970	9	12,15	3,95
INRA 200	1971	4	10,99	3,15

In Tabelle 2 ist der Anteil des Rohproteingehaltes und des Lysinanteils in g/16 g N im Ausgangsmaterial, bei einer Standardsorte (der Körnermaisdoppelhybride INRA 200), bei I_3-Material, das ohne NMH-Behandlung aus dem gleichen Ausgangsmaterial selektiert worden war, den drei Generationen nach der NMH-Behandlung gegenübergestellt worden.
Dabei ist deutlich die Erhöhung des Rohproteingehaltes in der M_1, M_2 und M_3 gegenüber dem unbehandelten Material zu erkennen.
1970 wurde erstmals das NMH-behandelte Material auf Rohproteingehalt untersucht. Von den 17 eiweißreichsten Varianten aus dieser Ernte (M_2) wurde 1971 das Restsaatgut aus der Ernte 1969 (9 Varianten aus der M_1) sowie die entsprechenden EKN 1971 (16 Varianten aus der M_3) auf ihren Lysin- und Rohproteingehalt erneut untersucht. Wie aus der Tabelle zu erkennen ist, hat bereits die M_1 mit 14,02% Rohproteingehalt deutlich mehr als der unbehandelte Vergleich.
In der M_2 erfolgte ein Anstieg an Rohprotein um 1%, der in der M_3 in etwa wieder bestätigt wurde. Der Lysingehalt in g/16 g N lag mit Werten zwischen 3,98 bis 4,11 etwa gleich der unbehandelten I_3 mit 3,95. Die 3 verschiedenen opaque-Quellen lagen mit 4,77 noch etwas höher.

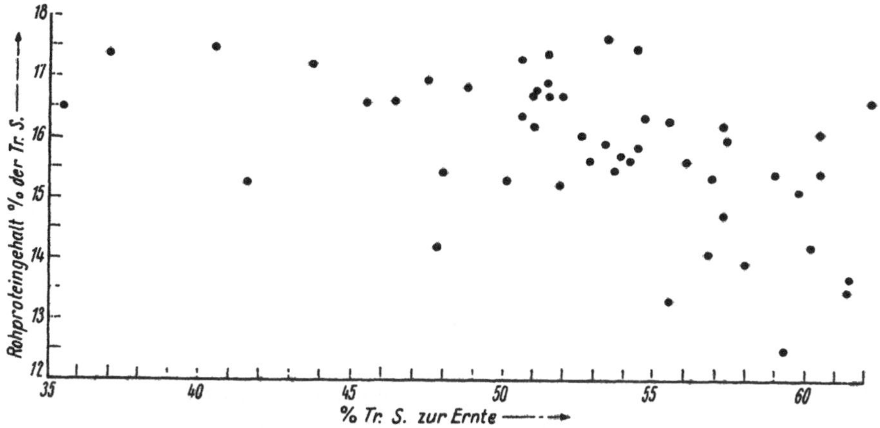

Abb. 3: Rohproteinbestimmung und Reifebeurteilung – M_2 1970

Einen Überblick über den Trockensubstanzgehalt der Körner zur Ernte bei mit NMH behandeltem Material in der M_2 gibt folgende Übersicht (Abb. 3). Zum Vergleich der Reifebeurteilung muß erwähnt werden, daß das opaque-2-Ausgangsmaterial zum Zeitpunkt der Ernte nur 30% Trockensubstanzgehalt in den Körnern aufwies und die Sorte 'Schindelmeiser' bei 63% lag. Stamm 6 hätte, bei 10 Tage früherer Reife, etwa bei 70% Trockensubstanzgehalt der Körner gelegen. Deutlich ist eine Verschiebung in Richtung Frühreife mit hohem Rohproteingehalt bei dem NMH-behandelten Material zu erkennen.

Schließlich sollen noch 2 Korrelationen von dem mit NMH behandelten Material diskutiert werden.

Fütterungsversuche haben ergeben, daß die beste Ausnutzung der Eiweißqualität nur dann erreicht wurde, wenn der Rohproteingehalt gleichzeitig erhöht ist. Wichtig dabei ist aber, daß mit der Erhöhung des Rohproteingehaltes der hohe Anteil des Lysins der opaque-Formen im Rohproteingehalt erhalten bleibt und nicht etwa zurückgeht. Die Korrelationsrechnung ergab bei $n = 41$ zwischen dem Rohproteingehalt in % der Trockensubstanz und dem Lysinanteil in g/16 g N $r = 0{,}14$. Dies sagt aus, daß bei steigendem Rohproteingehalt des NMH-behandelten Materials der hohe Anteil des Lysins am Rohproteingehalt erhalten bleibt und sogar noch eher ansteigt, als eine rückläufige Tendenz aufzuweisen hat.

Eine andere Korrelationsrechnung galt der Beantwortung der Frage: „Wenn in einem rohprotein- und lysinreichen Zuchtmaterial immer wieder nur die Pflanzen mit den besten technologischen Merkmalen weitergebaut werden, gehen die wertvollen Qualitätsfaktoren dabei zurück?"

Im allgemeinen werden eiweißreichem Material schlechtere Eigenschaften nachgesagt als Zuchtmaterial mit normalem Eiweißgehalt.

Die Korrelation bei n = 55 zwischen dem Rohproteingehalt in % der Trockensubstanz in der M_2 1970 und dem jeweils besten Kolben, d. h. von der Pflanze,

Tabelle 3
Korrelation mit NMH-behandeltem Material

Korrelation zwischen Rohproteingehalt in % der Tr. S. und Lysin in g/16 g N (M_1, M_2, M_3)

$n = 41$
$\bar{x} = 14{,}98$ (12,44–17,76) $r = 0{,}14$
$\bar{y} = 4{,}06$ (3,52– 4,63)

Korrelation im Rohproteingehalt in % der Tr. S. zwischen der M_2 1970 und dem jeweils besten Kolben der EKN 1971 (M_3)

$n = 55$
$\bar{x} = 14{,}70$ (11,93–16,95) $r = 0{,}67^{+++}$
$\bar{y} = 14{,}64$ (11,11–17,76)

die in ihren technologischen Eigenschaften dem Zuchtmaterial entspricht, der EKN 1971 (M_3) ergab die hochsignifikante Korrelation von $r = 0{,}67^{+++}$. Pflanzen mit hohen Qualitätseigenschaften können demnach durchaus viele andere günstige Eigenschaften für die praktische Züchtung aufweisen.

Zusammenfassung

Durch die Behandlung mit NMH ist eine Erhöhung der Variabilität des Ausgangsmaterials eingetreten. Es konnte Zuchtmaterial ausgelesen werden, das einen hohen Lysingehalt in Verbindung mit hohem Rohproteingehalt und entsprechender Frühreife aufweist. Inwieweit es sich hierbei um rein mutagene Wirkungen handelt oder ob auch die Herausspaltung bisher unerkannter Eigenschaften durch die fortwährende Inzucht bzw. die größeren Selektionschancen auf Grund des starken Auseinanderziehens des Materials in der M_2 eine Rolle gespielt haben, sei dahingestellt. Das Ergebnis für die praktische Züchtung ist als positiv zu bewerten.

Резюме

Название работы: Применение N-нитрозо-N-метилмочевины в практической мутационной селекции кукурузы (Zea mays)

Обработка кукурузы N-нитрозо-N-метилмочевиной повысила изменчивость исходного материала. Отобран селекционный материал с высоким содержанием лизина в сочетании с высоким содержанием сырого протеина и с соответствующей скороспелостью. Идет ли здесь речь о чисто мутагенных эффектах или о выщеплении неизвестных до сих пор свойств в результате постоянного инцухта или же о более высоких шансах отбора на основе большого разнообразия M_2-материала остается невыясненным. В отношении практической селекционной работы результат можно считать положительным.

Summary

Title of the paper: Use of N-nitroso N-methylurea (NMU) in practical mutation breeding of Zea mays

NMU treatment induced a higher variability in the initial material. It was possible to select breeding material having a high lysine content combined with a high crude-protein content and corresponding early maturity. It remains to be seen whether this is the result of purely mutagenic effects or whether the segregation of hitherto unknown characters on account of continuous inbreeding or due to the greater chances of selection on account of the strong segregation of the material in M_2 have played a certain part. The result is regarded as positive for practical breeding.

Literatur

Lysikov, V. N.; Bljandur, O. V.: Durch chemische Mutagene induzierte Mutation bei Mais. Supermutageny, Moskva, 1966, S. 159–177

Lysikov, V. N.: Die Ausnutzung ionisierender Strahlung und einiger chemischer Stoffe für die Formung des Ausgangsmaterials bei der Maiszüchtung. Kisinev, 1966, 153 S.

Künzel, G.: Untersuchungen über die Mutationsauslösung durch N-Nitroso-N-Methylharnstoff im Vergleich zu Äthylmethansulfonat und Röntgenstrahlen bei Gerste. Halle, Univ., Diss., 1968

Anschrift des Verfassers:
Dr. Heinrich Enderlein
Institut für Getreideforschung Bernburg-Hadmersleben
der Akademie der Landwirtschaftswissenschaften der DDR
4351 Bernburg-Strenzfeld, Mitschurinstraße 22

Themenkreis Spezielle Fragen der Rapszüchtung

Tag.-Ber. Akad. Landwirtsch.-Wiss. DDR. Nr. 122. 1973. S. 357—362

VEG Saatzucht „Hans Lembke“ Malchow,
Institut für Futterpflanzenzüchtung

Werner Schweiger

Die Variabilität einiger Ertrags- und Qualitätsmerkmale im Winterrapssortiment (vorläufige Mitteilung)

Bisher lagen keine Untersuchungsergebnisse über die Variabilität von Ertrags- und Qualitätsmerkmalen zwischen den in der Welt zugänglichen Winterrapssorten vor. Die Bedeutung solcher Untersuchungen für die Züchtung sind hinreichend bekannt. Wir begannen deshalb im Institut für Futterpflanzenzüchtung des VEG Saatzucht „Hans Lembke“ Malchow/Poel 1969 mit dem Anbau eines umfangreichen Winterraps-Sortimentes. Erste Beobachtungen wurden 1970 durchgeführt. Weitergehende Analysen an dem inzwischen erweiterten Sortiment erfolgten aber erst 1971, so daß bisher im wesentlichen nur einjährige Ergebnisse vorliegen, von denen einige mit den dadurch bedingten Vorbehalten hier mitgeteilt werden sollen.

Die Aussaat des Sortimentes erfolgte nach ortsüblichen Bedingungen in 2 Wiederholungen bei einer Teilstückgröße von 10 m^2. Im Herbst wurde durch Vereinzeln eine weitgehend gleiche Bestandesdichte angestrebt. Die Stickstoffdüngung betrug 150 kg/ha. 1971 wurden insgesamt 67 Sorten und Zuchtstämme bzw. verschiedene Herkünfte der gleichen Sorte analysiert, die sich entsprechend der Tabelle 1 auf ihre Herkunftsländer verteilen. Der Anzahl der Sorten aus den verschiedenen Ländern sind gleichzeitig die Schwerpunkte der Rapszüchtung zu entnehmen, wobei Schweden eine dominierende Stelle einnimmt. Bei den sowjetischen Sorten handelt es sich überwiegend um Landsorten, bei den französischen und englischen vorwiegend um Futterraps.

Auf die Ergebnisse der Bonituren über die Herbst- und Frühjahrsentwicklung der Sorten kann in diesem Kurzbeitrag nicht eingegangen werden. Die Frostfestigkeit konnte nur im Winter 1969/70 andeutungsweise abgeschätzt werden. Alle westeuropäischen Sorten zeigten mehr oder weniger starke Auswinterungsschäden. 1970/71 traten keine Frostschäden auf.

Der im kontinentalen Klima meist schnellere Übergang vom Winter zum Sommer läßt dort die Typen erwarten, die nach der Winterruhe schnell zum Schossen und Blühen übergehen. Diese Entwicklung verläuft bei den maritimen Formen langsamer. Dies ist als erblich bedingt an dem Material nachweisbar, selbst unter den die Entwicklungsunterschiede verwischenden extrem trockenen und warmen Bedingungen z. Z. der Blüte 1971 (Tab. 1). Die sowjetischen,

Tabelle 1
Anzahl der geprüften Sorten und Blühbeginn im Mittel der Sorten des Herkunftslandes

Herkunftsland	Anzahl Sorten	Blühbeginn (Tage n. frühester Sorte)* 1970	1971
DDR	5	4,6	3,4
BRD	7	3,6	3,1
Frankreich	6	7,6	4,2
Belgien	1	4,0	2,0
Holland	2	6,5	3,5
England	3	6,3	3,7
Schweden	21	4,8	3,2
ČSSR	2	9,2	4,5
Ungarn	1	1,0	1,5
Polen	7	3,1	2,7
Sowjetunion	8	—	1,4
Japan	4	—	3,8

* 'Kutnowski' (Polen), Blühbeginn 1970 21. 5., 1971 7. 5.

polnischen und die ungarischen Sorten blühen deutlich früher als die anderer Länder.

Früheste Sorte des gesamten Sortimentes war in beiden Jahren 'Kutnowski' (Polen), ähnlich früh die westdeutschen Sorten 'Janetzkis' und 'Gießener Höhenraps' sowie einige sowjetische Landsorten 1971. Späteste Sorten waren 1970 'Slapska' (ČSSR) sowie 'Oleor' und 'Rapso' (Frankreich), 1971 'Iwao' (Japan) und wiederum 'Slapska', aber auch 'Lembkes Normal' aus der BRD. Die DDR-Sorten 'Groß-Lüsewitzer Spätsaatverträglicher' und 'Quedlinburger' blühten 1970 6 bzw. 4 Tage und 1971 4 bzw. 2 Tage später als 'Kutnowski'. Zwischen der frühesten und der spätesten Sorte wurden 1970 12 Tage und 1971 7 Tage Entwicklungsunterschied bonitiert.

Die Blühdauer als wesentliche Voraussetzung für die gleichmäßige Reife variierte 1970 zwischen 24 und 34 Tagen. 1971 war sie infolge der trockenen und warmen Witterung wesentlich kürzer und schwankte nur zwischen 18 und 24 Tagen. Unter den DDR-Sorten fallen ‚Quedlinburger' und der ‚Zuchtstamm Lüsewitz 8/9' durch eine kurze Blühperiode auf. Für die Futterrapse aus Frankreich, England und Schweden ist neben einem späten Blühbeginn eine lange Blühdauer typisch. Generell besteht jedoch zwischen Blühbeginn und Blühdauer beim untersuchten Material keine Beziehung.

Die weiteren untersuchten Merkmale sind aus Tabelle 2 ersichtlich. Neben den Kornertragsmerkmalen, die überwiegend an 10 Durchschnittspflanzen je Sorte ermittelt wurden, wurden solche analysiert, die für die Verwendung des Winterrapses als Grünfutterpflanze bedeutsam sind. Tabelle 2 enthält für alle Merkmale die Mittelwerte über die Sorten und deren Streuung sowie die Streuung der Einzelwerte und Variationskoeffizienten.

Tabelle 2

Mittelwerte und Streuungsmaße der analysierten Merkmale über 70 Sorten 1971

Merkmale	$\bar{x}$	s	s%
Grünmasse dt/ha	365 ± 9,99	82,6	22,6
Trockensubstanz %	11,7 ± 0,40	1,4	12,1
Blattanteil %	48,7 ± 0,55	4,6	9,5
Wuchshöhe Blühbeginn cm	108 ± 0,42	3,5	3,2
Pflanzenlänge Ernte cm	149 ± 1,00	8,5	5,7
Verzweigungsansatz cm	47 ± 1,60	13,9	29,6
Verzweigungsanzahl/Pflanze	9 ± 0,14	1,7	19,3
Schotenanzahl/Pflanze	361 ± 9,47	79,7	22,1
Schotenlänge cm	7,8 ± 0,05	0,4	5,1
Kornzahl/Schote	21 ± 0,37	2,0	9,5
Kornmasse/Pflanze g	33,3 ± 0,80	6,7	20,1
Strohmasse/Pflanze g	54,9 ± 1,34	11,2	20,4
Kornmasse dt/ha	39,1 ± 0,14	3,9	10,0
Fettgehalt %	44,5 ± 0,20	1,6	3,5
TKM	5,7 ± 0,07	0,6	10,0

Die ermittelten Streuungsmaße erlauben nur mit Vorbehalt eine Aussage über die genetische Bedingtheit der Merkmale bzw. über deren Modifizierbarkeit. Sehr gering ist die Variabilität zwischen den Sorten bei den Merkmalen Fettgehalt, Wuchshöhe, Schotenlänge und auch Blattanteil, Kornzahl/Schote und TKM, woraus eine hohe genetische Bedingtheit dieser Merkmale abgeleitet werden könnte. Überraschend trifft dies für den Trockensubstanzgehalt nicht in dem Maße zu. Andererseits war die relativ geringe Variabilität beim Kornertrag nicht zu erwarten, wobei allerdings diesen Werten keine exakten Ertragsprüfungen zugrunde liegen. Ebenfalls ist der hohe Variationskoeffizient beim Verzweigungsansatz überraschend. Eine zeichnerische Darstellung der Häufigkeitsverteilung der untersuchten Merkmale deutet in fast allen Fällen auf Normalverteilung hin. Lediglich bei der Schotenzahl/Pflanze scheint eine schiefe Verteilung mit größerer Häufigkeit bei geringerer Schotenzahl vorzuliegen.

Die im Sortiment ermittelten absoluten höchsten und niedrigsten Merkmalswerte sind in Tabelle 3 zusammengefaßt. Dabei sind wegen der Einjährigkeit der Ergebnisse neben den Extremwerten (in Klammer) die Mittelwerte für die jeweils drei höchsten bzw. niedrigsten Werte angegeben. Die Zahlen verdeutlichen, daß mit dem analysierten Sortiment ein Material mit sehr extremer Merkmalsausprägung vorliegt.

Den ermittelten Extremwerten im Fettgehalt von 40,8 bzw. 48,5% stehen 40,4 bzw. 49,5% aus der Sortimentsanalyse 1970 bei allerdings nur 50 Sorten gegenüber. In beiden Jahren haben die Sorten 'Quedlinburger' (DDR), 'Allie' (Schweden) und 'Oleor' (Frankreich) die höchsten Fettgehalte, während 'Lüsewitzer Spätsaatverträglicher' nicht in der Spitzengruppe liegt. Die nur 1971

Tabelle 3

Mittel der drei höchsten und niedrigsten Sortenwerte bei den Merkmalen sowie die entsprechenden Extremwerte (in Klammer)

Merkmale	Höchste Werte		Niedrigste Werte	
Grünmasse dt/ha	544	(606)	202	(175)
Trockensubstanz %	15,2	(16,6)	9,3	(9,2)
Blattanteil %	58,7	(62,0)	39,6	(36,4)
Wuchshöhe Blühbeg. cm	124	(128)	97	(90)
Pflanzenlänge Ernte cm	163	(165)	128	(128)
Verzweigungsansatz cm	75	(81)	15	(9)
Verzweigungsanzahl/Pflanze	11,5	(13)	7,6	(7)
Schotenanzahl/Pflanze	585	(706)	242	(230)
Schotenlänge cm	9,3	(9,7)	6,8	(6,6)
Kornanzahl/Schote	25	(26)	14	(13)
Kornmasse/Pflanze g	47,1	(49,8)	19,2	(17,4)
Strohmasse/Pflanze g	80,6	(85,7)	34,9	(31,6)
Kornmasse dt/ha	45,3	(45,6)	31,5	(31,0)
Fettgehalt %	47,4	(48,5)	41,2	(40,8)
TKM	6,9	(6,9)	4,4	(4,3)

geprüften Zuchtstämme 'Lü. 8/9', 'Gü. 262/65' und einige schwedische und westdeutsche Sorten fallen ebenfalls durch hohe Fettgehalte auf.

In das Mittel der drei höchsten (+) bzw. niedrigsten (—) Werte in Tabelle 3 sind die DDR-Sorten bei folgenden Merkmalen eingegangen:

'Groß-Lüsewitzer Spätsaatverträglicher'

+ Kornzahl/Schote
— Strohmasse/Pfl.
— Verzweigungsanzahl/Pfl.
— Schotenanzahl/Pfl.

'Quedlinburger'

+ Fettgehalt
— Blattanteil

'Zuchtstamm Lü. 8/9'

+ Fettgehalt

Im Hinblick auf eine vielleicht züchterisch zu erreichende Ertragssteigerung durch Erhöhung des Kornanteils an der gesamten oberirdischen Masse ergab die Sortimentsanalyse eine gewisse Variabilität im Merkmal Kornanteil. Im Mittel aller geprüften Sorten betrug dieser 37,8%. Den niedrigsten Wert ergab mit 33,0% eine sowjetische Landsorte, den höchsten mit 50,5% die japanische Sorte 'Taisetsu'. Wenigen Extremwerten steht eine enge Gruppierung fast aller Sorten um den Mittelwert gegenüber. Zum Kornertrag wurde keine Beziehung gefunden, wohl aber zwischen Kornertrag und Strohertrag sowie Wuchshöhe eine positive.

Die bisher ermittelten Beziehungen zwischen den analysierten Merkmalen deuten Tendenzen zwischen einigen Ertragskomponenten an, bedürfen jedoch der Bestätigung durch ein weiteres Versuchsjahr. Der Fettgehalt scheint mit der Kornzahl/Schote positiv und damit mit der TKM negativ zu korrelieren; zum Kornertrag wurde keine Beziehung festgestellt. Sorten, die im Ertrag und im Fettgehalt unter den zehn höchsten Werten erscheinen, sind 'Rapol' (BRD) und 'Panter' (Schweden), unter den jeweils zehn niedrigsten Werten finden wir japanische Sorten und sowjetische Herkünfte. Hohe Erträge, aber sehr geringe Fettgehalte, weisen 'Warszawski' (Polen), 'Dwarf Essex' (England) und 'Margo' (Schweden) auf, und mit umgekehrter Tendenz ist 'Quedlinburger' (DDR) zu nennen.

Eine umfassende Einschätzung der analysierten 67 Sorten ist bei der Vielzahl der zu berücksichtigenden Merkmale schwierig und nach einjährig durchgeführten Untersuchungen kaum möglich. Wir würden auf der Grundlage vorliegender Werte und der zügigen Herbst- und Frühjahrsentwicklung bei entsprechendem unkrautunterdrückendem Wuchstyp sowie der Winterfestigkeit neben den DDR-Sorten als wertvoll einschätzen: 'Rapol' und 'Lenora' (BRD), 'Allie', 'Hektor', 'Vestal' und 'Hg 9051' (Schweden) und bedingt 'Oleor' (Frankreich). Daneben stehen eine Reihe von Sorten mit extremer Ausprägung einzelner, bei der Züchtung zu berücksichtigender, Merkmale zur Verfügung. Auf der Grundlage vorliegender Untersuchungen können entsprechende Genotypen in die Zuchtprogramme eingebaut werden.

Zusammenfassung

1971 und bedingt 1970 erfolgte die Analyse eines Winterraps-Sortimentes mit 67 Sorten aus 12 Ländern. Neben den üblichen Bonituren wurden 15 Merkmale erfaßt. Die Streuungsmaße und Extremwerte werden mitgeteilt und besprochen sowie Beziehungen zwischen den Merkmalen angedeutet. Unter den Bedingungen des Anbauortes bedeutsame Sorten werden herausgestellt.

Резюме

Название работы: Изменчивость некоторых количественных и качественных признаков урожая в ассортименте озимого рапса (предварительное сообщение)

В 1971 году, а в ограниченной мере и в 1970 году, проведен анализ 67 сортов озимого рапса из 12 стран. Наряду с обычными бонитировками, исследования охватывали 15 признаков. Сообщаются и обсуждаются дисперсия и экспериментальные значения, а также коррелятивные связи между признаками. Выдвигаются сорта, имеющие значение в условиях данного района возделывания.

Summary

Title of the paper: The variability of some yield and quality characters in the winter rape variety assortment (Preliminary communication)

Sixty-seven winter rape varieties from 12 countries were analysed in 1971 and partly in 1970. Apart from the common quality assessment, 15 characters were studied. The measures of dispersion and the extreme values are reported and discussed and reference is made to the relationships between the characters. Varieties being important under the conditions of the location of growing are put forward.

Anschrift des Verfassers:

Dr. WERNER SCHWEIGER
VEG Saatzucht „Hans Lembke" Malchow,
Institut für Futterpflanzenzüchtung
2401 Malchow/Poel

Tag.-Ber. Akad. Landwirtsch.-Wiss. DDR. Nr. 122. 1973. S. 363–371

VEG Saatzucht „Hans Lembke" Malchow,
Institut für Futterpflanzenzüchtung

Hanns-Erich Winkelmann

Züchterische Möglichkeiten zur Verbesserung der Ölqualität von Winterraps

In vielen rapsanbauenden Ländern der Welt zeichnet sich in den letzten Jahren ein starke Erhöhung der Rapsproduktion ab. Nach Angaben der FAO (1966) vergrößerte sich die Weltrapsproduktion von 2,8 Mill. t im Jahre 1953 auf fast 5 Mill. t im Jahre 1966. Im gleichen Zeitraum stieg die Rapsproduktion in Europa von 720000 t auf fast 1,5 Mill. t an.
Gegenwärtig wird das Rapsöl aber im Vergleich zu anderen Pflanzenölen von der Margarineindustrie als zweitklassig eingestuft, und alle Länder Mittel- und Nordeuropas, in denen der Raps als Ölpflanze eine dominierende Stellung einnimmt, sind daher nach wie vor auf den Import großer Mengen qualitativ hochwertiger Pflanzenöle angewiesen. Für die Pflanzenzüchtung erwächst daraus die Aufgabe, Qualitätsraps zu züchten, der durch eine verbesserte Fettqualität den gestiegenen Ansprüchen der Verbraucher sowie handelsökonomischen und volkswirtschaftlichen Aspekten Rechnung trägt.
Aus der Sicht der öl- und fettverarbeitenden Industrie und der Ernährungsphysiologie soll ein qualitativ hochwertiges Pflanzenöl etwa 20–60% Linolsäure, 5–15% gesättigte Fettsäuren und die Differenz zu 100% als Ölsäure enthalten. Unerwünscht sind alle Fettsäuren mit mehr als 18 C-Atomen sowie die eine Sonderstellung einnehmende Linolensäure, eine dreifach ungesättigte Fettsäure mit 18 Kohlenstoffatomen (Thies, 1968). Die Tabelle 1 gibt eine Übersicht über die Fettsäurengarnitur von Winterraps.
Im folgenden sollen nunmehr die wichtigsten Fettsäuren kurz charakterisiert werden.
Mit etwa 50% ist die Erukasäure die weitaus häufigste Fettsäure im Öl des Winterrapses. Sie ist ernährungsphysiologisch minderwertig, wird auf Grund ihrer Langkettigkeit schwer verdaut und scheint infolge unzureichenden Abbaues in Muskel- und Leberzellen angereichert zu werden. Das führte bei Meerschweinchen und Entenküken zu pathologischen Veränderungen der betroffenen Organe (Dembinski, 1967; Röbbelen u. Leitzke, 1970).
Die auch als Vitamin F bekannte Linolsäure ist eine essentielle Fettsäure. Sie ist die Vorstufe der zahlreiche Stoffwechselvorgänge regulierenden Prostaglan-

Tabelle 1

Fettsäureanteile ($^0/_0$) im Mittel von 27 Winterrapssorten und -stämmen

Laurinsäure	C 12 : 0	Spuren
Myristinsäure	C 14 : 0	— 0,1
Palmitinsäure	C 16 : 0	1,7— 2,3
Palmitoleinsäure	C 16 : 1	0,1— 0,5
Stearinsäure	C 18 : 0	0,5— 1,3
Ölsäure	C 18 : 1	7,8—14,2
Linolsäure	C 18 : 2	14,1—18,5
Linolensäure	C 18 : 3	9,6—12,6
Arachinsäure	C 20 : 0	0,2— 0,9
Eicosensäure	C 20 : 1	4,9— 7,6
Eicosadiensäure	C 20 : 2	0,3— 0,6
Behensäure	C 22 : 0	0,1— 0,9
Erukasäure	C 22 : 1	48,8—55,5
Docosadiensäure	C 22 : 2	0,3— 1,3
Lignocerinsäure	C 24 : 0	— 2,9

dine und besitzt eine antagonistische Wirkung gegenüber dem nur im tierischen Organismus vorkommenden Cholesterin.

Die Linolensäure ist zwar wie die Linolsäure eine essentielle Fettsäure, sie wird jedoch als dreifach ungesättigte Fettsäure leicht oxydiert und beeinträchtigt dadurch die Haltbarkeit der Nahrungsmittel. Hinzu kommt, daß während der Fetthärtung bereits bei geringen Linolensäuregehalten in Pflanzenölen unangenehme Geschmacksstoffe gebildet werden (THIES, 1968; RÖBBELEN u. LEITZKE, 1970).

Aus der Charakteristik dieser drei wichtigen Fettsäuren ergibt sich für die Züchtung von Qualitätsraps die Forderung nach Entwicklung von Sorten, deren Samen möglichst viel Linolsäure, jedoch weder Linolensäure noch langkettige Fettsäuren enthalten. Voraussetzung für eine effektive Züchtungsarbeit hinsichtlich der Veränderung der Fettsäurengarnitur ist die Kenntnis der biologischen Grundlagen der interessierenden Fettsäuren, ihrer Vererbung und Korrelationen. Diese umfangreiche Problematik, die im Rahmen dieses Beitrages nur kurz gestreift werden kann, war Gegenstand vieler Untersuchungen, insbesondere in Kanada durch DOWNEY und CRAIG (1964), STEFANSSON und HOUGEN (1964), CANVIN (1965), KONDRA und STEFANSSON (1965), in Schweden durch LÖÖF und APPELQVIST (1964), in der VR Polen durch DEMBINSKI (1967), besonders aber durch KRZYMANSKI (1970), auch in Zusammenarbeit mit DOWNEY (1969), sowie in der BRD vor allem durch THIES (1968 u. 1971).

Nach dem gegenwärtigen Stand der Erkenntnisse kann angenommen werden, daß die Entstehung der interessierenden Fettsäuren auf zwei verschiedenen Synthesewegen jeweils von der Ölsäure ausgeht. Zur Bildung der Erukasäure wird an die 18 C-Atome der Ölsäure in zwei aufeinanderfolgenden Schritten jeweils ein Acetatrest aus zwei C-Atomen angefügt. Dieser Biogeneseweg ist

weitgehend umweltstabil und wird wahrscheinlich durch ein Ein- oder Zweigenpaarsystem unter Beteiligung von Enzymen gesteuert. Eruka- und auch Eikosensäuregehalt sind erbliche Merkmale. Nach KRZYMANSKI und DOWNEY (1968) sowie KRZYMANSKI (1970) werden beide intermediär vererbt und vom Genotyp des sich entwickelnden Embryos bedingt. Nach Angaben von LÖÖF und APPELQVIST (1964), KONDRA und STEFANSSON (1965) liegt eine additive Genwirkung vor.
Der zweite Biogeneseweg führt von der Ölsäure durch Desaturierung der C-18-Kette über die Linolsäure zur Linolensäure, wobei gleichfalls Enzyme mitwirken, über deren Natur bisher aber kaum Informationen gewonnen werden konnten. Dieser Biogeneseweg wird stärker als der erste durch Umweltbedingungen modifiziert. Auf Grund von Untersuchungen verschiedener Autoren, die von STEFANSSON und STORGARD (1969) diskutiert worden sind, konnten zwischen den pflanzenzüchterisch interessierenden Fettsäuren folgende korrelative Beziehungen ermittelt werden:

Erukasäure : Ölsäure	negativ
Erukasäure : Linolsäure	negativ
Erukasäure : Linolensäure	negativ
Linolsäure : Ölsäure	negativ
Linolsäure : Linolensäure	positiv

Nach den bisher vorliegenden Ergebnissen dürfte es im Vergleich zur Züchtung auf Erukasäurefreiheit weitaus schwieriger sein, linolensäurearme oder -freie Pflanzen kombiniert mit hohem Linolsäuregehalt zu erhalten, die außerdem noch erukasäurefrei sind, zumal die Selektion linolensäurearmer erblicher Mutanten bisher kaum von Erfolg gekrönt war.
Im Vordergrund des Interesses der Züchtungsarbeiten hinsichtlich Verbesserung der Fettqualität bei Raps standen daher Untersuchungen, die das Ziel hatten, erukasäurearme bzw. -freie Formen zu selektieren. Es ist das Verdienst von DOWNEY, der in Zusammenarbeit mit STEFANSSON und HOUGEN (1961) bereits 1960 unter einigen Tausend untersuchten Individuen der Sommerrapssorte 'Liho' erstmals eine erukasäurefreie Pflanze fand, aus der die erukasäurefreie Sommerrapssorte 'Oro' hervorging. Die Entwicklung der Halbkornmethode durch DOWNEY und HARVEY (1963), bei der ein Keimblatt zur Untersuchung der Fettsäurengarnitur dient, während das andere mit Sproß und Wurzel zur Pflanze heranwächst, ermöglichte in den letzten Jahren beachtliche Züchtungsfortschritte. Diese Methode macht sich den Umstand zunutze, daß sich das Merkmal Erukasäurefreiheit bzw. -haltigkeit einer Pflanze bereits im Samenstadium manifestiert. Die nach Kreuzung auf einer F_1-Pflanze entstandenen Samen stellen also bereits die spaltende F_2-Generation dar.
Unter den mittel- und nordeuropäischen Bedingungen spielt der Sommerraps nur eine untergeordnete Rolle. Die Bemühungen der europäischen Pflanzenzüchter sind daher auf die Verbesserung der Fettqualität bei Winterraps gerichtet. Diese Arbeiten nahmen ihren Anfang in der VR Polen und in Schweden. Seit 1966 wird auch in der BRD in relativ großem Umfang intensiv an diesem

Problem gearbeitet, und auch aus der ČSSR sowie neuerdings aus Ungarn gibt es Berichte über diesbezügliche züchterische Bemühungen. In der DDR konnten diese Arbeiten erst im Jahre 1970 in Angriff genommen werden. Die Variabilität des Erukasäuregehaltes im Winterraps und damit die Erfolgsaussichten, erukasäurefreie bzw. -arme Formen zu finden, erschienen uns zu gering, zumal die Voraussetzungen für eine umfangreiche Serienuntersuchung nicht vorhanden waren. SCHUSTER (1970) ermittelte bei Winterraps hinsichtlich des Erukasäuregehaltes eine Variabilität zwischen 23,7 und 58,4%. Als Ausgangsmaterial für die durchgeführten Kreuzungen dienten kanadischer erukasäurefreier Sommerraps ('Oro' und 'S 63') sowie das vorhandene umfangreiche Winterrapssortiment und -zuchtmaterial. Um den Genverlust für wertvolle Eigenschaften weitestmöglich aufzufangen, der in der F_2 durch Selektion der wenigen erukasäurefreien Individuen zwangsläufig entsteht (im Durchschnitt eines unter 60), wurden die Kreuzungen in großem Umfang durchgeführt und im nächsten Jahr wiederholt. Ein Teil der F_1-Samen, die aus diesen Kreuzungen 1970 im Zuchtgarten hervorgingen, sowie die Samen der Kreuzungspartner, wurden gas-chromatographisch untersucht. Je Probe wurden vier Samen verwendet. Das Ergebnis geht aus Tabelle 2 hervor.

Tabelle 2

Fettsäurengarnitur von F_1-Samen aus Kreuzungen zwischen Winter- und erukasäurefreiem Sommerraps und deren Ausgangsmaterial (Angaben in %)

	'Borowski'	'St. 8/9'	'S 63'	'Oro'	'Borowski' × 'Oro'	'Oro' × 'Borowski'	'Oro' × '8/9'	'8/9' × 'Oro'
Ölsäure	14,1	10,5	58,3	49,8	25,5	28,9	29,5	19,7
Linolsäure	12,6	11,9	20,9	24,8	13,1	16,3	19,3	15,2
Linolensäure	8,0	7,4	10,3	13,2	9,5	10,4	11,3	11,6
Erukasäure	51,0	52,6	1,2	0,6	31,2	23,0	20,1	33,0

Eine starke Erhöhung der Variabilität der Fettsäuren konnte bei F_2-, I_1- und R_1-Samen erhalten werden. Die Häufigkeitsverteilung des Erukasäuregehaltes ist in Abbildung 1 dargestellt, die entsprechenden Minimum-, Maximum- sowie die Mittelwerte sind Tabelle 3 zu entnehmen. Die R_1-Samen gingen aus Rückkreuzungen der F_1 mit dem erukasäurefreien Sommerrapselter hervor. SCHUSTER (1970) fand einzelne Rückkreuzungen, in denen 70% aller Samen in der Gruppe 0–5% Erukasäure lagen. Die Rückkreuzung der F_1 mit Winterraps ergab zwar eine Anhäufung von Typen mit höherem Erukasäuregehalt, aber 1% der untersuchten Samen lag in der Gruppe 0–5% Erukasäure.
Für die weiteren praktischen Züchtungsarbeiten war es wichtig zu wissen, wie der Erukasäuregehalt von der F_1- auf die F_2-Generation vererbt wird. Da uns dafür kaum Untersuchungskapazität zur Verfügung stand, können entsprechende Aussagen nur unter Vorbehalt gemacht werden. Sie decken sich allerdings mit den Ergebnissen anderer Veröffentlichungen (SCHUSTER,

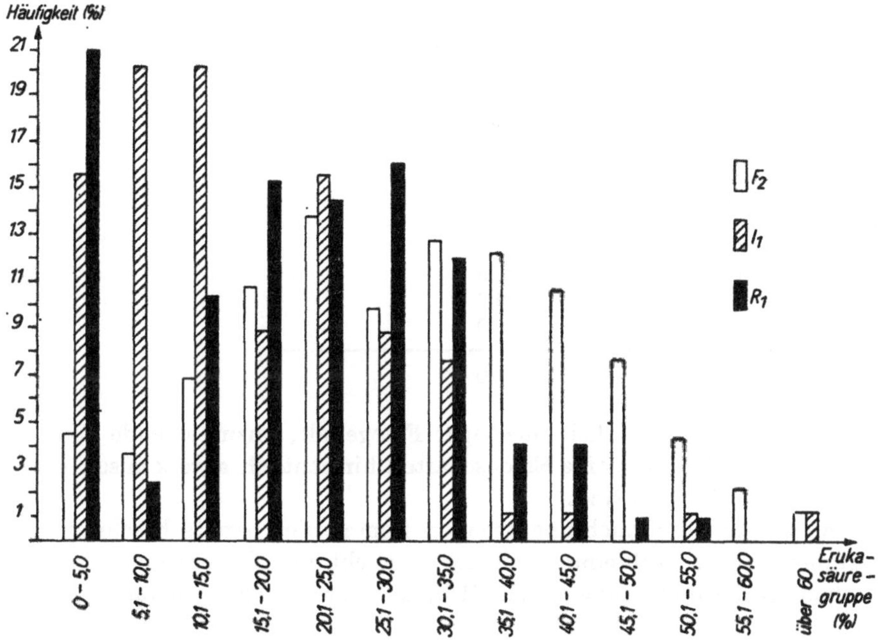

Abb. 1: Häufigkeitsverteilung des Erukasäuregehaltes in F_2-, I_1- und R_1-Samen

Tabelle 3
Variabilität und Mittelwerte des Erukasäuregehaltes in F_2-, I_1- und R_1-Samen

	Anzahl der Untersuchungen	Erukasäuregehalt (%) Min.	Max.	Mittelwert
F_2-Samen	570	0,0	71,2	30,1
I_1-Samen	140	0,0	68,7	20,8
R_1-Samen	130	0,0	50,3	20,0

1970). Danach vererbt sich ein niedriger Erukasäuregehalt zwar weitgehend konstant, aber es können auch mehr oder weniger große Abweichungen auftreten. Auch in Nachkommenschaften von Pflanzen mit mittlerem Erukasäuregehalt können erukasäurearme Formen herausspalten, wie aus Tabelle 4 zu entnehmen ist. Daraus resultiert die Notwendigkeit, die erhaltenen Populationen ständig auf Erukasäuregehalt zu analysieren und entsprechend zu selektieren.

Die zur schnellen Erreichung der eingangs formulierten Zuchtziele verwendete bzw. angestrebte Zuchtmethode beruht darauf, an selektierten erukasäurefreien Pflanzen beginnend ab der F_2-Generation mit dem konventionellen Leistungselter zurückzukreuzen. Diese Maßnahme ist notwendig, weil mit dem aus dem Sommerraps eingekreuzten geringen Erukasäuregehalt auch geringe

Tabelle 4
Vererbung des Erukasäuregehaltes (%) von der F_1-auf die F_2-Generation (Halbkornmethode)

Stamm-Nr.	54/1	84/2	54/4
F_1-Generation	2,1	8,5	1,3
F_2-Generation	17,1	7,7	0,0
	0,0	11,2	0,0
	14,2	14,2	0,0
	0,0	0,5	0,0
	1,4	0,3	0,0
$\bar{x}$	6,6	8,5	0,0

Ertragsfähigkeit und -sicherheit, niedriger Fettgehalt, unzureichende Winterfestigkeit sowie andere negative Eigenschaften hinsichtlich agronomisch wichtiger Merkmale verbunden sind.

Zur Beschleunigung der Züchtungsarbeiten kommt der bereits beschriebenen Halbkornmethode in Verbindung mit der Anzucht von Generationsfolgen im Gewächshaus große Bedeutung zu. Mit Hilfe der Gewächshausgeneration hoffen

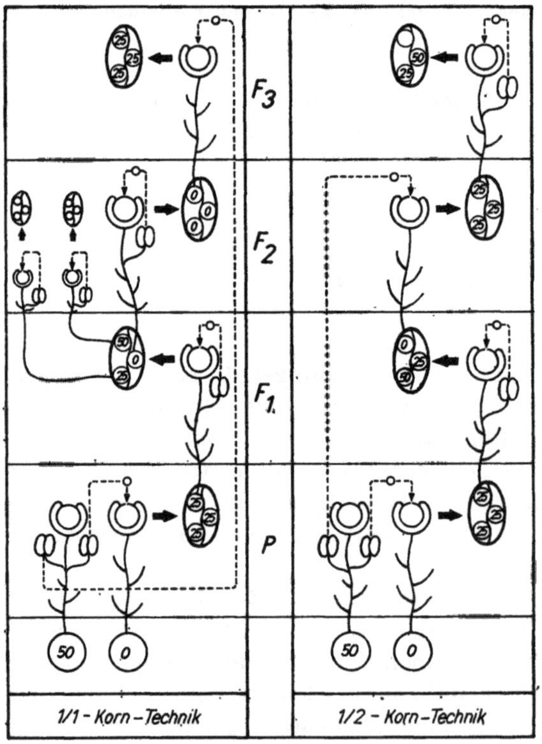

Abb. 2: Schematische Darstellung der Kreuzungen und Rückkreuzungen nach der „Ganzkorn"- und „Halbkorn-Methode" mit Angabe des Erukasäuregehaltes (n. THIES, 1971)

wir, bis zum Winterrapsaussaattermin 1972 die F_4-Generation zu ernten und die F_5-Generation im Freiland anbauen zu können. Den Vorteil der Halbkornmethode demonstrieren die Abbildungen 2 und 3. Aus dem Zuchtschema

1/1- Korn-Technik	P	F_1	$\boxed{F_2}$	F_3	F_4'	$\boxed{F_5'}$	F_6'	F_7''	$\boxed{F_8'''}$	F_9''	F_{10}'''	$\boxed{F_{11}'''}$	F_{12}'''
1/2- Korn-Technik	P	$\boxed{F_1}$	F_2	$\boxed{F_3'}$	F_4'	$\boxed{F_5''}$	F_6''	$\boxed{F_7'''}$	F_8'''				

Abb. 3: Zeitdauer der Einkreuzung des Merkmals „Erukasäurefreiheit“ nach der „Ganzkorn“- und „Halbkorn-Methode“ (n. Thies, 1971)

ist zu entnehmen, daß bei Verwendung der Halbkornmethode bereits in der F_8 drei Rückkreuzungen möglich sind. Dazu ist bei der Vollkornmethode, wo stets eine Selbstungsgeneration eingeschaltet werden muß, eine F_{12} notwendig (Thies, 1971).

Die weiteren Züchtungsarbeiten bestehen darin, unter den erhaltenen erukasäurefreien Einzelpflanzen möglichst frühzeitig die Winterformen zu selektieren. Daher wurden stets die am spätesten blühenden Formen selektiert und weitergeführt. Außerdem wurden Anfang Mai zur Bestellzeit des Sommerrapses F_2-Populationen im Freiland ausgesät. Alle Frühblüher wurden als Sommerraps verworfen. Von den nicht geschoßten Pflanzen wurde ein Teil nach natürlicher Vernalisation im Spätherbst ins Gewächshaus gestellt, der andere Teil im Freiland zur „harten Prüfung“ belassen. Da nach Untersuchungen von Troll (1947) die Winterfestigkeit beim Raps nicht intermediär vererbt wird, wurde andererseits die Selektion auf Winterformen vor der Untersuchung auf Fettsäurenzusammensetzung durchgeführt. Dazu wurde ein Teil der F_1- und F_2-Samen schon im Herbst ausgesät. Wir erhoffen uns, evtl. schon in der F_1 wertvolle Formen mit hoher Winterfestigkeit selektieren zu können.

Zur Untersuchung des Erukasäuregehaltes sind im Prinzip zwar gas-, dünnschicht- und papierchromatographische Methoden gleichermaßen geeignet. Diese Methoden müssen als Serienmethoden anwendbar sein und beim Einsatz geringster Untersuchungssubstanzen zuverlässige Ergebnisse liefern. Nach Angaben von Thies (1971) können mit voll automatisierten gaschromatographischen Methoden maximal 120 Proben in 24 Stunden quantitativ analysiert werden. Dagegen schafft eine technische Hilfskraft mit einer von Thies entwickelten speziellen papierchromatographischen Methode 500 Analysen am Tag, allerdings nur mit halbquantitativer Aussage. Der begrenzende Faktor in der Rapsqualitätszüchtung lag bisher in den nicht gegebenen analytischen Voraussetzungen. Mit Unterstützung des Institutes für Pflanzenzüchtung Quedlinburg war es möglich, einen Teil des vorhandenen umfangreichen Zuchtmaterials 1971 zu analysieren und notwendige Selektionshinweise zu gewinnen.

Im Institut für Futterpflanzenzüchtung Malchow wurden inzwischen die Voraussetzungen geschaffen, sowohl dünnschicht- als auch gaschromatographisch das 1972 anfallende Zuchtmaterial zu analysieren und damit die Zuchtarbeiten zu dieser entscheidenden Qualitätsfrage auszudehnen und zu beschleunigen.

Zusammenfassung

Ausgehend von den Forderungen der öl- und fettverarbeitenden Industrie und der Ernährungsphysiologie werden die züchterischen Möglichkeiten zur Verbesserung der Ölqualität von Winterraps dargelegt. Dabei wird mit Nachdruck auf die Bedeutung von Methoden hingewiesen, die zur Beschleunigung der Züchtungsarbeiten führen und einen maximalen Zuchtfortschritt gestatten.

Резюме

Название работы: Возможности селекционного улучшения качества озимого рапса

Исходя из требований масло- и жироперерабатывающей промышленности и физиологии питания излагаются возможности улучшения качества масла озимого рапса путем селекции. При этом особое внимание обращено на методы, которые обеспечивают ускорение селекционной работы и позволяют добиться максимального успеха в этой области.

Summary

Title of the paper: Possibilities of improving the quality of winter rape through breeding

Starting from the demands of the oil- and fat-processing industry as well as of nutrition physiology, the author outlines the possibilities of improving the oil quality of winter rape through breeding. Special emphasis is laid on the importance of methods that accelerate breeding work and permit maximum breeding progress.

Literatur

Canvin, D. T.: Incorporation of acetate – 1-C^{14} into the long – chain fatty acids of some oil crops. Canad. J. Bot. 43 (1965), p. 71–74

Dembinski, F.: Entwicklung, Leistungen und Perspektiven des Ölfruchtanbaues in der VR Polen. Thaer-Arch. 11 (1967), S. 563–581

Downey, R. K.; Stefansson, B. R.; Hougen, F. W.: Note on the isolation of rape plants with seed oil free from erucic acid. Canad. J. Plant Sci. 41 (1961), p. 218–219

Downey, R. K.; Harvey, B. L.: Methods of breeding for oil quality in rape. Canad. J. agric. Sci. 43 (1963), p. 271–275

DOWNEY, R. K.; CRAIG, B. M.: Genetic control of fatty acid biosynthetis in rapeseed (*Brassica napus L.*). J. Amer. Oil Chem. Soc. 41 (1964), p. 475–478

KONDRA, Z. P.; STEFANSSON, B. R.: Inheritance of erucic and eicosenic acid content of rapeseed oil (*Brassica napus*). Canad. J. Gen. Cytol. 7 (1965), p. 505–510

KRZYMANSKI, J.; DOWNEY, R. K.: Inheritance of fatty acid composition in winter forms of rapeseed, *Brassica napus*. Canad. J. Plant Sci. 49 (1969), p. 313–319

KRZYMANSKI, J.: Chances of genetical improvement in chemical composition of winter rape (*Brassica napus*) seed. Hodowla Rośl. Aklim. Nasien. 14 (1970), p. 95–133

LÖÖF, B.; APPELQVIST, L. A.: Breeding work in rape, turnip rape an white mustard in connection with research on the composition of the fatty acids in their seeds. Z. Pflanzenzücht. 52 (1964), p. 113–126

RÖBBELEN, G.; LEITZKE, B.: Weshalb Rüböl nicht vollwertig und Züchtung auf Ölqualität beim Winterraps notwendig ist. Safa 22 (1970), S. 544–546 u. 588–590

SCHUSTER, W.: Die Züchtung auf eine geeignete Fettsäurenzusammensetzung beim Raps. Z. Pflanzenzücht. 63 (1970), S. 61–81

STEFANSSON, B. R.; STORGARD, A. K.: Correlations involving oil and fatty acids in rapeseed. Canad. J. Plant Sci. 49 (1969), p. 573–580

THIES, W.: Die Biogenese von Linol- und Linolensäure in den Samen höherer Pflanzen, insbesondere Raps und Rübsen, als Problem der Ölpflanzenzüchtung. Angew. Bot. 42 (1968), S. 140–154

THIES, W.: Schnelle und einfache Analysen der Fettsäurenzusammensetzung in einzelnen Rapskotyledonen. Z. Pflanzenzüchtg. 65 (1971), S. 181–202

TROLL, H. J.: Beobachtungen über die Winterfestigkeit und deren Vererbung an verschiedenen Rapsformen und ihren Bastarden. Züchter 17–18 (1947), S. 439–447

Anschrift des Verfassers:

Dipl.-Landwirt HANNS-ERICH WINKELMANN
VEG Saatzucht „Hans Lembke“ Malchow,
Institut für Futterpflanzenzüchtung
2401 Malchow/Poel

Themenkreis Ertragsforschung

Tag.-Ber. Akad. Landwirtsch.-Wiss. DDR. Nr. 122. 1973. S. 375–382

Institut für Futterproduktion Paulinenaue
der Akademie der Landwirtschaftswissenschaften
der Deutschen Demokratischen Republik

JOACHIM BÜHRING

Ergebnisse von Kunstlichtkulturen bei Sommerweizen

Zunehmender Einsatz der Kunstlichtkultur für Generationsbeschleunigung und Pflanzenforschung verlangt die Intensivierung unserer Kenntnisse über die Effekte der einzelnen Kunstlichtquellen und der durch sie beeinflußten Faktoren auf Wachstum und Entwicklung der Nutzpflanzen. Über die Zusammenhänge zwischen der Lichtqualität, der Beleuchtungsintensität, den realisierbaren Temperaturen und der Pflanzenausbildung ist bisher bei den einzelnen Arten nicht genügend bekannt; auch die vorhandenen Monographien zur Kunstlichtkultur (KLESCHNIN, 1960; NUERNBERGK, 1961) berücksichtigen die bei der Generationsbeschleunigung auftretenden Probleme kaum, so daß in den nächsten Jahren mit dem Ziel einer möglichst ökonomischen Kunstlichtkultur dieses Gebiet verstärkt bearbeitet werden muß. Die Untersuchung der beschriebenen Zusammenhänge ist besonders deshalb sehr aufwendig, weil die einzelnen Wellenlängenbereiche des Lichtes auf Stoffbildung, Entwicklung, Blütenausbildung, Morphogenese und andere Reaktionen der Pflanze in sehr unterschiedlicher Weise Einfluß nehmen und somit sehr komplizierte Zusammenhänge zwischen Licht und dem resultierenden Pflanzenindividuum bestehen, die nur über den aufwendigen Pflanzenversuch und nicht mit Hilfe von lichtphysikalischen Meßverfahren aufgedeckt werden können (BÜHRING, 1970). In unseren Arbeiten bemühen wir uns – einbezogen auch andere Poacee –, Zusammenhänge zwischen Kunstlichtquellen und dem Wachstum und der Entwicklung der Pflanzen aufzudecken; und nicht zuletzt sind sie ein Beitrag zur Phytotronik und dienen weiter dazu, die Kunstlichtkultur für die Generationsbeschleunigung zu verbessern. Im folgenden werden Ergebnisse von Untersuchungen zur Beeinflussung von Wachstum und Entwicklung bei Sommerweizen durch Lichtqualität und Photoperiode dargestellt, die bereits von praktischer Bedeutung für die Kunstlichtkultur sind und darüber hinaus unsere Kenntnisse über die Effekte der Kunstlichtkultur generell erweitern.

1. Der Einfluß der Entwicklungsgeschwindigkeit unter verschiedenen Kunstlichtbedingungen auf die Ährchenzahl bei Sommerweizen

Friend (1964) und Friend et. al. (1961) hatten für Sommerweizen ermittelt, daß unter Glühlampen die Entwicklung wesentlich schneller ablief als unter anderen Lichtquellen. In einem Test wurde Sommerweizen in unterschiedlichen Wachstumsphasen im Gewächshaus unter Leuchtstofflampen bzw. Mischlicht (Leuchtstoff- und Glühlampen) kultiviert. Es wurde eine Aussage erwartet, bei welchen Stadien Glühlampenlicht fördernd wirkt.

Sommerweizen ('St. 61807/65') wurde im 2-Blattstadium nach Leuchtstofflampenzucht in Mitscherlichgefäße (12 Gefäße) gepflanzt. Es wurden 2 Lampengruppen installiert:

a) 7 Leuchtstofflampen, „Weiß" 40/120 (= LSL), durchschnittliche Temperatur = 18,5 °C

b) 7 Leuchtstofflampen, zuzüglich 4 Glühlampen 60 W (= LSL + GL) durchschnittliche Temperatur = 19,7 °C.

Die Glühlampen hingen im Quadratverband gleichmäßig verteilt über den Leuchtstofflampen. Beide Gruppen zeigten in Pflanzenhöhe gleiche Beleuchtungsintensität, da bei b) die Leuchtstofflampen entsprechend höher als bei a) installiert wurden. 4 Gefäße wurden nach Pflanzung unter die Lichtgruppe LSL + GL gestellt, die übrigen unter die Lichtgruppe LSL. Am 15. Tag danach wurden von der LSL-Gruppe wiederum 4 Gefäße in die LSL + GL-Gruppe übergestellt und 2 Gefäße von der LSL + GL-Gruppe in die LSL-Gruppe zurückgestellt. Nach weiteren 14 Tagen, bei Umsetzung der nächsten 4 Gefäße aus der LSL- zur LSL + GL-Gruppe, wurden wiederum 2 Gefäße zur LSL-Gruppe zurückgestellt, die vom 15. bis 28. Versuchstag unter LSL + GL-Licht gestanden hatten. Die Versuchsvarianten sind aus Tabelle 1 ersichtlich. Die Versuchsauswertung erfolgte 41 Tage nach Versuchsbeginn, sobald die ersten Blütenstände sichtbar wurden, für den Gesamtversuch. Bestimmt wurden Ähren- bzw. Ährenanlagenlänge, Halmlänge, Ährchen- und Halmzahl.

Den in Tabelle 1 vorliegenden Ergebnissen ist zu entnehmen, daß die stärkste Entwicklung bei dem Material mit ständigem Glühlampenzusatzlicht erfolgte, die schwächste bei ausschließlichem Leuchtstofflampenlicht. Längere Perioden mit Glühlampenzusatzlicht wirkten fördernder als kürzere, bei gleich langen Mischlichtperioden erschienen diejenigen als am wirksamsten, die zeitiger gegeben wurden, mitbedingt durch den Zeitpunkt der Auswertung. Somit wirkt auch in frühen Wachstumsstadien gegebenes Glühlampenlicht entwicklungsfördernd und nicht etwa nur in der Phase der Blütenanlage oder Reife.

Die Untersuchungen zeigen, daß das Glühlampenlicht, auch in frühen Stadien verabfolgt, die Entwicklung des Weizens sehr spezifisch und schnell fördert. Beachtlich ist die starke Wirkung trotz der geringen installierten Leistung.

Tabelle 1

Einfluß unterschiedlicher Lichtquellen in frühen Wachstumsphasen des Sommerweizens im Gewächshaus mit schwachem Tageslichteinfluß auf Entwicklungsgeschwindigkeit und Organbildung (Kunstlicht-Dauertag)

Pflanztermin: 12. 1. (2-Blatt-Stadium) Auswertung: 41 Tage nach Pflanzung (22. 2.)

(LSL = Leuchtstofflampenlicht; LSL + GL = Leuchtstofflampen- und Glühlampenlicht)

Versuchs-variante	Lichtgruppe	Ähren-anlagen-länge (mm)	Ährchen-zahl	Länge von Halmbasis bis Ährenspitze (mm)	Zahl produktiver Nebenhalme
1	LSL + GL ab Pflanzung	83,3	15,4	380,6	1,15
2	LSL + GL vom 15. Tag ab Pflanzung, davor LSL	62,7	15,75	275,3	1,05
3	LSL + GL ab Pflanzung für 14 Tage, danach LSL	59,1	16,7	257,8	1,15
4	LSL + GL vom 15. Tag ab Pflanzung für 14 Tage, davor und danach LSL	36,7	17,2	235,0	1,33
5	LSL + GL vom 29. Tag ab Pflanzung, davor LSL	35,3	18,1	196,7	1,3
6	LSL ab Pflanzung	28,1	17,4	185,7	1,6

Die Halmlänge zeigte eine genau gleiche Tendenz und Reihung der Varianten nach dem Entwicklungsstand wie die Ährenanlagenlänge. Hier zeigt sich deutlich, daß die Bedingungen, die die Ährenentwicklung steuern, bei Sommerweizen mit denen übereinstimmen, die die Halmverlängerung beeinflussen.

Die Zahl der Ährchen stand in umgekehrter Relation zu der Ährchenanlagenlänge, bedingt trifft dies auch für die Zahl produktiver Nebenhalme zu. Hier ergibt sich trotz der Tageslichteinflüsse eine negative Beziehung zwischen Organgröße und Entwicklungsgeschwindigkeit. Auf gleiche Ährchenzahl bezogen, würde die Differenzierung, dargestellt an der Länge der Ährenanlage, noch größer sein.

Sowohl die Ährchenzahl als auch die Zahl produktiver Halme, also die Organzahl bei den einzelnen Varianten, waren negativ zur Entwicklungsgeschwindigkeit korreliert. Je stärker das Glühlampenlicht die Entwicklung förderte, um so geringer war die Zahl angelegter Ährchen je Ähre und die Zahl produktiver Halme.

Von Ryle (1966) wurden diese Zusammenhänge zwischen Organzahl und Entwicklungsgeschwindigkeit aus der Balance zwischen den Faktoren in der Pflanze, die die Differenzierung und die Verfügbarkeit der Metaboliten kontrollieren, erklärt. Dabei ist die negative Beziehung zwischen Entwicklungsgeschwindigkeit und Organzahl als allgemeineres Prinzip darzustellen, da ja auch das hohe Bestockungswachstum in ungünstigen Photoperioden bei Poaceen hierin seine Erklärung findet (Bühring, 1971).

Als Konsequenz der gefundenen Ergebnisse ergibt sich, daß man bei Einsatz von Glühlampen, auch als Zusatzlicht mit geringer Beleuchtungsintensität, in der Kunstlichtkultur eine gegenüber anderen Lichtquellen erhöhte Entwicklungsgeschwindigkeit erhält, die auf Kosten geringerer Organzahlen und somit eines niedrigeren Reproduktionsfaktors realisiert wird. Für die Lampenindustrie muß die Entwicklung von Lichtquellen, die Wachstum und Entwicklung der Pflanzen im erwünschten Verhältnis fördern, im Vordergrund stehen.

2. Die Gewinnung stark bestockten Sommerweizenmaterials bei Kunstlichtkultur

Sommerweizen realisiert bei Dauertag-Kunstlichtkultur, da diese Form sehr rasch in die reproduktive Phase übergeht, wenig bestockte Pflanzen mit keinem sehr hohen Reproduktionsfaktor. Ähnliche Bedingungen gelten für andere Nutzpflanzen aus der Gruppe der Poaceen, soweit sie embryonal blühreif sind oder als Sämling das Vernalisationsstadium durchlaufen haben.
Auf der Suche nach Verfahren, im Kunstlicht zu stark bestockten Pflanzen, die Ausgangspunkt für halmreiche Individuen mit hoher Kornzahl sind, zu gelangen, wurde versucht, von der Ausnutzung des Prinzips auszugehen, daß Poaceen in Photoperioden, die eine schnelle Entwicklung verhindern, unter natürlichen Wachstumsbedingungen ein starkes Bestockungswachstum so lange beibehalten, als die Pflanzen diesen photoperiodischen Bedingungen ausgesetzt sind.
Während des gesamten Jahres mehrfach und somit bei unterschiedlichen Temperaturbedingungen wiederholte Kulturen von Sommerweizen unter Leuchtstofflampen unter Kurztag führten in jedem Falle nur zu geringer Bestockung. Maximal wurden 2–3 Nebentriebe ausgebildet, die angelegten Triebe zeigten eine so starke Weiterentwicklung, daß sie eine weitere Bestockung nicht zuließen. An dieser Stelle kann auf weitere Zusammenhänge zwischen Pflanzenmorphologie, Umweltfaktoren und Bestockung nicht eingegangen werden.
Generell sind positive Beziehungen zwischen Intensität der Bestockung und der Höhe der Beleuchtung bekannt, was uns veranlaßte, unsere Bemühungen um ein fortlaufendes Bestockungswachstum im Kunstlichtkurztag unter Einschaltung höherer Beleuchtungsintensitäten weiterzuführen.
Sommerweizen (St. 61897/65) wurde nach Aufgang unterschiedlichen Beleuchtungsbedingungen im 10 h-Kurztag ausgesetzt. Lichtquellen waren als Kontrolle Leuchtstofflampen (14 cm Abstand von den Pflanzen), als 2. Variante wurden Quecksilberhochdrucklampen mit Innenreflektor verwendet. Die HQR-Lampen hingen zur Abführung der Wärmestrahlung in einem wassergefüllten Plexiglaskasten, der über Schwimmerregulierung Wasseraustausch erlaubte. Zwischen Lampenunterkante und Kastenboden war die Wasser-

schicht 4 cm stark. Ähnliche Lampenkästen wurden inzwischen von FEDOROV (1971) beschrieben.

Die HQR-Lampen ergaben in Pflanzenhöhe eine Beleuchtungsintensität von ca. 20000 Lux.

Das Bestockungswachstum des Sommerweizens wurde bei beiden Lichtquellen fortlaufend verfolgt.

Nach Abbruch der Kurztagkultur wurde ein Teil des Materials im Gewächshaus in Langtagbedingungen (Leuchtstofflampenzusatzlicht, 14 cm Abstand, 40/120) bis zur Ährenbildung beobachtet.

Die Ergebnisse sind in den Tabellen 2 und 3 zusammengestellt.

Tabelle 2

Verlauf der Bestockung bei Sommerweizen im Kurztag bei unterschiedlicher Beleuchtungsintensität; Saat: 11. 10.

Lichtquelle	Bel.-Stärke (Lux)	Bestockung 15. 11.	7. 12.	28. 12.	13. 1.
HQR 400 W	20000	2,7	10,6	19,8	31,5
LSL 40 W	2800	0,5	2,3	2,4	2,4

Die Bestockungszahlen im Kurztag in Tabelle 2 bestätigen, daß nicht das Kunstlicht an sich, sondern eine geringe Beleuchtungsintensität die Ursache für das Nichtzustandekommen eines fortwährenden Bestockungswachstums war. Bei einer Beleuchtungsintensität von 20000 Lux war während des gesamten Beobachtungszeitraumes ein starkes Bestockungswachstum zu verzeichnen, das in 3 Monaten ab Saat zu Pflanzen mit über 30 Trieben führte. Bei geringer Beleuchtungsintensität war das Bestockungswachstum sehr gering und nach weniger als 2 Monaten beendet, so daß diese Lampe bei Sommerweizen nicht zum Einsatz kommen kann, wenn starke Bestockung verlangt wird.

Das auf dem angeführten Wege zu starker Bestockung geführte Material wurde ins Gewächshaus übertragen. Es war zu ermitteln, ob bei anschließender Kultur im Kunstlichtdauertag bei geringer Beleuchtungsintensität stark bestocktes Material zu mehr Halmen führt als schwach bestocktes, oder ob auch die Umwandlung von Trieben zu Halmen an hohe Beleuchtungsintensitäten gebunden ist.

Tabelle 3

Ende der Kunstlicht-handlung	Triebzahl bei Ende der Kurz-tagbehandlung	Entwicklungsstand am 11. 2. (29 Tage Kunstlichtdauertag) Halme mit Ähren	Triebe
13. 1.	31,5	9,5	7,0

Die Werte in Tabelle 3 zeigen, daß bei Weiterkultur im Kunstlichtdauertag mit niedriger Beleuchtungsintensität nicht alle Triebe zu Halmen umgebildet werden. Auf der Basis stark bestockter Pflanzen aus Kunstlicht-Kurztagkultur sind Individuen mit weit mehr Halmen zu gewinnen als bei ausschließlicher Leuchtstofflampenkultur (max. 2,5).

Die Arbeiten zeigen einen Weg, durch Einschaltung einiger Wochen Kurztagkultur bei hoher Beleuchtungsintensität zu Beginn von Kunstlicht-Generationen zu hoher Halmzahl bzw. einem hohen Reproduktionsfaktor zu gelangen. Wir glauben, hier die Basis zu einem vielseitig einsetzbaren Verfahren vor uns zu haben.

Zusammenfassung

Sommerweizen wurde von Anfang an unter Leuchtstofflampenlicht (ca. 3000 Lux) kultiviert, zusätzlich wurde in einzelnen Wachstumsetappen über unterschiedlich lange Zeitspannen Glühlampenlicht verabfolgt. Die Entwicklung wurde um so stärker gefördert, je länger Glühlampenzusatzlicht verabfolgt wurde; bei gleich langen Mischlichtperioden waren diejenigen am entwicklungsförderndsten, die zeitig einwirkten. Die Zahl der Ährchen und der produktiven Halme war um so geringer, je größer die Entwicklungsgeschwindigkeit war. Die Versuche zeigen, daß auch unter Kunstlichtbedingungen die Zahl der ausgebildeten reproduktiven Organe mit abnehmender Entwicklungsgeschwindigkeit zunimmt. – Bei Kunstlichtkultur realisiert Sommerweizen kaum bestockte Pflanzen mit geringem Reproduktionsfaktor. Durch Kurztagkultur gelang es, bei Einsatz von HQR-Lampen (> 20000 Lux) stark bestockte Pflanzen zu erzielen. die bei anschließender Langtagkultur unter Leuchtstofflampen im Gewächshaus zahlreiche ährentragende Halme ausbildeten. Dieses Verfahren schafft die Voraussetzung für die Erzielung kräftigen Pflanzenmaterials unter Kunstlicht.

Резюме

Название работы: Результаты культуры ярового ячменя при искусственном освещении

Яровая пшеница культивировалась с самого начала при люминесцентном освещении (около 3000 люкс), в отдельные этапы роста в течение различных по продолжительности периодов освещение дополнялось лампами накаливания. Тем сильнее было положительное влияние на развитие, чем дольше был период дополнительного освещения лампами накаливания; при одинаково продолжительных периодах смешанного освещения наиболее положительное влияние на развитие растений отмечалось в вариантах, в которых это дополнительное освещение рано начинало действовать. Количество колосков и продуктивных стеблей было тем меньше, чем больше была скорость развития. Опыты показывают, что и в условиях искусственного освещения количество сформировавшихся репродуктивных органов увеличивается с уменьшением скорости развития. – В условиях искусственного освещения яровой ячмень образует слабокустящиеся растения с низким фактором воспроизводства. Путем культуры короткого дня и при использовании ламп HQR (> 20000 люкс) удалось получить сильно кустящиеся растения, которые затем при выращивании в условиях длинного дня и люминесцентных ламп в теплице формировали большое количество стеблей с колосьями. Этот метод создает предпосылки для получения здорового материала растений в условиях искусственного освещения.

Summary

Title of the paper: Results of spring wheat growing under artificial light

From the very beginning, spring wheat was grown under the light of fluorescent lamps (about 3000 Lux). In addition, in several growth periods incandescent light was switched on for different periods of time. Development was promoted the more strongly the longer incandescent light was added; in case of equally long periods of mixed-light treatment early treatment was more effective than later exposure to mixed light. The number of spikelets and productive culms declined as the rate of development went up. These experiments indicate that also under conditions of artificial light the number of developed reproductive organs increases as the rate of development declines. – When grown under artificial light, spring wheat develops only slightly tillered plants with a low reproduction factor. In case of short-day treatment, illumination with high-pressure mercury vapour lamps (> 20,000 Lux) resulted in strongly tillered plants which, at subsequent long-day treatment under fluorescent lamps in the greenhouse, produced a large number of ear-bearing culms. This method provides the preconditions for producing vigorous plant material under artificial light.

Literatur

Bühring, J.: Zum Einsatz und zur Beurteilung von Leuchtstofflampen für die Kunstlichtkultur von Gramineen. Z. Landeskultur 11 (1970), S. 283–293

Bühring, J.: Der Einfluß des Entwicklungsstadiums der Pflanzen bei Beginn der künstlichen Kurztagbehandlung auf die „Überdauerung" von Zuchtmaterial des Winterroggens (*Secale cereale* L.). Arch. Züchtungsforsch. 1 (1971), S. 103–114

Fedorov, A. K.: Die Anzucht mehrerer Pflanzengenerationen im Jahr (russ.). Selekcija i Semenovodstvo 36 (1971), 4, S. 13–16

Friend, D. J. C.: The promotion of floral initiation of wheat by far red radiation. Physiol. Plantarum 17 (1964), p. 909–920

Friend, D. J. C.; Helson, V. A.; Tischer, J. E.: The influence of the ratio of incandescent to fluorescent light on the flowering response of marquis wheat grown under controlled conditions. Canad. J. Plant Sci. 41 (1961), p. 418–427

Kleschnin, A. F.: Die Pflanze und das Licht. Berlin, 1960

Nuernbergk, E. L.: Kunstlicht und Pflanzenkultur. München, Bonn, Wien, 1961

Ryle, G. J. L.: Physiological aspects of seed yield in grasses. In: Milthorpe, F. L.; Ivins J. D. (Eds.): The growth of cereals and grasses. London, Butterworths, 1966

Anschrift des Verfassers:

Dr. Joachim Bühring
Institut für Futterproduktion Paulinenaue
der Akademie der Landwirtschaftswissenschaften der DDR
1551 Paulinenaue

Tag. Ber. Akad. Landwirtsch.-Wiss. DDR. Nr. 122. 1973. S. 383–392

Institut für Getreideforschung Bernburg-Hadmersleben
der Akademie der Landwirtschaftswissenschaften
der Deutschen Demokratischen Republik

GUDRUN MISSELWITZ

Substanzzunahme und Entwicklung von Ertragskomponenten bei Weizengenotypen mit unterschiedlicher Ertragsfähigkeit

Im Mittelpunkt vieler Forschungen steht die Frage, warum ein Genotyp einen höheren Ertrag realisiert als ein anderer. Es ist das Ziel, aus diesen Unterschieden zu schlußfolgern, welche Merkmale an der Pflanze als Selektionskriterien für hohe Leistungsfähigkeit verwendet werden können. Bisherige Ergebnisse weisen nach, daß beim Getreide die nach der Blüte noch assimilierenden Organe für die Kornfüllung von hoher Bedeutung sind. Von besonderer Wichtigkeit zum Erzielen eines hohen Ertrages sind nach ASANA und SAINI (1958), STOY (1966), SIMPSON (1968) sowie HSU und WALTOM (1971) eine lange Fahnenblattscheide, ein breites, lange assimilationsfähiges Fahnenblatt mittlerer Länge und ein geringer Abstand zwischen Fahnenblatt und Ähre.

Auch in der vorliegenden Arbeit kam es darauf an, durch morphologische Analyse der Biomasse von fünf Winterweizensorten nach den Ursachen der unterschiedlichen Ertragsleistung zu suchen. Es wurden nicht nur die Beziehungen zwischen der assimilierenden Biomasse und dem Ertrag erfaßt, sondern auch die Beziehungen zu den Ertragskomponenten. Um diese komplexen Prozesse zu ergründen, war es unerläßlich, auf allen Entwicklungsstufen der Ontogenese die Beziehungen zwischen der organischen Substanz und der entsprechenden Stufe im Ertragsbildungsprozeß zu analysieren. Das Erfassen der assimilatorisch aktiven Substanz bei den laufenden Probenahmen erfolgte nicht mittels Flächenbestimmungen, sondern durch Ermittlung der assimilierenden Trockenmasse.

1. Material und Methodik

Die Untersuchungen, die der vorliegenden Arbeit zugrunde liegen, wurden ausschließlich an Pflanzen vorgenommen, die in den 3 Versuchsjahren 1967–1970 in Feldparzellen wuchsen. Es wurden die fünf Winterweizensorten 'Fanal', 'Pilot', 'Minhardi', 'Panonija', und 'Bezostaja' geprüft, die sich in ihrer vegetativen und generativen Leistung, dem Ertragsaufbau und der Vegetationsdauer unterschieden.

Im Versuchsjahr 1967/68 wurde das Saatgut der fünf Sorten nur in der Bestandesdichte 100 Körner/m² bei 20 cm Reihenabstand ausgelegt. In den anderen beiden Jahren wurde der Bestand so eingerichtet, daß sich 100, 200 bzw. 300 Pflanzen/m² (BD 100, 200, 300) im Frühjahr auf den Parzellen befanden. Nach Eintritt in das Feekesstadium 6 (Fe 6), der Bildung des ersten Halmknotens, wurden von den Versuchsparzellen wöchentlich bis zur Ernte Proben entnommen, die je Variante 3 × 1 lfm umfaßten. Von dem geernteten Pflanzenmaterial wurden die Triebe der Pflanzen in ihre Organe Halm, Blattspreite und nach dem Ährenschieben die Ähre zerteilt. Am Halm verblieb die Blattscheide. Die Blätter wurden visuell in grüne und abgestorbene Teile zertrennt. Dieser Maßnahme liegt die Erfassung der assimilatorisch aktiven Blattmasse zugrunde. Die analysierte Substanz wurde nach dem Verarbeiten auf absolute Trockensubstanz gebracht und anschließend ausgewogen. An speziellen Ernteproben erfolgte die Ermittlung der Ertragskomponenten Ährenzahl/m² (ÄZ/m²), Kornzahl/Ähre (KZ/Ä), Spindelstufenzahl/Ähre, sterile Basalstufenzahl/Ähre, Kornmasse/Ähre (KM/Ä) und Tausendkornmasse (TKM).

2. Wachstum und Entwicklung der Sproßsubstanz

Der Verlauf der Biomassebildung ist ein kontinuierlicher Prozeß, der in bestimmten Zeitabschnitten mit unterschiedlicher Intensität abläuft. Um die Entwicklung der Sorten zu charakterisieren, wurden aus der Dynamik der Stoffproduktion die folgenden vier, für die Entwicklung bedeutsamen Zeitpunkte herausgenommen: 1. Beginn des Schossens (Fe 6), 2. Beginn des Ährenschiebens (Fe 11), 3. Blüte (Fe 16), 4. Vollreife (Fe 19). Abbildung 1 zeigt, daß

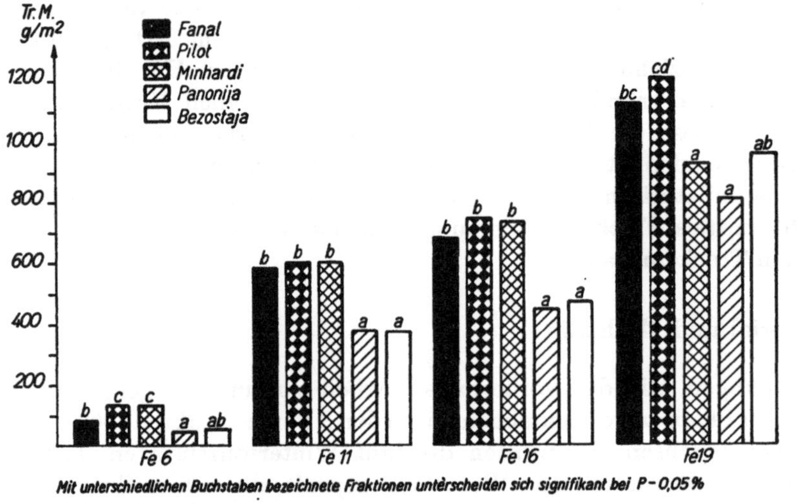

Abb. 1: Trockenmasse von 5 Sommerweizensorten zu bestimmten Entwicklungszeiten ($\bar{x}$ 1968, 1969, 1970)

sich bis zur Phase der Blüte die Sorten bezüglich der Biomassebildung in zwei Gruppen einteilen lassen. Zur ersten Gruppe gehören 'Fanal', 'Pilot' und 'Minhardi' und zur zweiten 'Panonija' und 'Bezostaja'. Diese Unterschiede werden vor allem während des Schoßvorganges deutlich und entstehen durch unterschiedliches Längenwachstum und verschiedenen Bestockungsgrad.

3. Organrelationen im Stoffproduktionsprozeß

Den sortentypischen Auf- und Abbau der Organe Blatt, Halm und Ähre an der gesamten Trockensubstanz zeigt die Abbildung 2. Aus dieser Graphik wird deutlich, wie die Blattmasse in ihrem Anteil an der Sproßsubstanz im Verlauf der Ontogenese zugunsten der Halmsubstanz und des Ährenanteils zurücktritt. Signifikante Sortenunterschiede zeigen sich erst nach dem Schossen. Mit Beginn des Ährenschiebens weisen die beiden Genotypen 'Panonija' und 'Bezostaja', die die geringste Biomasse der untersuchten Sorten bilden, den

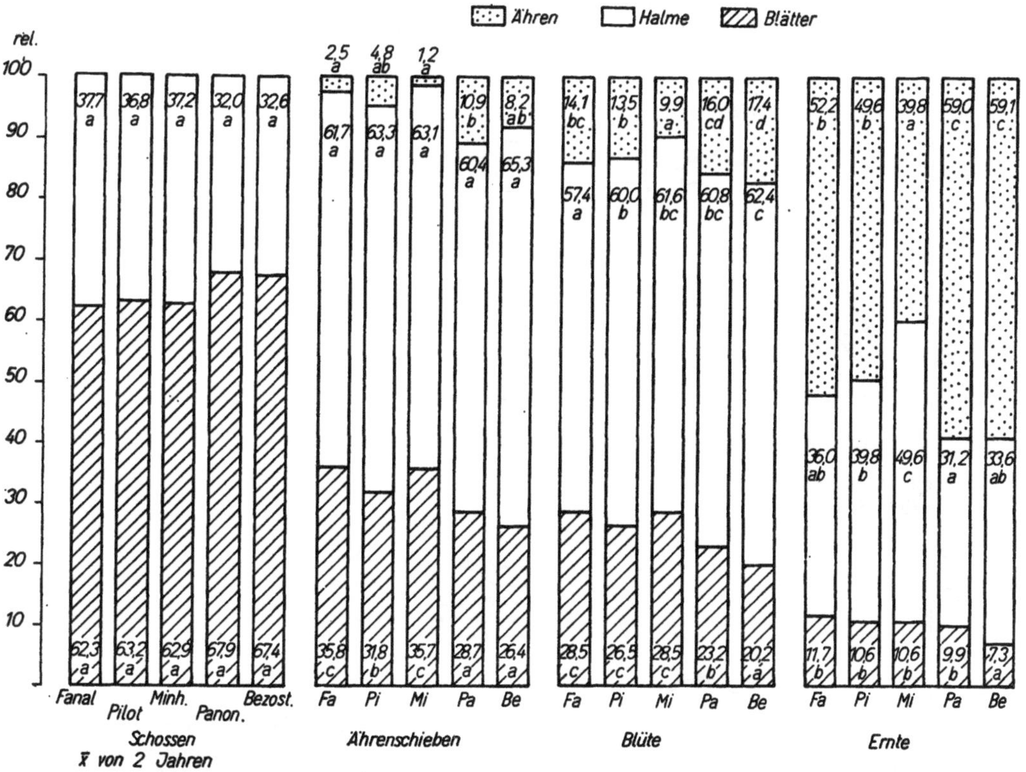

Abb. 2: Relativer Anteil der Organe an der Gesamttrockensubstanz der Sorten 'Fanal', 'Pilot', 'Minhardi', 'Panonija' und 'Bezostaja' im Durchschnitt der 3 Versuchsjahre

geringsten Blattanteil aus. Der Halmanteil steht in keinem direkten Zusammenhang mit der Gesamttrockensubstanz. Denn während 'Fanal' und 'Minhardi' stark unterschiedliche Halmanteile aufweisen, bedingt durch die Unterschiede im Ährenanteil, unterscheiden sie sich nicht in der Sproßsubstanz. Bis zur Ernte verschieben sich die Relationen zwischen den Sorten. Den höchsten Halmanteil mit 50% weist 'Minhardi', die längste Sorte, auf und den geringsten mit 31% 'Panonija', die im verwendeten Sortiment kürzeste Sorte. Mit dem Ährenschieben kann der Ährenanteil bestimmt werden. Zur Blüte umfassen die Ähren 10–17% der Biomasse. Dieser Anteil steigt bis zur Reife in Abhängigkeit von der Sorte auf 40–60% an. Die Sorten 'Bezostaja' und 'Panonija', die in den Phasen bis zur Blüte die geringste Substanz aufweisen, bilden den relativ höchsten Ährenanteil.

4. Dynamik der Blattentwicklung

Da der Blattapparat die meisten Assimilate photosynthetisiert, sei seiner Entwicklung besonderes Augenmerk geschenkt.
Den Verlauf für die massenmäßige Entwicklung des assimilierenden Blattes zeigt die Abbildung 3. Daraus ist zu ersehen, daß die assimilierende Blattmasse

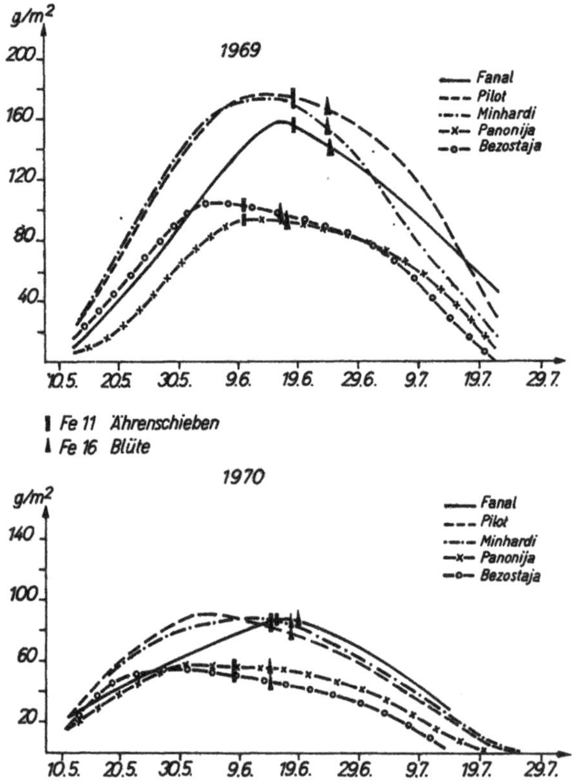

Abb. 3: Verlauf der grünen Blattmasse (g/m²) in der Ontogenese von 5 Genotypen 1969 und 1970 (BD 100)

sich in ihrem absoluten Gewichtsverlauf von Vegetationsbeginn an bis etwa zur Blüte erhöht. Danach beginnt ein schnelles Absterben der unteren Blätter, so daß dem Fahnenblatt eine große Bedeutung während der Kornfüllungsperiode zukommt. Zur Charakterisierung des Assimilationsapparates wurde die Blattmassendauer ermittelt, die das Produkt aus der Anzahl der Tage und der assimilierenden Blattmasse ist und das Integral über die Blattmassenkurve darstellt.

In beiden Jahren weisen die Sorten 'Fanal' und 'Pilot' sowohl in der Phase vor der Blüte als auch in der Kornfüllungsperiode die höchste assimilierende Blattmasse auf. Sehr niedrig liegen die Werte für die Sorten 'Panonija' und 'Bezostaja'. Sie erreichen nur 2/3 der Höhe der erstgenannten Sorten. Die gleiche Rangfolge, die die Sorten bezüglich der Blattmassendauer nach der Blüte einnehmen, wird bei Ermittlung der Fahnenblattflächen/m² Bodenfläche erreicht.

5. Ertragsleistung der Sorten

Die von den Sorten in den drei Jahren realisierten Erträge sind in Tabelle 1 aufgeführt.

Tabelle 1

Ertrag (g/m²) bei 5 Sorten in 3 Jahren und 3 Bestandesdichten

Sorte	1968 BD 100	1969 BD 100	BD 200	BD 300	1970 BD 100	BD 200	BD 300
'Fanal'	583	479	478	517	382	392	383
'Pilot'	586	485	455	532	378	412	389
'Minhardi'	283	230	310	254	244	246	222
'Panonija'	514	343	345	409	279	309	301
'Bezostaja'	618	435	456	508	278	360	424
GD 5%	59,5	30,7	30,6	33,4	35,3	38,0	37,2

Zwischen 'Fanal' und 'Pilot' bestehen im Ertrag unter den geprüften Bedingungen kaum Unterschiede. Die Erträge von 'Bezostaja' und 'Panonija' schwanken stark im Verhältnis zu den erstgenannten Sorten. Ursache ist ihre andersartige Reaktion auf Saatstärkevariation. Die Sorten 'Bezostaja' und 'Panonija' bestocken sich weniger als 'Fanal' und 'Pilot' und entwickeln demzufolge bei geringen Saatdichten nur eine geringe Ährenzahl und damit einen niedrigen Ertrag. Die Ertragsleistung der Sorte 'Minhardi' ist sehr gering. Sie bildet nur etwa die Hälfte vom Kornertrag der Sorte 'Pilot'. Aus einem Anstieg der Bestandesdichte von 100 Pflanzen/m² bis 300 Pflanzen/m² resultierte nur bei der Sorte 'Bezostaja' in beiden Jahren eine Ertragssteigerung. Im Jahr 1970 wächst ihr Kornertrag von BD 100 zu BD 300 über 50% an. 'Minhardi',

Tabelle 2
Korrelationskoeffizienten zwischen Faktoren der Sproßsubstanz und den Ertragskomponenten bei 5 Sorten

	Sorte	Fe 6 Blattmasse/Halm	Fe 6 Durchschnittliche Halmmasse	Fe 11 Blattmasse/Halm	Fe 16 Blattmasse/Halm	Fe 16 Durchschnittliche Halmmasse	Fe 19 Blattmasse/Halm	Fe 6 Blattmasse/m²	Fe 6 Halmmasse/m²	Fe 6 Gesamt-Tr. M/m²
Ertrag	1	0,68	− 0,29	0,71	0,60	0,84	0,96	0,70	0,67	0,44
	2	0,46	− 0,19	0,68	0,65	0,79	0,78	0,93	0,89	0,72
	3	0,12	0,22	0,39	0,54	0,59	0,50	0,24	0,60	0,42
	4	0,25	− 0,69	0,46	0,34	0,63	0,85	0,73	0,65	0,50
	5	0,70	− 0,38	0,28	0,26	0,61	0,77	0,35	0,27	0,52
TKM	1	− 0,49	− 0,29	− 0,36	− 0,74	− 0,43	− 0,28	− 0,65	− 0,66	− 0,61
	2	− 0,49	− 0,26	− 0,27	− 0,50	− 0,30	− 0,44	− 0,91	− 0,74	− 0,79
	3	0,08	− 0,72	− 0,23	− 0,27	− 0,59	− 0,41	− 0,87	− 0,78	− 0,72
	4	0,01	− 0,59	0,10	0,02	0,49	0,51	0,26	0,17	0,19
	5	− 0,80	− 0,87	− 0,06	− 0,10	0,12	0,15	− 0,53	− 0,58	− 0,36
ÄZ/m²	1	0,34	0,18	0,07	0,30	0,30	0,46	0,85	0,84	0,84
	2	0,02	0,14	0,01	0,19	0,17	0,24	0,93	0,89	0,92
	3	− 0,02	0,51	− 0,05	0,01	− 0,06	0,08	0,86	0,75	0,81
	4	0,50	− 0,32	− 0,14	− 0,23	− 0,39	0,18	0,79	0,73	0,76
	5	0,57	0,27	− 0,20	0,06	0,22	0,12	0,76	0,78	0,77
KM/Ä	1	0,00	− 0,47	0,47	0,00	0,27	0,27	− 0,72	− 0,75	− 0,65
	2	0,36	− 0,20	0,50	0,29	0,41	0,31	0,00	− 0,61	− 0,58
	3	0,0	− 0,42	0,0	0,0	0,0	0,0	− 0,80	− 0,69	− 0,77
	4	− 0,46	0,68	0,76	0,31	− 0,62	0,64	− 0,48	− 0,54	− 0,44
	5	− 0,28	0,74	0,51	0,57	0,40	0,64	0,0	− 0,20	− 0,04
KZ/m²	1	0,74	− 0,08	0,70	0,81	0,83	0,86	0,69	0,67	0,64
	2	0,53	− 0,06	0,63	0,68	0,73	0,75	0,95	0,88	0,83
	3	0,06	0,55	0,48	0,63	0,50	0,67	0,54	0,83	0,73
	4	0,30	− 0,56	0,50	0,39	0,52	0,78	0,60	0,54	0,54
	5	0,43	− 0,12	0,33	0,33	0,63	0,78	0,80	0,78	0,67
KZ/Ä	1	0,76	− 0,24	0,97	0,93	0,90	0,70	0,06	0,06	0,05
	2	0,84	− 0,22	0,86	0,77	0,76	0,66	0,00	− 0,09	− 0,06
	3	0,48	− 0,24	0,45	0,28	0,40	0,18	− 0,39	− 0,44	− 0,05
	4	− 0,49	− 0,32	0,92	0,92	0,65	0,70	− 0,35	− 0,43	− 0,33
	5	− 0,28	− 0,40	0,77	0,75	0,14	0,72	− 0,39	− 0,42	− 0,40
Spindelstufenzahl/Ähre	1	0,67	0,04	0,64	0,78	0,66	0,55	0,39	0,46	0,43
	2	0,80	0,31	0,63	0,83	0,64	0,67	0,70	0,66	0,68
	3	0,62	0,43	0,96	0,95	0,80	0,91	− 0,45	− 0,58	0,51
	4	− 0,28	− 0,22	0,68	0,69	0,43	0,47	0,0	− 0,12	− 0,07
	5	0,59	0,65	0,75	0,80	0,38	0,56	0,40	0,39	0,39
Basalsterilität/Ähre	1	0,65	0,0	− 0,75	− 0,81	− 0,62	− 0,39	0,0	0,0	− 0,04
	2	0,21	0,44	0,17	0,34	0,27	0,41	0,31	0,92	0,90
	3	0,45	− 0,24	− 0,04	0,07	0,42	0,04	0,66	0,47	0,21
	4	0,62	0,0	− 0,73	− 0,66	− 0,32	− 0,35	0,59	0,53	0,48
	5	0,73	0,54	0,02	0,04	0,40	0,18	0,88	0,87	0,82

1 = 'Fanal', 2 = 'Pilot', 3 = 'Minhardi', 4 = 'Panonija', 5 = 'Bezostaja'

Fe 11 Blattmasse/m²	Fe 11 Halmmasse/m²	Fe 11 Gesamt-Tr. M/m²	Fe 16 Blattmasse/m²	Fe 16 Halmmasse/m²	Fe 16 Gesamt-Tr. M/m²	Fe 19 Blattmasse/m²	Fe 19 Halmmasse/m²	Fe 19 Gesamt-Tr. M/m²	Blattmassendauer 6–16	Blattmassendauer 16–19	Blattmassendauer 6–19
0,86	0,85	0,88	0,86	0,79	0,82	0,92	0,93	0,94	0,92	0,99	0,96
0,86	0,90	0,89	0,80	0,89	0,84	0,91	0,97	0,96	0,90	0,80	0,90
0,46	0,79	0,73	0,40	0,73	0,70	0,58	0,64	0,63	0,62	0,60	0,63
0,90	0,96	0,97	0,80	0,93	0,92	0,93	– 0,96	0,95	0,83	0,71	0,85
0,66	0,81	0,84	0,68	0,79	0,78	0,68	0,18	0,89	0,66	0,52	0,62
– 0,65	– 0,58	– 0,61	– 0,67	– 0,75	– 0,73	– 0,48	– 0,55	– 0,49	– 0,90	– 0,96	– 0,95
– 0,69	– 0,71	– 0,67	– 0,79	– 0,77	– 0,79	– 0,74	– 0,58	– 0,68	– 0,83	– 0,85	– 0,87
– 0,45	– 0,26	– 0,32	– 0,56	– 0,26	– 0,32	– 0,57	– 0,32	– 0,22	– 0,59	– 0,53	– 0,59
0,35	0,76	0,72	0,26	0,53	0,55	0,46	0,42	0,45	0,00	– 0,47	– 0,29
0,30	0,00	0,00	– 0,23	– 0,23	– 0,23	– 0,16	– 0,39	0,00	– 0,46	– 0,65	– 0,53
0,59	0,81	0,80	0,60	0,77	0,81	0,78	0,75		0,68	0,79	0,74
0,57	0,84	0,84	0,61	0,78	0,81	0,65	0,55		0,74	0,56	0,70
0,13	0,49	– 0,05	0,09	0,27	0,29	0,02	– 0,29		0,32	0,00	0,22
0,66	– 0,58	0,61	0,03	0,79	0,77	0,48	0,66		0,63	0,46	0,59
0,38	0,58	0,55	0,37	0,55	0,63	– 0,09	0,08		0,50	0,40	0,47
0,00	– 0,25	– 0,19	0,0	0,0	0,0	0,0	0,0	0,0	– 0,32	0,0	0,0
0,0	– 0,29	– 0,35	0,0	0,0	0,0	0,0	0,0	0,0	– 0,32	0,0	0,0
0,0	– 0,40	0,0	0,0	0,0	0,0	– 0,26	0,0	0,0	0,0	0,0	0,0
– 0,36	0,0	0,17	0,27	0,0	0,0	0,41	0,25	0,28	0,0	0,0	0,0
0,32	0,23	0,23	0,36	0,0	0,0	0,0	0,0	0,0	0,20	0,0	0,0
0,96	0,93	0,96	0,97	0,96	0,97	–	–	–	0,92	0,99	
0,91	0,95	0,93	0,89	0,95	0,92	–	–	–	0,92	0,85	
0,65	0,89	0,86	0,64	0,83	0,81	–	–	–	0,78	0,74	
0,95	0,80	0,84	0,85	0,90	0,87	–	–	–	0,80	0,82	
0,80	0,90	0,92	0,81	0,91	0,90	–	–	–	0,91	0,87	
0,81	0,48	0,55	0,31	0,61	0,59	–	–	–	0,63	–	
0,59	0,20	0,17	0,57	0,32	0,27	–	–	–	– 0,14	–	
0,17	– 0,21	– 0,27	0,18	0,0	0,0	–	–	–	– 0,30	–	
0,43	0,10	0,22	0,47	0,10	0,12	–	–	–	0,31	–	
0,31	0,09	0,16	0,40	0,0	0,0	–	–	–	0,16	–	
0,72	0,60	0,62	0,73	0,68	0,68	–	–	–	0,78	–	
0,90	0,74	0,70	0,94	0,81	0,81	–	–	–	0,93	–	
0,93	0,69	0,76	0,89	0,83	0,48	–	–	–	0,86	–	
0,44	0,0	0,10	0,40	0,0	0,0	–	–	–	0,52	–	
0,81	0,50	0,53	0,83	0,61	0,62	–	–	–	0,81	–	
– 0,63	– 0,28	– 0,36	– 0,63	– 0,40	– 0,40	–	–	–	– 0,49	–	
0,56	0,78	0,74	0,60	0,69	0,69	–	–	–	0,72	–	
0,0	0,37	0,30	– 0,17	0,0	0,0	–	–	–	0,0	–	
– 0,09	0,25	0,13	– 0,22	0,0	0,0	–	–	–	0,0	–	
0,66	0,65	0,62	0,56	0,70	0,69	–	–	–	0,73	–	

die sich am stärksten bestockende Sorte, zeigt im Jahr 1969 nur von BD 100 zu BD 200 einen Ertragszuwachs und 1970 überhaupt nicht. Bei den Sorten 'Fanal', 'Pilot' und 'Panonija' ist 1970 die Grenze der Ertragssteigerung mit BD 200 erreicht.
Aus den Untersuchungen zu der Ertragsbildung verschiedener Sorten und unterschiedlicher Bestandesdichten kann der Schluß gezogen werden, daß ein Ertragsvergleich von Sorten verschiedener Konstitution und unterschiedlichen Ertragsaufbaues nicht unter der Prüfung einer Bestandesdichte durchgeführt werden kann. Die Sorten reagieren unterschiedlich auf Saatstärkesteigerungen, und deswegen wäre ein Vergleich dieser Art unreal. Ein Ertragsvergleich sollte auf keinen Fall bei BD 100 durchgeführt werden. Die Leistungsfähigkeit der sich gering bestockenden Sorten kann sich nur bei verstärkter Aussaat zeigen.

6. Beziehungen zwischen Faktoren der Biomassebildung und den Komponenten der Kornertragsbildung

Aus dem Entwicklungsverlauf der Biomasse des Bestandes ist die Sproßsubstanz, getrennt in assimilierende Blatt- und Halmmasse, die am Ende der Phasen Bestockung (Fe 6), Schossen (Fe 11), Ährenschieben (Fe 16) und Kornfüllung (Fe 19) vorhanden war, sämtlichen Ertragskomponenten und dem Ertrag gegenübergestellt worden. Bei Berechnung über die Sorten konnten signifikante Beziehungen gefunden werden, die aber in keinem Falle ein Bestimmtheitsmaß über $B = 0{,}49$ aufweisen. Das höchste Bestimmtheitsmaß, das zwischen Faktoren der Biomasse und dem Ertrag zu verzeichnen war, lag bei $B = 0{,}40$. Dabei handelt es sich um den Faktor Blattmassendauer während der Kornfüllungsperiode.
Die Ergebnisse, die durch Berechnungen zwischen den analysierten Faktoren der Biomasse und den untersuchten Komponenten der Ertragsbildung innerhalb einer Sorte erzielt wurden, stellt Tabelle 2 dar, woraus zu entnehmen ist, daß sehr viele Beziehungen signifikant sind. Am deutlichsten sind die Abhängigkeiten zwischen:

Biomasse/m^2 (Fe 6) : Ährenzahl/m^2
Blattmasse/Halm (Fe 11, 16) : Spindelstufenzahl/Ähre
Blattmasse/Halm : Kornzahl/Ähre
Biomasse/m^2 (Fe 11, 16) : Kornzahl/m^2
vegetative Masse/m^2 (Fe 11, 16) : Ertrag.

Aus diesen Beziehungen ist zu ersehen, daß die Faktoren, die der Reproduktion dienen, in strenger sortentypischer Abhängigkeit von den Faktoren der vegetativen Sproßsubstanz ausgeprägt werden.

7. Schlußfolgerungen

Die Untersuchungen an fünf, sich in vieler Hinsicht unterscheidenden Genotypen zeigen, daß Organrelationen keinen Hinweis auf die Leistungsfähigkeit eines Gentyps geben können. Die Beziehungen zwischen Biomassebildung und der Ausprägung der Ertragskomponenten bzw. dem Ertrag erfolgen stark sortentypisch. Dabei kann festgestellt werden, daß bei der gering leistungsfähigen Sorte 'Minhardi' die Beziehungen schwächer ausgebildet sind als bei den übrigen Genotypen. Als wichtig für die Ertragsbildung wird die assimilierende Blattmasse während der Kornfüllung erkannt. Diese Beziehung genügt aber nicht, die Ertragsunterschiede zwischen den Sorten zu klären. Daraus wird der Schluß gezogen, daß zur Erforschung der Grundlagen der Ertragsbildung speziellere physiologische Analysen herangezogen werden müssen.

Zusammenfassung

Die Untersuchungen verfolgten das Ziel, nach Beziehungen zwischen den Faktoren der Biomassebildung und denen der Ertragsbildung zu suchen. In drei Versuchsjahren wurde die Stoffproduktion von fünf Winterweizensorten aus Feldparzellen mit verschiedenen Bestandesdichten durch Erfassen des Trockenmasseverlaufs der Organe Blatt, Halm und Ähre während der Ontogenese analysiert und die Ertragsbildung durch umfangreiche Analysen der Ertragskomponenten verfolgt.
Genotypische Unterschiede in den Organrelationen werden erst in der Phase des Schosses sichtbar. Organrelationen geben keinen Hinweis auf die Leistungsfähigkeit eines Genotyps.
Die Sorten unterscheiden sich stark in der assimilierenden Blattmasse. Zum Erzielen eines hohen Ertrages ist Voraussetzung, daß während der Kornfüllung ein ausreichender Assimilationsapparat vorhanden ist. Innerhalb der Sorten konnten zwischen der Biomassebildung und der Ausprägung der Ertragskomponenten vielfältige Beziehungen nachgewiesen werden.

Резюме

Название работы: Прирост биомассы и развитие компонентов урожая у генотипов пшеницы различной урожайности

Исследования задались целью выявить взаимосвязи между факторами образования биомассы и факторами формирования урожая. В течение трех лет опытов путем изучения динамики прироста сухой массы листьев, стеблей и колосьев в онтогенезе исследовалось образование органического

вещества у пяти сортов озимой пшеницы, выращенных на полевых делянках с различной густотой стояния. Проведением охватывающих анализов компонентов урожая изучалось формирование урожая. Генотипические различия в соотношениях органов отмечались лишь в фазе выхода в трубку. Соотношение органов не информирует о продуктивности генотипа.
Сорта сильно различаются по ассимилирующей листовой массе. Для получения высоких урожаев требуется соответственный ассимилирующий аппарат в период налива зерна. Внутри сортов установлены разнообразные связи между образованием биомассы и проявлением компонентов урожая.

Summary

Title of the paper: Matter increase and development of the yield components in wheat genotypes of varying yield potential

The studies were conducted with the view of finding relationships between the factors of biomass formation and those of yield formation. During three experimental years, the matter production of 5 winter wheat varieties from field plots of different stand densities was analysed by recording the development of dry-matter formation of the organs leaf, stem and ear during ontogenesis. Yield formation was followed by extensive analyses of the yield components. Genotypic differences in the proportions of the organs became evident only when the plants were coming into ear. The proportions between the organs did not give any information on the efficiency of a genotype. The varieties vary strongly as to the size of the assimilating leaf matter. High yields presuppose an adequate assimilation apparatus working properly during grain filling. Multiple relationships were established between biomass formation and formation of yield components in the varieties under study.

Literatur

Asana, R. D.; Saini, A. D.; Ray, D.: Studies in physiological analysis of yield. III. The rate of grain development in wheat in relation to photosynthetic surface and soil moisture. Physiol. Plantarum 11 (1958), p. 655–665

Hsu, P.; Walton, P. D.: Relationships between yield and its components and structurs above the flag leaf node in spring wheat. Crop. Sci. 11 (1971) 2, p. 190–193

Simpson, G. M.: Association between grain yield per plant and photosynthetic area above the flag-leaf node in wheat. Can. J. Plant Sci. 48 (1968), p. 253–260

Stoy, V.: Photosythesis, respiration, and carbohydrate accumulation in spring wheat in relation to yield. Physiol. Plantarum Suppl. IV (1965), p. 1–125

Anschrift der Verfasserin:

Dipl.-Landwirt Gudrun Misselwitz
Institut für Getreideforschung Bernburg-Hadmersleben
der Akademie der Landwirtschaftswissenschaften der DDR
4351 Bernburg-Strenzfeld, Mitschurinstraße 22

Bei Fragen zur Produktsicherheit wenden Sie sich bitte an:
If you have any questions regarding product safety,
please contact:

Walter de Gruyter GmbH
Genthiner Straße 13
10785 Berlin
productsafety@degruyterbrill.com